黄河水利委员会治黄著作出版资金资助出版图书

世界气象组织《应用水文报告》系列丛书第1045号

可能最大降水估算手册

世界气象组织　主编

王国安　等　修订/翻译

黄河水利出版社

·郑州·

内 容 提 要

世界气象组织(WMO)编制《可能最大降水估算手册》的目的是为该组织的各成员国开展PMP估算工作时提供技术指导。该手册的第一、第二版分别出版于1973年和1986年,其作者均为美国水文气象专家。现在这本新书为该手册的第三版,其主编者为中国设计洪水专家。本书共分七章,内容包括PMP的含义,估算方法的总体概念,各种方法的基本原理和应用步骤。正文部分删去了原书中部分过时的内容,新增内容重点是较为系统地阐述了中国自1958年以来在PMP/PMF研究和实践中创造的新理论、新经验,同时也增加了1986年以来美国、澳大利亚和印度在PMP研究方面的新成果。附录部分新增了世界最大洪水记录及外包线的经验公式;并在原有世界最大点雨量记录基础上,加入了大量新数据,更新了该项记录外包线的经验公式。

本书反映了当代世界PMP的先进理论和实践经验,具有较强的适用性,可供水利水电和核工业部门的规划设计和科研人员参考应用,也可作为有关水文、气象等学科的高等院校和科研机构教学与科研的参考。

图书在版编目(CIP)数据

可能最大降水估算手册/世界气象组织主编;王国安等译. —郑州:黄河水利出版社,2011.11

黄河水利委员会治黄著作出版资金资助出版图书.
世界气象组织《应用水文报告》系列丛书第1045号

ISBN 978-7-5509-0073-8

Ⅰ.①可… Ⅱ.①世…②王… Ⅲ.①可能最大降水量-估算方法-手册 Ⅳ.①P426.61-62

中国版本图书馆CIP数据核字(2011)第123435号

出 版 社:黄河水利出版社

地址:河南省郑州市顺河路黄委会综合楼14层　　邮政编码:450003

发行单位:黄河水利出版社

发行部电话:0371-66026940、66020550、66028024、66022620(传真)

E-mail:hhslcbs@126.com

承印单位:河南省瑞光印务股份有限公司

开本:787 mm×1 092 mm　1/16

印张:22.25

字数:514千字　　印数:1—1 500

版次:2011年11月第1版　　印次:2011年11月第1次印刷

定价:79.00元

著作权合同登记号:图字16-2010-133

WMO-No. 1045

出版社主席
世界气象组织(WMO)
7 bis, avenue de la Paix, P. O. Box 2300, CH – 1211 Geneva 2, Switzerland
电话: +41 (0) 22 730 84 03
传真: +41 (0) 22 730 80 40
电子邮件: publications@wmo.int

ISBN 978 – 92 – 63 – 11045 – 9

译序一

把暴雨/洪水看做是必然事件,利用水文气象学的原理和方法求出可能最大降水(PMP),进而得出可能最大洪水(PMF),这是推求重要水库和核电站工程设计洪水的主要方法,目前在世界上已得到广泛的应用。

随着世界经济社会的发展、人口的增加、人民物质文化生活水平的提高,人类活动对流域下垫面产流和汇流条件改变的加剧,特别是气候变暖,导致水文气象极值事件的增加,使得这一方法更具强大的生命力。

本书是世界气象组织(WMO)组织编制的《可能最大降水估算手册》的第三版,它全面系统地介绍了当今世界 PMP 估算技术的最新成就。

概括地说,世界估算 PMP 的方法有两大类:一类以美国为代表,以气象学家的基本思路、观点和语言来理解、看待和描述 PMP;另一类是以中国为代表,以水文学家的基本思路、观点和语言来理解、看待和描述 PMP。两类方法各有千秋,各具发展潜力,而且可以互补。

中国方法于 1958 年萌芽于对长江三峡工程 PMP/PMF 的估算,1973 年形成于对黄河三门峡至花园口区间 PMP/PMF 的估算。

世界气象组织《可能最大降水估算手册》的第三版,首次纳入了中国方法,这对完善世界 PMP 估算方法,推动这门技术科学的进步,保障世界大坝和核电站到工程的安全,无疑具有重大作用。

是为序。

水利部黄河水利委员会主任

2011 年 4 月 1 日

译序二

分析估算可能最大降水(Probable Maximum Precipitation, PMP)进而得出可能最大洪水(Probable Maximum Flood, PMF)是确定失事后将造成重大人员伤亡和社会环境经济损失的水库和核电站等特别重要涉水工程设计洪水的重要途径。世界气象组织(World Meteorology Organization, WMO)组织编写和发布的《可能最大降水(PMP)估算手册》(第一版和第二版),对推动PMP这门技术科学的发展和保障涉水工程的安全发挥了重要的作用。随着科学技术的进步和对暴雨洪水规律认识的深入,世界气象组织于21世纪伊始决定对《可能最大降水(PMP)估算手册》进行修编,并由我国长期从事PMP/PMF研究的专家、黄河勘测规划设计有限公司的王国安教授级高级工程师主笔修编。作为世界气象组织的水文顾问和当时世界气象组织水文学委员会(Commission of Hydrology, CHy)的执委,我多次参与本手册的工作讨论,深知本手册修编过程中所涉及的文献资料之广、翻译/编写工作量之大和出版过程之艰难。因此,在本手册的中文版正式出版之际,非常高兴为其作序并表示祝贺。

在工作接触中,王国安教授给我最深刻的印象是其对工作的认真态度和坚韧不拔的精神。CHy中的加拿大同事Dr. Paul Pilon(曾连续担任CHy第十一届和第十二届执委,兼任第十一届水文预报和预测专家组主席),曾多次向我介绍他和王教授具体合作的情况。2000年11月,WMO-CHy第十一届大会在尼日利亚首都Abuja召开,会议作出了修编本手册的决议,并推选王教授为CHy水文预报和预测组的PMP/PMF专家,具体负责修编工作。2001年9月,WMO在日内瓦召开CHy第十一届专家工作计划的审议和协调会议,顺利通过王教授提交的修订《可能最大降水估算手册》的计划。2004年10月4~8日,CHy在加拿大Burlington召开国际PMP专家会议,对王教授提交的《可能最大降水估算手册》(第三版)初稿进行审查。参加会议的专家有:WMO秘书处官员、CHy负责此项工作的执委以及来自加拿大、美国、澳大利亚、巴基斯坦、阿根廷和中国的专家。会议期间,王教授逐章介绍,认真回答和讨论专家们提出的每一个问题,会议整整开了5天。最后,专家们一致认为:修订内容适当,只需在文字上作少量修改补充,即可进入出版程序。2004年10月20~29日,WMO在日内瓦召开水文委员会第十二届大会,大会期间王教授被邀请做《可能最大降水(PMP)估算手册》和相关技术研究进展的学术报告,受到了各国与会代表的好评,也是在本次大会上,该手册第三次修订版初稿顺利获得通过,进入WMO出版审查程序,并于2009年由WMO正式出版发行。

与前两版相比,本次修订的第三版增加了一些新的内容和方法,重点有以下三个方面:

(1)新增了中国自1958年以来在PMP/PMF领域的研究成果和实践经验,主要是用水文学家的思路、观点和语言来理解、看待和描述PMP/PMF,使方法概念明确、体系完整、层次清晰;在工作过程中注重四个方面的结合,即分析计算与工程特点相结合、水文与气象相结合、定性与定量相结合、成因与统计相结合，这些均有利于提高 PMP/PMF 成果的可信度；融入中国水文分析计算工作的经验，主要是充分利用历史特大暴雨/洪水资料，重视流域暴雨/洪水特性和产流汇流特性分析，注意采用多种方法进行比较，坚持对分析计算成果从多方面进行合理性检查，从而有利于保证成果的质量。

(2)增加了 1986 年以来美国、澳大利亚和印度等国的新经验，着重介绍了它们在局地暴雨和一般暴雨、短历时和小面积、长历时和大面积的 PMP 估算方法方面的新进展。

(3)对本手册第一、第二版中所包含的概化估算法和统计估算法作了科学的概括，并对后者进行了理论上的总结和提升。

总之，本书较系统地反映了当代世界 PMP 的先进理论和实践经验，具有较强的适用性，对新开展 PMP 研究的国家和地区具有指导作用，也将进一步推动我国关于 PMP 的深入研究。

南京水利科学研究院院长
中国工程院院士
张建云

2011 年 8 月

中文版前言

可能最大降水(PMP)/可能最大洪水(PMF)是推求重要水利水电工程和核电工程设计洪水的主要方法。此法为美国陆军工程师团和气象局于1939年联合研究正式提出，应用效果良好。

鉴于这项技术科学的重要性，世界气象组织(WMO)于1973年出版了一本指导性的读物——《可能最大降水估算手册》，提供其成员国在开展PMP工作时作为参考。此书出版后很快成为WMO《应用水文报告》系列丛书中最有价值和最受欢迎的书籍之一，到1984年时已分送/销售告罄，于是WMO又根据新的实践经验对其进行修订，在1986年出版了《可能最大降水估算手册》的第二版。

第一版和第二版的作者均为美国水文气象专家，内容介绍美国的理论和实践经验，第二版增加介绍了把美国方法结合本国实际运用的澳大利亚和印度的实践经验。

这两版所介绍的方法，已在世界中低纬度国家广泛应用，对国际大坝和核电工程的规划设计与建设，发挥了重要作用。

1999年12月，中国水利水电出版社和黄河水利出版社联合出版了王国安等编写的专著《可能最大暴雨和洪水计算原理与方法》(92.4万字)。该书全面系统地总结了中国1958年以来在PMP/PMF方面的生产实践经验和研究成果，同时详细介绍了作者一系列新的独特见解。该书经我国30位专家教授审稿。

2000年6月20日，黄河水利委员会受河南省科学技术委员会的委托，在北京组织对本项目研究成果进行科学技术鉴定。参加鉴定的专家有四位院士(潘家铮、刘昌明、徐乾清、丑纪范)、三位教授(梁瑞驹、董增川、贺北方)和六位教授级高工(陈家琦、金光炎、胡明思、杨远东、黄自强、吴致尧)。鉴定结论认为："总体上本项成果达到国际先进水平，其中部分内容达到国际领先水平"。

本专著受到WMO的高度重视。在2000年11月6~16日于尼日利亚首都阿布贾(Abuja)召开的WMO水文委员会(CHy)第十一届大会上，王国安当选为"水文预报和预测专家工作组"的"可能最大降水(PMP)和洪水(PMF)专家"。其职责主要是"修改和更新PMP/PMF最佳实践手册"。

修订WMO《可能最大降水估算手册》这项工作得到水利部、黄河水利委员会和黄河勘测规划设计有限公司的大力支持。为办好此事，黄河勘测规划设计有限公司于2000年12月成立了手册修订工作组。随即开展一系列工作。

2001年1月，在郑州召开了黄委内的专家咨询工作会；2月，又派人到南京征求水利部南京水文水资源研究所、河海大学和南京大学的有关20多位专家/教授的意见；3月，又到北京征求水利水电规划设计总院、水利部水文局和中国水利水电科学研究院10多位专家的意见。

根据绝大多数专家的意见，本次修订手册的原则是：为保持手册的连续性，对原手册的各章(共有6章)只作适当的增删(即增加1986年以来的新经验,删除一些过时的内容),但新增加一章(第7章)介绍中国PMP/PMF估算的理论和实践经验。

修订组根据专家意见,按WMO秘书处的要求,编制了一份较详细的工作计划。

2001年9月3~7日,WMO在瑞士日内瓦召开WMO水文委员会水文水资源工作组及水文预报和预测工作组专家会议,具体研究确定各位专家的工作计划。王国安提交的工作计划获顺利通过。

2002年7月,WMO聘请了13位PMP/PMF助理专家,协助王国安修订手册,其中实际参加工作的有中国的高治定和王煜,巴基斯坦的阿旺(Ali Awan)提供了该国PMP/PMF的经验。

在2001年1月到2003年3月期间,修订组查阅了100多种参考文献,并通过因特网获取了近20个国家在PMP/PMF方面的最新信息。此外,澳大利亚的B. J. Stewart先生(WMO水文委员会副主席)寄来的该国有关PMP的最新(1991~2001年)水文报告系列(HRS)7本,还购买了美国天气局编制的最新(1986~1999年)水文气象报告(HMR)5本。

经过三年多的工作,修订组于2003年3月提出了《可能最大降水估算手册》第三版的初稿,并于该年4月17~18日在郑州召开了专家咨询会。出席会议的有王厥谋、王家祁、孙双元、杨远东、刘恒、张有芷、董增川、吴致尧、马秀峰和王政祥。提供书面意见的有徐乾清、陈家琦、陈清濂和文康。

会后,根据专家们的咨询意见,修订组对修订初稿作了修改和补充,形成送审稿。并撰写了下列七个文件作为附件:

(1)1986年以来一些国家和地区在PMP/PMF方面的实践。

(2)国际上PMP/PMF的发展和实践。

(3)可能最大降水估算手册第二版修订说明。

(4)论美国PMP/PMF估算方法基本框架的合理性。

(5)美、中PMP/PMF估算方法基本框架比较。

(6)世界已知最大点雨量及其外包线公式。

(7)世界已知最大洪水及其外包线公式。

2003年10月,王国安以光盘的形式,将上述送审稿和七个附件的英文稿,邮寄给了WMO秘书处。

2004年10月4~8日,WMO在加拿大安大略省伯灵顿(Burlington)召开国际PMP专家会议,对王国安提交的《PMP估算手册》(第三版)稿子进行审查。参加会议的人员有:

WMO的阿尔杜诺(Gabriel Arduino, WMO秘书处官员);

加拿大的裕促克(Ted Yuzyk,加拿大常任WMO水文顾问),皮隆(Paul Pilon,WMO水文委员会水文预报和预测专家组主席),纳尤洛(Varon. Thanh. Van. Nauin, McGill大学土木工程系教授)和汤姆逊(Aaron. F. Thompson,加拿大内陆水中心工程师);

美国的斯里纳(Louis C. Schreiner,美国垦务局洪水水文学组领导人、资深PMP专家);

澳大利亚的瓦尔兰德(David Walland,澳大利亚气象局专家,PMP博士);

巴基斯坦的阿旺(Shaukat Ali Awan,巴基斯坦洪水预报部首席气象学家,WMO水文顾问);

阿根廷的蒙亚诺女士(Cristina Moyano,水文气象高级研究员);

中国的王国安(教授级高级工程师、WMO PMP/PMF 专家),王煜(高级工程师、WMO PMP/PMF 助理专家)和王春青(工程师、翻译)。

与会专家经过5天热烈、认真的讨论,对修订本给予了充分肯定,认为手册结构合理,内容适当,作少量修改补充后,即可进入 WMO 的出版程序。并建议在即将召开的 WMO 水文委员会第十二届大会上予以通过。

鉴于修订本所具备的新颖性,会议主席皮隆在闭幕会上表示:"希望这本手册出版后,能够在世界上使用20~30年,再行修订。"

2004年10月20~29日,WMO 在日内瓦召开 WMO 水文委员会第十二届大会,本手册修订本获得顺利通过。大会最后决议的7.0.6项说:"委员会指派可能最大降水(PMP)和可能最大洪水(PMF)专家王国安先生(中国)'修改和更新 PMP/PMF 最佳实践手册'。该专家在一些助理专家的帮助下准备了 WMO 第332号出版物(第一号应用水文报告),即《可能最大降水估算手册》的第三版。委员会赞赏地审议了专家撰写的报告并建议采取必要的后续措施来出版该手册。委员会赞赏中国政府在推动该专家的工作方面所提供的支持。"

现在,这本《PMP 估算手册》(第三版),和第二版比较有以下两点区别:

第一,体现了中西结合的特点。

第二版介绍的全是以美国为代表的西方经验。其突出点就是用气象学家的思路、观点和语言来理解、看待和描述 PMP。从 PMP 的定义开始,都不与特定(具体)工程挂钩。在做法上,多是针对一个广大区域搞 PMP 的概化估算,然后再设计一套方法把概化的 PMP 成果转化到设计流域。其适用范围是:流域面积非山岳地区为52 000 km^2 以下,山岳地区为13 000 km^2 以下;暴雨历时为72 h 以下。

而中国方法的突出特点是用水文学家的思路、观点和语言来理解、看待和描述 PMP。从 PMP 的定义开始都一直针对着设计流域特定(具体)工程的 PMF 对 PMP 的要求,来进行思考和处理问题。因为推求 PMP 的目的正是得到该流域该特定工程的 PMF。其适用范围不受地形条件(山区平原)差别、流域面积大小和暴雨历时长短的限制。

中国的经验主要列在第7章"基于流域面积的 PMP 估算及其在中国的应用"。为体现中国推求 PMP,一般都是针对设计流域特定工程要求的 PMF 来进行,故在这一章中增加了 PMF 的内容。但由于本书名为《可能最大降水估算手册》,不宜对 PMF 作过多的阐述,仅对其作了简要的介绍。此外,在第5章和第6章中分别增加了一个例子,即5.6节"中国24 h 点可能最大降水概化估算"和6.2.5部分"中国海南岛昌化江流域大广坝工程的 PMF 估算"。后一个例子的思路与西方基本相似,但具体做法不同。

为了使新版手册能够有机地体现中西结合,对手册提要和第1章"绪论"进行了改写,同时对第2~6章的绪言也分别作了改写。

第二,增加了美国、澳大利亚和印度的新经验。

(1)美国新经验。

在第5章中,把原5.3.7部分"美国西北部雷暴雨 PMP 概化估算"用"美国太平洋西北部地区局地暴雨 PMP 概化估算"替换。该例子取自美国天气局水文气象报告(HMR)第57号(1994)。其特点是对局地暴雨和一般暴雨(非局地暴雨)PMP 估算方法作了区分,代表性露点的持续历时由以往惯用的 12 h 改为 3 h,对站点位置的选取也有所不同。

本书还增加了美国一个例子。这就是 5.3.8 部分"美国加利福尼亚州 PMP 估算"。此例取自美国水文气象报告(HMR)58 号(1998)和 59 号(1999)。其特点是把暴雨分为一般暴雨和局地暴雨分别估算 PMP,并分别提出了其适用面积和历时。

(2)澳大利亚新经验。

对原 5.4 节"澳大利亚短历时和小面积 PMP 估算",按澳大利亚气象局水文报告系列(HRS)第 4 号(1996)中的最新成果,作了补充、修改。

新增 5.5 节"澳大利亚长历时暴雨 PMP 估算"。

澳大利亚用于较长历时的 PMP 估算有两种概化方法。即澳大利亚东南部概化法(GSAM)(Minty 等,1996)和修正热带暴雨概化法(GTSMR)(Walland 等,2003)。其特点是利用本国资料建立了数据库,充分运用计算机技术进行 PMP 的概化分析工作,具有新意,且体现了该国在地形影响非常显著地区非热带暴雨 PMP 研究的最新成果。

(3)印度新经验。

新增加的印度例子,即 6.2.4 部分"印度 Chambal、Betwa、Sone 和 Mahi 流域的 PMP 估算"。本例取自 2001 年印度水利电力咨询有限公司出版的《大坝安全保险和复建工程概化 PMP 图集》。这四个流域的 PMP 估算,采用了三种方法:小流域为统计估算法,中到大流域为时—面—深概化法,超大流域一般为雨深—历时分析法。

需要特别说明的是,新版手册的出版,是大批中外专家共同努力的结果。这些专家的名字和贡献已在本书正文之末(见第 254 页)作了介绍,并表示了谢意。

这里仅将本手册的修订组和翻译组成员介绍如下:

《可能最大降雨(PMP)估算手册》修订组成员

主编:王国安

副主编:高治定 王煜

主要编制人员:王玉峰、张志红、刘红珍、王春青、刘占松、王军良、李保国、李荣容、雷鸣、贺顺德、王内、宋伟华、马迎平

《可能最大降雨(PMP)估算手册》翻译组成员

翻译:王国安、王煜、王春青、李超群、李荣容、高爱月、胡娟、韩献红、许明一

校核:王煜、王春青、王国安

最后,我要特别感谢水利部、黄河水利委员会和黄河勘测规划设计有限公司多年来对本项工作的大力支持,感谢我国大批水文气象专家/教授的多次无私帮助,感谢修订组和翻译组同仁多年的精诚合作,使本手册的修订工作得以圆满完成。

WMO-CHy 第十一届 PMP/PMF 专家
教授级高级工程师
王国安

2011 年 9 月 1 日

序

可能最大降水(PMP)是设计各种水工结构的基本参数,在洪泛区管理中也起着非常重要的作用,因为它可以得出在某一给定时间、地点产生相应于极限洪水的潜在风险。

因而,对于水文学者来说,可能最大降水(PMP)对于估算可能最大洪水(PMF)是非常有用的,例如,可以用来设计最合适的溢洪道,以减小大坝等特定水利工程的漫顶风险。通过此种方法可以减少和控制生命财产损失,以及社会损失等诸多风险。

本书最新版本介绍了大量估算 PMP 的方法,并广泛汲取了世界多个地区的国际经验。之前的版本是 1986 年由世界气象组织(WMO)通过应用水文报告形式出版的。

在此,我代表 WMO 向参与本书编辑出版的所有专家学者表示感谢,特别要感谢 WMO 水文委员会主席 Bruce Stewart 先生,是他在水文委员会第十二届会议(2004 年 10 月,日内瓦)上提议并领导了本书的评审及编辑、出版等相关工作。

M Jarraud

WMO 秘书长

前　言

作为世界气象组织(WMO)水文委员会主席,我非常高兴地告诉大家,本书是在王国安(中国)教授的领导下完成的。在对第二版书稿的修改和完善中,王国安教授得到了中国有关学者的大力支持,具体人员名单见本书致谢部分(254 页)。另外,参与本书技术评审的其他专家还包括(按所属国家英文字母顺序排列):

Cristina Moyano(阿根廷)

David Walland(澳大利亚)

Van-Than-Va Nguyen(加拿大)

Paul Pilon 在加拿大举办的评审会组织者兼主席(加拿大)

Aaron F. Thompson(加拿大)

Alistair McKerchar(新西兰)

Shaukat Ali Awan(巴基斯坦)

Louis C. Schreiner(美国)

同时,水文委员会水文预测预报专家组也参与了本书的编辑工作。

在此,我对参与本书第三版可能最大降水估算手册编写工作的所有作者表示感谢,感谢主笔作者(王国安教授),同时感谢评审专家对修改版的完成所提出的宝贵意见。

该书是新成立的水文委员会系列出版物中的第一本书:2008 年 11 月初由水文委员会 - XⅢ决定出版的书籍之一。接下来,水文委员会还会针对河道测量出版第二本书,该书将是 WMO 秘书长在序言中提到的由前水文委员会编写的报告的第二版。河道测量第一版出版于 1980 年。

水文委员会计划于 2010 年及接下来的几年根据需要针对以上两本书的内容组织相关培训。

Bruce Stewart

WMO 水文委员会主席

提　要

可能最大降水(PMP)是指一年的特定时间内,不计气候的长期趋势,在某一特定位置,设计流域或给定的暴雨面积上,在气象上可能发生的理论最大降水。

本手册的第一、第二版分别出版于1973年和1986年。现版手册保留了第二版的绝大部分内容,新增加的内容主要是中国针对设计流域特定工程对可能最大洪水(PMF)的要求而直接估算PMP的经验,也包括了1986年以来美国、澳大利亚和印度等国在PMP方面的新经验。中国方法的特点是在PMP/PMF估算中融入了中国在水文分析计算中所积累的经验。目前,暴雨机制及其造雨效率方面的知识还不足以精确推算极大降水的极限值,因而PMP估算只能看做是近似值。其估值的精度或可靠性主要视引用资料的数量、质量和分析研究的深度而定。

估算PMP不能搞一套标准的方法、步骤。因为在实际工作中,具体采用的方法应视引用资料的数量和质量、流域的大小和位置、流域和区域的地形、造成特大降水的暴雨类型以及气候而不同。在世界上,有许多地区从未做过PMP估算。目前,不可能编写出一本能包括可能遇到的所有问题的手册,也不可能编制一本能反映在以往的PMP估算中所遇到的各种情况的手册。因此,在本手册中,对PMP的估算,只能介绍一些基本模式,或者说基本方法及其运用条件,并指出需要注意的一些问题。对于专业人员而言,重要的是要懂得灵活运用每种方法,同时在某些情况下,运用多种方法平行估算,最后经综合分析,合理选取PMP的成果也是适宜的。

估算PMP的目的是得出设计流域特定工程的PMF。目前,PMP估算的途径大体上可以概括为两类:第一类为基于暴雨面积的所谓间接型途径,即先针对暴雨面积(等雨量线包围的面积)求出PMP,然后再按某种方法转换成设计流域特定工程集水面积的PMP,本手册的第2章、第3章,特别是第4~6章,介绍的方法主要属于这一类;第二类为基于流域面积的所谓直接型途径,即直接针对设计流域的特定工程集水面积估算PMP,本手册的第7章介绍的方法属于这一类。第2章、第3章的方法也可用于第二类。

本手册在第2章、第3章和第5章中介绍了普遍适用于中纬度的山岳地区面积为13 000 km^{2}与非山岳地区面积为50 000 km^{2}以下的流域PMP估算方法。中纬度地区使用的方法在多数情况下也适用于第6章所述的热带地区。由于热带地区PMP估算方法不如在中纬度地区应用广泛,故建议对传统的方法作一些适当修正。

本手册的第7章介绍的方法适用于洪水由暴雨形成的山岳与非山岳地区、各种流域面积和降雨历时的PMP估算,其中对PMF估算有关的主要问题也作了简单介绍。

美国国家气象局、美国国家海洋大气局、美国商业部、澳大利亚联邦气象局以及中国和印度的水利电力部门设计机构的一些实际研究的例子被用来说明各种方法的具体运用。这些例子被选择的原因是:①它们代表了不同问题;②它们是从被广泛引用的报告中选取的,所举的例子容易理解;③基础材料齐全(如各种图表),这样准备手册时,可节省时间和花费。这些例子包括了特定流域的估算和区域概化估算,还包括了雷暴雨、一般(系统性)暴雨和热带暴雨的 PMP 估算,以及特大流域的 PMP/PMF 估算。

除一个统计方法外,本手册介绍的均为水文气象法。这种方法主要包括实测暴雨的水汽放大和移置以及暴雨组合。有时也采用降水效率或风放大暴雨。暴雨移置包括高程、水汽入流屏障以及距离水汽来源远近的各种改正。与传统研究不同的方法有用于多山区的山岳计算模型以及用于特大流域的重点时空组合法和历史洪水暴雨模拟法。本手册还介绍了决定 PMP 的季节变化及时空分布的方法。

手册中载有用于调整空中水汽的饱和假绝热大气可降水的数值表,还载有世界暴雨和洪水记录以供估算 PMP 和 PMF 时粗略对照。

本手册编制时假定读者为气象工作者和水文工作者,因此未作基本的气象和水文术语及方法的介绍。相信气象工作者和水文工作者,特别是参加过水文气象方面培训的人员,应用本手册的方法解决 PMP 和 PMF 估算的一般问题是足够的。

目　录

图目录

表目录

第 1 章　绪　论

1.1　可能最大降水估算的目的

估算可能最大降水（PMP）的目的是确定在给定流域的某一特定地理位置的某一给定工程设计所需要的可能最大洪水（PMF），以便进一步确定该工程的规模（坝高和库容）和泄洪建筑物（溢洪道和泄洪洞）的尺寸。

1.2　PMP 和 PMF 的定义

1.2.1　PMP 的定义

PMP 是指在现代气候条件下，一定历时的理论最大降水，而这种降水对于设计流域或给定的暴雨面积，在一年中的某一时期物理上是可能发生的。若按适当的不利条件将其转化为洪水，就是设计流域特定工程设计所需的可能最大洪水（PMF）。

1.2.2　PMF 的定义

PMF 是指对设计流域特定工程威胁最严重的理论最大洪水，而这种洪水在现代气候条件下是当地在一年的某一时期物理上可能发生的。

1.3　水文与气象要结合

PMP/PMF 估算属于水文气象学的范畴，因此在设计洪水领域又称其为水文气象法，水文气象学是水文学与气象学相结合的科学。PMP/PMF 估算工作要求水文学家与气象学家要密切配合。PMP/PMF 的任一问题都不能单独从水文学或气象学的某一观点来看待，必须用这两门学科的概念和理论来进行评判。通过这样的合作，有可能获得 PMP/PMF 的最优估值，从而有助于在工程设计上实现安全与经济的统一。在合作中，对 PMF 有影响的各种因素都要进行研究。这些因素包括气象、水文、地质、地形等。当然，这项工作的内容并不限制对某些气象因子作单独分析。

在本手册中，对多年来在文献中曾介绍过的一些方法和技术有所发展，同时也反映了目前实践得出的新经验。由于物理模型估算的降水精度较差，我们现在还不可能用它来解决所面临的问题。利用数值天气预报模型来估算 PMP 的可能性，现正在进行研究（Cotton 等，2003）。

1.4　PMP/PMF 估算

1.4.1　基本认识

暴雨及其相应的洪水都具有物理上限，这种上限值就是 PMP/PMF，但是由于物理现象的复杂性和资料条件、气象与水文科学水平的限制，目前所求得的 PMP/PMF 都是近似值。

1.4.2　PMP 的估算途径和方法

1.4.2.1　途径

PMP 的基本假定是：PMP 是由具有最优的动力因子（一般用降水效率表示）和最大的水汽因子同时发生而引起的一场暴雨所形成的降水（Precipitation）。PMP 的估算途径从其着眼点看，可以分为两大类：一类基于暴雨面积（等雨深线所包围的面积）；另一类基于流域面积（水库大坝控制的面积）。

基于暴雨面积的途径又称为间接型途径，因为它是先针对一广大的地区（气象一致区）估算出一组不同历时和不同面积的 PMP，然后提供一套办法将其转换为设计流域的 PMP，供高风险工程（一般为水库、核电站）估算可能最大洪水（PMF）之用。

基于流域面积的途径又称为直接型途径，因为它是针对设计流域特定工程（一般为水库）对 PMF 的要求，直接估算出该设计流域一定历时的 PMP 的。为什么要强调特定工程呢？这是因为工程的情况不同，相应的 PMP 天气成因也不同。例如，同一坝址若修建调蓄能力较强的高坝大库，从防洪上说，对工程起控制作用的是洪水总量，因此要求设计洪水的历时相对较长，其相应的暴雨可能是由多个暴雨天气系统的叠加与更替所形成的；若修建调蓄能力较弱的低坝小库，从防洪上说，对工程起控制作用的则是洪峰流量，因此要求设计洪水的历时相对较短，其相应的暴雨可能是由单一的暴雨天气系统或局地强对流所形成。

1.4.2.2　方法

目前，在工程实践中所使用的方法主要有 6 种：

（1）当地法（或称当地暴雨放大或当地模式）；

（2）移置法（暴雨移置或移置模式）；

（3）组合法（暴雨时空放大、暴雨组合或组合模式）；

（4）推理法（理论模式或推理模式）；

（5）概化法（概化估算）；

（6）统计法（统计估算）。

原则上，这些方法大部分均可适用于中、低纬度地区。但在用于低纬度（热带）地区时，对某些参数的求法等需作适当改变（见第 6 章）。

此外，还有适用于推求特大流域 PMP/PMF 的两种方法：

（1）重点时空组合法；

(2)历史洪水暴雨模拟法(见第 7 章)。

现将以上所述 8 种方法的含义和适用条件简述如下:

1.4.2.2.1　当地法

当地法是根据设计流域或特定位置当地实测资料中最大的一场暴雨来估算 PMP 的方法,此法适用于当地实测资料年限较长的情况。

1.4.2.2.2　移置法

移置法是把邻近地区的某场特大暴雨搬移到设计地区或研究位置上的方法,其工作的重点是:

(1)要解决该暴雨的移置可能性,其解决办法有三个,即划分气象一致区、研究该场暴雨的可能移置范围、针对设计流域的情况作具体分析;

(2)根据暴雨原发生地区和设计地区二者在地理、地形等条件上的差异情况,对移置而来的暴雨进行各种调整。这种方法适用于设计地区本身缺乏高效暴雨的情况,目前运用最广。

1.4.2.2.3　组合法

组合法是将当地已经发生过的两场或多场暴雨过程,利用天气学的原理和天气预报经验,把它们合理地组合起来,以构成一个较长历时的人造暴雨序列的方法。其工作重点是组合单元的选取、组合方案的拟定和组合序列的合理性论证。本方法适用于推求大流域、长历时 PMP/PMF 的情况。本方法要求工作人员具有较多的气象知识。

1.4.2.2.4　推理法

推理法是把设计地区暴雨天气系统的三维空间结构进行适当的概化,从而使影响降水的主要物理因子能够用一个暴雨物理方程表示出来。根据流场(风场)形式不同,主要分为辐合模式、层流模式。辐合模式是假定暴雨的水汽入流是由四周向中心辐合、抬升致雨;层流模式是假定暴雨的水汽入流以层流状态沿斜面爬行抬升致雨。本方法要求设计地区具有较好的高空气象观测资料,适用面积为数百至数千平方千米的流域。

1.4.2.2.5　概化法

概化法是针对一个很大的区域(气象一致区)来估算 PMP。具体做法是把一场暴雨的实测雨量分割成两大部分:一部分是由天气系统过境所引起的大气辐合上升而产生的降雨量,简称辐合雨量,并假定这种降雨在气象一致区内到处都可以发生;另一部分是由地形抬升作用而引起的降雨量,简称地形雨量。概化工作是针对辐合雨量进行的,得出的成果主要有:

(1)PMP 的深度,用时—面—深(DAD)概化图表示,绘制此图使用的技术主要是暴雨移置;

(2)PMP 的空间分布是把等雨量线概化为一组同心的椭圆形;

(3)PMP 的时间分布是把雨量过程线概化为单峰、峰尖略微偏后的图形。

本方法要求研究地区具有大量、长期的自记雨量资料,费时和耗资均较多,但是一旦完成,使用起来方便,PMP 成果精度也较高。本法的适用范围:流域面积的上限为山岳区 13 000 km^2,非山岳区 52 000 km^2;降雨历时的上限为 72 h。

1.4.2.2.6 统计法

统计法是由美国的 Hershfield D. M. 提出的。它是根据气象一致区内的众多雨量站的资料,按照水文频率分析法的概念,借助区域概化的办法来推求 PMP。但在具体做法上与传统的频率分析法有所不同,因而其物理含义也不同(王国安,2004)。本法主要适用于集水面积在 1 000 km^2 以下的流域。

1.4.2.2.7 重点时空组合法

重点时空组合法就是把对设计断面的 PMF 在时间(洪水过程)和空间(洪水来源地区)上影响较大的部分的 PMP 用水文气象法(当地法、移置法、组合法、概化法)解决,影响较小的部分用水文分析工作中常用相关法和典型洪水分配法等处理。显然,此方法可以看做是暴雨组合法,在时间和空间都进行组合的一种运用,只是对主要部分细算、对次要部分粗算。此方法主要适用于设计断面以上的流域,上、下游气候条件相差较大的大河流。

1.4.2.2.8 历史洪水暴雨模拟法

历史洪水暴雨模拟法是根据已知特大历史洪水的不完全的时空分布信息,利用现代天气学的理论和天气预报经验加上水文流域模型,借助计算机手段,把该历史洪水所相应的特大暴雨模拟出来,并以之作为高效暴雨,再进行水汽放大,得出 PMP。此方法适用于通过调查和历史文献(书籍、报刊、碑文、轶事等)资料的分析,已获得设计断面的洪水过程和上游干支流部分地区的雨情、水情和灾情等信息的情况。

本手册在第 2 章、第 3 章和第 7 章中分别介绍了当地法、移置法、组合法等三种方法。其差别是后者在分析估算过程中,融入了中国在水文分析计算中所积累的经验,也就是使水文与气象能较为紧密地结合。

1.4.3 各种途径的估算法的基本步骤

1.4.3.1 基于暴雨面积的途径

基于暴雨面积的途径常用的方法是概化估算法和统计估算法。前者是针对等雨深线内的面平均雨深进行概化,后者是针对点(站)雨深(它可以看做面积小于 10 km^2 的平均雨深)进行概化,以得出暴雨面积的 PMP,然后按某种方法将其转化为设计流域的 PMP。

1.4.3.1.1 概化估算法的基本步骤

本方法估算 PMP 的基本步骤(王国安,2004)如下:

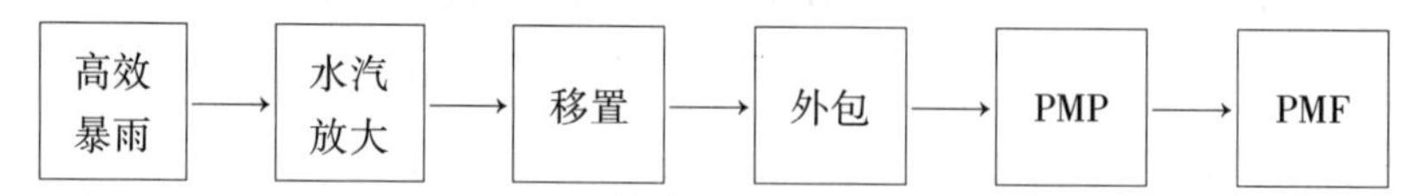

(1)高效暴雨。通俗点说就是实测资料中的重要暴雨(Major Storm),假定其降水效率已达到最大值。

(2)水汽放大。就是把高效暴雨的水汽因子放大到最大值。

(3)移置。就是把水汽放大后的高效暴雨的雨量分布图在气象一致区内搬移。

(4)外包。就是按移置而来的多场暴雨绘制时—面—深(DAD)关系取其外包值,使各种历时、各种面积的雨深均达到最大值。

(5)PMP。就是将上述 DAD 外包值通过适当的方法转换到设计流域(还要考虑地形影响)的可能最大降水。

(6)PMF。就是假定 PMP 形成的洪水(加上基流),即设计流域的可能最大洪水。

本手册第5章、第6章介绍的方法属于概化估算法。

1.4.3.1.2 统计估算法的基本步骤

本方法估算 PMP 的基本步骤(王国安,2004)如下:

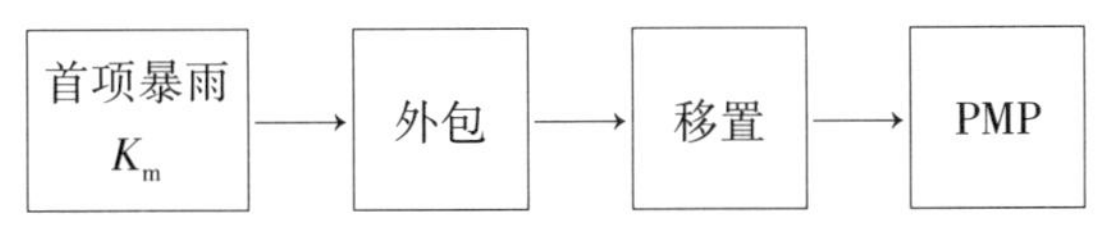

(1)首项暴雨 K_m。其为实测暴雨系列中的最大值 X_m 的统计量,即

$$K_m = \frac{X_m - \overline{X}_{n-1}}{\sigma_{n-1}}$$

式中:$\overline{X}_{n-1}$和 σ_{n-1}分别为去掉特大值后的平均值和均方差。

(2)外包。其为将各雨量站不同历时(D)的 K_m 值,在一张方格坐标纸上点绘 K_m—D—$\overline{X}_{n-1}$的相关图,再以 D 值为参数画出 K_m—$\overline{X}_{n-1}$关系的外包线。

(3)移置。其为将上述外包线图中的 K_m 值移用于设计站。具体操作是用设计站的实测 n 年(全部)暴雨系列计算出均值$\overline{X}_n$,用以查上述的相关图得出设计站的 K_m 值。

(4)PMP。其为设计站的可能最大降水,按下式计算,即

$$PMP = \overline{X}_n + K_m\sigma_n = \overline{X}_n(1 + K_m C_{vn})$$

式中:σ_n 和 C_{vn}分别为设计站实测 n 年雨量系列的均方差和变差系数($C_{vn} = \sigma_n/\overline{X}_n$)。

由上述可知,统计估算法的实质相当于暴雨移置,但是移置的不是一场具体的暴雨量,而是移置一个经过抽象化的统计量 K_m。暴雨移置改正则是用设计站暴雨的均值$\overline{X}_n$和变差系数 C_{vn}来改正(王国安,2004)。

本方法按上述方法求得的 PMP 是一个点(假定为暴雨中心)的,对设计流域的面平均 PMP 可用暴雨点面关系图查得。

本手册第4章中所介绍的方法属于统计估算法。

1.4.3.2 基于流域面积的途径

基于流域面积的途径估算 PMP 的基本步骤(王国安,1999,2004)如下:

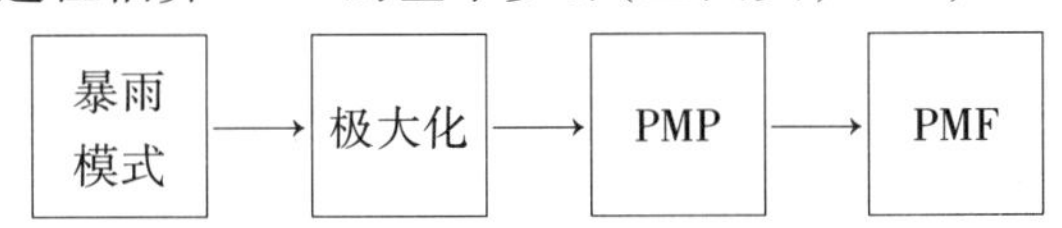

(1)暴雨模式。其为能够反映设计流域特大暴雨的特征,并对工程防洪威胁最大的典型暴雨或理想模型。根据其来源不同,可以分为当地模式、移置模式、组合模式和推理模式四大类。这四类模式的含义与1.4.2.2部分中所述相同。

(2)极大化。其为对暴雨模式进行放大。当暴雨模式为高效暴雨时,只做水汽放大,否则对水汽因子和动力因子均需放大。

(3)PMP。其为将暴雨模式极大化后所得的设计流域的可能最大降水。

(4)PMF。其为将 PMP 转化为洪水后设计流域的可能最大洪水。

本手册第7章中所介绍的方法属于这类方法,但是考虑到辐合模式和层流模式已在

第2章、第3章中有了简要的介绍,同时目前应用较少,故在第7章没有介绍此两种模式。

第7章所介绍的方法特别需要水文工作者和气象工作者密切配合。

1.5 暴雨和洪水资料

特大暴雨和洪水资料是估算PMP/PMF的基础,因此对这种资料需要广泛地收集、加工和分析。分析的内容包括其数值大小、时空分布型式和天气成因。面平均雨量是根据流域内的实测大暴雨的雨量来进行计算的。雷达和卫星信息可用于增加最新暴雨的实测资料。遥感资料在目前也是有用的信息,它可用于弥补资料稀少地区的不足(例子见http://www.ecmwf.int和http://www.cdc.noaa.gov/cdc/reanalysis/reanalysis.shtml)。

面平均雨量是用于绘制时—面—深(DAD)曲线。DAD分析可用《暴雨量时—面—深分析手册》(Manual for Depth-Area-Duration Analysis of Storm Precipitation)(WMO,1969 b)所介绍的方法来完成。这个方法便于确定指定面积某一特定时段的暴雨的平均降雨深度。而且,在PMP研究中,在研究流域的水文特性时,这个分析方法也是非常有用的。

对根据野外调查和历史文献获得的历史特大暴雨和洪水资料信息也要认真地进行收集、分析。但需注意的是,当使用早期的特殊记录时,应尽力对这一信息进行核查。在分析中,最好对每场特大暴雨都能确定出暴雨总量及其时空分布和形成因子。类似地,对于各场特大洪水,也应尽可能地确定其洪峰、洪量、时程分布和洪水来源地区。

1.6 PMP/PMF的估算精度

PMP/PMF估值的精度取决于在估算过程中所运用的特大暴雨、洪水资料的数量和质量以及分析研究的深度,要完美地确定PMP和PMF是不可能的,迄今对其精度还没有定量分析的方法。目前,最好的办法是要对PMP/PMF的估算成果从多方面进行分析、比较和协调。这项工作,美国《水文气象报告》(Hydrometeorological Report) HMR 55A称为一致性检查,HMR 57和HMR 59称为比较研究(Hansen等,1988,1994;Corrigan等,1998),中国称为合理性检查(见7.2.7部分)。通过这样的比较,使成果的质量受到控制。

同时,对于PMP的精度还可以考虑用以下一些因素来进行评判:①PMP超过周围气象一致区实测最大暴雨值;②如果有一个较好的长期记录,所考虑的区域内实测暴雨的个数和严重性;③在本区域内暴雨移置的范围;④放大的次数、性质及其相互关系;⑤模式中降水和其他气象变量之间关系的可靠程度;⑥模式中个别气象变量出现的概率(注意避免对几个稀遇事件进行过分的组合)。尽管本手册介绍的估算PMP的方法可以算到mm或1/10 in(1 in = 2.54 cm),但这并不表明估值的精确度。

1.7 关于手册

1.7.1 目的

编写本手册的目的是想把目前世界上在工程设计中常用并具有代表性的推求PMP

的方法作一系统的介绍，包括各种方法的基本概念、关键环节、注意事项和适用条件，以便工程设计人员能够结合自己所遇到的实际情况，参照运用。

本手册假定读者具有一定的气象和水文知识，因此对一些基本的气象和水文术语及方法没有介绍。

1.7.2 范围

关于地区范围。本手册介绍的方法只适用于中、低纬度以暴雨洪水为主的河流的PMP估算。没有涉及高纬度以融雪洪水为主的河流的PMP估算问题。

关于面积和历时范围。第2～6章介绍的方法，原则上只适用于非山岳区流域面积为50 000 km^2 以下、山岳区为13 000 km^2 以下（第4章的统计估算法一般用于1 000 km^2 以下）、降雨历时在72 h以下的情况。第7章的方法对于山岳区和非山岳区的大小面积和各种历时PMP的估算，原则上均可运用。第7章强调应针对设计流域的特定工程的PMF的特殊要求（如关键历时、敏感的洪峰或洪量）来估算PMP，物理概念较为清楚。

第7章提供了特大流域（面积50 000～1 000 000 km^2）的PMP估算方法。对于这样的问题，有的也采用其他方法解决（Morrison-Knudson 等，1990）。

由于手册第7章介绍的PMP估算方法是与设计流域特定工程对PMF的特殊要求紧密相连的，因此需要有PMF的内容。但是由于本手册是《可能最大降水估算手册》，又不宜在书中多谈PMF，故仅着重指出在PMP条件下，流域产流和汇流现象的一些突出特点使相应的计算方法可以大为简化之处。同时，本手册对有些问题，例如某些地区需要推求最大季积雪量和最优融雪率问题，没有讨论。因此，为了了解这方面的方法，这里提供一些标准的水文学方面的参考文献（German Water Resources Association, 1983；Institution of Engineers, Australia, 1987；Cudworth，1989；U. S. Army Corps of Engineers, 1996；王国安，1999），世界气象组织出版物（WMO, 1969a, 1974, 1975）和有用的因特网材料（如http//www. ferc. gov/industries/hydropower/safety/engquide. asp），以便查阅。

1.7.3 应用实例

本手册采用已发表的基于暴雨面积和基于流域面积的各种大小及气象、地形条件不同的流域PMP估算报告实例来阐述PMP估算的一般实用方法。采用这些实例有两个主要理由：第一，它们是实际流域的实际计算，比假想情况更能使人对估算方法放心；第二，这些实例的刊布报告比本手册详尽，可供参考。不过，本手册所提供的内容应该足以使水文气象工作者解决他们所面临的问题。许多国家的水文气象工作者都做过PMP估算，本手册主要采用美国国家气象局（1970年以前叫美国天气局）和澳大利亚气象局的研究报告以及中国和印度的水利电力设计部门出版物中的一些实例。但这不该理解为这些方法和成果优于其他国家或部门的方法。

本手册的实例不可以生搬硬套。它们仅仅表达了在一些不同情况（包括大小流域、不同地形、气候及不同资料情况）下，如何去估算PMP。不能认为例子中的方法是某种特殊情况下的唯一解，其他办法也可能得到同样有效的结果。这些例子只应该作为如何推求PMP估值的建议。各章末的注意事项须特别注意。

在准备估算 PMP 时,对气象研究的重要性既不可过于强调,又不可低估,重要的是要有针对性地进行。因为这种研究有助于 PMP 估算方法的选取,并能对地区、季节、历时、面积的变动及地形影响等提供线索。

1.7.4 计算机技术的应用

由于计算机的迅速发展,其在水文气象领域里的运用也日益广泛。从 PMP 估算所需的资料分析处理到得出 PMP 和 PMF,都可以运用计算机来完成,另外配上地理信息系统的利用,可以使 PMP 和 PMF 估算的许多环节,更为精细和快速。本手册对于计算机技术的运用,结合澳大利亚东南部 PMP 概化估算作了简要介绍。

1.8 PMP 和气候变化

评估气候变化对 PMP 的可能性影响,需要考虑以下因素:有效水汽(Moisture Availability)、雨深—面积曲线、暴雨类型、暴雨效率和概化降雨深。由于 PMP 方法与一些特大降雨事件有关,因此还要考虑实测极值雨量和预测极值雨量的变化。

这些因素可以使用基于暴雨事件的方法和基于测站的方法来共同评估。在一项针对澳大利亚所作的研究中(Jakob 等,2008)发现,澳大利亚沿海有效水汽明显增大,同时气候模型预测值也普遍增大,尽管部分区域有所减小。虽然澳大利亚东部沿海部分地区的暴雨效率有减小的趋势,但暴雨效率的总体变化很小。

一般而言,概化降雨深度没有明显的变化,不过最近冬季发生的一个事件在暴雨效率和降雨量方面打破了先前的记录。

PMP 估算属于稳健估计,即不是基于个别离群事件,而是基于多个极端事件进行估计。最近发生的几次特大降水事件都按一定的规则被筛选出来,用以检查在暴雨数据库中包含这些事件数据后,是否会增大 PMP 估值。而在澳大利亚个例研究中,近期没有实例影响到 PMP 估值。

只在两个区域中发现了降雨极值事件有长期变化趋势:澳大利亚西南沿海的西部地区减小和新南威尔士北部部分地区增大。这个事实揭示:对于澳大利亚大部分地区来说,目前的 PMP 估值代表了现代气候条件的降水极值。

虽然全球气候模式目前还不能准确地模拟 20 世纪后期澳大利亚降水的趋势,然而迹象表明,在气候变暖背景下,伴随着有效水汽总量的增加,21 世纪初极端降水事件有可能会增加。

综上所述,澳大利亚个例研究表明,到目前为止,我们不能认定在气候变化的背景下,PMP 估值一定会增大。

第 2 章　中纬度非山岳地区 PMP 的估算

2.1　绪　言

2.1.1　概述

(1)影响降水的主要因子可以概括为水汽和动力两大因子。水汽因子一般采用地面露点来推求;动力因子一般采用实测特大暴雨资料间接计算,但也可采用某种气象因子直接估算。

(2)非山岳地区 PMP 的估算一般采用三种方法:

①当地暴雨放大,放大的方法有水汽放大和风放大两种;

②暴雨移置法,在移置中要进行高程调整、障碍调整和水平位移调整;

③时序与空间放大,即根据一定的原则人为地将一场或几场暴雨在时间和空间的分布情况加以调整使之构成一组新的暴雨序列以加强造洪效果,该方法在中国又被称为暴雨组合法。

(3)外包就是将一种或几种方法求得的结果作时—面—深外包线,即视为 PMP。将其用于放大特定流域一定历时、一定面积的实测暴雨或假想暴雨,其结果就被称为可能最大暴雨(PMS)。

(4)PMP 时空分布。总的来说,时间和空间分布都有两种方法:

①时空分布概化法,换言之,就是将时间分布概化为单峰型,峰尖略为偏后;将空间分布概化为一组同心的椭圆形;

②模拟实测典型暴雨法,这种情况就是采用某一实测暴雨的时空分布形式作为 PMP 的时空分布。

以上方法既可用于特定流域,也可用于气象一致区的概化估算。

2.1.2　辐合模式

辐合、垂直运动及凝结之间在理论上的相互关系是人所共知的。如果大气中不同高度上的辐合或垂直运动(在某一时段的时间和空间上的平均值)为已知,或以某种精度假定已知,那么另一项可以同精度地由质量连续性原理求出。

观测确证,在深厚雨云中用以计算降水量的上升饱和空气,其温度的理论假绝热直减率与实际情况是十分接近的。在一定压力减低的条件下,比湿愈高,降水量愈大。这些因素是辐合模式建立公式的基础,并且有几个这样的模式已经建立了(美国天气局,1947;Wiesner,1970;WMO,1969a)。

2.1.3　将实测暴雨作为辐合及垂直运动的指标

用辐合模式来估算 PMP 有一个问题,即:各个季节适当精度的最大水汽含量在世界上绝大部分地区都可以从气候资料中合理分析出来。然而,既无经验方法也无令人满意的理论方法可以定出辐合或垂直运动的最大数值,而且直接观测这些数值也是不可能的。解决这个难题时不得不以实测暴雨作为一种间接的量度。

特大降雨是大气中最高等级的辐合及垂直运动的指标。辐合及垂直运动被看做是暴雨或降水产生机制。因此,可以确定所研究流域极限暴雨的极大机制,而不必真的去计算辐合及垂直运动的量值。用放大实测暴雨来估算 PMP 的步骤包括水汽调整、暴雨移置及外包。这些将在以下章节中讨论。

2.2　大气中水汽含量的估算

2.2.1　饱和假绝热大气的假定

由于许多实测的极大或主要大雨发生时还没有密集的高空温湿观测站网,所以大气湿度的任何指标都必须由地面观测资料推求。此外,现有的高空站网仍然太稀疏,不足以测定大暴雨的水汽入流,特别是对于本手册所限制的面积更是如此。

幸而大气底层的水汽对于产生降水是最重要的。这是因为水汽大部分在底层并且在降雨之前就分布在暴雨(区)上空了(Schwarz,1967;美国天气局,1960)。理论计算表明,在发生特大降雨时,暴雨中的空气上升速率必须大到足以使原来在地面的空气 1 h 左右就到达发生降水的顶层。在很剧烈的雷暴雨中,地面空气几分钟就可以上升到顶层。

最现实的假定似乎是空气以干绝热状态上升至饱和高度,并在那里变为湿绝热状态。对于一定的地面露点而言,空气达到饱和的高度愈低,气柱中含有的水汽愈多。最大的可降水发生于这个高度在地面的时候。由于这些理由,水文气象工作者一般假定在极大暴雨时大气呈饱和假绝热状态。

2.2.2　地面露点作为水汽的指标

用水汽放大一场暴雨时需要两种饱和绝热的统一。一种表示暴雨温度的垂直分布已经极大化了;另一种是到达了与发生的暴雨同一地点及年内同一时期的最暖湿饱和绝热状态。必须把两种饱和绝热用共同的指标统一起来,气象学上习惯以湿球位温表示饱和绝热。这相当于 1 000 hPa 的露点。试验表明,当饱和与假绝热条件拟定以后,暴雨的可降水及可降水的极大值可以近似地由地面露点加以估计(Miller,1963;美国天气局,1960)。

流入暴雨的水汽入流的代表性地面露点证明与暴雨饱和绝热是统一的。这个湿绝热相当于当地同一季节的 50 年或更长期的最高露点记录或某种稀遇重现期,如百年一遇的露点(见 2.2.5 部分),可以认为充分接近于最暖饱和绝热。暴雨和最大露点均按假绝热化算到 1 000 hPa 高度(见图 2.1),以便于不同高程观测站点的露点相互比较。这样就可以制成和使用一种表示大气水汽与 1 000 hPa 露点的函数关系表(见附表 1.1 ~ 附表 1.3)。

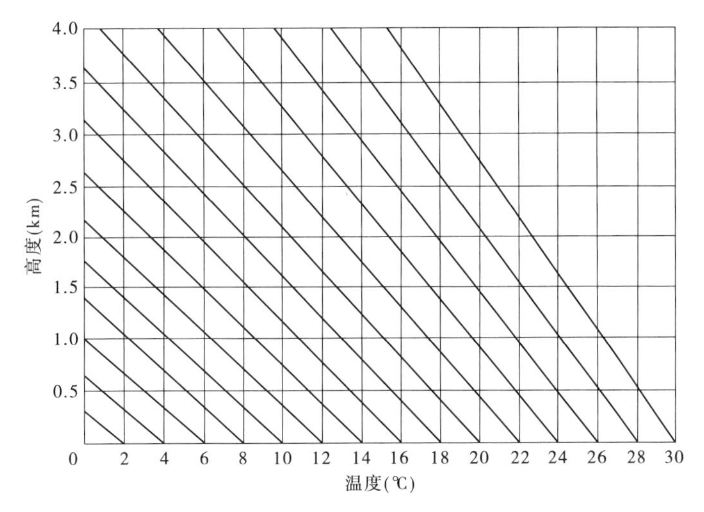

图 2.1　化算至零高程处 1 000 hPa 露点的假绝热图

2.2.3　12 h 持续露点

由于水汽入流对暴雨有显著影响,而此水汽必须是持续几小时的而不是几分钟的。此外,单次观测露点可能有很大误差。因此,在以露点为基础估算暴雨或可能最大水汽中,用两个或两个以上相隔适当时段的连续观测或一段时间的连续自记的资料比单次记录要好一些。通常使用所谓最大 12 h 持续露点。一种可替代的方法是采用最大平均 24 h 露点;另一种是平均 12 h 露点或 24 h 持续露点。某些特定时段的最大露点等于或超过所有观测值,例如,表 2.1 是某站每隔 6 h 的露点观测值。

表 2.1　某站每隔 6 h 的露点观测值

时间	0 时	6 时	12 时	18 时	次日 0 时	次日 6 时	次日 12 时	次日 18 时
露点(℃)	22	22	23	24	26	24	20	21

这个系列的最大 12 h 持续露点为 24 ℃,这由 18 时 ~ 次日 6 时的数值得出。如果 0 时到 6 时的气温降至 23 ℃,则最大 12 h 持续露点应该是 23 ℃,这是由 12 时 ~ 次日 0 时决定的。每小时的露点观测记录自然可用,但这样的记录很少,而且会给查找持续值增加许多工作量,特别是对 2.2.5 部分所讨论的最大 12 h 持续露点值的情况更是如此。

2.2.4　代表性 12 h 持续 1 000 hPa 暴雨露点

为了选定代表暴雨水汽的饱和绝热线,可从地面天气图上确定进入暴雨的暖湿空气的最大露点。首先应考虑水汽来源区与雨区间的露点。由于降水关系,雨区本身的露点可能太高,但如果它与雨区外的数值相差不多并真正代表形成降水的气层的话也不必加以排斥。有些暴雨,特别是锋面系统,雨区地面露点可能仅代表一个薄层的冷空气而不代表释放降水云层的水汽及温度分布。

图 2.2 为在天气图上确定暴雨时最大露点的示意图。暴雨时在每隔 6 h 的连续天气图上,最大露点由几个站平均得出(见图 2.2)。计算平均值应在每张天气图上选相同站点。有时当水汽入流暴雨的湿舌很窄时,只能靠一个位置适当的站点决定露点。确定暴雨露点的降水中心与站点的距离应在天气尺度内,小于 1 600 km。自各张天气图上由单站或平均最大露点得出一个系列,由此系列(如 2.2.3 部分所述)选定最大 12 h 持续暴雨露点。暴雨露点时段要在观测风区间使露点站点能移置到雨区,然后将选定露点依假绝热化算到 1 000 hPa 高度。

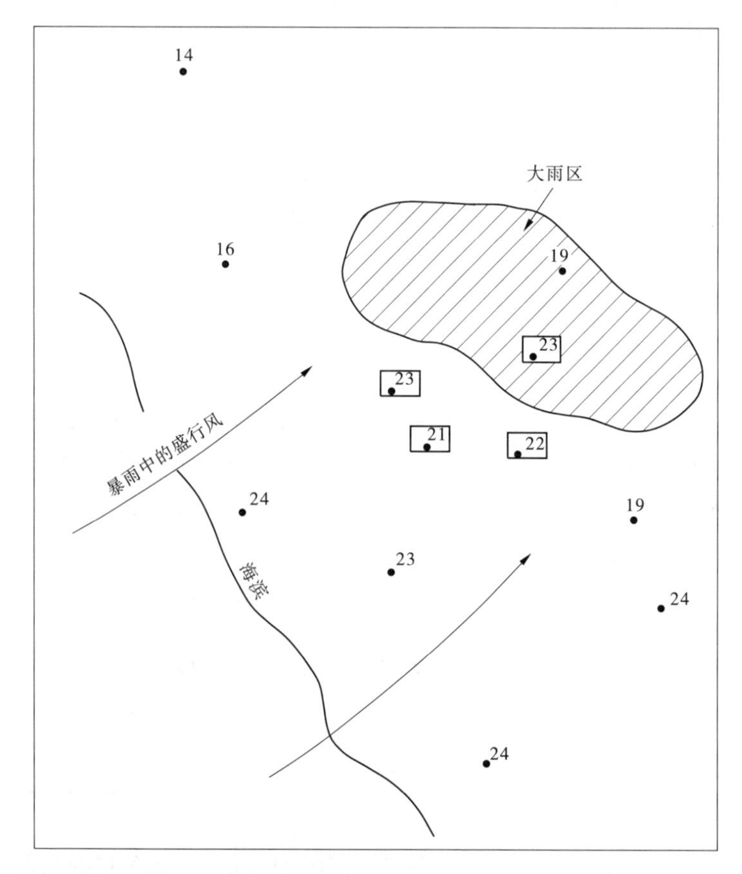

图 2.2 暴雨时最大露点的确定(此时代表性露点为方框内数字的平均值)

如果天气图是由有明显高差的各站原始观测值绘制的,则在计算平均值以前,均须化算到 1 000 hPa 高程。不过湿空气放流露点观测站间的高差通常是比较小的,在选择暴雨露点时,一般可以略而不计。

2.2.5 最大 12 h 持续 1 000 hPa 露点

用以放大暴雨的大气水汽的最大值通常由最大 12 h 持续 1 000 hPa 露点估算。这个露点一般由研究地区几个站的长露点系列,如 50 年或更长一些的资料得出。有些地区,一年中各月或关键季节的最大露点就可以用来说明最大大气水汽量的季节变化,不过最好还是选用每半月或 10 天的最大 12 h 露点。

露点资料远少于 50 年时就可能没有产生过最大水汽的最大代表值。在这种情况下，通常是将月或更短时间的最大 12 h 持续露点的年系列作频率分析。由于百年一遇的数值已经接近长系列的最大露点，所以通常用百年一遇的数值作代表来绘制季节变化曲线，虽然有时也用 50 年一遇的数值。

在选定最大露点作为最大水汽的指标来放大暴雨时有些事项应加以注意。这些注意事项适用于直接观测的资料，也适用于由频率分析得出的资料。在某些地方和季节里因阳光充足、空气停滞，以及存在许多河湖沼泽等，可能由于地面水汽蒸发形成一个局部高露点，不代表高层大气水分，此种露点应予抛弃。为了消除这种影响，最高露点日期的地面天气图应予以检查。如果观测资料发生于测站明确地在反气旋或晴好天气范围之内，而不是趋向于降水的气旋环流之内的话，这种露点应被淘汰。

另一个需要考虑的事项是应避免露点过大，因为在很长的实测资料中露点可能超过产生极大降水量的最佳值。若露点大于百年一遇的数值，要仔细分析相应的天气情况，明确此露点可带来的极大降水量。

所有直接从长期观测系列选出的 12 h 最大持续露点，与观测日期对应作图，然后连一根平滑的外包线，如图 2.3 所示。如以短期资料露点作频率分析，则所得到的数值通常点绘在资料时段的中点上。例如，若频率分析所根据的资料是时段为半月的最大 12 h 持续露点，而这个数据是上半月观测成果，则 50 年一遇或百年一遇的数值应点绘在各月的第 8 d 上。

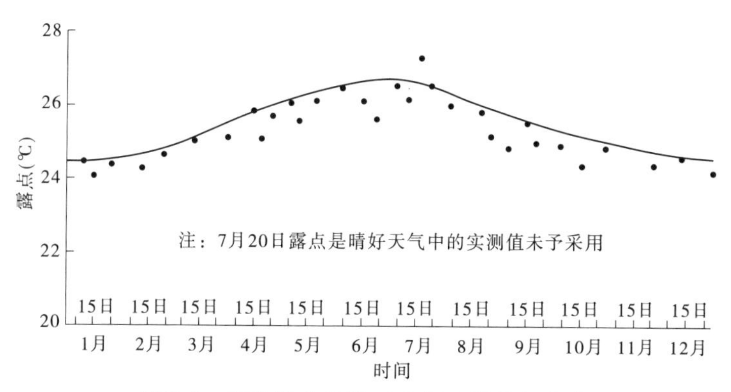

图 2.3　某站最大持续 12 h 露点的外包曲线

特别是在有许多 PMP 需要估计的时候，最好绘制各月最大 12 h 持续 1 000 hPa 露点等值线图。这种图不但提供一个便利的最大露点资料来源，而且能使不同流域的估计值得以相互协调。这种图根据季变化曲线上各月中点的露点，并化算到 1 000 hPa 高度。各露点数值点在观测站点上，并以等值线连接之，如图 2.4 所示。

有些地区没有露点资料或者资料过短不足以作可靠的频率分析。由于输入大暴雨的主要水汽来源是海洋面上的蒸发，海面温度就提供估算最大露点的一个理论基础。事实上，海面温度比内陆露点更能代表大气水分，因为后者受局部条件的影响，可能不代表整层水汽柱。

在沿海地区，由海面温度估计最大露点是较为简单的，因为此时潮湿空气越过地面时改变很少。如墨西哥湾的沿海区最大 12 h 持续 1 000 hPa 露点比上风向海面月平均海面温度低 1 ~2 ℃。这种差别因深入陆地愈远而增加。澳大利亚沿海地区最大露点比上风向海面温度约低 4 ℃。

向内陆距离增大时最大露点的减少率与一年中的季节、最大湿度期间的水汽流动方向、地形障碍及其他地理条件有关。必须针对研究地区内各月的递减分别研究以得到合理可靠的季节变化曲线。由充足资料绘制的最大 12 h 持续 1 000 hPa 露点图所表示的梯度提供短缺资料地区推求这种露点的有用参考。如图 2.4,对于相类似地理区域估计最大持续露点梯度,将是有用的。

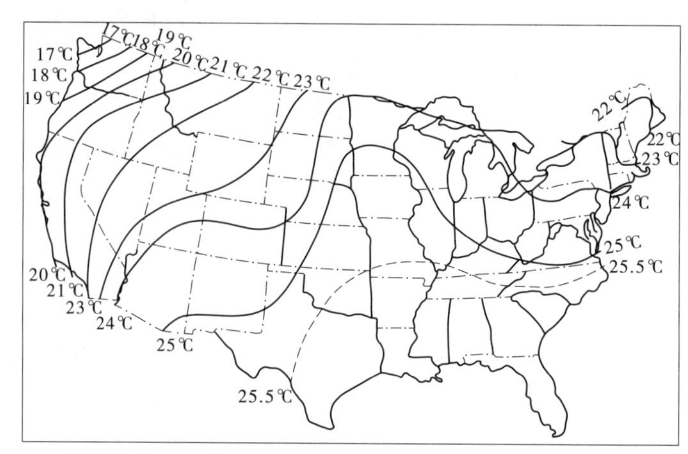

图 2.4　8 月份最大 12 h 持续 1 000 hPa 露点等值线图(环境资料服务局,1968)

2.2.6　可降水

可降水是水文气象上用得最多的一个名词,它表示大气内一个垂直气柱中的总水汽质量。例如,说空气含有 3 cm 的可降水就意味着每个横断面为 1 cm^2 的垂直气柱含有 3 g 呈水汽状态的水量。假使这些水汽全部凝结并且积在气柱的底面上,其水深就是 3 cm,因为水的密度为 1 g/cm^3。可降水这个名词事实上是误用,因为自然过程不能把大气中的全部水汽降落下来。因此,有时用"水汽的液体当量"(Liquid equivalent of water vapour)或简称"水当量"(Liquid water equivalent)这一名词代替它。

依假绝热直减率的饱和空气自 1 000 hPa 面至各种高度或气压层的可降水与 1 000 hPa 露点的函数关系表见附录 1。这些表是用来作暴雨的水汽调整的。

2.2.7　最大持续露点的持续时间确定

对中纬度地区一般暴雨来讲,暴雨历时达 6 h 以上,水汽稳定入流时间较长,故采用持续 12 h 作为暴雨代表性露点和历史最大露点选择时段。就局地暴雨讲,暴雨历时短于 6 h,暴雨水汽条件与大规模水汽入流关系不明显,故按持续 3 h 作为选择时段(例如在美国西北部地区)。在热带一些地区,暴雨持续历时更长,水汽供应充沛,且入流比较稳定时则可采用持续 24 h 作为露点选择时段(如印度)。

2.3　水汽放大

2.3.1　季节限制

暴雨结构的季节变化使得水汽放大有一个限制。例如,冬季暴雨永远不得以一年中最大 12 h 持续露点来作水汽调整,如果这种露点发生在夏季的话(事实上差不多总是发生在夏季)。实际上,水汽调整是以一年中与暴雨发生在同时间的最大 12 h 持续露点为基础。更常用的办法是,用前后 15 d 之内的最大 12 h 持续露点。例如,从图 2.3 选择最大露点来放大 5 月 15 日暴雨,可采用 5 月 30 日的较高露点。同样,9 月 15 日的最大露点可以用于放大 9 月 30 日发生的暴雨。

2.3.2　可降水量

附录 1 附表 1.1 和附表 1.2 中列出从 1 000 hPa 面到各种不同高度或气压高度的可降水量与 1 000 hPa 面露点的函数关系。放大暴雨时,仅用地面到 400 ~ 200 hPa 间某一选定顶层高度的可降水量。300 hPa 高度一般作为风暴的顶层,但选用 400 hPa 以上任何层作为顶层没有什么差别,因为在这些高度上的水汽很少,可以不计水汽校正的影响。为便于放大暴雨,附表 1.3 列出某特定高度至 300 hPa 气柱的可降水量。在暴雨发生地区与水汽来源之间如有山脉障碍存在,一般采用平均山顶高程作为水汽柱的底面。大多数情况,最好选用在障碍与暴雨地点之间的暴雨露点和最大露点。

2.3.3　12 h 持续露点用于暴雨全过程

自一组站点的平均露点资料得出的代表性 12 h 持续暴雨露点,不一定是远远超过 12 h 或 24 h 的最强烈水汽入流,因为观测站在这个时间以后,易于因暴雨移动而变为处于冷区之内。自一场暴雨中每隔 12 h 选定不同的 12 h 代表性持续露点是一项非常繁重的工作,特别是暴雨历时为 72 h 或更长一些的情况更是如此。用不同组合测站的 12 h 露点作为调整的基础与单一测站的 12 h 露点作为调基础所得的放大暴雨数值相比,差别很小。所以无须花费更多时间去求不同时段(不同测站)的 12 h 代表性露点。

还要注意的是,对于一场暴雨使用不同的代表性露点也需要不同的最大露点作下述的放大计算。用 72 h 以内时段,如 24 h、48 h、72 h 代表性露点所得到的放大雨量数值与用 12 h 代表性持续露点作所有历时及整个面积放大的数值所得的结果,差别很小。通常采用单一的代表性 12 h 持续露点对暴雨各种面积及各种历时进行调整。

2.3.4　当地暴雨放大

当地暴雨放大,即不搬移位置的放大,仅仅是将实测暴雨乘以暴雨发生地点的最大可降水量(W_m)与由暴雨估算得出可降水量(W_s)之比 r_m,即

$$r_m = W_m / W_s \tag{2.1}$$

例如,设 12 h 代表性持续 1 000 hPa 暴雨露点为 21 ℃,最大露点为 24 ℃,并雨区高

出海平面(一般假定为 1 000 hPa)400 m,在雨区与水汽来源之间没有地形障碍,水汽放大比 r_m 可从附录 1 中附表 1.1 列的可降水量算得

$$W_m = 74$$
$$W_s = 57$$
$$r_m = 1.30$$

所用可降水量 W_m 及 W_s 是基底在 1 000 hPa 与顶层在 300 hPa 水汽柱中的可降水量。用附表1.3的数值代替附表 1.1 的,则 r_m 计算结果不变。

2.3.4.1　**暴雨高程调整**

若暴雨高程不是海平面高程,应作适当调整。根据水汽来源距离、地区暴雨特性及地理情况对暴雨高程低于 300 m 的水汽作调整。采用了不同的方法。若上段所述的暴雨发生在 400 m 的坡度很小的平原,雨区和水汽来源之间没有地形障碍,可按附表 1.1 和附表 1.2 的可降水量计算水汽放大比(r_m)

$$W_m = 74 - 8 = 66$$
$$W_s = 57 - 7 = 50$$
$$r_m = 1.32$$

附表 1.3 为所示高程与 300 hPa 层面间的露点数值。该表可用于计算水汽放大比,不必减去损失量,计算如下

$$W_m = 65.7$$
$$W_s = 50.0$$
$$r_m = 1.31$$

附表 1.1 ~ 附表 1.3 数据精确度的差别不必过多考虑。

2.3.4.2　**入流障碍调整**

若在雨区与水汽来源之间隔着一个平均顶部高程为 600 m 的延续山脉,则

$$W_m = 74 - 12 = 62$$
$$W_s = 57 - 10 = 47$$
$$r_m = 1.32$$

此处,300 ~ 1 000 hPa 的气柱中的可降水量要减去基底为 1 000 hPa,顶层为 600 hPa(即障碍顶点高程而不是雨区高程)的气柱中可降水量。采用附表 1.3 数值,r_m 也是 1.32。

还有一种方法,若入流障碍不超过 500 m,那么障碍从气流中去除水汽达到荫蔽效应并不完全。尽管还不十分清楚山脉附近气流情况,但障碍无法抬高辐合层,因此对暴雨无影响。此法说明见图 2.5。障碍后面区域的水汽入流减去抬升及原层面的比湿率。用 1 000 hPa露点饱和绝热的混合比计算比湿。障碍上游水汽入流为

$$I_1 = q_1 V_1 \Delta p_1 / g \tag{2.2}$$

越过障碍的入流为

$$I_2 = q_2 V_2 \Delta p_2 / g \tag{2.3}$$

因

$$V_1 \Delta p_1 = V_2 \Delta p_2 \tag{2.4}$$

从质量原理连续可求得

$$I_2 = I_1 \frac{q_2}{q_1} \tag{2.5}$$

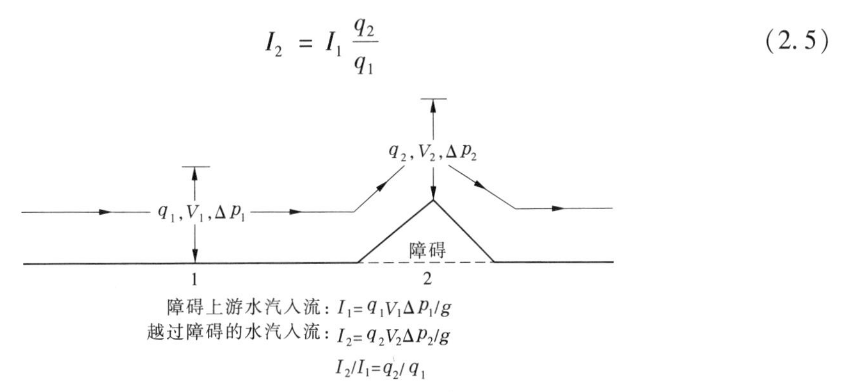

图 2.5　气流通过障碍时可能的水汽调整(Hart,1982)

以考虑暴雨为例,从附表 1.4 中查得的混合比可近似地看做是湿度值,水汽放大比则为

$$W_m = 74.3 \times \frac{17.7}{19.1} = 68.9$$

$$W_s = 57.1 \times \frac{14.5}{15.9} = 52.1$$

$$r_m = 1.32$$

此例中暴雨的水汽放大比没有变。采用这种方法移置暴雨会出现些差别(见 2.5 节)。

只要可能,代表性暴雨露点应选在背风坡面,特别是当地暴雨,它不一定需要强烈广大的水汽入流而可以自雨区内前几天或更长一点时间中的缓慢循环取得水汽(见 5.3.7 部分)。

2.4　风放大

2.4.1　绪言

在山岳地区,当发现越过山脉的实测暴雨变化与吹向山脉携带水汽的风速成比例时,通常采用风放大。这类区域的风放大在 3.3.1.1 部分、3.3.1.2 部分中讨论。在非山岳地区,风放大不常应用。这类(地区的)暴雨可以移置几百千米为设计流域组成一个足够的暴雨系列。理由是已发生的极大暴雨中水汽输入速率也已达到或接近造雨效率的极大值,因而一般不需再放大风速。

这种理由似乎是合理的,因为具有最大风速的暴雨未必一定产生最强烈的降水。尽管飓风或台风的大风速可能产生强有力大雨量,但必须注意飓风或台风的水汽含量是多得多的。此外,最大风速的飓风是否比稍弱的飓风产生的雨量更大是不一定的,因为它们在超过海面时一般已达到极盛,但在超过陆地时,飓风的雨量并不与风速成比例,则是已经知道的事实了。

2.4.2　非山岳地区的应用

在非山岳地区,当单独使用水汽调整的结果似乎不够恰当或不够合理时,有时也用风速来放大。例如,在水文气象资料不足的地区(或当暴雨移置受限制暴雨实例不足时),放大风速可以部分地弥补资料的短缺。其理由是短资料不一定能包括最大的露点或相当于长期观测中的特大暴雨。最大的暴雨记录可能不够充分,其水汽输入率可能低于与高效降水相应的输水率。将风与水汽都加以放大,可以取得比单独放大水汽稍大一些的成果,这样至少部分地弥补了资料短的缺陷。

风放大有时也用于当最大 12 h 持续露点的季节变化不能真实地代表 PMP 季节变化的时候。这最可能发生在夏季干旱区,主要大雨均发生在寒冷半年的地区。露点曲线的高峰差不多总是发生在夏季,研究 PMP 的代表性季变化曲线时最大风速的季变化必须予以考虑(见 2.10.3 部分及 2.10.4 部分)。解决这种问题时,一场暴雨要用水汽及风两者来放大,这将在 2.4.3 部分、2.4.4 部分及 2.10.2 部分中讨论到。

2.4.3　风作为暴雨入流水汽的代表

因为大部分水汽通常在 1 500 m 以下的最底层进入暴雨系统,所以一般用底层风来估算水汽入流。这种底层的风可以用测风气球或无线电探空测风仪观测,1 000 m 及 1 500 m高度的风是最能代表入流水汽的。高空风观测记录比较短,不能用以放大历史暴雨。此外,测风气球在暴雨时不能使用。高空风观测还有一个缺点是测站比起地面测站来实在是太少了,不足以决定进入小面积暴雨内的水汽入流。因此,一般用地面资料作为主要水汽携带层内风流动的指标。

2.4.3.1　**风向**

用风调整暴雨时,首先考虑的是主要暴雨入流水汽相关联的风向。在求风的调整比值时,只考虑风的关键方向(临界方向)。如湿空气入流不只来自一个方向,必须对每个方向分别作出季最大风速曲线。当携带水汽的风来自不同源地时,更应该这样考虑。

2.4.3.2　**风速**

各种风速的度量曾用于推求风放大比值。其中:

(1)自代表性风观测求得的经过水汽携带层的平均风速;

(2)自两三次连续 6 h 或 12 h 观测算得的潮湿层平均风速;

(3)代表站在 12 h 或 24 h 的平均风速或总运动量,因为风有日变化,取 24 h 为好。

只考虑关键性风向(见 2.4.3.1 部分)的风速。最大降水时期 24 h 风的观测值通常最能代表这类暴雨或更长历时暴雨的水汽入流。对于历时较短的暴雨,要用实际历时内的平均风速。

2.4.4　风放大比

风放大比不过就是从长期观测资料中,例如 50 年,得出在规定历时及关系方向的最大平均风速对被用来放大暴雨的同样历时及方向的实测最大平均风速之比。通常用从资料中得到的月最大平均值与观测日期对应绘图,然后连一条光滑的季节曲线,以便使一年中任何时间的暴雨均得以放大。用于放大的最大风速自此曲线上读出。

若风的资料显著短于 50 年,就可能没有出现过如此资料那样有合理代表性的最大风速。对这种短时期的记录可作频率计算,以推求 50 年一遇或百年一遇的风速值,一般以前者绘制季最大风速变化曲线。

有时对于最大和实测暴雨的水汽值(可降水)不管是最大还是实测暴雨乘以相应的风速,作为一个水汽—入流指标。这种水汽—入流指标曲线比分别用水汽和风速曲线研究 PMP 的季节变动更形象化。此外,当这种季节曲线用峰值或其他值的百分数表示时,水汽—入流指标曲线对于一年中任何特别时期的 PMP 调整值提供一个单一的百分数。

2.5 暴雨移置

2.5.1 定义

设计流域周围的特大暴雨是流域 PMP 估算基础的一个非常重要的历史事实。将暴雨自发生地点移到另外一个可能发生的地点就叫做暴雨移置。

移置界线指一场暴雨只需作雨量上比较小的修正就能移置的区域边界。整个移置界线内的面积具有相似而不相同的气候及地形特征。如果一个区域有相当稠密的雨量站网的长期记录,并且发生过几场特大暴雨时,移置界线是可以比较严格地确定出来的。当资料由于站网稀疏或者观测期间未曾发生严重暴雨时,就必须放宽移置界线,虽然可靠性要差一些。

受移置界限的局限有时会使附近流域的 PMP 估算不连贯,致使将暴雨移置到一个流域,而不是另一个流域。流体动力学告诉我们大气不产生特大暴雨条件的垂直墙(或节梯函数)。因此,当暴雨历史和移置边界的限制产生边界问题时,有必要假定大气在大暴雨值的移置界限以外的地区受到限制。如果找不到合理的解释,利用地区、面积、时程修匀消除这些不连贯。移置界限是进行修匀的依据,详见 2.8 节和 5.2.3 部分。

关于移置范围,在一些实际研究中,曾将某些类型的暴雨作远距离、甚至跨洲际的移置。如美国 1970 年编制的《水文气象报告》第 46 号报告,将美国东南部生成于大西洋的飓风暴雨移置到东南亚的湄公河流域(详见 6.2.2 部分)。1987 年中国的设计部门也曾把美国的上述飓风暴雨移置于海南岛的大广坝工程。位于南半球的澳大利亚 1985 年在《澳大利亚短历时小面积 PMP 估算》中,曾把位于北半球的美国雷暴雨移用于澳大利亚。

2.5.2 移置步骤

移置步骤包括被移置暴雨的气象分析,移置界线的确定,及搬移地点后暴雨需要的调整。可以分成如下所述的四个步骤。

2.5.2.1 暴雨

移置一场暴雨的第一步是明确最大降雨发生的时间与地点及用气象学说明其大概的原因。一张等雨量线图,几条关键性的累积雨量曲线图和天气图就够了。等雨量线图只要简单就行,因为其主要作用在于确定暴雨地点。普通的天气图就足以说明暴雨的原因,特别是与热带气旋或副热带气旋结合的降雨更是如此。如果是其他情况,就需要作些详细的分析以找出原因。

2.5.2.2　暴雨类型的影响范围

第二步是勾绘出第一步中确认的气象雨型对于产生降水重要而且时常发生的区域。这可对长系列的逐日天气图和已有的特定地区的气象汇总进行普查。热带气旋与副热带气旋的路径一般有刊布的资料,可用以勾绘时常发生各种类型暴雨的区域界线。

2.5.2.3　地形控制

第三步是勾绘(移置的)地形上的限制范围。海边暴雨可以在沿海移置,但只能向内地作有限距离的移置。这可以通过对该过程中大阵雨量的气象因子及邻近水汽来源的重要性的分析来确定。内地暴雨的移置只限于主要山脉障碍不致阻塞海洋入流水汽的区域之内,除非这种阻塞在原暴雨地点是多见的。对于中小障碍后面的移置调整将在2.6.3部分加以讨论。纬距移置必须加某些限制以免气团特性上的过大差别。估算特定流域的PMP 时,只需确定某场特定暴雨是否能移至研究流域之内,无需勾绘整个可能移置界线。但在概化估算时,就需要这种界线了,第 5 章将会讨论这个问题。

2.5.2.4　移置界限确定的例子

1951 年 7 月美国西部堪萨斯州的大降雨引起全国大范围的大洪水。这场暴雨的降水是由一些易出现在美国中西部地区的气象因子的出现引起的(美国天气局,1952)。综合分析了此次暴雨降水的主要原因后,又检查了发生在落基山和阿巴拉契亚山之间与此次暴雨区具有相同特点的其他主要暴雨的天气图。具体特点如下:

(1)无地形影响;

(2)锋面系统和雨型一般呈东西向;

(3)暴雨期间或之后气压波无明显的增强或减弱;

(4)暴雨时程 2 d 或更长;

(5)中心地区暴雨降水为 7 in 或更多;

(6)降雨期间极地高压位于暴雨中心的北边;

(7)降雨结束时锋面系统南移。

图 2.6 为符合这些标准和确定的最终暴雨移置界限的暴雨位置。由于 7 月暴雨期间大部分降雨为夜间雷暴雨,这类暴雨的作用及发生频率可作为补充指南。水汽入流的研究表明,如果这样的天气情况存在于比暴雨实际发生高程高得多的高程,就要作修改。

由于受到局限,移置界限西至 914 m 等高线处,坡度相对较缓,可以相信对此高程以下的暴雨机制会有极少的影响或无影响。尽管对两场天气相似的暴雨进行了更向西且较高高程的观察,还是确定了这一界限。但是,两次暴雨最北部的等雨量图表明,地形对降雨起了重要作用。在更南方的暴雨实例,很多降雨落在了划定的移置界限内。但是,向西的主要中心在落基山山坡,该地区山岳起着重要作用。914 m 等高线也与该地区的西部边界密切吻合,说明夜间发生雷暴雨的频率高。

北部界线夜间雷暴雨多发线重合且划定了实测的此类暴雨的北部界线。

东部界线定于阿巴拉契亚山系山脚起坡处。该线以东,风入流有受阿巴拉契亚山起坡线影响的趋势,因此会影响暴雨特征。

南部界线暂定于 152 m 等高线。该线位于实测的所有暴雨和雷暴雨高发区的南边。南部界线的确切位置是纯理论性的,因为其他类型的大暴雨也在南部发生过。

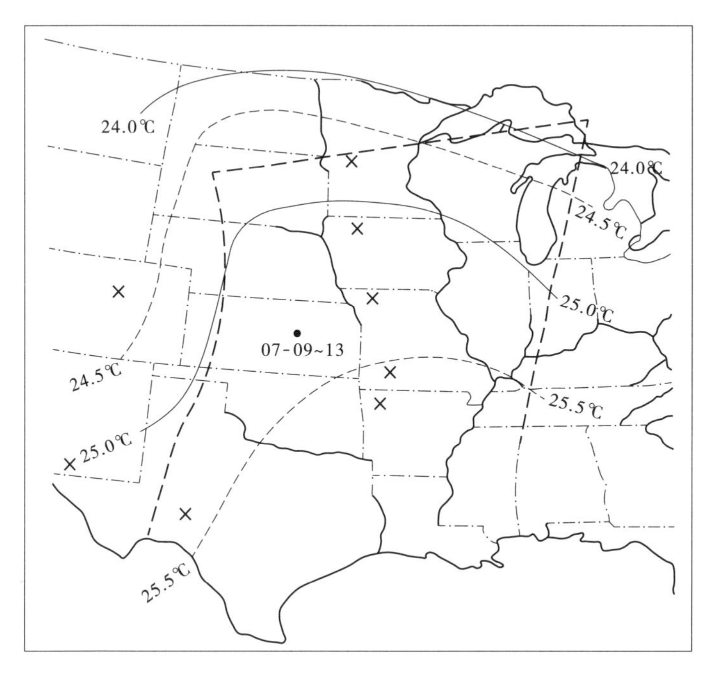

图2.6　1951年7月9~13日暴雨移置界线(粗虚线)

(天气类似的夏季暴雨地点标记为×,细线表示7月最大12 h持续1 000 hPa露点等值线)

图2.6中×点标明天气相似的夏季暴雨地点。细线为7月最大12 h持续1 000 hPa露点(℃)等值线。

2.5.2.5　调整

移置的最后一步是进行下一节所讨论的调整。

2.6　移置调整

2.6.1　移位的水汽调整

简而言之,水汽调整就是将实测暴雨雨量乘以被移置地点的外包或最大露点时的可降水量 W_2 与暴雨代表性露点时的可降水量 W_1 的比值,即

$$R_2 = R_1\left(\frac{W_2}{W_1}\right) \tag{2.6}$$

式中:R_1 为特定历时及面积内的实测暴雨量;R_2 为移置调整后的暴雨量。

式(2.6)适用于移置调整及水汽放大。如表2.2中暴雨的雨深、面积、历时数列,可用这个比值乘之。表2.2中的数值需根据每一年再单独确定,利用程序来确定这类数据(WMO,1969b),小于流域面积的地区的这些数值要调整到大于流域面积的暴雨面积(见2.8.2部分、2.9节、2.13.4部分)。水汽调整值可以大于或小于1。这要看移置是向着水汽来源还是背离水汽来源,以及移置地点的高程是低于原来暴雨地点还是高于原来暴雨地点而定。

表 2.2　1927 年 5 月 20 ~ 23 日暴雨最大平均雨深　（单位:mm）

面积(km²)	历时(h)							
	6	12	18	24	36	48	60	72
25*	163	208	284	307	318	328	343	356
100	152	196	263	282	306	324	340	353
200	147	190	251	269	300	321	338	352
500	139	180	234	250	290	315	336	351
1 000	133	171	220	235	278	304	328	341
2 000	124	160	202	215	259	284	308	322
5 000	107	140	172	184	218	241	258	274
10 000	91	118	140	151	182	201	215	228
20 000	66	87	104	114	143	158	173	181

注:带 * 面积为最大点雨量的指定面积。

根据 2.2.4 部分提出的理由,雨区与水汽来源之间的露点比雨区本身露点更能代表进入暴雨系统的或可降水。这种代表性露点可以远离暴雨中心几百千米。放大水汽时所采用的最大露点应是同一个位置的代表性露点。移置时,也应如图 2.7 所示,取用与被移置地点同样参考距离及同样方位角的地点,然后以这个参考地点在最大露点等值线图上查出参考露点位置的最大露点作放大及移置调整计算。

2.6.2　高程调整

地面高程增加就减少了该大气柱中所能包含的水汽量。但许多暴雨得到水汽的大部分是来自强烈的 1 ~ 1.5 km 低层入流,而这种入流并不一定显著地受到较小的地面高程变化的影响。低山脊或缓坡地形实际上还可以激发对流因而增加雨量。这种效果会抵消因地面升高所减少的可降水量而有余。在中纬度非山岳地区估算 PMP 的高程调整见下述两部分。

2.6.2.1　一般暴雨

由于较小或和缓的高程变化对降水影响的不确定性,相对较短距离的暴雨移置是否要作高程调整有不同意见。是否应加高程调整取决于拟移置暴雨实际发生地点附近的主要大暴雨与设计地点周围区域主要大暴雨的比较。例如上述两种地点实测暴雨大小上的差别仅仅是水汽差别的影响,而不包含高程差别影响,则可不计高程调整。在一些研究中(Hart,1982;Miller 等,1984b;Schreiner 和 Riedel,1978)设计进行大约 300 m 或更短的短距离的高程差别调整,还考虑缓坡大平原上的变化。这种情况必须单独考虑,还需检查这

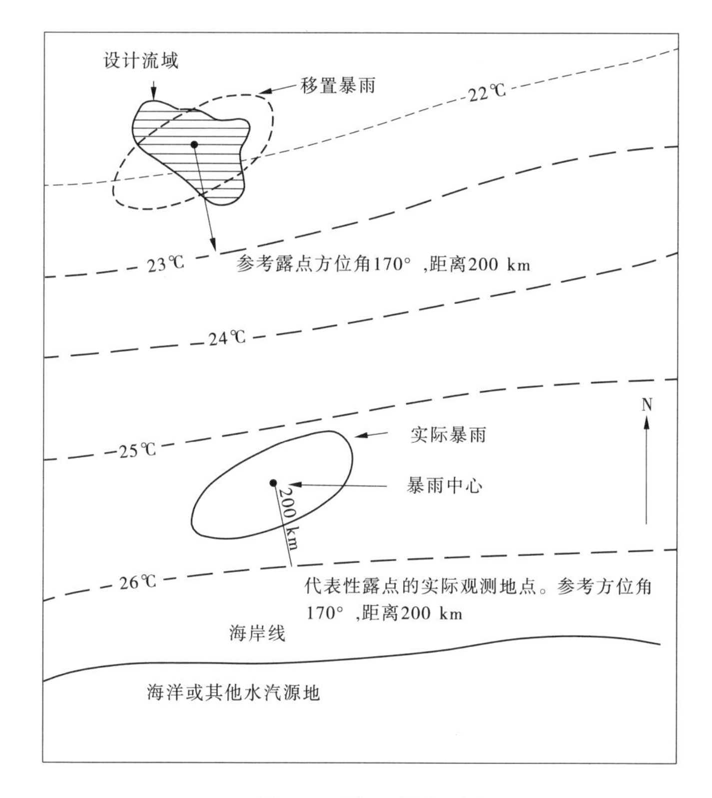

图2.7　暴雨移置示例

注:长虚线表示暴雨发生同一年或按照共同惯例在15 d内的最大持续12 h露点,见2.3.1部分

些地区的主要暴雨降雨。如果降雨量差别仅为水汽差别而不包括高程差别,则可不计高程差别。如果决定不计高程调整,式(2.6)中的 W_2 由设计地区的参考地点(见2.6.1.1部分)的最大露点及对 W_1 同样的气柱高来计算。如果要加以调整,则 W_2 应用上述同样的最大露点,但以设计地点地面以上的气柱来计算,设计地区地面高程可以高于或低于实际暴雨发生的地点。不论是否使用高程调整,一般要避免高程相差大于700 m的移置。

2.6.2.2　**当地雷暴雨**

强烈地方性雷暴雨在高程差别小于约1 500 m时,移置不作高程调整。因为本章讨论的是非山岳地区,所以可以直截了当地说对于地方性雷暴雨不作高程调整,但在山岳地区就应作这种调整。详见5.3.2.1部分及5.3.7.4部分。

2.6.3　障碍调整

从地形障碍的迎风面移置暴雨到背风面,一般需要作障碍调整。这是一种普遍情况,因为计划中坝址上游流域常为大小山岳环绕。由于它们对暴雨具有动力影响之故,越过超出实际暴雨地点高程约800 m的障碍作移置一般是要避免的。此外,在移置地方性的、短促的强烈雷暴雨时,不作障碍调整,雷暴雨可以吸取在暴雨前由于障碍而聚集的水汽。2.6.4部分移置例子中包括有障碍调整。

2.6.4 暴雨移置及放大算例

2.6.4.1 设想情况

设主要暴雨天气图指出如图 2.7 所示的假想暴雨型可以移置于图中的设计流域。暴雨区的平均高程为 300 m，水汽入流方面或南面流域边缘的平均高程为 700 m，中间无地形障碍。12 h 代表性持续暴雨露点为 23 ℃(见 2.2.4 部分)。这是在高程为 200 m，距离暴雨中心为 200 km，方位角为 170°(见 2.6.1.1 部分)的地点观测得到的。化算到 1 000 hPa 水平面上(见图 2.1)变成 24 ℃。

2.6.4.2 调整因子的计算

调整因子或比值，计算如下

$$r=\left(\frac{W_{26}}{W_{24}}\right)_{300}\times\left(\frac{W_{23}}{W_{26}}\right)_{300}\times\frac{(W_{23})_{700}}{(W_{23})_{300}}=\frac{(W_{23})_{700}}{(W_{24})_{300}} \tag{2.7}$$

其中：括号内的下标指用以计算可降水量 W 的 1 000 hPa 露点，括号外的下标指计算可降水量 W 的各相应大气柱基底的地面高程。如$\left(\frac{W_{26}}{W_{24}}\right)_{300}$代表暴雨地点的水汽放大；$\left(\frac{W_{23}}{W_{26}}\right)_{300}$代表暴雨原发生地点与移置地点最大露点差别调整；$\frac{(W_{23})_{700}}{(W_{23})_{300}}$为高程调整。所有式(2.7)各项相乘得到一个包含全部调整在内的简单调整项$\frac{(W_{23})_{700}}{(W_{24})_{300}}$。查阅附表 1.1 及附表 1.2，对于顶层为 300 hPa 的气柱

$$(W_{23})_{700}=67-13=54(\text{mm})$$

$$(W_{24})_{300}=74-6=68(\text{mm})$$

$$r=\frac{54}{68}=0.79$$

如果采用水汽减少调整的另一方法(见 2.3.4.2 部分)，则调整因子可计算如下

$$r=\frac{\left(W_{26}\times\frac{q_{300}}{q_{s1}}\right)}{\left(W_{24}\times\frac{q_{300}}{q_{s1}}\right)}\times\frac{\left(W_{23}\times\frac{q_{300}}{q_{s1}}\right)}{\left(W_{26}\times\frac{q_{300}}{q_{s1}}\right)}\times\frac{\left(W_{23}\times\frac{q_{700}}{q_{s1}}\right)}{\left(W_{23}\times\frac{q_{300}}{q_{s1}}\right)}=\frac{\left(W_{23}\times\frac{q_{700}}{q_{s1}}\right)}{\left(W_{24}\times\frac{q_{300}}{q_{s1}}\right)} \tag{2.8}$$

如果利用附表 1.3 和附表 1.4 来进行估算，其结果如下

$$r=\frac{\left(67.9\times\frac{16.3}{18.0}\right)}{\left(74.3\times\frac{18.4}{19.1}\right)}$$

$$=0.86$$

这一结果提供了比假定所有水汽因高程增加而减少的较小值。

如有一条巨大的地形障碍(见 2.6.3 部分)，设其平均高程为 1 000 m，横亘于实际暴雨地点与设计地区之间，则以$(W_{23})_{700}$代替$(W_{23})_{1\,000}$，比值 r 变为(68－18)/(74－6)，即 0.74。可以用这个比值乘例如表 2.1 中的暴雨雨深、面积、历时数据。

由于障碍高程比 2.3.4.2 部分中讨论的要高,故不采用 Hart(1982)讨论的另一方法。在最近的美国中部和西部的研究中采用了暴雨移置水汽调整的另一种方法(Miller 等,1984b)。在这项研究中,最大实测点降水量与高程的关系图,并没有表明高程限定范围以上的降水有趋势性的变化。因而对约 300 m 或更低高程的小面积暴雨降水量变化未做调整。对于较高的高程变化,根据实测暴雨经验,按可降水量总变化的调整所产生的水量似乎不太真实。因而,垂直移置调整被限制到超过 300 m 高程变化的可降水量变化的 1/2。这可以用数学公式表示如下

$$R_{VT} = 0.5 + 0.5\,\frac{W_{P_{\max,TL,TE}}}{W_{I_{\max,TL,(SE\pm300)}}} \tag{2.9}$$

其中:R_{VT}为垂直移置调整;TE 为移置/障碍高程(移置位置高程或水汽入流的较高障碍);$W_{I_{\max,TL,(SE\pm300)}}$ 为与最大持续 12 h 1 000 hPa 露点有关的、考虑了大于暴雨/障碍高程 ±300 m 的高程差异的可降水增加(减少)1/2 的可降水;$W_{P_{\max,TL,TE}}$为与移置障碍高程以上最大持续 12 h 1 000 hPa 露点有关的可降水。此处考虑的暴雨中,垂直水汽调整为

$$R_{VT} = 0.5 + 0.5 \times \left(\frac{67-18}{67-9}\right) = 0.5 + 0.5 \times \left(\frac{49}{58}\right) = 0.92$$

用这种办法,水汽放大和水平移置调整是单独处理,并按前边介绍过的方法进行的。

其他暴雨以适当比例作类似调整,然后对其结果按 2.8 节和 2.9 节中所述的方法进行处理。

2.7　时序及空间放大

2.7.1　定义

时序及空间放大包括组合单场暴雨或不同暴雨的降雨核心(Rainfall Burst)以构成一个假想的造洪系列。组合按照各组合事件之间时距最小作成临界系列(时序放大)的假设进行。这些事件也可以在地理上重新排位及移置(空间放大)来加强效果。

2.7.2　时序放大

时序放大是将实测暴雨或其中的一部分重新安排成为一个设计系列,使其中的各场暴雨时距为最短。这些暴雨在实际上可以是接连发生的,也可能是相隔几年发生的。这种办法常用于大流域。大流域特大洪水是来自一系列暴雨而非单场暴雨造成的。对于小流域,一日或不到一日的降雨可以产生最大洪水,时序放大可以去掉或减少同一场暴雨或不同暴雨中各接连的暴雨核心部分之间的时距。

大小流域时序放大的第一步是相同的。对于有关区域主要暴雨的气象要搞透(Lott 和 Myers,1956;Myers,1959;Weaver,1962,1968)。研究决定设计流域内或其附近区域暴雨的降雨类型;考察地面及高空的低压和高压;决定入流水汽的深、宽及方向,研讨涡度平流等。一般不能对所有主要暴雨都作同样详细的研究,例如早期的暴雨,高空型式只能由

地面资料来推断。

其次是决定设计流域中或其附近暴雨的时序系列。对于大流域,应当研究暴雨序列以决定各种不同雨型各场暴雨间的最短合理时距。这种最小时距往往以天为单位。最小时距应当分别对产生严重降水的暴雨类型的每一组合定出。最短时距是建立假想暴雨系列的一个关键性因子。对于小流域,其步骤虽然还是相似的,但集中于个别暴雨的核心部分之间的一个时距上,往往以小时为单位。有些时候,如不同暴雨的核心组合也是可能的话,则相似暴雨间的时距应予考虑。

经过暴雨研究后,合理最小时距已经决定,暴雨或暴雨核心系列也建立了起来。每一组暴雨或小于小流域同一场暴雨的各个暴雨核心都加以细心地研究,以保证第一场暴雨或核心之后气象上的发展,即高压低压的运动,冷空气在流域上掠过等,不至于在关键的时间限度内使后继的暴雨或核心不能发生。

如果在第二场暴雨开始时的重要天气状况能合理地在足够大的面积上发展起来,那么它开始产生的必要条件就具备了。然后绘制暴雨或核心间的连续假想天气图,这种天气图尽量模仿第一场暴雨或核心的天气之后第二场暴雨或核心的天气之前的真实天气图。天气特征如高压、低压、锋面可以根据经验作比平均速度稍大但不过分的移动和变动。最后成果的假想暴雨系列是要描绘一个临界的、气象上可能的自一场暴雨或核心到另一场暴雨或核心的过渡。

当得到的假想暴雨系列往往包括两场未经调整的实测暴雨时,有时选定可能最大暴雨(PMS)作为第二场暴雨。换言之,对第二场暴雨作水汽放大或需要时也作风放大,使其至少在一种历时及面积范围等于 PMP(见 1.1.4 部分、2.11.2 部分、2.11.3 部分),但不得将两场暴雨同时放大成为可能最大暴雨(PMS)系列。理由有二:一是经过适当研究的 PMS 发生的概率已经是非常小了,要两场这样的暴雨非常靠近地接连出现则是过分遥远了;二是第一个 PMS 之后的气象条件不利于很快地形成第二场 PMS,而两场暴雨间的较长过渡时距很容易使系列在水文上产生的危险比时距较短的较小暴雨系列所产生的危险小些。

2.7.3　空间放大

空间放大包括将发生在设计流域或其附近的暴雨移到流域中一个或多个更危险位置以产生最大径流量。空间放大的方法是决定特定暴雨是否能在特定时间内移置到危险的位置并组合以产生最大洪峰和洪量。其也如时序放大一样,需要弄清楚导致特大暴雨的原因。

下述空间放大的例子是根据 1965 年 6 月 14 ~ 18 日发生在美国科罗拉多州东部一系列大的地方性暴雨核心。在此期间,一个持久的大尺度环流保持着很不稳定的湿空气大量进入暴雨区域。锋及其有关的天气特征和高空因子如涡度平流之类一样,均不发生显著作用(Schwarz,1967)。

两场明显的 6 h 暴雨接连在 6 月 16、17 日发生。两场暴雨的等雨量线如图 2.8(Riedel 等,1969)所示。16 日中心在勃兰姆溪流域(1 100 km^2),17 日中心在其东南 40

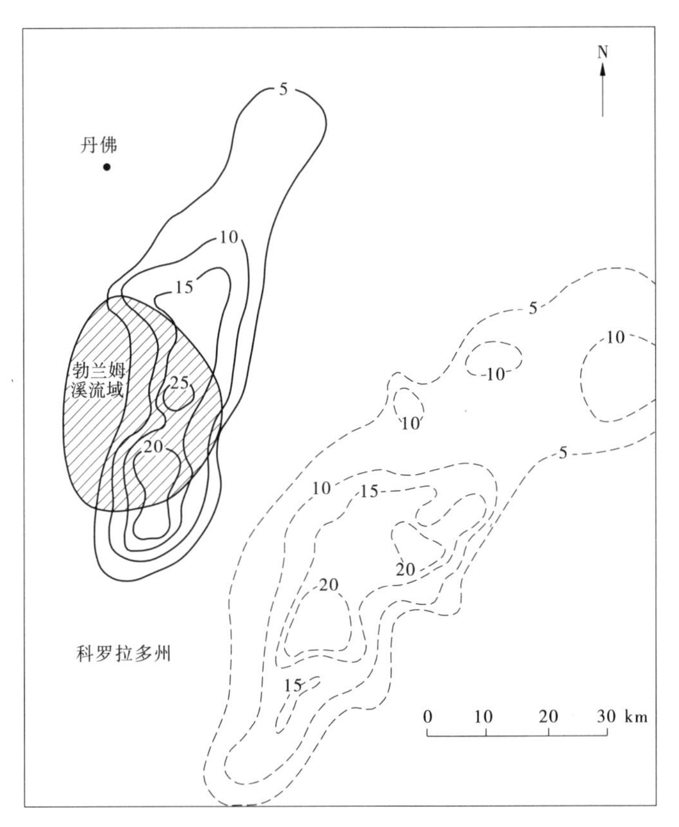

图 2.8　美国科罗拉多州东部 1965 年 6 月 16 日下午
(实线)及 17 日(虚线)的 6 h 暴雨等值线图　(单位:cm)

km。可以合理假定两个中心能发生在同一地点,因为两场暴雨的天气情况非常相同。两场暴雨合并等值线雨型如图 2.9(Riedel 等,1969)所示。在合并雨型时 17 日的主要中心叠加在 16 日的中心上,并作约 25°逆时针的转向以便与 16 日等雨量线的方向配合得更好(Riedel 等,1969)。在该地区对这种型式的暴雨作这种转向是可以的,但对其他地区其他型式的暴雨这样的叠加和(或)转向可能是不行的。

2.7.4　时空联合放大

时空放大常常联合运用,即除缩短暴雨或核心间的时距外并可重新安排暴雨或暴雨核心在地理上的位置。由研究(Riedel 等)取得的 2.7.3 部分所述实例中,两场暴雨不仅在空间将中心叠加并将其中一场暴雨转向,而且也将它们之间的时距缩小了。

图 2.8 中暴雨实际发生于 6 月 16 日 13 ~ 19 时及 6 月 17 日 14 ~ 20 时。观察了许多同类型接连发生的暴雨,发现两场暴雨的时距可以减少到 12 h。时距缩短后的结果得出两场暴雨的总历时为 24 h,较实测的 31 h 少 7 h。

对于大流域用时空放大以求得假想最大造洪暴雨的例子见 Lott 和 Myers(1956),Myers(1959)和 Schwarz(1961)。

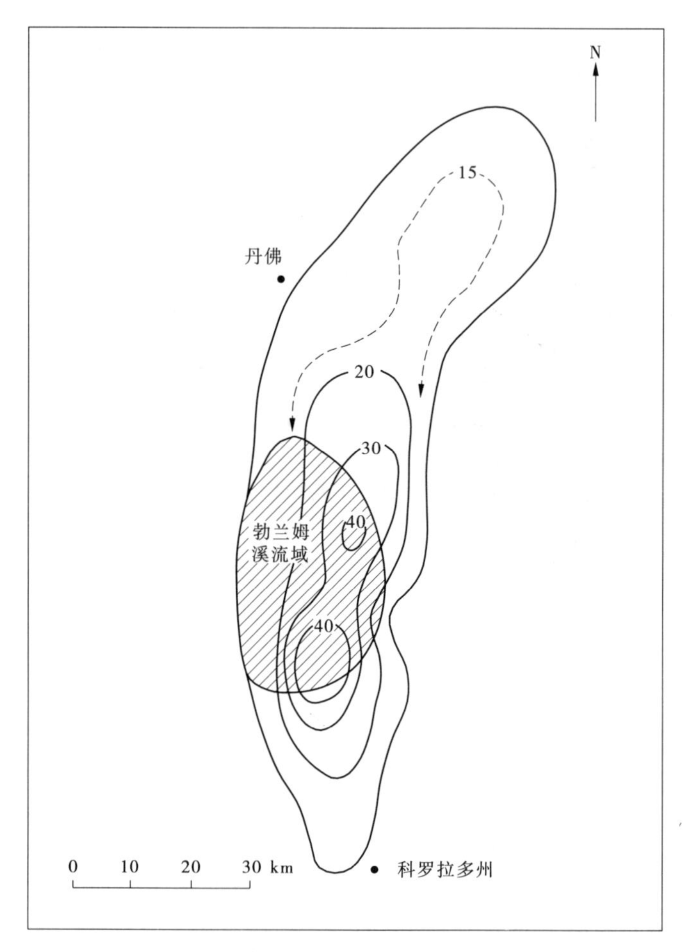

图 2.9 组合 1965 年 6 月 16、17 日 6 h 暴雨
（见图 2.8）**的合成等雨量线图** （单位:cm）

2.8 外 包

2.8.1 绪言

将一场暴雨放大并移置到某流域中是某种降水量可能发生在这个流域的表征，但并未揭示这场雨量与 PMP 的关系。这场雨可能远低于 PMP 雨量。仅仅考虑两三场这样的暴雨或暴雨系列，不论放大和移置如何精细，仍不能保证 PMP 水平已经达到。

估计 PMP 的暴雨样本如何才算适当是一个困难的问题，特别是在资料有限的时候更是如此，但似乎合理的是，放大了的和移置到某流域的各种雨量的外包值可望能产生体现 PMP 水平的数值。由于没有一场暴雨可能产生所有历时和面积的最大雨量，这种说法就更为正确了。由于这些道理，所以将“外包”考虑作为估算 PMP 的最后一个必要步骤。任何不包括外包、面积、时程和地区修匀的 PMP 估算提供的数值都不会充足。

2.8.2　外包值

外包是从任何一组数据中选取最大值的方法。估算 PMP 时,放大及移置数据均点绘于图纸上,然后以平滑曲线连接其最大数值。图 2.10 表示 2 000 km^2 面积上移置及放大的 72 h 以下历时雨量的外包线。图 2.11 中的变数不同,是面积一直到 10 万 km^2 的移置及放大 24 h 雨量数值的一条外包线。

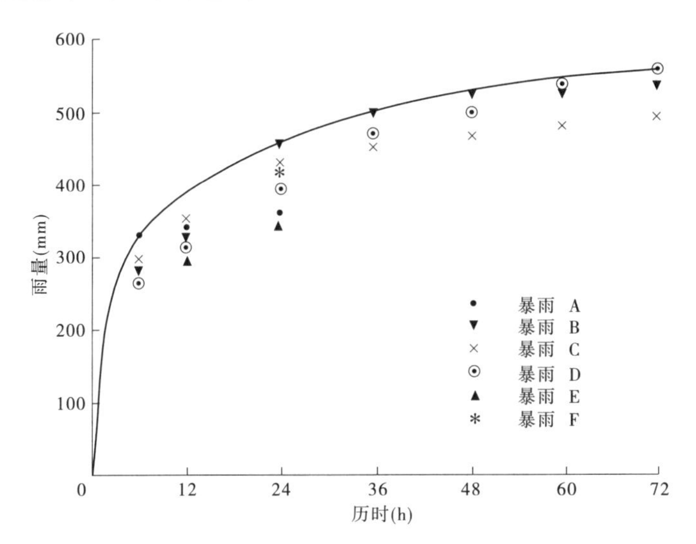

图 2.10　2 000 km^2 面积上移置及放大的雨深—历时外包线

推求一个流域 PMP 全序列的时—面—深数据时,必须绘制如图 2.10 及图 2.11 所示的两种外包线。从这两个图上的外包线读得的数值用来绘制一套如图 2.12 所示的时—面—深曲线。

这里必须注意决定各曲线的控制点一般是来自不同的暴雨的。如图 2.12 中,除 6 h 及 12 h 外,在约 2 500 km^2 处控制曲线的点显然不同于 50 000 km^2 处的点。同样,控制短历时曲线的点一般不同于那些控制长历时曲线的点子。

为准备某一单独流域的估算,通常需要准备该流域面和 1/10 到 10 倍范围的时—面—深曲线。

2.8.3　削减

用于绘制外包曲线的数据并非都有同等的精度或可靠性。如图 2.10 及图 2.11 所研究的流域可以肯定位于某些暴雨的移置界线之内,但也可以位于另外一些暴雨移置界线的边缘。这就使得这个流域的暴雨移置带有可疑因素。在这种情况下,将外包线自这些最大值降低一些是合理的,这称为削减。只有在认真审查了该暴雨的气象特征、移置界线、湿度及其他调整系数以及影响绘点值大小的任何其他系数之后才能进行削减。

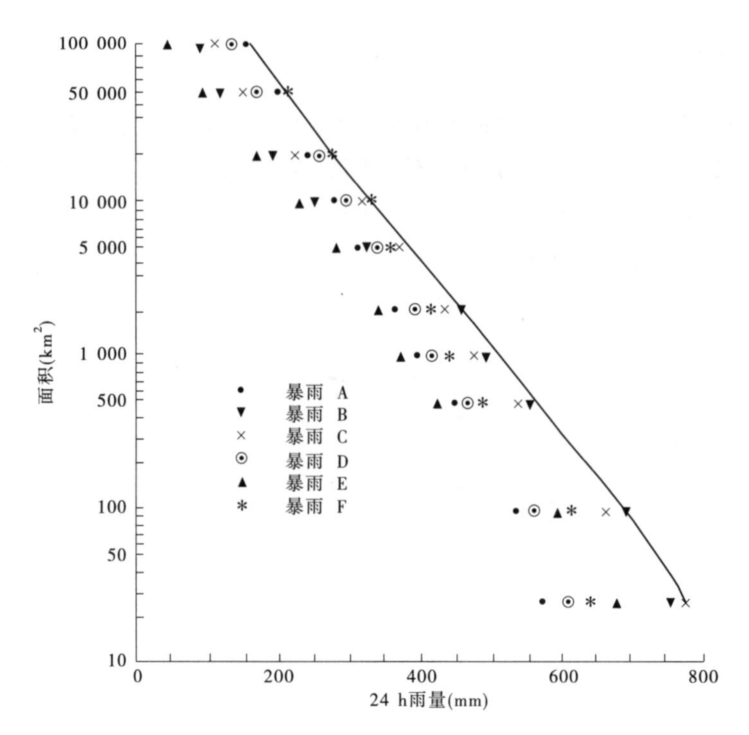

图 2.11　移置及放大的 24 h 暴雨雨深—面积外包曲线

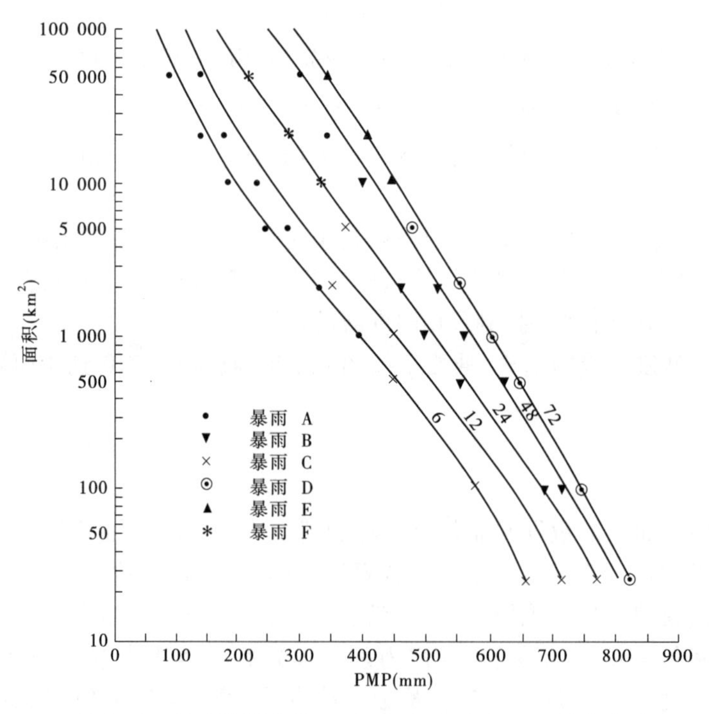

图 2.12　假定流域内的 PMP 时—面—深(DAD)外包曲线

2.9　估算 PMP 的步骤总结

2.9.1　绪言

下述估算设计流域 PMP 的步骤仅适用于具有水文气象资料的非山岳地区情况。对于大多数可靠的估算,应当包括下列资料:

(1)相当详细的 6 h 或每日天气图;

(2)站网给出的每小时及每日的长期(50 年以上)雨量资料,以便可靠地决定雨量的时空分布;

(3)温度、露点及风的长期资料,如若可能,也要包括高空的在内,虽然高空资料在这里并不是必需的。

应该记住此处阐明的方法步骤一般只适用于中纬度和不大于 5 万 km^2 的流域。此外,希望设计流域最好经历过流域所在地区内的所有特大暴雨,然而这是不可能的,因而暴雨移置总是需要的。当确定某一流域的 PMP 估值时,大于或小于该流域的范围内所有时段的暴雨都应考虑,这样可以得到合适的外包度。

2.9.2　一般步骤

第一步:由天气图,地形图,及初步的总雨量等值线图决定移置界线,如 2.5 节所述。

第二步:普查移置界线内的雨量记录,找出特大暴雨。

第三步:将第二步选出的暴雨作时—面—深(DAD)分析。这种分析见世界气象组织《暴雨的时—面—深分析手册》(WMO,1969b)。各场暴雨的这种结果如表 2.2 所示。这种 DAD 分析即使使用电子计算机也是一个冗繁的工作。

现成的暴雨 DAD 资料档案(File)是估算 PMP 真正的方便工具,有些国家一直在整理历史及新发生暴雨的 DAD 分析资料,以汇编成资料集。在移置界线之内选用这样的资料,就可以省去第二步、第三步。

第四步:如 2.2.4 部分所述,决定各选用暴雨的 12 h 代表性持续露点。这种露点通常在雨区范围之外(见图 2.2),必须确定其对于暴雨中心的距离、方向或方位角(见 2.6.1.1 部分)。如采用风放大,还要选定每场暴雨沿水汽入流方向的最大 24 h 平均风速(2.4 节)。将相应于暴雨代表性露点的可降水量(W)乘以风速得出代表性暴雨水汽入流指标(见图 2.13)。

第五步:如 2.2.5 部分及 2.6.1.1 部分所述决定移置地点所用的参考露点处的最大 12 h 持续实测露点。由于不同日期的暴雨的及不同位置的参考露点都要移置,建议将全暴雨季节和设计流域及其附近区域的最大露点一次定下来(见 2.2.5 部分)。最好绘制如图 2.4 所示的最大 12 h 持续 1 000 hPa 露点等值线图。这种图还有一个好处,就是在平原地区可以看出 PMP 数值的地理变化。

如用风放大,要普查水汽入流方向上的最大 24 h 暴雨期平均风速。将相应于暴雨日期的最大 12 h 持续 1 000 hPa(记录)露点的可降水乘以同期的最大 24 h 平均风速(记录),得出最大水汽入流指标,如图 2.13 所示。同样建议一次完成整个暴雨季节最大水汽入流指标。

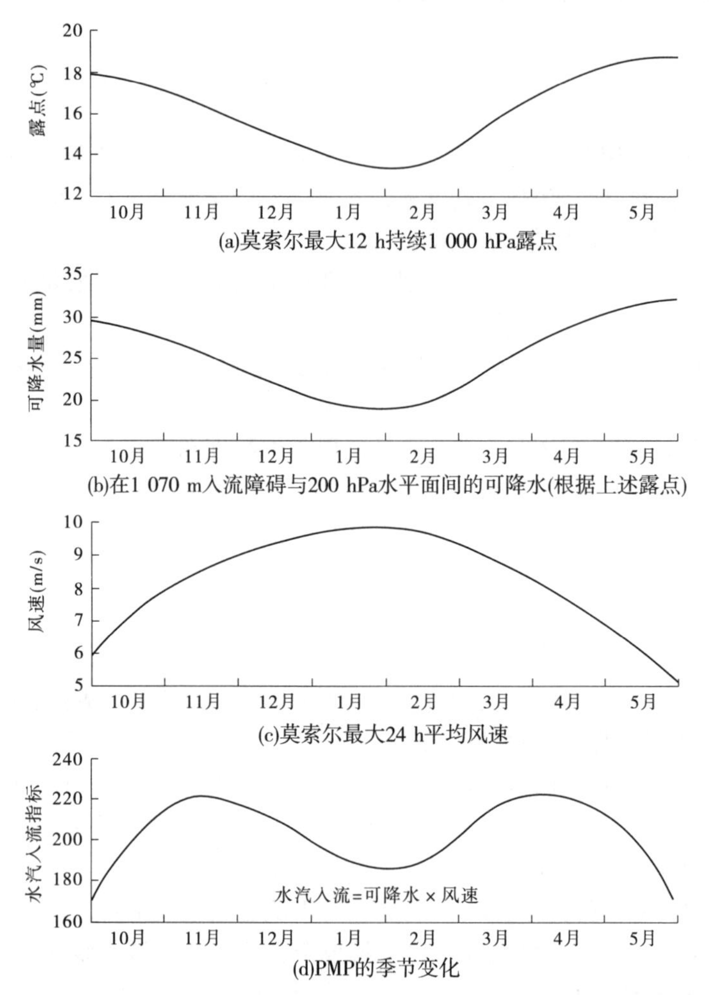

图 2.13　伊拉克底格里斯河上游流域可能最大降水的季变化

第六步:计算移置及放大比,即是第五步中相应于暴雨日期或前后 15 d(见2.3.1部分)的最大 12 h 持续1 000 hPa 露点的可降水与2.6 节所述的代表性暴雨 12 h 持续1 000 hPa 露点可降水之比。如包括风放大,则计算最大水汽入流指标与代表性暴雨水汽入流指标之比。

第七步:将各场暴雨类似于表 2.1 中的 DAD 数组,乘以如第六步所得的可降水或水汽入流指标之比。

第八步:将第七步所得的放大及移置的 DAD 数值点绘如图 2.10 及图 2.11 所示,并绘制外包曲线。由外包曲线构制 PMP 的 DAD 曲线,如图 2.12 所示。虽然不一定硬性规定,但 PMP 曲线上控制点的实测暴雨必须如图 2.12 那样加以标识,以便于选用实际暴雨雨型来推求设计洪水的 PMP 时空分布。

2.10　PMP 的季变化

2.10.1　绪言

在最大洪水是由融雪与降雨相遇而成的区域,就有必要决定 PMP 的季变化,以便从融雪季节内不同时间各种组合中得到一个最危险的情况,例如对某一特定区域,放大 6 月暴雨可以提供 PMP 的控制点,但是地面积雪及融化率的最优组合却在 4 月。这就需要研究 4 月的 PMP。由于事先不知道一年中什么时候融雪和降雨组合最危险,通常要求出全融雪季节的 PMP 季节变化曲线,由这条曲线可以在融雪季节内调整用以估计洪水情况的 PMP,以便决定最危险的洪水。

有几种决定 PMP 季节变化的方法。这里讨论比较常用的。方法的选择要看资料的情况而定。可能时应该用几种方法来推求季节变化曲线。关于这条曲线的代表性及使用上应注意之点见 2.13.5 部分。

2.10.2　实测暴雨

决定 PMP 季变化的最好办法需要较多的并有 DAD 数据可用和均匀分布在融雪季节里的暴雨资料。不同面积及不同历时其变化往往不一样。因此,季变化要根据与流域大小及临界降雨历时相适应的资料。所以常常绘制一组曲线而非单一曲线,然后如 2.3 节及 2.6 节所述,对于特定流域面积及历时的暴雨用水汽放大。放大后的数据与对应发生日期绘成外包曲线。雨量比例尺常化算为峰值或一年中某特定时间数值的百分数来表示 PMP。

2.10.3　最大 12 h 持续露点

最大 12 h 持续露点的季变化也可用来决定 PMP 的季变化。这种方法对于当地雷暴雨的 PMP 比对于大流域长历时的 PMP 更为适用。可降水可从危险季节内各最大 12 h 露点算出,或从如图 2.3 所示的季节变化曲线读出的(露点)数值算出。这种方法的缺点在于求出的 PMP 峰值几乎常在夏季,即使在夏季干燥而主要暴雨发生在冬季的那些地区也是如此。在这种情况除非同时考虑风速(见 2.10.4 部分),否则就不宜应用。

2.10.4　水汽输入

在那些夏季干燥而主要暴雨发生在较冷半年的地区,如单用最大可降水的季变化(见 2.10.3 部分)会给 PMP 季变化以假象,此时需要考虑风因子以得出一个具有代表性的 PMP 季变化。

图 2.13 表示底格里斯河上游流域 PMP 的季变化。那里夏季少雨,最大露点及可降水曲线在冷季出现最低值,而气候记录则表明所有一般型式大暴雨均出现在这个季节里。天气图表明最严重降雨时出现的地面风为东南风及西南风。经长期地面风资料普查得出最大 24 h 风速曲线(图 2.13 中的(c)部分),此曲线表示峰值在 1 月与 2 月。将可降水乘以风速

就得到所谓水汽入流指标曲线(图 2.13 中(d)部分)双峰为特大暴雨资料所证实。

2.10.5 站点日雨量

PMP 的季变化指标可以容易地由雨量站的月最大日降水量得出来。对于大流域可以采用几个站的平均值。在天气变化迅速时节,例如早秋暮春,适宜的办法是采用每半个月或十天时段来选择最大降雨值。然后仍以最大值与发生日期点绘并连接一外包线。雨量比例尺通常用 2.10.2 部分中所述的百分数表示。

2.10.6 周雨量

有时某些特别规定的累积雨量资料能用于推求 PMP 的季变化。其中之一是给定面积内的平均周雨量。这种周雨量是一定面积内一年中每周的长期平均站雨量。PMP 的季变化可以以这种周雨量外包线为依据。显然,这样得来的季变化曲线更适用于长历时大面积的 PMP。

2.11 PMP 的空间分布

2.11.1 绪言

一定地点的 PMP 一经求出,并用表格或如图 2.12 所示的 DAD 外包曲线型式提交水文单位后,还有一个设计流域上的空间分布问题。特别是对于较大流域,一般不将这些 PMP 数值推荐作为一场暴雨。直接应用这些 PMP 数值作为控制性设计暴雨是不合乎实际情况的。主要理由有二:第一,发生在设计流域内一块小面积上最大雨量的暴雨,常常与同一流域全流域面积上发生的最大暴雨的类型不同。同一流域内,不同历时的最大暴雨类型也未必相同。第二,流域形状及方位与控制雨型(等雨量线)允许的形状、方位也可以不相同。

2.11.2 实测暴雨雨型

由于上述原因,水文气象工作者还要介绍可以应用到一个流域的几种暴雨等值线型式(雨型)。一个或几个移置的暴雨可以提供一种或几种合宜的雨型。这种情况特别适用于发生暴雨的地点与设计流域地形相似的时候。但暴雨(等雨量线)型式的转轴或位移必须加以限制。这是常遇情况,如果移置而来的或从流域本身选用的暴雨是 PMP DAD 曲线上的点据的话,就不需要再作什么调整了。如果不是这样,还必须作出如图 2.14 所示的放大。暴雨和 PMP DAD 曲线的吻合,使用的面积应近似于流域面积。但现在实用上喜欢用如 2.11.3 部分中所述的假想雨型将暴雨中所有历时的平均雨深均提高到 PMP 水平。在应用这种方法于实际暴雨时,必须保证面积小于流域的雨深不致超过 PMP。如果超过,暴雨的雨深—面积关系必须加以调整使雨深在任何地点均不超过 PMP。

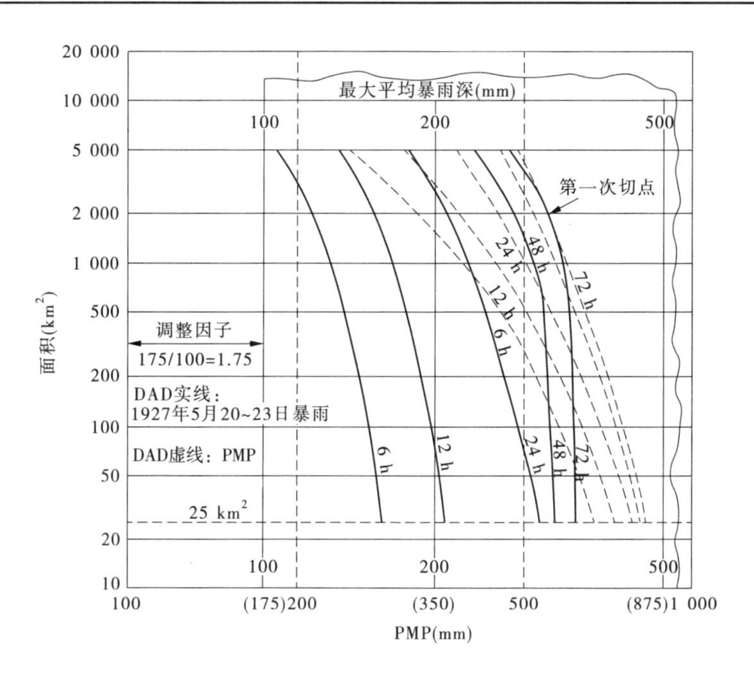

图2.14　滑动技术放大

注：如暴雨点据不在PMP DAD曲线上，可以在两张对数纸上用同一比例尺分别绘制暴雨及PMP DAD曲线来放大，将暴雨曲线图纸罩在PMP曲线图纸上，并向右滑动，直到同样历时的曲线出现相切而后止。则PMP图纸任何一个标值与罩在上面的暴雨图纸上同位置标值的比例即为放大比。显然，这个放大比既放大了实际暴雨的水汽又放大产雨效率。本图例说明对于5 000 km² 的流域，两条72 h曲线的第一次切点出现在2 000 km² 和4 500 km² 之间，但不同的时空分布可以在不同的历时或(及)不同的面积上出现第一次切点。

2.11.3　理想暴雨雨型

决定流域内PMP面积分布的另一种方法是基于假定流域全面积中各种历时的PMP值能由一场暴雨产生。这样往往带来一种额外的放大，因为一个特定面积所有历时的控制值来自几场暴雨。为了避免这种缺点，流域内较小面积的降水量数值要使其低于PMP，一般模仿曾经发生在流域内或设计流域附近的主要暴雨的雨深—面积关系。例如图2.15中的“流域以内”虚曲线(仅绘出两根)就规定了6 h与24 h的雨量集中于3 000 km²面积的流域以内。这种曲线一般以每隔6 h间距绘出所有历时的曲线。关于假想等雨量线的进一步讨论见5.2.7.2部分和5.2.7.4部分。

2.11.3.1　空间分布

PMP的流域空间分布包括等雨量线的形状及方位，而这可以根据实测的雨型来决定。对1 500 km² 以下的平原地区，用任何方位的椭圆形等雨量线，通常置于流域中心。对于较大的、直到等于甚至大于本书所限制的流域，在半北球中纬度平原地区雨型方位一般沿中上对流层应进行研究决定单一流域的较好的等雨量线方位(见5.2.7.3部分)。分布可以置于或不置于流域中心，视流域主要暴雨历史所指明的情况而定。

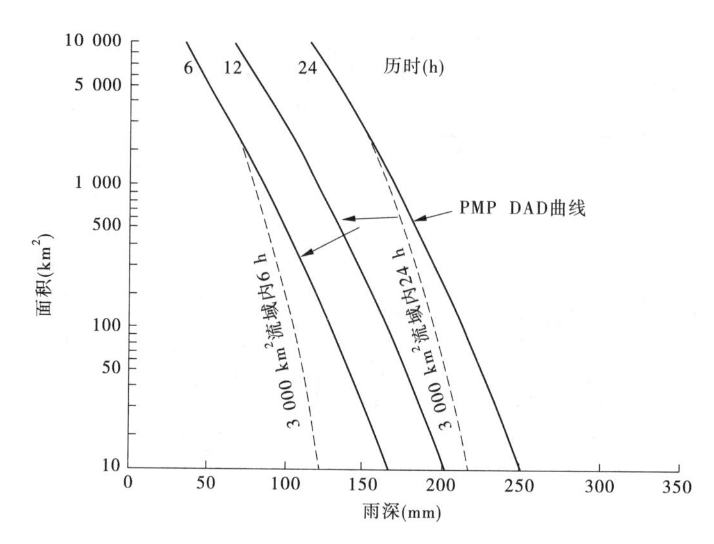

图 2.15　可能最大降雨的时—面—深外包线及流域内的暴雨雨深—面积关系示例

2.11.3.2　**算例**

危险雨型通常按全流域最大雨量产生最危险设计洪水的假定来绘制。该原则也适用于洪水计算时将较大流域划分为小流域。其他中心可能更重要。例如，以大坝上游流域某段为中心的暴雨雨型可能是峰值流量时最危险的。这可以由水文测试来确定。

绘制这种拟定的等雨量线时多少要与流域边界相适应（见图 2.16）。各等雨量线雨量数值（标值）的决定实质上采用一种与通常 DAD 分析相反的方法。例如，绘 6 h PMP 及流域以内 DAD 曲线如图 2.15 所示，试定出发生在图 2.16 中 3 000 km² 流域上危险暴雨雨型的等雨量线数值。表 2.3 示出等雨量线纵剖面如何计算，其结果如图 2.17 所示。所求的等雨量线数值见表 2.4。

用表 2.3 中(6)列及(8)列数字绘制图 2.17 的曲线。

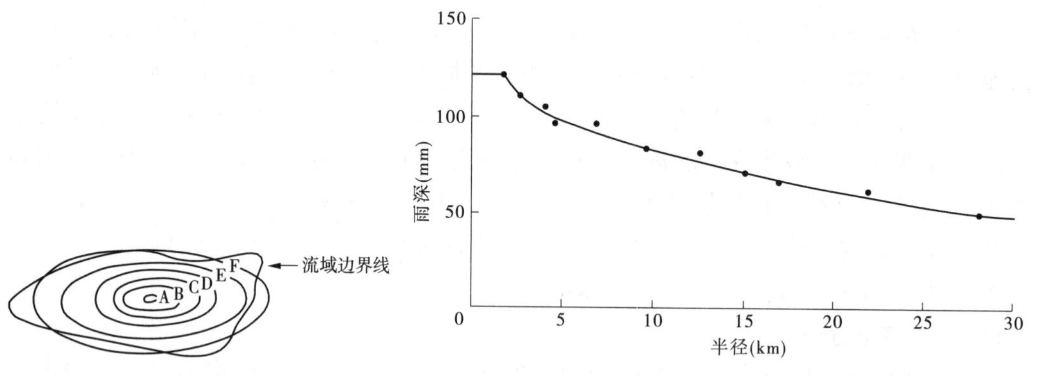

图 2.16　3 000 km² 流域上的危险等雨量线型式

图 2.17　由表 2.3 中(6)列及(8)列数据绘制的等雨量线纵剖面图

表2.3　等雨量线纵剖面计算

总面积（km^2）	净面积（km^2）	平均雨深（mm）	累积雨量（km^2·mm）	净雨量（km^2·mm）	$\frac{\Delta_{体积}}{\Delta_{面积}}$（mm）	平均面积（km^2）	当量圆半径（km）
(1)	(2)	(3)	(4)	(5)	(6)	(7)	(8)
10	10	122	1 220	1 220	122	10	1.8
40	30	113	4 520	3 300	110	25	2.8
60	20	110	6 600	2 080	104	50	4.0
80	20	107	8 560	1 960	98	70	4.7
100	20	105	10 500	1 940	97	90	5.4
200	100	100	20 000	9 500	95	150	6.9
400	200	92	36 800	16 800	84	300	9.8
600	200	88	52 800	16 000	80	500	12.6
(1)	(2)	(3)	(4)	(5)	(6)	(7)	(8)
800	200	84	67 200	14 400	72	700	14.9
1 000	200	81	81 000	13 800	69	900	16.9
2 000	1 000	71	142 000	61 000	61	1 500	21.9
3 000	1 000	64	192 000	50 000	50	2 500	28.2

注：(1)列为标准面积；(2)列为(1)列中逐项相减；(3)列为图2.15中6 h流域以内最大平均雨深曲线查出的最大平均雨深；(4)列为(1)×(3)；(5)列为(4)列逐项相减；(6)列为(5)/(2)；(7)列为(1)列中相邻两面积平均；(8)列为(7)列中面积的圆半径。

表2.4　图2.16中的等雨量线标值计算

等雨量线	包围的面积（km^2）	相当半径（km）	等雨量线数值（mm）
(1)	(2)	(3)	(4)
A	10	1.78	122
B	200	7.98	89
C	500	12.62	77
D	750	15.45	70
E	2 000	25.24	55
F	3 000	30.91	48

注：(1)列为图2.16中的等雨量线；(2)列为图2.16中等雨量线包围的面积；(3)列为等于(2)列面积的圆半径；(4)列为用(3)列的半径由图2.17查得的图2.16中等雨量线标值。

2.12　PMP 的时程分布

2.12.1　提出的时序

PMP 估值的应用需要一个长度合适的降雨增值序列。PMP 数值,不论是用表格或者 DAD 曲线形式提出,一般是指任何指定历时内的最大累积雨量,此雨量超过这个特定历时内的所有其他数值,换言之,给出的 6 h PMP 数量是 PMP 系列中各种 6 h 增量的最大值。同样,12 h、18 h、24 h 及更长一些历时的数量也是这些历时内各自增量的最大值。不过这样表示的时序很少能代表实际暴雨出现的顺序,这样需要研究具有流域特征的实测暴雨,以确定正确的时序。而且,这些雨量的时序也不见得产生最大的径流。

2.12.2　基于实测暴雨的时序

更为现实的,而且一般比较危险的时序常可自设计流域或其附近曾经发生的、产生危险径流的暴雨时序取得。表 2.5 是如何重新安排 6 h PMP 增量以适应于曾经发生危险暴雨时序的例子。注意这个方法比用 2.11.2 部分那个放大暴雨的办法得到的雨量要大得多,因此径流量也大得多。2.11.2 部分那个方法通常只有一个放大值等于 PMP。

表 2.5　一个假想的 3 000 km^2 流域 PMP 的时程分布

历时(h)	PMP(mm)	6 h 增量		最大累积值
		PMP	排列	
6	284	284	16	284
12	345	61	28	345
18	384	39	20	384
24	419	35	12	419
30	447	28	39	431
36	467	20	61	451
42	483	16	284	479
48	495	12	35	495
54	505	10	5	500
60	513	8	8	508
66	521	8	10	518
72	526	5	8	526

注:第 4 列假定依照设计流域产生最大径流的危险暴雨时序安排,注意最后一列中任何两个历时的最大累积雨量可以小于或等于而不能大于同历时内 PMP 增量累积值,如最后一列中最大 24 h 雨量等于 PMP 的 419 mm (39 + 61 + 284 + 35),但最大 30 h 雨量仅为 431 mm(12 + 39 + 61 + 284 + 35),而 30 h 的 PMP 值为 447 mm。实际上本例中仅6 h、12 h、18 h、24 h、48 h 及 72 h 累积量等于 PMP 数值。

当考虑到可能比实际暴雨出现过的时序更为严重的时序时,因而还可排列更为危险而实际上又可能的时序,并指那些比较合适的时序。在确定 6 h 增量的不同排列时,美国的标准做法是对所有历时保持 PMP 水平,如以大小为序相邻的两个最高增量,相邻 3 个最高增量等。在澳大利亚和其他国家,并不总是采用这种做法,而是根据观测的强烈暴雨的大量曲线提供不同的时序分布。这种做法也并不总是提供所有雨量的 PMP。决定哪种时序排列会产生最危险的设计暴雨是水文工作者的责任。

2.13　注意事项

对具体流域进行 PMP 估算要尽量确保估值合适。某一地区需要对一个或两个以上流域进行估算时,较好的方法是将应用手册与概化研究相结合(见第 5 章)。如果进行单位 PMP 估算,应采用本章讨论的步骤结合具体注意事项。

2.13.1　充足暴雨样本的重要性

对某一流域来说,移置及放大少数的暴雨不一定能得出可靠的 PMP 估算值。设计流域及移置界线内的特大暴雨全部都用于估算 PMP 是很重要的。如比较一个移置界线内外的暴雨,发现界线内的暴雨仅有少数达到界线外特大暴雨的一般水平,则这种移置界线必须重新考虑并放宽限制,如属可能,要包括原来的边缘面积中正好在规定界线以外的暴雨。

暴雨普查及分析应推广至气象上可以比拟的区域,不管它与设计流域相距多远。如心目中有一个天气暴雨类型,则世界上很远地区有时比邻近地区更有启发意义。这不仅适用于降水量的数值,也适用于了解降水的暴雨机制的其他因子。

审慎选定的移置放大极大暴雨数目愈多,PMP 估算的结果愈可靠。在理想情况下,差不多要 20 多场暴雨来控制 PMP 的估算,其中要有五六场暴雨提供 PMP DAD 曲线上的控制点据。

2.13.2　与实际降雨记录相比

任何 PMP 估算的最后结果应与已有的观测记录比较。附录 2 中的世界最大点雨量记录,可能已接近于 PMP 水平了。如果 PMP 估值超过此记录过多(如 25% 以上),就可能是太大了。许多点雨量 PMP 在 4 h 或更长历时内将比这些数值低些,因为只有少数测站的地位有利于发生这样的记录雨量。

附表 2.5 提供美国 700 多场暴雨的 DAD 外包值。要注意,所有这些数值都来自这个国家靠近水汽来源的南部,即墨西哥湾。这样大量的主要暴雨的外包值非常可能已接近于这个区域的 PMP,特别是对面积大于 25 km^2 的情况更是如此。

必须注意的是,应将 PMP 值看做某一流域降水能力的上限。将这些估值与一限定地理区域的最大实测降水相比可以看出比实测值大很多,除非就近地区已经出现了大型暴雨。对于超过大型的地区,应比较 PMP 值和最大实测降雨,包括范围内的面积和历时。图 2.18 表示美国的一个比较研究中一个面积和历时的结果。

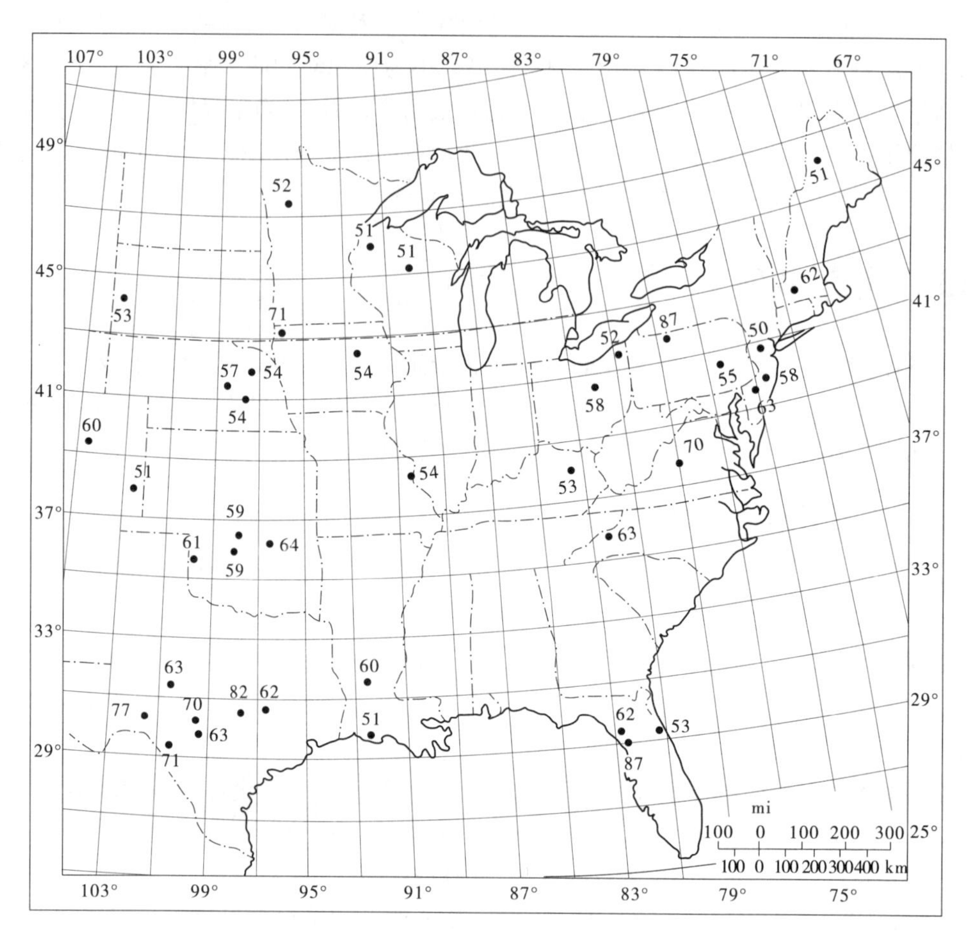

图 2.18　在美国 105°经线东部≥各季节 24 h 518 km² PMP(Riedel 和 Schreiner, 1980)的 50% 的以 PMP 百分数表示的实测雨量(Schreiner 和 Riedel, 1980)

2.13.3　估算值的一致性

在气候一致区内对各种流域 PMP 估算值应比较其一致性。如有显著差异就应考察是否有气候或地形上的特殊原因。如无特殊原因就可以判断这种差别有问题，而推求 PMP 的各步骤应当全部重新检查。当各流域 PMP 估值不属于同一时期，这种一致性较难于保持。为了取得一致性，建议作概化研究(见第 5 章)。

2.13.4　地区、历时和面积修匀

估算 PMP 值时认识降水潜力场的连续性很重要。当检查某一面积或历时的大暴雨时，在一地区内有可能没有任何暴雨具有在降水过程中所包含的各因子的最优组合。

因此，对于一单独流域，估算 PMP 值的时—面—深关系时，要放宽面积和历时的范围。除非有气象或地形上的原因，雨深—面积和雨深—历时曲线都要进行平滑处理，同时适当地外包所有水汽放大后的降水总量。在综合研究中，应对周围地区提出数套 DAD 曲线，以确保地区的统一性。

2.13.5　季节变化

2.10 节所述的各种方法差不多除 2.10.2 部分中的方法外,均可能产生明显错误的 PMP 季变化曲线结果。由于这个道理,建议多试用几种方法,看看能否得出一致的结果。得到的季变化曲线是否有代表性,应当基于与危险季节内若干次的实际暴雨作比较来判断。

如 2.10 节所述,PMP 的季变化与暴雨历时的长短及面积大小有关,所以应该对各种面积及时求出几处季变化曲线。此外,一条季变化曲线并不意味着放大后的暴雨可以不管暴雨类型的季节限制而任意作时间的移置。这种曲线仅可用于调整一年中不同时节 PMP 的大小。但是暴雨种类及雨型各月不同,如 7 月暴雨很少适用于 4 月情况。暴雨移置在时间上往往只限于 15 d 以内,但当暴雨资料较少时可以放宽一些,如一个月。在有些地区,个体暴雨类型纵跨数月,如在冬季的美国海岸可以进行跨数月的移置。

2.13.6　空间分布

2.11 节中介绍了两种方法作 PMP 的空间分布。第一种是在 2.11.2 部分中描述的用一场实际暴雨雨型以滑动技术放大,可以得出一种较为保守的数字,因为这样放大的暴雨通常只在一种历时一种面积上等于 PMP 数值。第二种方法是用理想暴雨型,需要在一个流域面积上各种历时的暴雨均等于 PMP(见 2.11.3 部分)。对于大流域,任何一次暴雨各种历时均为 PMP,看来不合实际,因而实际这种假定分布似乎偏大。为了抵消这种偏高估计,面积小于整个流域时依照实际暴雨用流域以内的雨深、面积曲线来降低,使其小于 PMP 数值。当给定面积小于全流域时,流域面积愈大,PMP 与流域以内的曲线值相差愈大;反之,流域面积减小,这种差别也减小。因此,当流域不大于几百平方千米时,面积分布通常就用 PMP 曲线上的数值。

如气象条件相同,就没有理由认为 25 000 km^2 流域内 100 km^2 面积上的降水能力小于 5 000 km^2 流域内 100 km^2 面积的降水能力。但是,在提出“流域内”曲线的地区,一般产生25 000 km^2面积大降雨雨深的暴雨没有深层大对流云快。比较而言,约 5 000 km^2 面积上产生最大值的暴雨,在小面积范围的大雨量区对流性更强。因此,流域以内曲线表示随着流域面积的增加,小面积雨深减小。根据某一地区实际发生的暴雨确定流域以内曲线的型式,并反映实际暴雨降雨量分布。这种关系在其他地区可能无效,而一定要检验实际暴雨以为任何研究确定合适的流域以内曲线。随着流域面积的增加,小面积雨深对流域总降水量的影响减小。

绘制雨深—面积曲线的一个重要的限制是曲线的坡度要到处使面积增加降水总量不得减少。这适用于包括 PMP 在内的所有雨深—面积曲线。

尽管在本手册中大部分 PMP 估算例子均采用基于流域以内曲线的空间分布,不能推论说是推荐这种方法。不论空间分布是用滑动技术按实测暴雨法放大,或用流域以内曲线法,或用 PMP 雨深—面积曲线法或其他方法,都要视工程设计安全的要求而定。使用什么方法决定空间分布通常取决于水文工作人员。气象工作者通常使用各种不同的方法估算流域的降水量分布,要审查这些估值以保证它们与暴雨经验值一致。水文和工程人员将使用各种降雨分布确定对某一种建筑设计来说哪一种是水文最危险的。

第 3 章 中纬度山岳地区 PMP 的估算

山岳地区的降水量可分为两个部分:一部分是由降水天气系统过境而产生的降水量,称为辐合分量或辐合雨;另一部分是地形影响而产生的降水量,称为地形分量或地形雨。

在山岳地区估算某一具体流域 PMP 或对某一区域作 PMP 概化估算时,为了利用气象一致区内山区和平原的大暴雨资料,需要对移置的暴雨资料进行改正处理。按照地形对降水量影响的处理方法不同,山岳地区 PMP 的估算方法可以分为三类:第一类是暴雨分割法;第二类是非山岳地区 PMP 的地形改正法;第三类是山岳地区 PMP 的直接综合改正法。前两类方法主要在第 3 章、第 5 章和第 6 章中介绍,第三类方法主要在第 7 章中介绍。

3.1 山区降水

3.1.1 地形影响

地形对降水的影响已经研究了数年,世界上许多山区的降水和径流观测表明山区降水一般随高程的增加而增大,几个增大的特点可说明如下:

第一,由于空气爬过山脉的强迫抬升,迎风坡面上水量增加。其大小与湿空气流入的方向和速度,山脉障碍的长短、高度及平整情况等有关。山岭上的缺口(丫口)或通道,可以减少抬升量。其他影响因素为坡面上风向的低山或小山的范围与高度。

随着迎风坡上降水的增加,背风地区降水减少,但在刚刚越过山岭的下风向还有一个飘雨区,该处由于迎风坡强迫抬升湿空气而产生的降水可与山脊降水一样大。雪花降落较慢,其飘流区远较雨的飘流区为大。由于荫蔽效应,在飘雨区以上,降水锐减。

第二,地形降水的特点(被理论及观测所证实的),是山坡最前坡面或山麓区为引发阵雨或雷阵雨的有利场所。这种效应是由于不稳定气团被一个初始的较小抬升激发的对流活动所造成的。现有观测资料往往太少,不足以证明这种现象,因为附近较高坡地这种影响更为明显(因而掩盖了这种激发现象)。沿海观测有时能体现这种少量地形抬升的效果。例如,比较美国加州旧金山与距旧金山湾海岸约 40 km 的法拉伦岛两处的雨量可得,在大暴雨时,旧金山的雨量约大 25%。这种影响在美国西北部一个 PMP 研究中曾经考虑过(美国天气局,1966)。

山岳地区的另一效应有时被称为“狭管效应”。当狭窄山谷或峡谷和暴风向平行时,风会发生水平收缩,导致垂直抬升,引发或增加雨量。这种效应的发生要求靠近山谷或峡谷的山脉基本上连续和较高。

3.1.2 气象影响

经验证明,来自产生辐合上升运动的大气系统中的一般风暴降水在山岳地区也和平原地区同样重要。高山区域大面积暴雨时的雷暴雨及天气系统过境的报告就是山岳地区降水两重性的指征。例如,雷达就曾追踪到降水带经沿海山脉及加利福尼亚中央河谷进入高耸的内华达山脉。

3.1.3　年平均及季平均降水量

多山地区的年平均及季平均降水量受较小降雨变化次数的影响很大。有些天气情况使山上发生降水而山谷无雨或只有微雨,而风暴降水一般在山区的历时是比较长的。因此,年平均或季平均降水量(等值线)图显示的变化不一定是 PMP 地理变化的可靠指标,除非对这些偏离原因加以校正。常用的校正办法是基于设计流域各测站的平均雨日和表示站平均日雨量或各站点日雨量的地图(雨日定义为发生可测到降水的日子,但比通用的起算值要高些,有时从 2 mm 起算)。最有代表性的年平均或季平均降水量图是除降水量外,还用一些其他数据作为根据的地图。如果可能,就应当采用这种地图。

3.1.4　降水—频率值

降水—频率值代表降雨的同一概率水平。稀遇的重现期,如 50 年或 100 年的重现期的降水量是与恶劣天气系统有关的。因此,它们和季平均或年平均降水量图相比,是更好的 PMP 地理变化的指标。当暴雨在多山地区进行移置时,在暴雨发生位置和特定流域之间的降水—频率值的比率已被用来调整降水量。由于降水—频率值代表相同的概率,故它们也可用来作为特定区域的地形效应的指标。如果某一山岳地区的暴雨频率、水汽有效性和其他降水产生因子没有变化或变化很小,则降水—频率值的差别和地形影响的变化直接有关。在美国的研究中(Miller 等,1984b),这种理念已被用来调整山岳变化的辐合 PMP,并作为其他研究的 PMP 山岳分量地理分布的指标(Hansen 等,1977;美国天气局,1961a,1966)。

3.1.5　暴雨移置

因为山区降水的两重性,雨型与地形的相似性是受到限制的,随产生降水的因素而变化。不过在山区,地形影响对降水常是主要的,特别是大雨更是这样。由此,在这些地区作暴雨移置时应当小心,因其雨型通常与发生地区的地形有联系。

3.1.6　PMP

山岳地区的 PMP 估算必须根据两个降水分量进行:①地形降水,由地形影响产生;②辐合降水,假定与地形无关而是由大气过程产生的。在推求 PMP 时两个分量都要计算。

3.1.6.1　**地形分割法估算山岳地区 PMP**

地形分割法估算山岳地区 PMP 就是分别计算辐合与地形两个分量的 PMP,然后再加在一起,相加时注意某些必要限制。

地形分割有两种做法。一是采用地形雨模式计算地形分量(美国天气局,1961a,1966),此法在 3.2 节和 3.3 节介绍。二是用间接步骤估算地形分量(Hansen 等,1977)。此方法在 5.3.5 部分中介绍。

3.1.6.2　对非山岳地区 PMP 作地形校正

另外一个方法是先估算山区附近比较平坦地区的 PMP，这种方法的一个基本技巧是仅使用非山岳地区暴雨来进行和山脉相邻的相对平坦地区的辐合 PMP 估算。另一个基本技巧是估算某一区域山岳和非山岳部分的所有暴雨的辐合分量，并绘制辐合 PMP 的概化图。然后根据设计流域与其附近地区暴雨量的差别及由暴雨分析得到的可靠气象判断作地形影响改正。此法见 3.4 节及第 5 章。

3.1.6.3　对山岳地区 PMP 直接进行地形改正

将一山岳地区 PMP（暴雨）直接移入某流域确定位置（暴雨中心与暴雨区轴向），再通过反映两地 PMP 地形影响特征指标进行综合改正，具体方法见 7.4.5 部分。

3.1.6.4　方法示例

本章还将介绍上述方法的详细步骤。讨论其一般原理及已刊布材料中的例子。因此，这些例子必然具有一些特殊条件，即一定数量的合适资料，一定的地形特点和最后的但也是重要的即研究区域大暴雨的气象特征。

3.2　层流模型的地形分割法

3.2.1　绪言

地形分割法估算 PMP 是利用一个地形模式来计算地形暴雨。在中纬度地区可以使用这种模式的情况是相当有限的，使用时必须小心。虽然它的适用范围有限，但此处仍用很大的篇幅来作介绍，因为还没有一种刊布的 PMP 计算法文件曾详细得像别种方法那样介绍过这种方法。地形分割法中的天气系统降水辐合分量计算方法也在本节中加以介绍。

本节及 3.3 节引用了美国天气局 1961 年、1966 年有关加利福尼亚 PMP 研究成果，现已有该区 PMP 最新研究成果（Corrigan，Fenn，Kluck 和 Vogel，1998，1999）。本节及 3.3 节中仅作为方法介绍，仍采用原估算成果（图和表）。

3.2.2　地形层流模式

当湿空气被迫抬升爬过一个相当连续的山岭时所释放的降水是能够作为理想化和作为二元问题处理的一种基本过程的结果。空气越过山顶时必然加速，因为来自较深厚的上风层中的空气要在这里的较薄层中通过。这种过程提出了一种地形雨模式，在这种模式中假定空气以层流上升越过山岭。在大暴雨发生期间出现大量对流活动的区域，由于层流的这种假设，这种模式无法提供可靠的结果。这种模式特点的另一结果是限制它在温带地区的使用，在这里热带暴风不是大暴雨的主要成因。这种层流模式是一个蓄量方程，在此方程中，所形成的降水量是山麓基面上的水汽入流和山顶上水汽出流之差。

在某一上层高度上，一般叫做“节点面”，假定气流基本上是水平的。发生这种情况的高度可以理论上计算出来。对于一般高度的障碍，节点面高度为 100 ~ 400 hPa。越过山脉障碍的出流入流风简化如图 3.1 所示。

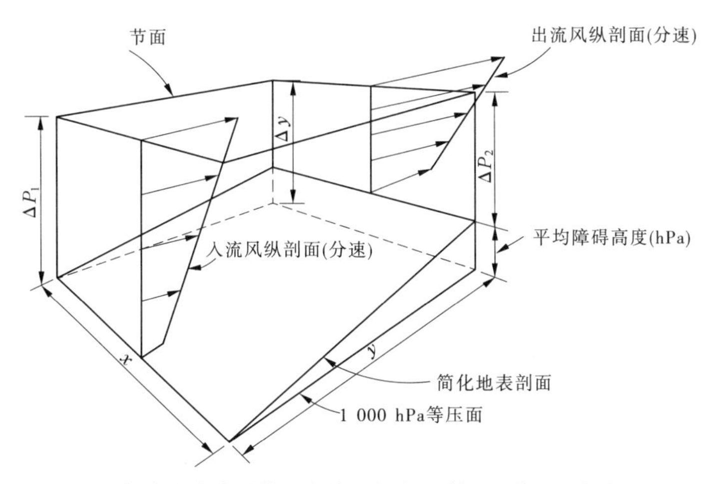

图3.1　爬过山脉障碍的风廓线(纵剖面)**简图**(美国天气局,1961a)

这个模式考虑垂直于山脉的立面中的气流,这就是所谓二元模式。立面中 y 轴沿流动方向,z 轴沿铅直方向,这种流动代表着横向即图中未标出的 x 方向上几千米至几十千米内的平均流动。在地面的风沿地面流动,在山坡上某一定点以上空气流线的坡度随高度的增加而减少,至点面上就变为水平了。

3.2.2.1　**单层模式**

如假定空气饱和,沿上升流线的温度按湿绝热直减率减低,从地面至节点面的空气作为整层流动(见图3.2),则降雨率为

$$R = \frac{\bar{v}_1\left(W_1 - W_2\dfrac{\Delta P_1}{\Delta P_2}\right)}{Y} \tag{3.1}$$

式中:R 为降雨率,mm/s;$\bar{v}_1$ 为平均入流风速,m/s;W_1、W_2 分别为入流及出流可降水量(液态水当量),mm;Y 为水平距离,m;ΔP_1、ΔP_2 分别为入流及出流压力差,hPa。

式(3.1)是一个蓄量方程式,即降水量等于入流水汽减去出流水汽。可以推导如下:设想(空气)质量通过被水平距离为 s 的两个全等的垂直平面所包围的空间,如图3.2所示,则水汽蓄量方程为

$$M_{\mathrm{r}} = M_{v_1}M_{v_2} \tag{3.2}$$

式中:M_{r} 为水汽成为降水的凝结率,g/s;M_{v_1} 为水汽入流率,g/s;M_{v_2} 为水汽出流率,g/s。

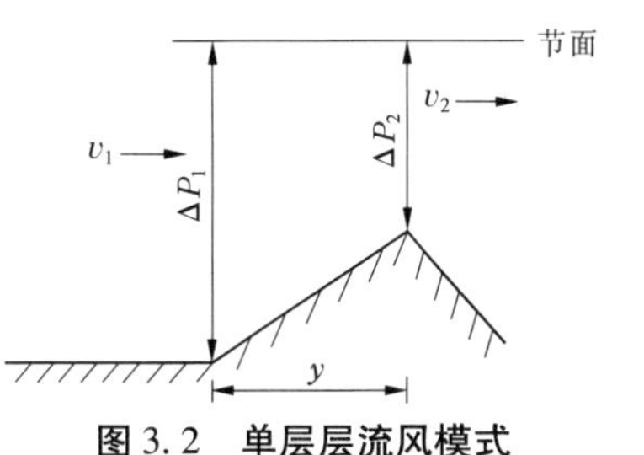

图3.2　单层层流风模式

又

$$M_{\mathrm{r}} = RYs\rho \tag{3.3}$$

$$M_{v_1} = v_1W_1s\rho \tag{3.4}$$

$$M_{v_2} = v_2W_2s\rho \tag{3.5}$$

式中:ρ 为水的密度,1.0 g/cm^3;s 以 cm 计。

如不计可以忽略的很微小的降落水量,则入流空气质量等于出流空气质量,连续性方程可写为

$$v_1 \Delta P_1 = v_2 \Delta P_2 \tag{3.6}$$

合并式(3.2)~式(3.6)并解出 R 就得到式(3.1)。

3.2.2.2 多层模式

为了更精确的计算,可用多层模式(见图3.3)代替单层模式。在多层模式中,每层用式(3.1)计算。各层降水量相加,就得出总降水量。多层模式降水率用下列形式的蓄量方程式更为方便,即

$$R = \frac{\bar{v}_1 \Delta P_1 (\bar{q}_1 - \bar{q}_2)}{Y} \cdot \frac{1}{g\rho} \tag{3.7}$$

式中:v_1 为某一特定层的入流流速;ΔP_1 为某一特定层的入流压力差;$\bar{q}_1$ 及 $\bar{q}_2$ 各为入、出流平均比湿,g/kg,常用混合比 W 代替比湿;g 为重力加速度, cm/s^2;ρ 为水的密度,g/cm^3。

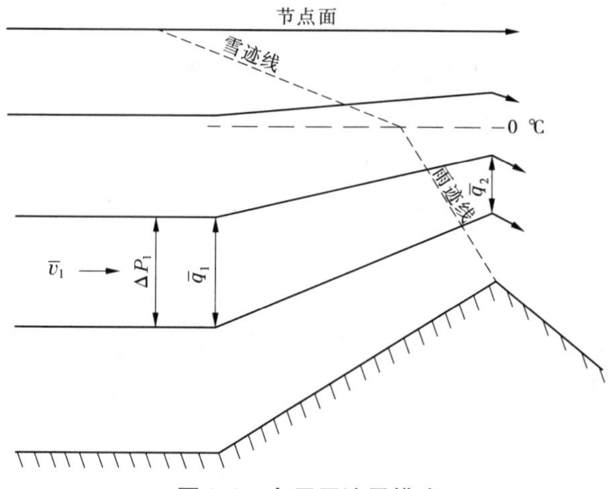

图3.3　多层层流风模式

式(3.7)由比湿与可降水量的下列关系导出

$$W = \frac{\bar{q}\Delta P}{g\rho} \tag{3.8}$$

将式(3.8)代入式(3.1),得

$$R = \frac{v_1\left(\frac{\bar{q}_1 \Delta P_1}{g\rho} - \frac{\bar{q}_2 \Delta P_2 \Delta P_1}{g\rho \Delta P_2}\right)}{Y} \tag{3.9}$$

这可化成式(3.7)。

另外,有一个代替式(3.7)的近似关系式为

$$R \approx \frac{0.010\,2\,\bar{v}_1 \Delta P_1 (\bar{w}_1 - \bar{w}_2)}{Y} \tag{3.10}$$

式中:R 为降雨率,mm/h;$\bar{v}_1$ 为平均入流风速,n mile/h(1 n mile/h = 0.514 m/s);ΔP_1 为某一入流层顶底间压差,hPa;$\bar{w}_1$ 及 $\bar{w}_2$ 各为入流及出流平均混合比,g/kg;Y 为迎风坡面水平距离,n mile❶。

---

❶ 1n mile(1海里)=1 852 m,下同。

式(3.10)由平均混合比 w 与可比降水 W 的近似关系式得出

$$W \approx 0.010\,2\overline{w}\Delta P \tag{3.11}$$

式中：W 以 mm 计；$\overline{w}$ 以 g/kg 计；ΔP 以 hPa 计；系数 0.010 2 具有因次，mm/hPa · kg/g。

把这个关系代入式(3.1)并将 v_1 及 Y 用大单位表示就可得到式(3.10)。

3.2.2.3　降水轨迹

迎风坡的降水分布(指等雨量线图)需要绘出雨滴及雪片自其形成平面降至地面的轨迹，和越过山岭的流线一起考虑，如图 3.3 所示。降水轨迹和计算方法则在下述用实测暴雨降水对地形雨模式的检验中加以介绍。

3.2.3　用实测暴雨检验地形层流模式

下述算例的模式取自美国西部海岸附近内华达山脉和喀斯特山脉的 PMP 研究。图 3.4表示验证地区和一些雨量站。图 3.5 表示用于计算的平均地表纵剖面。雨量站高程也点绘出来以表示与纵剖面配合良好的程度。选样验证暴雨的时间为终于 1955 年 12 月 22 日 20:00 的 6 h 时段。12 月 22 日 15:00 加利福尼亚州奥克兰曾作高空探测。取距

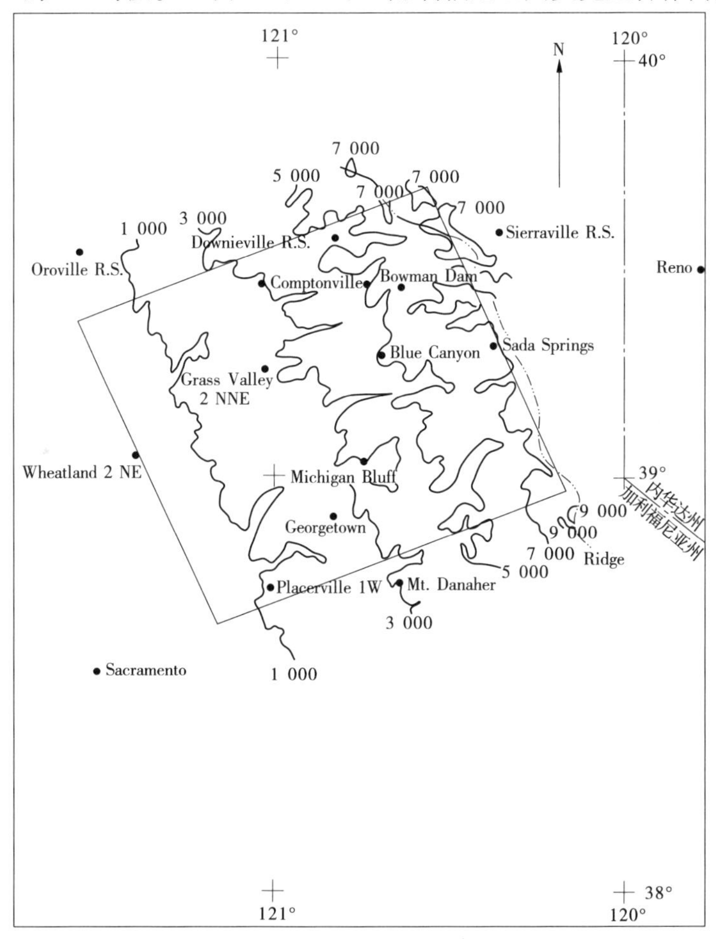

图 3.4　加利福尼亚州布留峡谷地形雨模式验证地区(美国天气局，1966)

验证地区的入流端(西南端)约 160 km 处的资料作为入流数据(见表 3.1)。列出了靠山脊的迎风坡面最后一段的雨量计算。

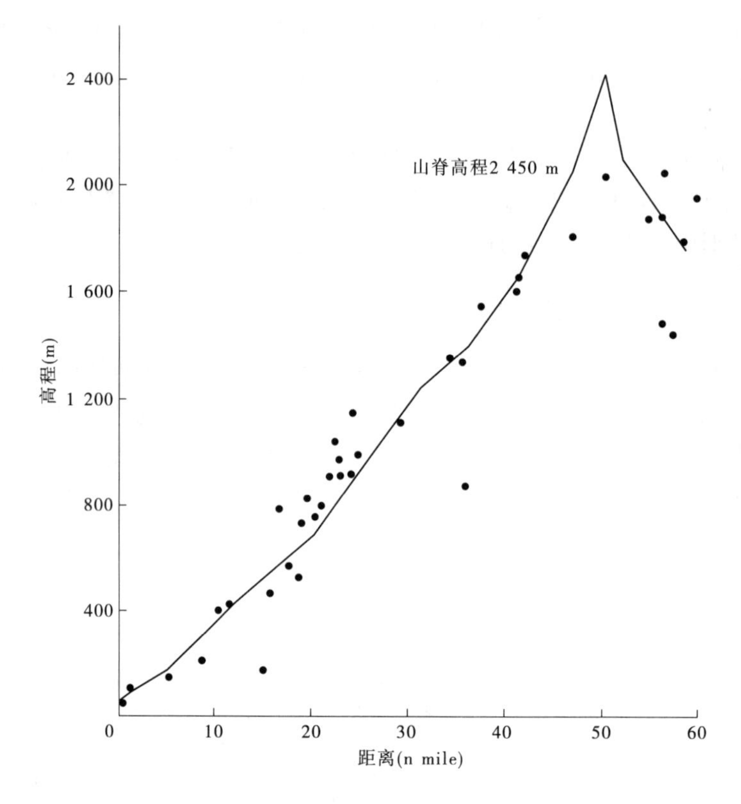

图 3.5　**图** 3.4 **验证地区相对于假定地表纵剖面的雨量站高程**(美国天气局,1966)

下述为迎风坡地形降雨的计算步骤。

3.2.3.1　**地形纵剖面**

决定计算面积内的地形纵剖面,并按地形转折处分为几段,长段还可以再分。由于图 3.6的坡面比较均匀,故前九段等距划分,长 6 mi[1](9.7 km 或 5.2 n mile)。最后一段为4 mi(6.4 km 或 3.5 n mile),自入流至出流总长 58 mi(93.3 km 或 50.3 n mile)。

用入流深探空的压、温、湿资料得出的气压—高度曲线,把地表纵剖面的高程(见图 3.5)化算为气压。将各段终点的气压点绘出来,得到地表纵剖面如图 3.6(直到有一些方法能把空气沿坡面下降运动计入降水计算之前,建议将任何地面纵剖面的下降坡段画作水平)所示。绘出模式入流端及出流端和各分段末段的垂线。

3.2.3.2　**入流数据**

本例所用的入流数据列于表 3.1 中的前八列。这些数据由探空观测取得。风速是垂直于山脊的分速,即 $v = v_0\cos\alpha$,其中 v_0 为沿观测方向的实测风速,α 为观测方向与山脊的法线间的夹角。

[1] 1 mi = 1 609.344 m,下同。

表 3.1　加利福尼亚州布留峡谷验证区 10 个分段 6 h 1955 年 12 月 22 日 14 ~ 20 时零度经线时地形降水计算

（手算时用加利福尼亚州奥克兰 12 月 22 日 15 时（零度经线时）的探空资料作为入流资料，并假定面为 350 hPa）

P (hPa)	T (℃)	RH (%)	v (n mile/h)	$\bar{v}$ (n mile/h)	$\bar{v}\Delta P$	W_s (g/kg)	W_r	P_c	P_{LT}	W_{LT}	P_{UT}	W_{UT}	$\overline{W}_r$	$\overline{W}_{LT}$	$\overline{W}_{UT}$	$\Delta\overline{W}_{LT}=\overline{W}_r-\overline{W}_{LT}$	$\bar{v}\Delta P\Delta\overline{W}_{LT}$	$\Delta\overline{W}_{UT}=\overline{W}_r-\overline{W}_{UT}$	$\bar{v}\Delta P\Delta\overline{W}_{UT}$
500	-12.3	77	61.8			2.96	2.28	475	496	2.28	495	2.28							
				59.6	2 980								2.70	2.70	2.70	0	0	0	0
550	-8.1	82	57.4			3.80	3.12	529	537	3.12	536	3.12							
				62.7	3 135								3.61	3.53	3.52	0.08	251	0.09	282
600	-4.2	88	67.9			4.65	4.09	583	575	3.94	574	3.92							
				62.8	3 140								4.64	4.22	4.20	0.42	1 319	0.44	1 382
650	-0.6	92	57.6			5.64	5.19	638	604	4.50	602	4.47							
				55.1	2 755								5.72	4.73	4.69	0.99	2 727	1.03	2 838
700	26	94	52.6			6.64	6.24	692	630	4.95	628	4.90							
				49.8	2 490								6.69	5.18	5.13	1.51	3 760	1.53	3 884
750	5.3	95	47.0			7.50	7.13	742	656	5.40	654	5.36							
				50.1	2 505								7.55	5.51	5.45	2.04	5 110	2.10	5 261
800	7.9	95	53.1			8.38	7.96	792	672	5.61	669	5.54							
				51.4	1 285								8.20	5.75	5.57	5.45	3 148	2.63	3 380
825	9.1	96	49.6			8.79	8.44	817	688	5.88	672	5.60							
				49.2	295								8.50	5.92	5.61	2.58	761	2.89	853
831	9.4	96	48.7			8.92	8.56	823	693	5.95	673	5.62							
				47.2	897								8.75	6.09	5.69	2.66	2 386	3.06	2 745
850	10.3	96	45.7			9.30	8.93	843	703	6.22	680	5.76							
				44.2	1 105								9.13	6.34	5.86	2.79	3 083	3.27	3 613
875	11.4	96	42.7			9.71	9.32	868	718	6.45	694	5.95							
				42.7	1 068								9.46	6.51	6.00	2.95	3 151	3.46	3 695
900	12.5	94	42.7			10.20	9.59	888	732	6.57	705	6.05							
				41.9	1 048								9.69	6.59	6.06	3.10	3 249	3.63	3 804
925	13.4	93	41.1			10.52	9.79	911	746	6.60	717	6.07							
				37.6	940								9.81	6.64	6.09	3.17	2 980	3.72	3 497
950	14.2	91	34.1			10.80	9.83	929	760	6.68	729	6.10							
				29.9	748								9.63	6.57	5.94	3.06	2 289	3.69	2 760
975	15.0	85	25.7			11.10	9.43	941	776	6.46	740	5.78							
				19.4	485								9.42	6.42	5.76	3.00	1 455	3.66	1 775
1 000	15.5	84	13.1			11.20	9.41	961	790	6.37	753	5.73							
				11.1	56								9.55	6.48	5.80	3.07	172	3.75	210
1 005	15.7	86	9.1			11.27	9.69	971	793	6.58	758	5.87							
$\sum$ = 35 841																			39 979
6 h 体积（mm（n mile）^{2}）= 0.061 2 × $\sum$ = 2 193																			2 447
单宽水平面积（n mile）^{2} = 46.8																			50.3
6 h 平均雨量（mm）= 47																			49
末段 6 h 平均雨量 =（2 447 − 2 193）/（50.3 − 46.8）= 73（mm）																			

注：RH 为相对湿度；W_s 为饱和混合比；W_r 为放流混合比；P_c 为凝结压力；LT 为降水上轨迹线；UT 为降水下轨迹线；其他各项意义明显无需说明。

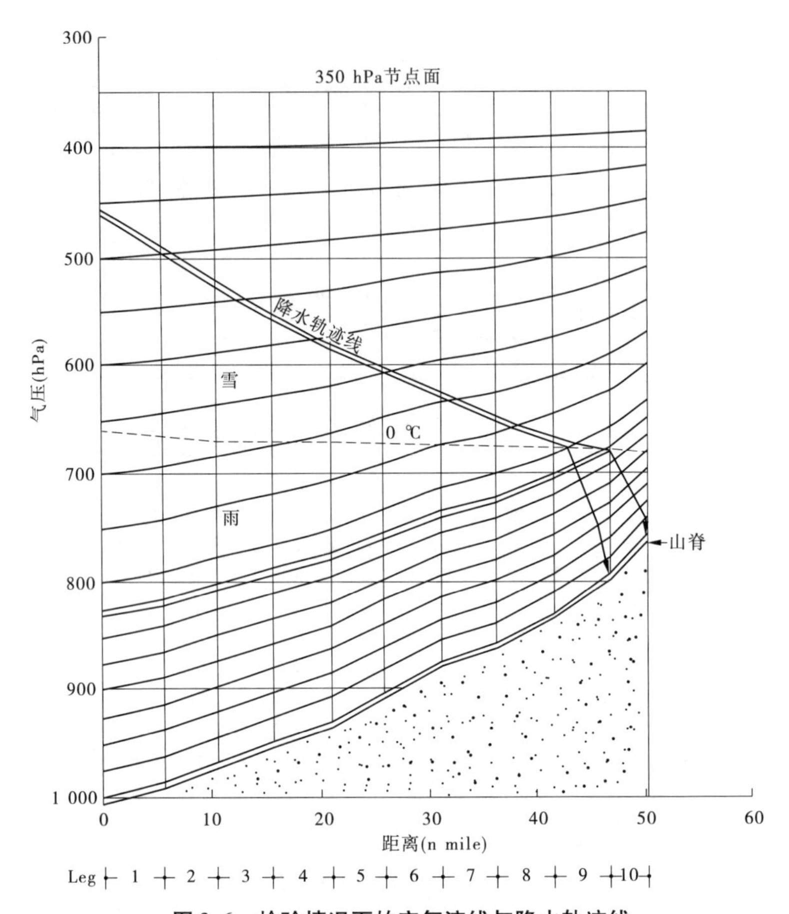

图 3.6　检验情况下的空气流线与降水轨迹线

3.2.3.3　气流流线

入流垂线上的流线间距如图 3.6 所示。第一根地面以上的流线置于 1 000 hPa。此后一直到 800 hPa 每隔 25 hPa 画一根。800 hPa 以后再以 50 hPa 为间距一直画到节点面,节点面高度假定为 350 hPa。出流垂线及各中间垂线上的流线间距按入流处间距比例以图解或内插分配。

3.2.3.4　冻结高度

当空气沿任何流线流动时,流线上任何点的压力、温度及混合比可以自假湿绝热图求得。推出出流到入流流线上发生 0 ℃冰点的压力(见 3.2.3.5 部分中表 3.2 的讨论部分)。把这些点绘在各自的流线上,连一根冻结线如图 3.6 所示。在此线以上假定降雪,此线以下假定降水。

3.2.3.5　降水轨迹

降水质点的路径取决于三个分量:①由于重力产生的垂直降落;②由于风的水平分速引起的水平漂流;③当空气沿流线运动时由于风的向上分速所生的垂直上升。

在影响验证区的地形暴雨中,降水质点的平均降落率对降雨取 6 m/s,对降雪取 1.5 m/s。为了计算方便,这些数值分别化算为 2 160 hPa/h 及 453 hPa/h。

降水质点自一根流线降落至另一根流线时,水平漂流为 $\bar{v}\Delta P$/降落率(其中,$\bar{v}$ 为两流

表 3.2　加利福尼亚布留峡谷验证区为了计算降水轨迹的雨雪漂流计算

（根据 1955 年 12 月 22 日 15 时加利福尼亚州奥克兰探空资料）

P (hPa)	v (n mile/h)	$\bar{v}$ (n mile/h)	ΔP (hPa)	$\bar{v}\Delta P$	DRR (n mile)	DRS (n mile)	(UT) $\sum$漂流 (n mile)	(LT) $\sum$漂流 (n mile)	(UT)50.30 − $\sum$漂流 (n mile)	(LT)46.80 − $\sum$漂流 (n mile)
(1)	(2)	(3)	(4)	(5)	(6)	(7)	(8)	(9)	(10)	(11)
350	97.7									
400	66.1	81.9	50	4 095	1.90	9.04				
450	71.0	68.6	50	3 430	1.59	7.57	51.18*	48.55*	−0.88	−1.75
500	61.8	66.4	50	3 320	1.54	7.33	43.85*	41.22*	6.45	5.58
550	57.4	59.6	50	2 980	1.38	6.58	37.27*	34.64*	13.03	12.16
600	67.9	62.7	50	3 135	1.45	6.92	30.35*	27.72*	19.95	19.08
650	57.6	62.8	50	3 140	1.45	6.93	23.42*	20.79*	26.88	26.01
700	52.6	55.1	50	2 755	1.28	6.08	17.34*	14.71*	32.96	32.09
750	47.0	49.8	50	2 490	1.15	5.50	11.84*	9.21*	38.46	37.59
800	53.1	50.1	50	2 505	1.16	5.53	6.31*	3.68	43.99	43.12
825	49.6	51.4	25	1 285	0.59	2.84	3.47**	3.09	46.83	43.71
831	48.7	49.2	6	295	0.14	0.65	2.95	2.95	47.35	43.85
850	45.7	47.2	19	897	0.42	1.98	2.53	2.53	47.77	44.27
875	42.7	44.2	25	1 105	0.51	2.44	2.02	2.02	48.28	44.78
900	42.7	42.7	25	1 068	0.49	2.36	1.53	1.53	48.77	45.27
925	41.1	41.9	25	1 048	0.49	2.31	1.04	1.04	49.26	45.76
950	34.1	37.6	25	940	0.44	2.08	0.60	0.60	49.70	46.20
975	25.7	29.9	25	748	0.35	1.65	0.25	0.25	50.05	46.55
1 000	13.1	19.4	25	485	0.22	1.07	0.03	0.03	50.27	46.77
1 005	9.1	11.1	5	56	0.03	0.12	0	0	50.30	46.80

注：1. 带＊者为用雪漂流；带＊＊者为任意假定（使轨迹落在或高于冻结线）。

2. $DRR = v\Delta P/2\,160$ 表示水平雨漂流，UT 表示降水上轨迹线，$DRS = v\Delta P/453$ 表示水平雪漂流，LT 表示降水下轨迹线。

线间层流的平均水平风速,n mile/h;ΔP 为层厚,以 hPa 计;降落率以 hPa/h 计)。因 $\bar{v}\Delta P$ 在任定两根流线之间为常数,入流处算得的漂流可以用在该两根流线间的任何处所。表3.2 中各流线间水平雨漂流(*DRR*)及水平雪漂流(*DRS*)列入第(6)列和第(7)列。漂流距离以 n mile 计,因为 $\bar{v}$ 以 n mile/h 计。风的向上分速的影响自然包含在流线的坡度之中。

降水轨迹自地面起算,由地表纵剖面几个选定段的末端开始。两个轨迹线的计算如表3.2 所示:一为降水上轨迹线(*UT*),起算于出流处,或距入流处 50.3 n mile;另一为降水下轨迹线(*LT*),起算于第9 段之末端,或距入流处46.8 n mile。表3.2 的第(8)、第(9)两列表示通过轨迹线上地面点垂线的累积水平漂流。第(10)列及第(11)列列出由入流垂线起算的相应距离。

在冻结线以下用雨漂流,以上用雪漂流。为了能够交于一点,降水下轨迹线(见图3.6)接近冻结线时,那里正好有一根流线与冻结线相交。但降水轨迹线在 850 ~825 hPa 入流流线之间与冻结线相遇,因而要在这根轨迹线与0 ℃线的交点处补出一根流线。这根流线交入流处垂线于 831 hPa。在 831 ~825 hPa 层的雪漂流为 0.65 n mile(见表3.2),则自出流垂线到825 hPa 流线的总漂流距离应为2.95 +0.65 =3.60(n mile),但这样使迹线跑到冻结线下面去了。因此,假设总漂流距离为3.47 n mile,这就是意味着此层的漂流为0.52 n mile 而不是0.65 n mile。由于此层的雪可能非常湿,其降落速度大概在雨雪之间,因而这假定似乎是合理的。

3.2.3.6　降水计算

绘出降水轨迹线以后,逐层计算各条轨迹线下的降水总体积。从一条轨迹线下的总体积减去次一条轨迹线下的体积,除以该体积在地面上所占的水平面积,就得到这个面积上的平均雨深。

如式(3.10)的降水率乘以面积 xy,就得到1 h 的降水体积。y 在分母分子中对消了,如面积宽度 x 取1 n mile,1 h 的体积 $R(xy)$ 记为 $v_0 l_{1\text{-h}}$,则一根特定轨迹线下的降水体积约为

$$v_0 l_{1\text{-}h} \approx 0.010\,2\bar{v}_1 \Delta P_1(\overline{W}_1 - \overline{W}') \tag{3.12}$$

式中:$\overline{W}'$为轨迹上的平均出流混合比(见图3.3 中的 $\bar{q}_1$)。

地形模式一般计算每6 h 的雨量增值,式(3.12)就变为

$$v_0 l_{6\text{-h}} \approx 0.061\,2\bar{v}_1 \Delta P_1(\overline{W}'_1 - \overline{W}') \tag{3.13}$$

式中:$v_0 l_{6\text{-h}}$以 mm (n mile)^2 计;$\bar{v}_1$ 以 n mile/h 计;ΔP_1 以 hPa 计;($\overline{W}'_1 - \overline{W}'$)以 g/kg 计;系数0.061 2 的因次为(n mile)(h)(6 h)$^{-1}$kg/g · mm/hPa。

表3.1 表示图3.6 中两根轨迹线下的地形雨计算,下述例子说明此表如何做成。

考虑在经过入流处气压为850 hPa 及875 hPa(ΔP =25 hPa)的两根流线之间的一层。850 hPa 处的气温为10.3 ℃,相对湿度为96%,风平行于选定地面边线的水平分速为45.7 n mile/h。以850 hPa、10.3 ℃在假绝热图上可看出饱和混合比约为9.30 g/kg。实际混合比为此数的96%,即8.93 g/kg。

由图3.6,经过850 hPa 的流线交会两轨迹线处的气压为703 hPa 及680 hPa。沿干绝热线经850 hPa 及10.3 ℃向上至与饱和混合比8.93 g/kg 的交点,可以看出凝结气压约

为 843 hPa,气温为 9.6 ℃(未绘出)。因空气此时已饱和,自此点以上就沿湿绝热线了。这湿绝热线的饱和混合比在 703 hPa 约为 6.22 g/kg,在 680 hPa 约为 5.76 g/kg。在降水上轨迹线与降水下轨迹线的 875 hPa 流线上的混合比用同样方法求得。

对于 850 ~ 875 hPa 层,$\bar{v}$ 可看出为 44.2 n mile/h,$\bar{v}\Delta P$ = 1 105 n mile/h,$\overline{W}_1$ = 9.13 g/kg,降水下轨迹线 $\overline{W}_{LT}$ = 6.34 g/kg,降水上轨迹线 $\overline{W}_{UT}$ = 5.86 g/kg。此层中平均混合比的减少量自入流进口到降水下轨迹线 $\Delta\overline{W}_{LT}$ = 2.79 g/kg,到降水上轨迹线 $\Delta\overline{W}_{UT}$ = 3.27 g/kg。在此层中入流至降水下轨迹线间 $v\Delta P\Delta\overline{W}$ 为 3 083 n mile/h · hPa · g/kg,至降水上轨迹线为 3 613 n mile/h · hPa · g/kg。

求出所有轨迹线各层的 $\bar{v}\Delta P\Delta\overline{W}$ 值以后,每根轨迹线的数值都累积起来并乘以 0.061 2(n mile) · h · (6 h)$^{-1}$ mm/hPa · kg/g,得到以 mm(n mile)^2(6 h)$^{-1}$计的数值。在表 3.1 中对于降水下轨迹线为 2 193,降水上轨迹线为 2 447。以面积除这些降水体积,就得到面积上的平均雨深。图 3.6 中假定取单位宽度,这种面积在数值上就等于由入流到给定轨迹线间各段长度之和。对于下轨迹线,为 1 ~ 9 段长度之和,即 46.8(n mile)^2。此数使得这些段上的 6 h 平均雨深为 47 mm。对于上轨迹线,降落于 1 ~ 10 段面积 50.3 (n mile)^2 上,6 h 平均雨深为 49 mm。单独在第 10 段上降落的体积为上下轨迹线以下体积之差,即 254 mm(n mile)^2(6 h)$^{-1}$。此量分布在 3.5(n mile)^2 上,使 6 h 平均雨深为 73 mm。

3.2.3.7　成果比较

上述步骤已经计算机化,以便进行许多面积及探空资料的全部计算。另外有一种比上述地形模式更繁复的计算机方案。本例模式中节点面高度是假定的,在山顶上出流处的流线间距采用近似方法。而第二种方案则采用空气流动的物理定律来推求节点面高度及流线间距。上例中采用出流近似办法的第一种方案所得结果可与那个繁复的方法相比拟。表 3.3 列出 10 个分段 6 h 时段内,用两种方案机算的结果和第 10 段按上述(第一种)方案手算的结果。

表 3.3　加利福尼州布留峡谷验证区 1955 年 12 月 22 日 14 ~ 20 时 6 h 降水量观测值与计算值对照

分段	1	2	3	4	5	6	7	8	9	10	1 ~ 10 平均
分段水平长度(n mile)	5.2	5.2	5.2	5.2	5.2	5.2	5.2	5.2	5.2	3.5	
累积长(n mile)	5.2	10.4	15.6	20.8	26.0	31.2	36.4	41.6	46.8	50.3	
分段末端高程(ft)	590	1 200	1 780	2 320	3 210	4 080	4 640	5 540	6 760	8 030	
分段末端高程(m)	180	366	543	707	978	1 244	1 414	1 689	2 060	2 448	
观测降水量(mm)	3	6	13	25	38	46	55	64	67	65	38
机算降水量 1(mm)	0	14	40	44	55	66	54	60	67	72	47
机算降水量 2(mm)	1	17	44	45	56	66	55	59	67	69	48
手算降水量(mm)										73	49

注:1. 头段首端高程 = 200 ft(61 m)。

2. 机算第一种降水量流线间距按迈尔氏法(1)。

3. 机算第二种降水量自地面至 350 hPa(假定节点面)流线间距用于任何垂直线上按入流处间距同样比例计算。

4. 手算平均降水量第 10 段及第 1 ~ 10 段的流线间距同第二种机算降水量。

在表3.3中作比较用的所谓观测降水量仅指地形降水分量。通常地形分量应该自各段的观测总降水量减去验证地区内上风平坦河谷6 h检验时段的观测雨量而得。这种河谷降水量(总降水量的辐合分量,有时作高程调整)是由于大气过程的降水而非直接由于地形产生。本检验特例中,由于没有明显的河谷降水,因此实测降水在预削减。

3.2.3.8 **误差来源**

由模型计算降水量与观测的地形降水量(总降水量减去辐合分量)的不符归于下列两种原因:①模型输入的误差;②缺乏和无充分的代表性资料以验证模型计算。

3.2.3.8.1 模型输入

通常高空观测每日不超过两次。不管如何注意,在特定暴雨期间利用更为多些的地面天气图内插,瞬时风及水汽资料的代表性问题即使采用几小时的短时段也仍然存在。这种不精确导致降水计算的误差。

在本例中,直接使用验证区160 km以外高空观测(奥克兰)的水汽资料与风资料而未加考虑,但不能改善结果。

3.2.3.8.2 实测地形降水量

暴雨降水在时间及空间上的分布都不均匀,站网的稀疏,雨量筒通常的观测误差使得难于取得坡面上可靠的平均降水量资料。此外,在山岳地区域大多数测站均置于窄狭河谷或者比较平坦的处所,不足以代表附近的高地或概化的地表剖面。其观测值也许能代表它所在位置的实际雨量,但不大会确切代表降落于一般坡面上的平均降水量。这许多因素使得在坡面上去找可靠的观测暴雨降水量以便与模型计算的结果来比较是困难的。

3.3 估计PMP的层流模型在地形分割法中的应用

早先已提到把山区降水划分为两个部分:①地形引起的降水(地形降水);②与地形无关的大气降水(辐合降水)。因此,计算PMP时把这两种降水分量分别放大并且加起来。但要注意不能形成过分的放大。还应注意此模型只应用于层流假定是现实的情况(见3.2.1部分,3.2.2部分,3.4.1部分和3.5.2部分)。在其他区域,3.4节、第5章或第6章讨论的方法也许更合适。

3.3.1 地形PMP

应用地形模式以计算PMP地形分量的方法步骤与检验模式(见3.2.3部分)相同,除了入流风及水汽要使用最大值。

3.3.1.1 **最大风速**

如有长期的(如30年或更长)高空资料,在临界方向上作各月的或每个月的一部分时段内最大风速记录的外包值通常就已经够用了。任何外包值的发生概率可用统计分析求得。当资料较短,怀疑其最大值不足以代表长期资料时也可用这种分析估计高风速,如50年一遇的风速。如资料短至不足十年,不能作可靠的频率分析时,最大风速可以由适宜测站间的地面气压梯度估计,用这样推求的最大地面风速再凭经验关系估计高空风速。

图 3.7 为加利福尼亚州沿海区用的最大风速廓线(风速纵剖面)。风随历时的变化(见图 3.8)是根据地转风及奥克兰在选定暴雨期中 900 hPa 风得到的。

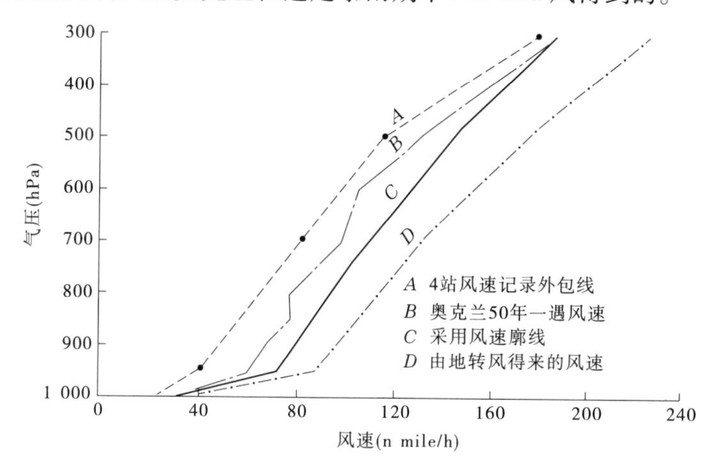

图 3.7　最大 1 h 风廓线及资料根据(美国天气局,1961b)

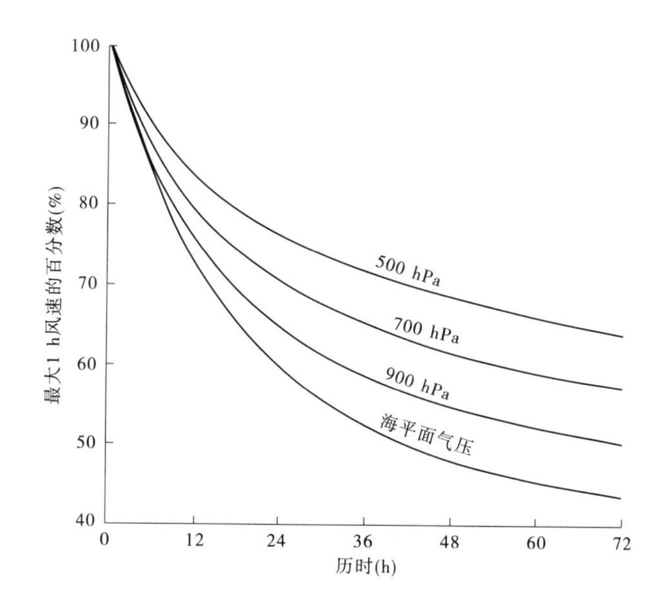

图 3.8　最大 6 h 风速随时间的变化(美国天气局,1961a)

3.3.1.2　最大水汽

最大水汽值得自最大 12 h 持续 1 000 hPa 露点,2.2 节已经全部讨论过。

3.3.2　山岳地区 PMP 的概化估算

应用模型以估算概化 PMP 的方法之一是绘出所研究地区的整个地形纵剖面图。如果地形不很复杂,而且总的向风坡朝着一个临界水汽入流风向,如同加利福尼亚州内华达山脉那样,应用这种方法是没有什么特殊问题的。

另外一种方法是对某些选定地形区域坡面以模型估算其 PMP，并由各种（等值线）图，诸如适当表示地理分布的季雨量或某种频率的降水（等值线）图，来计算其 PMP。使用这种方法时，必须先证明选定的坡面或面积计算所得的山岳地区 PMP 与参考（等值线）图的内插数值之间有良好的相关关系。

对于最适宜水汽入流方向及坡面方位都不同的地区还有一种稍微不同的方法。这个方法算出各种不同方向规定坡面的 PMP，然后不管入流方向及坡面方位外包其最大值。对于一个特定流域可求出某种关系以便对本流域危险的入流方向及坡面方位引用外包值。一个简单而恰当的方法是采用与流域面积大小有关系的变化，因为最宜入流风及坡面方位的变化有随着面积增加而增加的趋势。这种形式的校正曾用于美国西北部的一个 PMP 研究中。在加利福尼亚州研究里，这种校正是以水汽因实测主要地形暴雨的横向入流宽度的增加而减少为依据的（见 3.3.3.3 部分）。

PMP 的概化估算通常是以一张注有指标的地图来描述的。这些指标表示出特定历时、特定面积大小及月份的 PMP 等值线。

图 3.9 表示前述加利福尼亚州研究中得出的 1 月 6 h 山岳地区 PMP 等值线（指标）图。这张特别的图没有指定面积大小。在这种情况下，对于任何特定流域可以勾出其外形轮廓线，罩在这张等值线图上，以轮廓线内的等值线数值平均作为此特定面积的平均指标数值。如果暴露或垂直于最宜入流水汽方向的流域宽度不大于 60 km（见 3.3.3.3 部分），一般无需再作面积校正。

3.3.3　山岳地区 PMP 的变化

如前所述，PMP 因地区、季节、历时及流域面积大小而变。概化图表示着地理变化，无需讨论。虽然在本部分中所讨论的其他变化仅局限用于地形分割法，特别用于以加利福尼亚州研究作为一个例子，但它有许多东西可普遍应用于山岳地区 PMP 的变化。

3.3.3.1　季变化

在许多地区，融雪显著有助于可能最大洪水时，必须决定 PMP 的季变化。在山岳地区，即使不含融雪洪水仍须决定季变化，以保证最高可能的总 PMP（地形加辐合）的月份没有漏掉。合理的方法是以各月的风与水汽的最大值为基础计算各月的 PMP。长期实测主要暴雨的季变化资料一般是描述 PMP 季变化的有用指导。

用（季变化）模式计算地形 PMP 有几个缺点。一般在过渡季节（春秋）地形影响最为显著。但在决定降水分布时上风坡面或障碍对降水的激发作用却往往是最有效的。地形概括的需要导致计算出来的山岳地区 PMP 与实际地形所指示的 PMP 之间的差异。对于不同的地形纵剖面，季节影响可以因障碍的高度、坡度及其他特征而变化。有些时候，由计算所得 PMP 指示的季变化与根据暴露良好的测站实测最大暴雨资料得到的季变化互相协调，能产生最合乎实际的结果。

3.3.3.2　历时变化

最大风速及水汽随时间的变化是用于推求山岳地区 PMP 值的历时变化的。实测大暴雨的风速变化差不多是用以建立随历时而变化的入流风廓线形状的最好信息形式。这些已用于实例的研究中，水汽随时间的变化可以根据最大 12 h 持续 1 000 hPa 露点的历

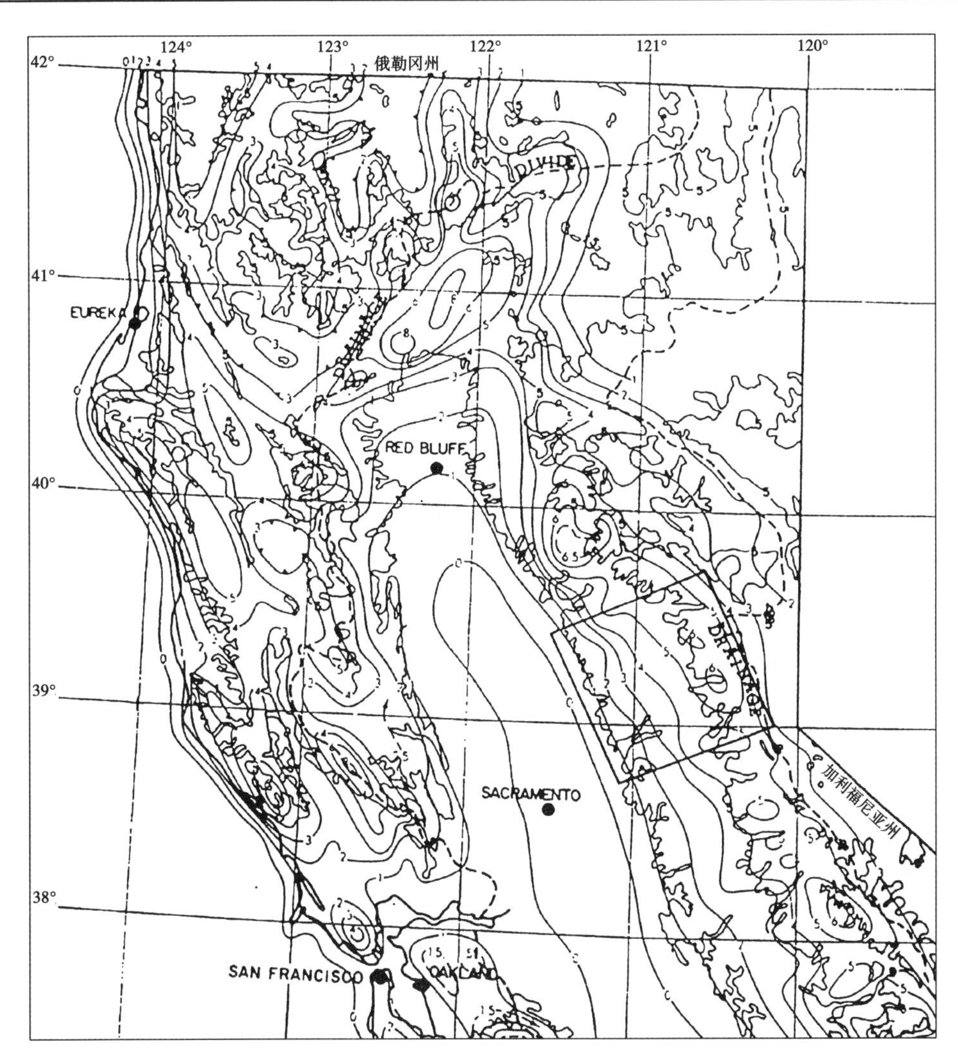

图 3.9　1 月 6 h 山岳地区 PMP(美国天气局,1961a)
(方框代表布留峡谷地形模式验证区)　(单位:in)

时变化来推求(美国天气局,1958)。高空的水汽值可由饱和假绝热直减率的假定推求。对各月和各区域采用共同的历时变化(见图 3.10),对于本例研究是足够了。在某些研究中(美国天气局,1966),还有一种有用的因素,那就是实测大雨时水汽随历时的变化。

3.3.3.3　**面积变化**

山岳地区 PMP 随流域面积的变化是由地形控制的,因而各个流域可以有很大的不同。如 3.3.2 部分所述,置流域轮廓线于指标图上就可以得出 PMP 指标的平均值。这样可以不需要通常的雨深—面积关系。不过这样得到的平均 PMP 通常仍需要作流域面积的一些校正,水汽入流强度因入流宽度的增加而减少。在本例研究(美国天气局,1966a)中,流域宽度不及 50 km 时不需要作校正。但有一根递减曲线,对于较大宽度,其平均 PMP 指标还是要减少的,即流域宽度为 160 km 及 300 km 时,PMP 平均指标分别减少 15% 及 25%。

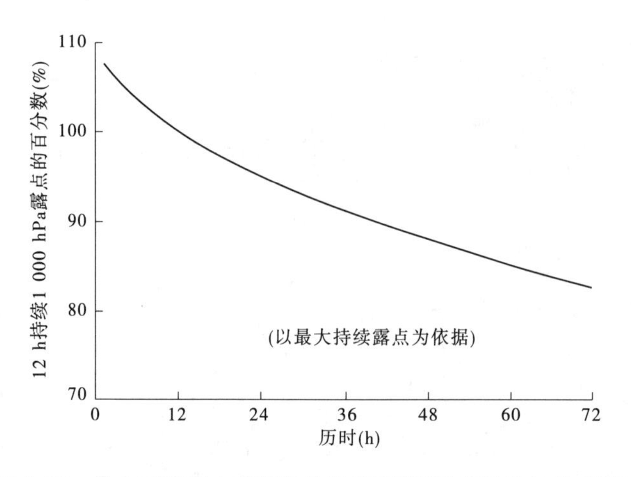

图 3.10　最大可能降水随历时的加长而递减(美国天气局,1958)

3.3.4　与地形 PMP 组合的辐合 PMP

此处所介绍的与地形 PMP 组合估算辐合(非地形雨)PMP 的方法来自加利福尼亚州沿海地区研究(美国天气局,1961a),此区发生主要地形暴雨的危险季节是 10 月至次年 3 月。这种方法也曾在别处用过,与非山岳地区估算 PMP 基本相似。受地形影响,最小区域内各测站的各历时最大降水量均予以水汽放大。并分两步来做:第一,求区域内最大 12 h 持续 1 000 hPa 露点的外包线以计算最大水汽值 M;第二,分别求出各月各站最大 P/M的历时外包线。此处,P 为一定历时内的暴雨降水量;M 由可降水量决定;W 为代表 12 h 持续 1 000 hPa 暴雨露点的可降水量(见 2.2.4 部分)。

P/M 必须对各站几次最大暴雨进行计算,因为最大降雨不一定产生最大的 P/M。绘制最大水汽及 P/M 图。两图上相应的数值相乘就得到任何需要的水汽放大后的雨量,即 $(P/M)_{max}$乘以 M_{max}等于辐合 PMP。

3.3.4.1　水汽(露点)外包线

将各站最大或者百年一遇 12 h 持续 1 000 hPa 露点(见 2.2.5 部分)按季作成外包线(见图 3.11),并在区域内加以协调之后(见图 3.12),可用于估算辐合 PMP 的最大水汽。

在本例的研究(美国天气局,1961)中,一根平均季变化曲线(图中未绘出)可适用于整个研究区域。同一区域不同部分使用不同的季变化趋势线只是增加应用时的烦琐。

3.3.4.2　P/M 的外包线

寻找一个不受地形影响的合适的测站降水资料是一个问题。在本例研究中,此区域限在海岸山脉以东及内华达山脉以西的大平坦河谷区,并限于一些不受附近陡峻坡面影响的沿海测站。除少数短暂强烈降雨外,大部分数据均是全日观测的或 24 h 中 1 h 最高的雨量。此区域中最高 P/M 的外包线如图 3.13 所示。

为了确定 P/M 的季变化趋势,需要足够的强降雨资料,但本研究区域中这种资料不足。非山岳地区测站最大 24 h 降水的许多图示表明其没有固定的季变化趋势。另一方面,在 6 h 及 72 h 雨量方面却有这种趋势(见图 3.14)。

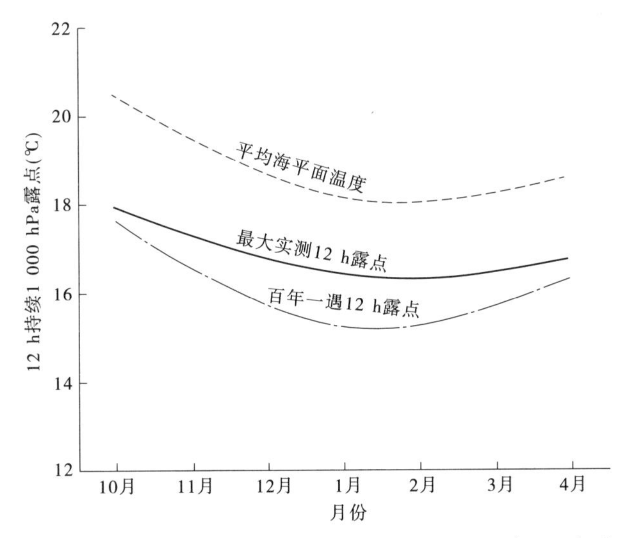

图3.11 加利福尼亚州洛杉矶最大观测露点的季外包线(美国天气局,1961a)

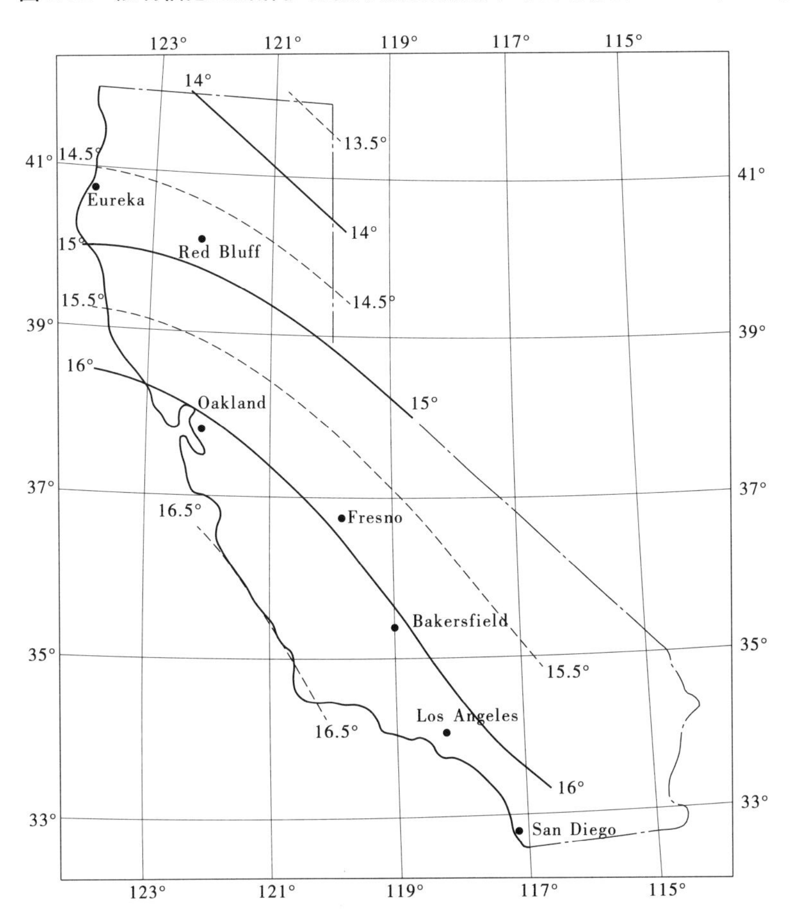

图3.12 2月最大12 h持续1 000 hPa露点(美国天气局,1961a) (℃)

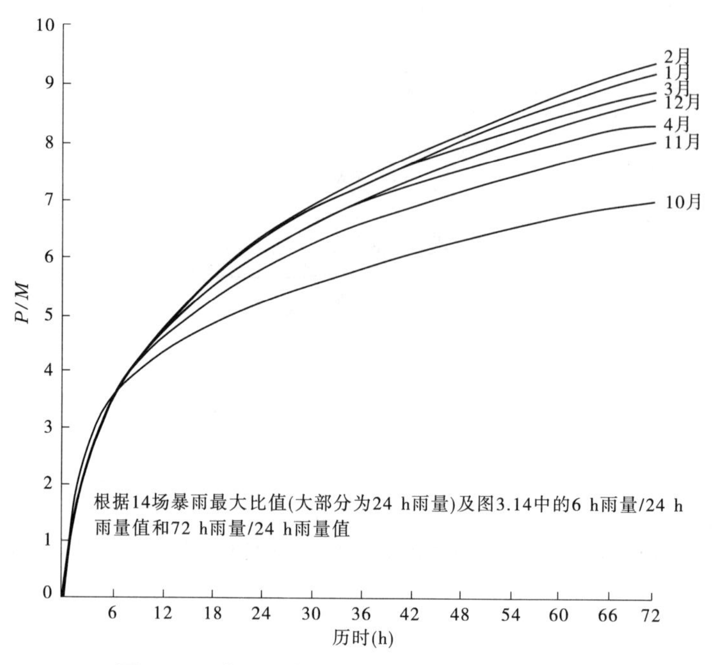

图 3.13　地形雨的最大 P/M(美国天气局,1961a)

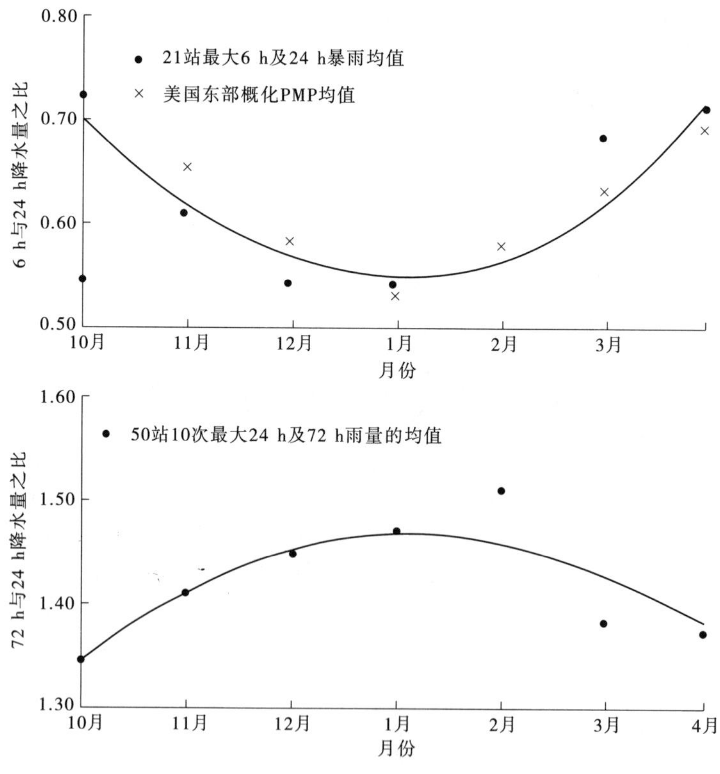

图 3.14　6 h 及 72 h 降水量对 24 h 降水量之比(美国天气局,1961a)

由于在24 h降水量中并无明显的季变化趋势,可以推断24 h历时的水汽和*P/M*的季变化必定是互相抵消的。根据这种概念,最大24 h *P/M*就定在2月,这个月的最大可降水值最低。其他各月的比值根据各自最大12 h持续露点得出的最大可降水量按比例计算。

用6 h与24h及72 h与24 h雨量比(见图3.14)来建立6 h及72 h的*P/M*。因为12 h水汽,即比值中的分母*M*适用于所有历时,所以这是可以的。由此可得*P/M*的历时变化与降水量*P*的历时变化是相同的。各月*P/M*的历时变化曲线如图3.13所示。

3.3.4.3 辐合 PMP 的高程削减

本例研究(美国天气局,1961)中,对于按照3.3.4部分中头两段所述方法计算得到的PMP值要作高程校正。和缓上升的坡面降水受到迎风障碍的影响似不显著,辐合PMP的减少假定与饱和空气柱中可降水量*W*的减少成比例。减少量的计算是以距研究地区上风8 km处一个点的地面高程作为基面的空气柱中的可降水量,减去辐合PMP地面高程为基面的空气柱中的可降水量。上风8 km处距离代表降落于研究地区的暴雨降水质点的平均形成地点。

除地形分割法外,估算PMP还有一个普通的方法,就是根据比较迎风坡与河谷上实测雨量的差别。在一项研究(美国天气局,1961)中,对于非山岳地区或辐合PMP,高程每增高300 m要减少5%。

3.3.4.4 上风障碍的削减

当空气柱越过地形障碍时,由于空气柱缩短,所含的水汽明显减少。因此,对于辐合PMP要作上风地形障碍的耗损校正。在作这些校正时,用所谓有效障碍高度而不用实际高度。图3.15所示的有效障碍高度与实际地形图的区别在于这种图考虑了空气越过障碍时的影响。而且,此图原是准备用于概化PMP估算的,有效障碍高度等高线自然把山岭高度、山脊方位及其他地形特征的较小参差都给修匀了,会严重影响小面积降水的局部地形作用因而也消除了。

3.3.4.5 点(25.9 km^2)雨量化算为流域上的辐合 PMP

上述点辐合PMP是用点雨量数据(假定作为代表25.9 km^2面积的雨量)来推算的。理想情况是研究地区有实测辐合大雨(非地形雨)为基础的雨深—面积关系,就可以由25.9 km^2点雨量化算为流域面雨量了。但是,在研究的非山岳地区很缺乏暴雨中心雨量资料,不能作出这种关系,因而必须找出地形对暴雨影响不大的那些地区的特大暴雨(不要热带暴雨)的雨深—面积关系。这种关系被用来调整比例研究中指标图制作所包含区域的25.9 km^2的辐合PMP值,还被用来调整不同流域面积的指标图上的值。

3.3.4.6 辐合 PMP 指标图的制作

下例说明绘制2月6 h 500 km^2辐合PMP指标图(见图3.16)的步骤同样适用于绘制他种历时、流域大小及月份的指标图。

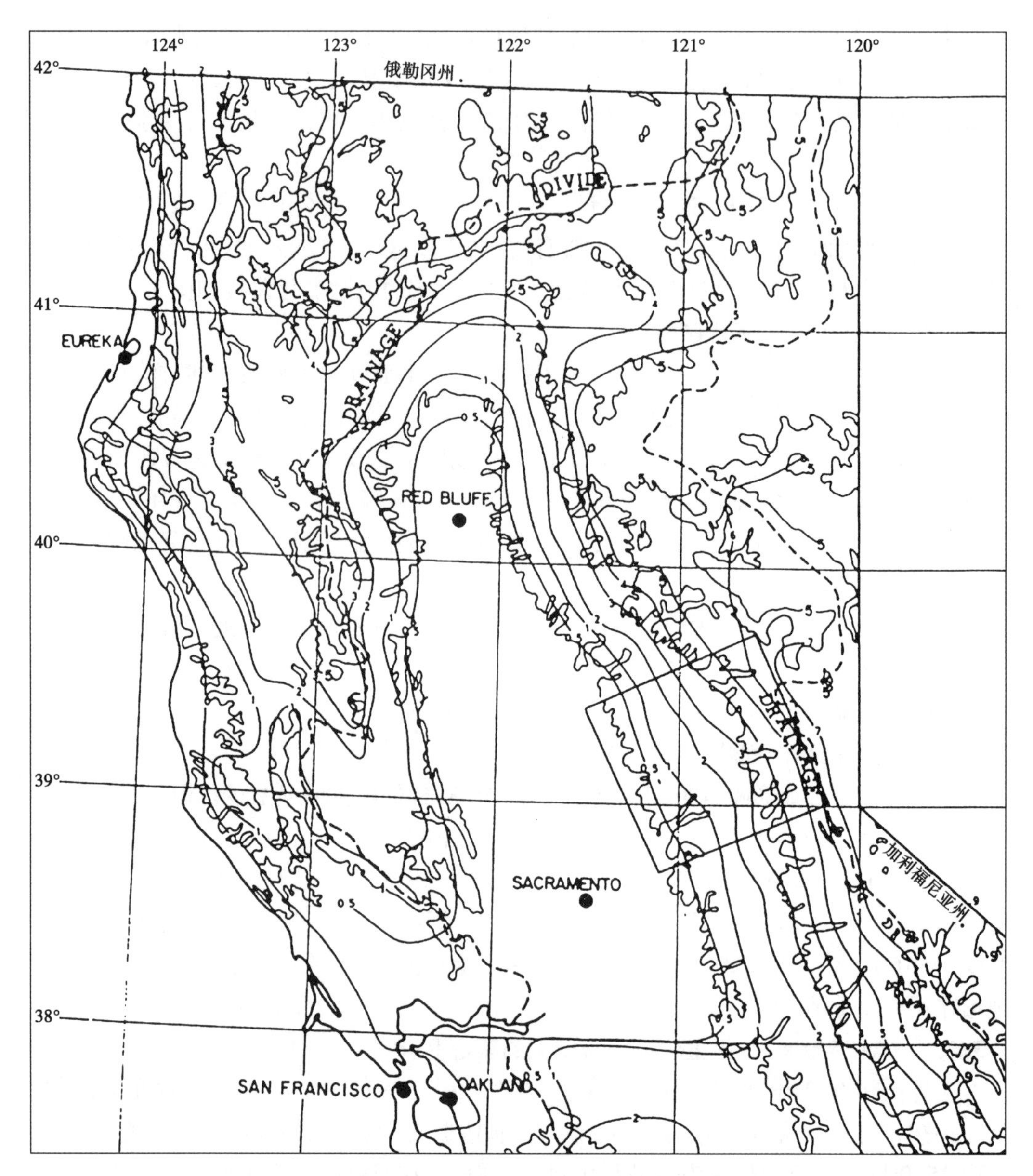

图 3.15　在北加利福尼亚州的有效高度和障碍高度(1 000 ft)

(正方形勾画兰峡谷山岳模型试验区)(美国天气局,1961a)

第一步:用适当的网格绘在适当的底图上再将各网格点处 2 月的最大水汽值绘在相应的网格点上。最大水汽值(可降水量)先从图 3.12 的 2 月最大 12 h 持续 1 000 hPa 露点图得出。然后加以有效高程或障碍校正(见图 3.15)。

第二步:各网格点的校正可降水量再乘以 2 月最大 6 h P/M(见图 3.13)。这样得到的数值代表 6 h 25.9 km^2 辐合 PMP。

第三步:由上述计算的辐合 PMP 用 3.3.4.5 部分所述的方法从雨深—面积关系(未列出)得到 518 km^2 的折减系数为 0.80。用等值线连接这些被面积折减系数乘的数值得

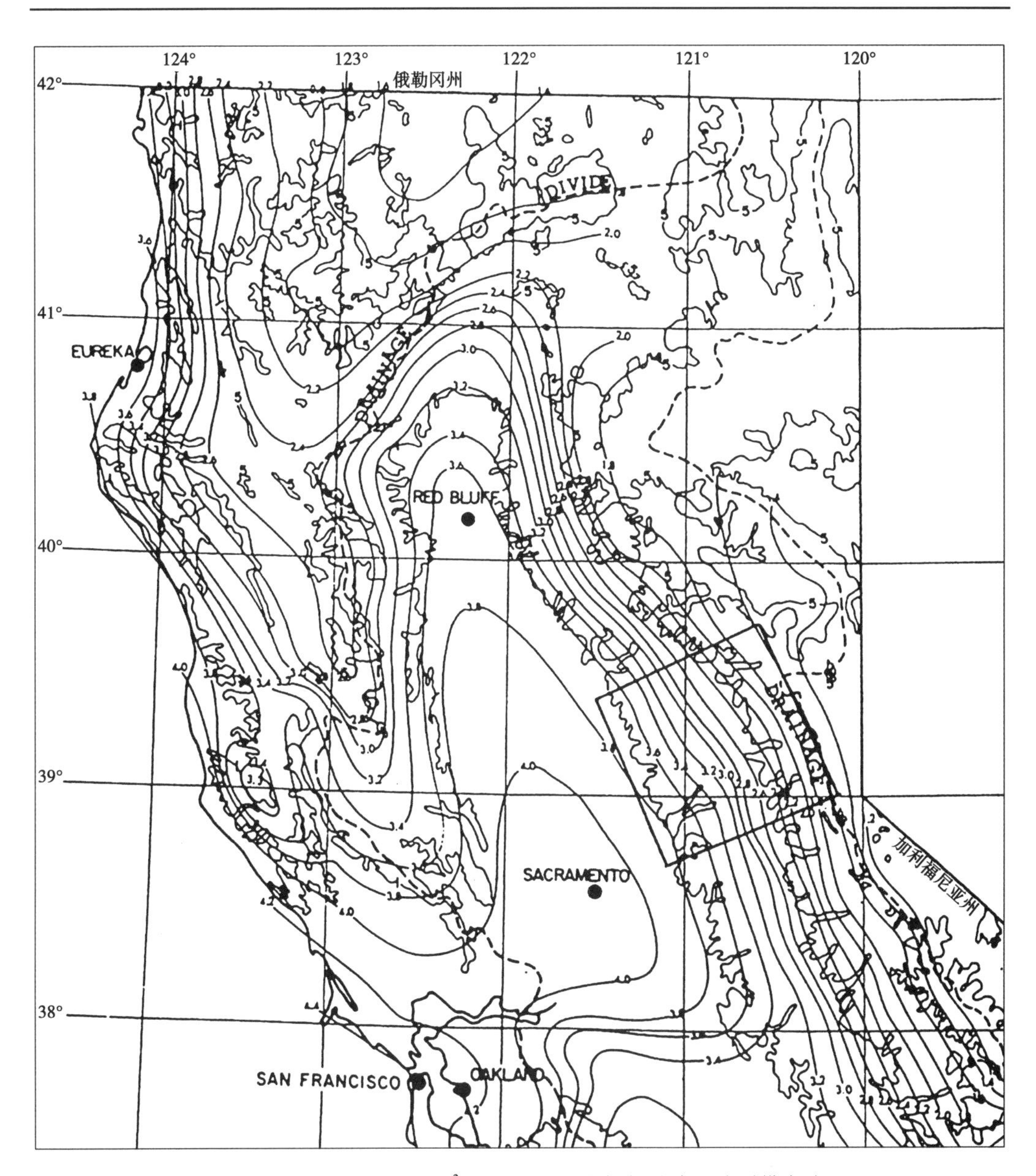

图3.16　1月、2月6 h 518 km² 辐合 PMP（方框指兰峡谷地形模式验证区）

（美国天气局，1961a）　（单位：in）

到6 h 518 km² 的辐合 PMP 指标图，如图3.16所示。制图时所包括的各种因素表明1月中很少差别，所以这张图可以不加季节性改正地用于1月、2月，图上即照此标明。

3.3.4.7　指标图用于其他历时、流域面积及月份的校正

上述辐合 PMP 指标图代表1月、2月份6 h 518 km² 的辐合 PMP。还需要找出将这些数据用于其他历时、流域面积及月份的校正关系，方法如下。

第一步：由图3.13得到各月份每6 h 增量（一直到72 h）的最大 P/M。这些比值经过修匀并以2月最大6 h P/M 的百分数表示。

第二步:水汽(可能降水量)的历时(见图 3.10)及季变化以 12 h 2 月水汽(根据最大 12 h 1 000 hPa 持续露点)的百分数表示,并乘以第一步中 P/M 的百分数变化得出点(25.9 km^2)的季变化及历时变化。

第三步:面积变化(见 3.3.4.5 部分)应用于第二步中得到的数值以产生各月的时—面—深关系。对于 12 月,如图 3.17 所示。

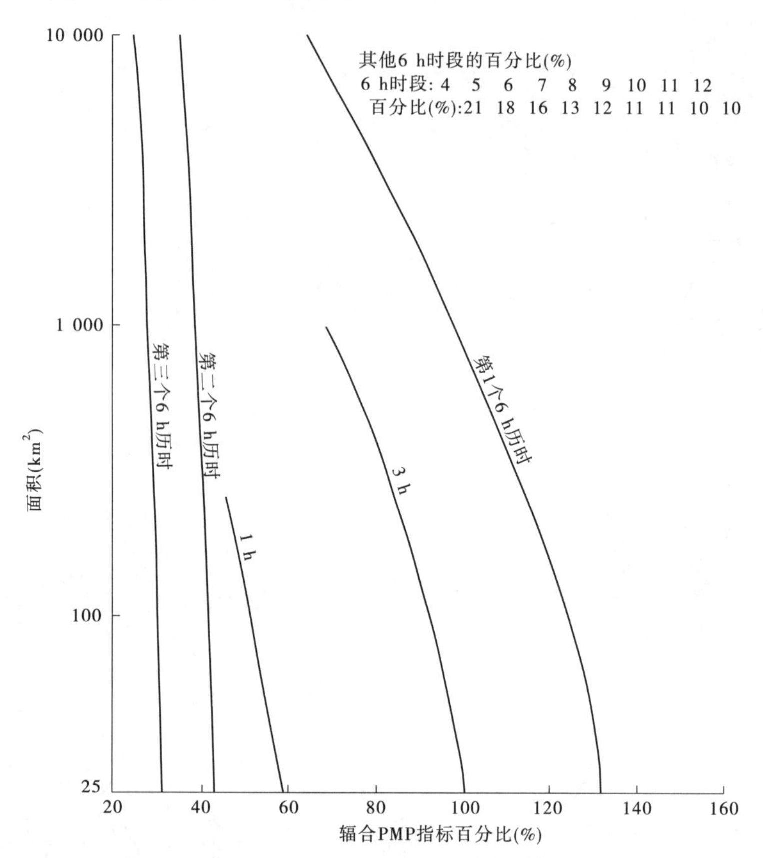

图 3.17　12 月辐合 PMP 指标随流域大小及历时的变化

(美国天气局,1961a)

3.3.5　地形 PMP 及辐合 PMP 的合并

地形分量及辐合分量相加得到总的 PMP。在推求各分量时必须注意尽可能避免将总 PMP 估计过高,如在计算地形分量时,模式只能用实测地形降水来检验。检验可以限制在没有辐合降雨的暴雨时期。或者实测降雨中的辐合分量可以估出(见 3.2.3.7 部分),因而可以自总量中减去这一部分以取得暴雨的地形分量。

在估算辐合 PMP 时,暴雨机制的度量或者说效率即是从特大降雨计算出的 P/M。为了防止过分放大,只能使用一般类型暴雨产生的地形 P/M。另外一个注意点是只能使用主要的一般类型暴雨中观测得到的最大 12 h 持续露点来作水汽放大。

3.4　非山岳地区 PMP 的地形修正

3.4.1　绪言

在3.1.6部分已将估算山岳地区 PMP 的两种一般方法作过简略介绍：一是地形分割法，利用层流模型，已在3.3节中详细阐述过。二是本节所述的方法，该方法先估算所研究山区的非山岳地区 PMP，然后再对这种非山岳地区 PMP 作地形影响的修正。非山岳地区 PMP 可从所研究区域的平原面积上推求之。如无开阔的平原面积，可暂时假定山脉不存在以提供估算的一个工作基础。

虽然非山岳地区 PMP 的地形修正法比地形分割法更为通用，但此处只作比较简略的介绍，因为它在夏威夷群岛（Schwarz，1963）、田纳西流域（Schwarz，1965；Zurndorfer 等，1986）、大陆分水岭与103°子午线之间地区（Miller 等，1984b）及湄公河流域（美国天气局，1970）的研究报告中已介绍得很详细了。地形分割法在这三个地区是不能使用的，理由如下：

在夏威夷群岛上，山峰孤立，山岭较短，对于产生地形模式所需要的湿空气抬升作用，不是很有效。观测也说明这个区域的空气流线是水平绕过和垂直上升的。

在田纳西河流域，山岭交错，与水汽入流方向的交角多有变化。临界入流方向变化于东南与西南之间。在此范围内任何方向的水汽入流均能在流域的某一部分产生大雨。另外一个不能用地形分割法的原因是暴雨风向随高度变化较大，因此不能如加利福尼亚州内华达山脉那样有效的使用简单风廓线。

地形分割法不能用于湄公河流域有几个原因：流域中近热带地区的降水随地形变化不同于中纬度地区。大气水汽近于饱和，而且最前的一些坡面对于决定大雨发生地点是很重要的。此外，大气的不稳定度一般较大，而层流风越过山脉障碍使最大雨量发生在最高高程的理论假设也不为观测资料所证实。另一个不能使用的原因是台风，它使 PMP 提高到历时3日的水平，其风速与降雨量之间也未显示出简单的关系，因而利用风来放大是困难的。

大陆分水岭与103°子午线之间地区部分是落基山脉朝东山坡的部分地段。不能将层流模型用于该地区的原因有二：第一，对暴雨中竖直风廓线的检验表明风从最低数百米的东部顺向至西南直到西部结点表面，层流模型假设有一个近似恒定的入流风向；第二，这一地区的暴雨与层流模型相比对流性更强。

下面介绍田纳西河恰塔努加以上流域一个非山岳地区 PMP 的地形修正法（Schwarz，1965）。至于用于美国田纳西河流域（Zurndorfer 等，1986）、大陆分水岭与103°子午线之间的美国地区（Miller 等，1984b）以及美国西北部哥伦比亚河流域雷暴雨（美国天气局，1966）的概化 PMP 估算方法，将在第5章中介绍；用于夏威夷群岛（Schwarz，1963）和东南亚湄公河流域（美国天气局，1970）的 PMP 估算方法，将在第6章中介绍，第6章讨论的方法，适用于热带地区。

3.4.2　田纳西河恰塔努加以上流域

一个研究(Schwarz,1965)包括了田纳西河恰塔努加以上流域55 426 km² 面积及紧靠恰塔努加以上20 668 km² 的部分流域。其中,较大面积的地形自东南部的具有1 500 m高峰的崎岖山地到走向西南到东北的比较平坦的中央河谷。流域西北部有一系列的平行山峰自西南向东北横亘约1 000 m。主要水汽来源为距南部约600 km的墨西哥湾及距东南约500 km的大西洋。西南风的代表性地形雨雨型如图3.18所示。图上的数值是研究几场主要大雨后所得到的地形雨对非地形雨的比值。

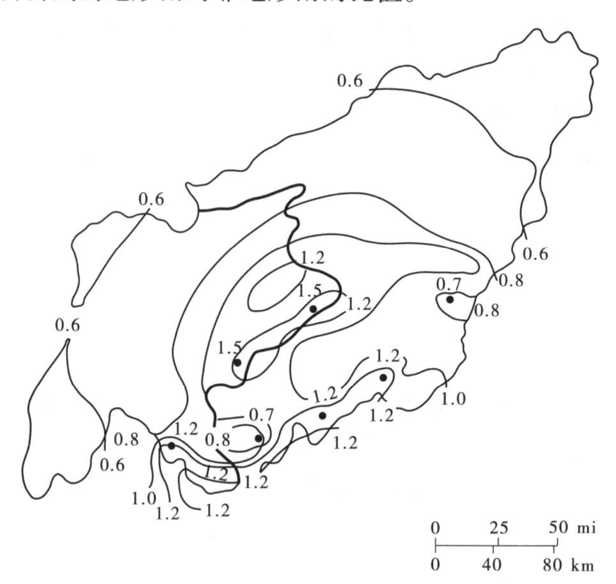

图3.18　西南风的代表性地形雨雨型

(等值线表示地形雨对非地形雨的比值,Schwarz,1965)

下面所述的是上述两个流域估算PMP所用的方法,别的方法也可能是同样有效的。

3.4.2.1　地形影响

推算地形影响主要要考虑的是如果同没有山岳的地区相比较它究竟使流域平均PMP增减多少。当然,当坡面暴露于水汽入流时,PMP是增加的,而背风面则是减少的,但就整个流域面积而言其净增减量到底是多少呢?

先以年平均降水量作为比较的基础。流域实测平均降水量表明在流域范围内比周围非山岳区域约净增10%。

选定2月、3月及8月来估计月雨量的地形影响。较大流域分为三区(见图3.19):

A区为地形影响最小的区域;

B区为地形耗损区;

C区为地形加强区。

以A区的平均降水量作为基础。3个月中各月的平均降水量表明基于B区的冬季月份的地形净耗损大于C区的地形雨增加。

根据选定的6个不同年份中异常潮湿的7个月(1~4月季节内)平均降水量作为基

础进行的同样比较来看,地形耗损区B区的降水量与地形加强区C区的降水量并无显著的差别。

田纳西河恰塔努加站上下流域面积内各站日雨量的面平均值用做净地形影响的辅助指标。恰塔努加站以上的流域地形类似于B区及C区,以下类似于A区(见图3.19)。比较月最大日(流域)平均系列发现恰塔努加以上的流域有净亏。

图3.19　检验流域范围降水地形影响的分区(Schwarz,1963)

虽然年平均降水量表明(本流域)是一个中度的地形加强区,但更大降水的资料则有否定这种加强的倾向。净影响量即使有也非常小,因此如果就全流域而言,对于流域总降水量是没有净地形影响的。

3.4.2.2　PMP的推求

经过分布于美国东半部30余场大暴雨的放大研究得到了美国东南部的概化PMP图。研究发现,本地区内流域的控制性PMP发生于3月。因此绘制了3月24 h 25 900 km² PMP等值线图(见图3.20)。本流域的20 668 km² 部分面积中心处的PMP自此图读出。由于流域面积不同,根据实测的雨深—面积曲线,对此读数稍微增大。于是部分流域面积内3月24 h PMP的数值定为357 mm。

3.4.2.3　季变化

对包括大小两种面积的本研究流域上的特大暴雨研究表明,3月暴雨比夏季热带暴雨更易于产生PMP。这样,建立的季节变化曲线100%表示3月中旬的情况。其他降水资料如最湿七天和月雨量、降雨—频率资料及若干未刊布51 800 km² 概化PMP估值都用于较大流域的季变化研究。热带暴雨时常具有接近最大的露点。按照实测暴雨量愈近内地愈小的原则,根据流域位置予以调整。热带暴雨数据帮助建立夏季PMP值。由于以前作过较大流域的研究,所以先决定较大流域的季变化,并将之用于较小的部分流域,如下所述。图3.21为采用的55 426 km² 流域上PMP季变化图,以3月PMP的百分数表示。

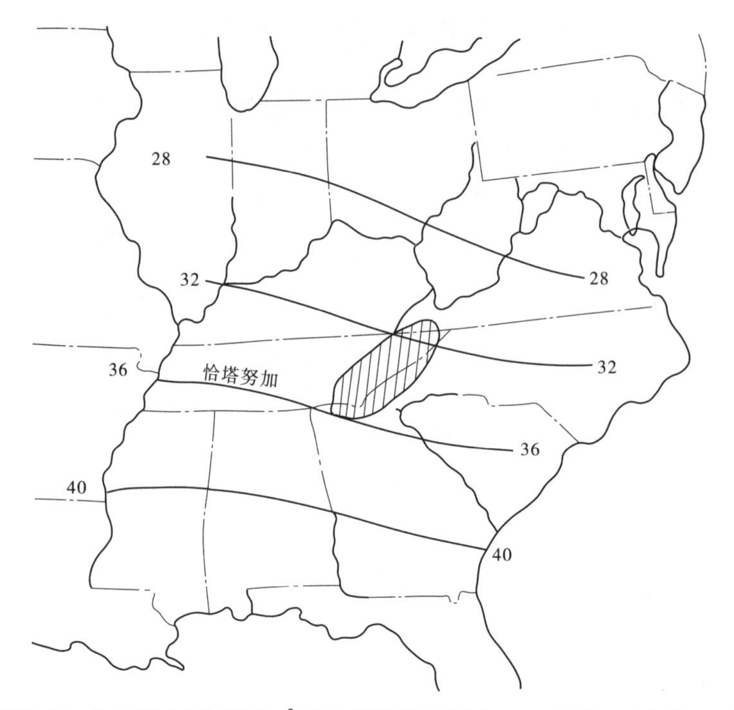

图 3.20　3 月 24 h 25 900 km² PMP 等值线图(Schwarz,1965)　(单位:cm)

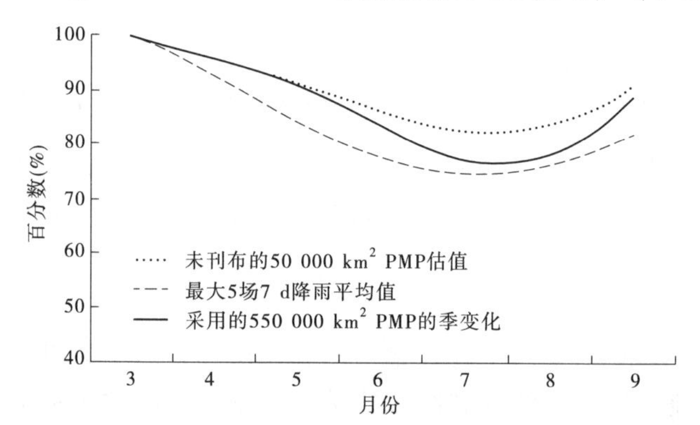

图 3.21　以 3 月 PMP 百分数表示的 55 426 km² 流域上 PMP 季变化(Schwarz,1965)

一条 55 426 km² 24 h 暴雨量对 20 668 km² 24 h 暴雨量之比的季变化曲线是根据美国东南部 20 多场大暴雨得到的。这个比值曲线(见图 3.22)用来从较小面积的 PMP 估算较大面积的 PMP,另外由于较大面积流域中心向东北偏移而减少约 2%。根据图 3.20 上的 PMP 来作这项调整。这种流域中心调整及面积比应用于 3 月部分面积上的 PMP (357 mm)得出较大流域上 3 月 24 h PMP 为 284 mm。

然后,将图 3.21 的季变化用于较大流域 3 月 24 h PMP 以得到 4 ~9 月的 24 h PMP (见表 3.4 第 5 行)。这些 PMP 数值以图 3.22 比值的倒数作面积调整,得出部分流域 4 ~9月的 24 h PMP(见表 3.4 第 2 行)。

3.4.2.4　雨深—历时关系曲线

曾经考查美国东部百场以上特大暴雨的雨深—历时关系,特别是 6 h/24 h 及 72 h/24

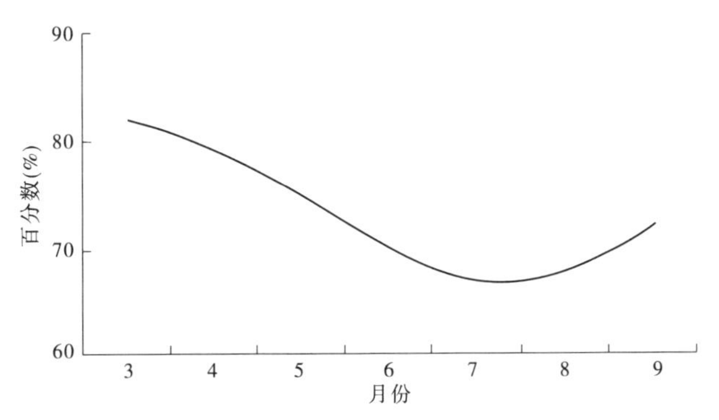

图 3.22　24 h 降雨的雨深—面积比(55 426 km^2/20 688 km^2)(Schwarz,1965)

h 比。虽然这些雨发生在 3 ~7 月的不同时间内,却看不出季变化趋势。采用的雨深—历时曲线(见图 3.23)对于不同面积的区别也不大。这些曲线用以调整表 3.4 中的 24 h PMP 以得到 6 h 及 72 h 的数量。

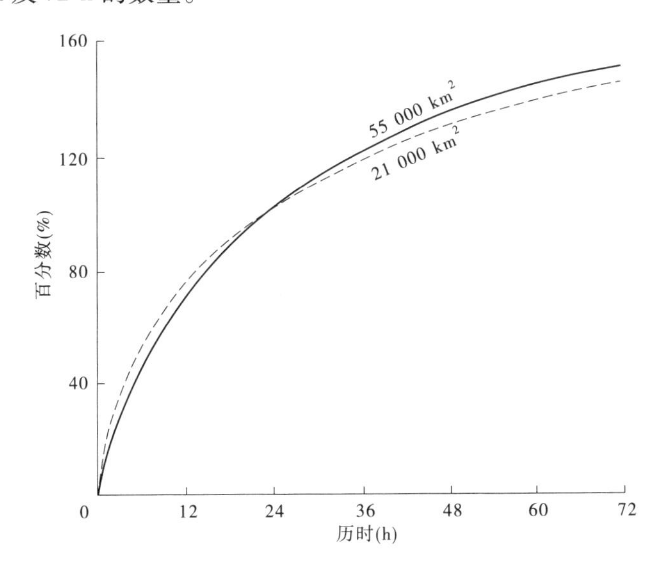

图 3.23　以 24 h 雨量百分数表示的雨深—历时曲线(Schwarz,1965)

注:原版图 3.23 排版有误。

3.4.2.5　PMP 的地理分布

前面已经说过,(山岳)同周围的区域相比对整个流域的降雨没有净的增减,但这并不是说没有地形影响。研究了若干暴雨之后可以看出,空间分布肯定受地形影响,在崎岖山区,地形或多或少明显地影响到雨型。地形雨型的显著不同主要是由于风向及风暴运动。

表 3.4 仅代表流域 PMP 的平均值,并且提供各种可能 PMP 暴雨雨型的控制性总雨量。考查设计流域的若干特大暴雨雨型,并参考流量资料,可找出较大流域的几种危险雨型。图 3.24 表示 3 月份 6 h PMP 这种雨型之一。

为了减少推求雨型及其所产生的径流的工作量,一般选定的雨型均假定可用于所有的历时,仅仅需要把等雨量线的数值加以变换就行了。图 3.24 中雨型等雨量线数值是由

图 3.25 中的关系得出的。此图适用于最大或第一个 6 h PMP 增量。对于其他 6 h 增量和 72 h 增量也作出了类似的关系。这引起关系是用类似于 2.11.3 部分中介绍的方式，用所谓“流域以内”的或代表性的如图 2.14 所示的雨深—面积关系曲线求出的，其雨型是模仿设计流域中发生的或移置而来的特大暴雨。

表 3.4　恰塔努加站以上田纳西河流域的 PMP　　(单位:mm)

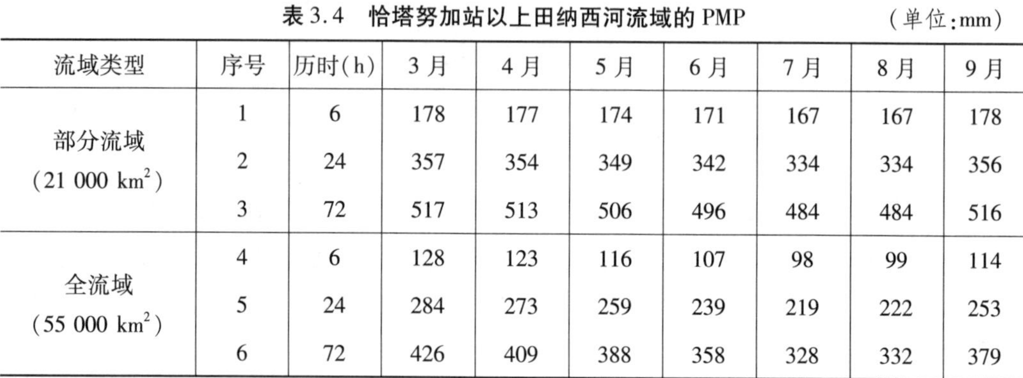

流域类型	序号	历时(h)	3 月	4 月	5 月	6 月	7 月	8 月	9 月
部分流域 (21 000 km²)	1	6	178	177	174	171	167	167	178
	2	24	357	354	349	342	334	334	356
	3	72	517	513	506	496	484	484	516
全流域 (55 000 km²)	4	6	128	123	116	107	98	99	114
	5	24	284	273	259	239	219	222	253
	6	72	426	409	388	358	328	332	379

图 3.24　全流域 55 426 km² 中的 3 月 6 h PMP 等值线(Schwarz,1965)　(单位:mm)

图 3.24 的 PMP 雨型中的等值线数值表示如表 3.5 所示。图 3.24 中最大或第一个 6 h PMP雨型的等雨量线数值按下列方法得出:各条等值线所包围的面积用求积仪量出。用此面积来查图 3.25 中的纵坐标。用直尺按正确的流域面积纵坐标放在此诸模图上，读出等雨量线数值与流域 PMP 之比，然后乘以流域 PMP 即得出等雨量线的数值。

其他 6 h PMP 增量的等雨量线数值可用同样方法以类似的比值关系推求，只是比值要使用于相应的 6 h PMP 增量上面。例如，第二个 6 h PMP 增量的等雨量线数值是要按类似于图 3.25 的相应比值关系，和自图 3.23 的相应雨深—历时曲线得出的第二个 6 h PMP 增量来决定。

当流域减小时降雨的地形分布对径流的影响一般减弱了。图 3.26 中简单的椭圆形雨型认为可以适用于部分流域。其等雨量线数值也如上述方法推求。

表3.5　图3.24中3月份6 h PMP雨型的等雨量线数值　（单位：mm）

等值线	A	B	C	D	E	F	G	H	P_1	P_2
72 h	498	470	439	378	371	333	290	241	688	584
第一个6 h	168	142	135	117	102	86	64	41	241	206
第二个6 h	79	76	71	69	64	58	53	41	107	89
第三个6 h	53	53	51	46	43	41	40	38	71	61
第四个6 h	41	41	38	36	33	30	28	25	56	48
第二天*	99	99	91	61	81	74	69	61	135	114
第三天**	58	58	53	51	46	43	41	36	79	66
等雨量线包围的总面积（km^2）	7 120	1 640	18 370	27 530	39 320	55 880	78 000	107 950	2	2

注：1. 带*者表示对于连续的6 h数值用第二天的32%，27%，22%及19%。

2. 带**者表示对于连续的6 h数值用第三天的29%，26%，23%及22%。

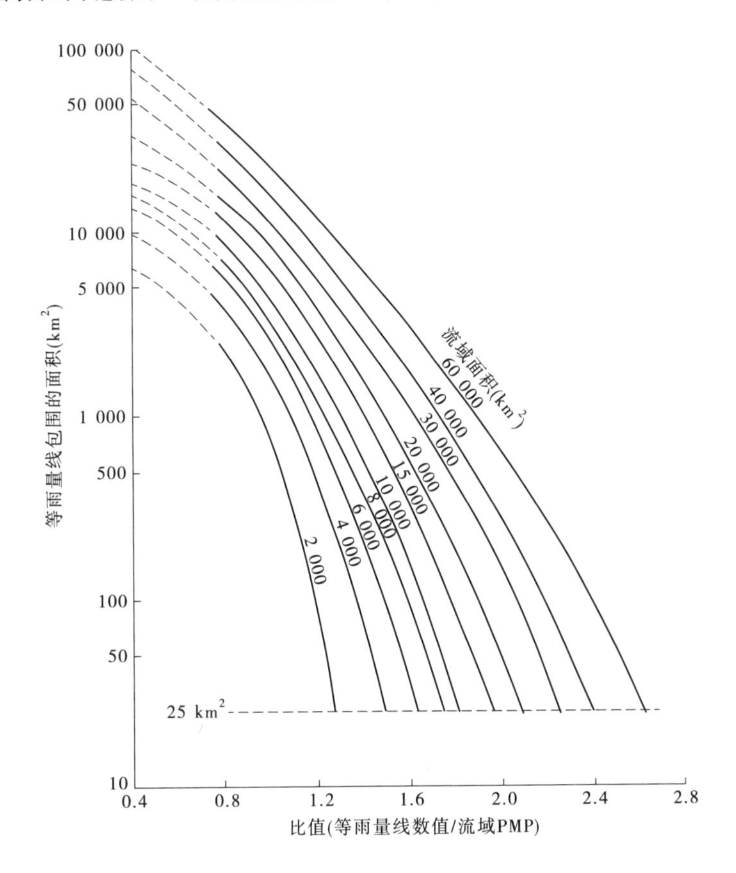

图3.25　取得雨型中最大6 h降雨增量的等雨量线数值诺模图

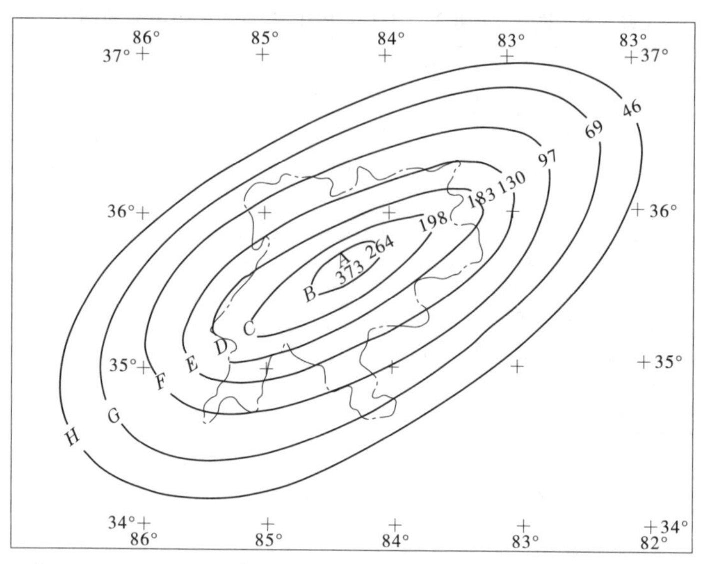

图 3.26　部分流域(21 000 km²)的 3 月 6 h PMP 雨型(Schwarz,1965)　(单位:mm)

3.4.2.6　**PMP 的时间分布**

上述步骤给出恰塔努加站以上流域 6 h 降雨增量数值或 3 ~ 9 月里任何一个月的 72 h PMP 内的 12 个 6 h(增量)图。6 h 增量的排列是按照从大到小递减的,即第一,第二……递减次序而不是按照(发生的)时间次序。提供时序合理安排指导的历史暴雨,一般指明在 72 h 内有几个暴雨核心的强烈趋势。一个典型的暴雨核心中,最大的 2 个或 3 个 6 增量通常接连出现。

根据上述的一些指导性的意见,对这个流域推荐用下列准则(Schwarz,1965)来确定时间序列。不需把所有历时都提到 PMP 而是一般要与实测暴雨系列一致。

第一步:将 72 h PMP 中的最大 4 个 6 h 增量组成一组 24 h 序列,4 个中间 6 h 增量组成第二组 24 h 序列;3 个最小的组成第三组 24 h 序列。

第二步:3 组 24 h 时序中 4 个 6 h 增量安排如下:第二最大值排在第一最大值之后,第三最大值紧接着排列,第四最大值排列在系列的前端或者后端。

第三步:3 个 24 h 系列排列:第二大值次于最大值,第三大值在前或后两端之一。除不许把最小 24 h 增量排在中间以外,任何(气象上)可能在 3 个 24 h 时段的排列均可使用。

表 2.4 是根据这些准则对一个样本所作的排列。排列没有保持 30 h、36 h、42 h、54 h、60 h 和 66 h 历时的 PMP 水平。但是,如果要保持所有历时的 PMP 水平,n 个 6 h 增量的任何次序应包括 n 个最高 6 h 数值(见 2.12 节关于时程分布的一般讨论)。

3.5　山岳地区估算 PMP 的注意事项

在 2.13 节中所述有关样本的充分性、与大雨记录的比照、估计值的一致性、地区、空间和历时的修匀,季变化及空间分布等注意事项同样也适用于山岳地区。如早在1.3.3部分中就已经提过,所给的例子并非是要生搬硬套直接使用的。另外,一定要注意以下事项。

3.5.1　山岳地区基本资料的缺乏

非山岳地区一般人口较密集,所以山岳地区的降水站网比非山岳地区稀疏。此外,山岳地区大多数雨量站设在沿河较低处或宽广河谷上,很少有位于陡坡或高山上的。除这些缺点外还可以加上雨量观测误差,后者在山区往往特别大一些。因此,降水资料不但比较稀少,有时还不准确而且一般是有偏差的,不足以代表地形对降水分布的影响。这些缺点也影响到各种关系曲线的可靠性,如估算 PMP 所需的雨量—高程关系、雨深—面积关系。这些问题在推求暴雨降水分布时,可以参考校正后的季降水量图或考虑地形影响的雨量—频率图而得到改善(见 3.1.3 部分和 3.1.4 部分)。此外,有时还可利用降雨—径流关系求出暴雨的面雨量估计,这可能比单独的实测降水量要准确一些。

3.5.2　地形分割法

采用地形分割法估计 PMP(见 3.3 节),除上述问题外还包含一些新的问题,因为它需要足够的高空资料才能得到可靠的极端数值。检验模式时需用验证地区入流边附近的探空资料和足够的同时降水资料,这些都使得这种方法的应用更多一层限制。

在地形模式验证地区中,连绵的、高而具有最宜方向(对水汽入流而言)的加利福尼亚州内华达山脉给出了最好的结果。计算地形降水的模式还要有一个层流空气的假定,因此它不适用于不稳定气流情况占优势的地区或季节。主要暴雨发生在寒冷季节的山岳地区或者能较适合于这种模式的条件。

该模型不太适合于以不稳定大气条件为主的地区或季节。在热带附近的地区有些研究表明层流模式不适用于估计 PMP。间接研究方法如用在田纳西河流域的研究(见 3.4.2部分)或者能提供更为可靠的 PMP 估计。

3.3.5 部分中曾指出了不得过分放大,并提出一些注意事项,对此还可以再加一项,即当需要外包技术时,对于各种因子应该采用比较谨慎的外包值。

第 4 章　统计估算[1]

统计估算法是用于推求小面积 PMP 的近似方法。本法基本上属于频率分析法，但又不同于传统的频率分析方法。因为：第一，本法在使用资料上不是像频率分析法那样只着眼于一个单站或一个流域，而是着眼于一个广大区域，来寻求接近于物理上限的暴雨；第二，频率分析法是统计外延，而本法是统计外包。这两点主要体现在本法最关键的一张图（见图 4.1）是根据约 2 700 个站（90% 在美国）的资料平滑外包作出来的。

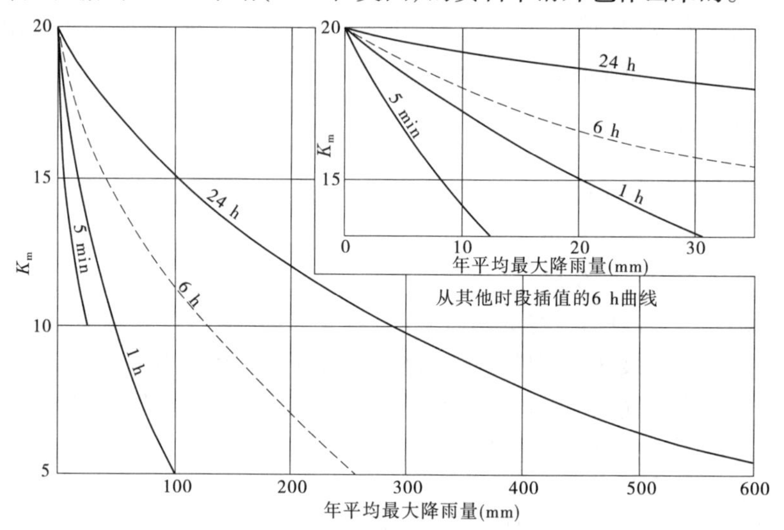

图 4.1　K_m 随历时及年系列均值的函数变化（Hershfield，1965）

本法的实质是暴雨移置，但它不是移置一场暴雨的具体雨量，而是移置一个经过抽象化了的统计量 K_m（移置方法是用设计站经过修正后的均值 $\overline{X}_n$ 去查图 4.1 得出的 K_m 值）。在移置改正上，它是利用均值 $\overline{X}_n$ 和变差系数 C_v 进行改正（见式（4.3））（Wang，G. A.，2004）。

本法是将大区（主要为美国）实测资料中 K_m 的外包值作为 PMP 所相应的可能最大值，它实际上是假定 PMP 已经在提供 K_m 的站点观测到了。

4.1　统计方法的使用

估算 PMP 的统计方法用于有充足降水资料的情况，特别是用于作快速估算，或者当其他气象资料，如露点及测风资料缺乏的时候。下述方法并不是唯一的，仅仅是一个比较广泛使用的方法。这种方法大多用做约 1 000 km^2 以下流域作快速估算，然而也已用到更大的面积。其方便之处在于比传统的气象方法节省大量时间，工作人员也不需要懂气

[1] 对于统计估算法推求 PMP，林炳章教授有一些新的观点（Lin 和 Vogel，1993）。

象学之后才能使用。其主要缺点在于只能求得PMP点雨量,因而需要用面积削减曲线将点雨量化算为各种面积的面雨量。其第二个缺点是要确定适合于K的点雨量,不同的研究人员采用了不同的点雨量(Dhar和Damte,1969;McKay,1965)。

4.2　方法的发展

4.2.1　基本理论

本方法由Hershfield提出(1961)及改进(1965),其根据是一般的频率方程式(Chow,1961)

$$X_t = \overline{X}_n + KS_n \tag{4.1}$$

式中:X_t是重现期为t的雨量;$\overline{X}_n$及S_n分别为n年最大值系列的均值及标准差(均方差);K是一个普通统计变数,与水文极值的频率分布有关。

如以最大观测雨量X_m代替式(4-1)中的X_t,K_m代替K,则K_m为加于X_n上面以得到X_m的标准差倍数,或

$$X_m = \overline{X}_n + K_m S_n \tag{4.2}$$

差不多用了气象部门设立的2 700个站的24 h雨量记录(其中,约90%为美国测站),用来作为决定K_m外包值的原始数据。X_n及S_n按习惯用法计算,但各站的最大值不参与计算。从所有测站的资料中算出的最大K_m值为15。最初以为K_m与雨量的大小无关,但后来发现它与雨量成反比。对于大雨区,15太大;对于干旱地区,15太小。所以,后来又定出其他降雨历时的K_m,即历时5 min、1 h、6 h、24 h K_m随$\overline{X}_n$的变化如图4.1所示,其中最大K_m为20。其他研究人员(Dhar和Damte,1969;McKay,1965)估算PMP时用不同的K值(见4.5节注意事项)。

4.2.2　$\overline{X}_n$及S_n的特大观测值校正

稀遇的极大降雨数量,如500年一遇或更多年一遇的雨量,常常在较短年限如30年的资料中出现。这种稀遇事件称为“特大值”(Outlier),它对年系列的均值($\overline{X}_n$)及标准差(S_n)的影响很大,对长资料的影响小,对短资料的影响大,而且其影响又随特大值的稀遇程度而变。Hershfield(1961)曾作过各种不同长度假想系列的研究,得到消除“特大值”影响的X_n及S_n校正图(见图4.2及图4.3)。此两图的X_{n-m}及S_{n-m}分别代表除去最大项以后的年系列均值及标准差。必须注意这种关系图只考虑特大观测事件的影响而没有考虑其他异常出现观测值的影响。

4.2.3　$\overline{X}_n$及S_n的样本容量校正

年系列的均值$\overline{X}_n$及标准差S_n随资料年数的增加而有增大的趋势,因为雨量极值的频率分布右偏,当资料年限增长时取得大数值的机会比取得小数值的机会多些。图4.4为$\overline{X}_n$及S_n的资料长度校正。仅取得较少量50年以上资料来作这种校正计算,但这种少数的较长资料表明其校正因子与50年资料的校正因子相差很少。

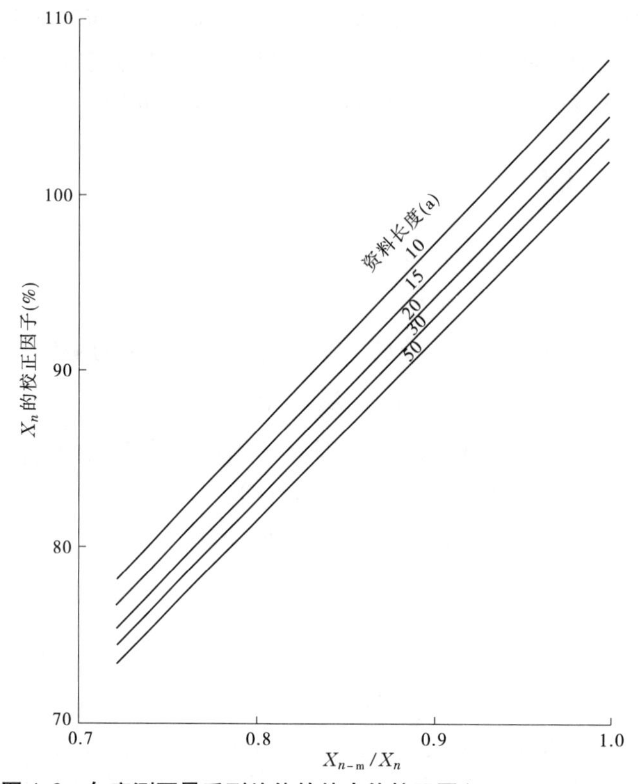

图 4.2　年实测雨量系列均值的特大值校正图(Hershfield,1961b)

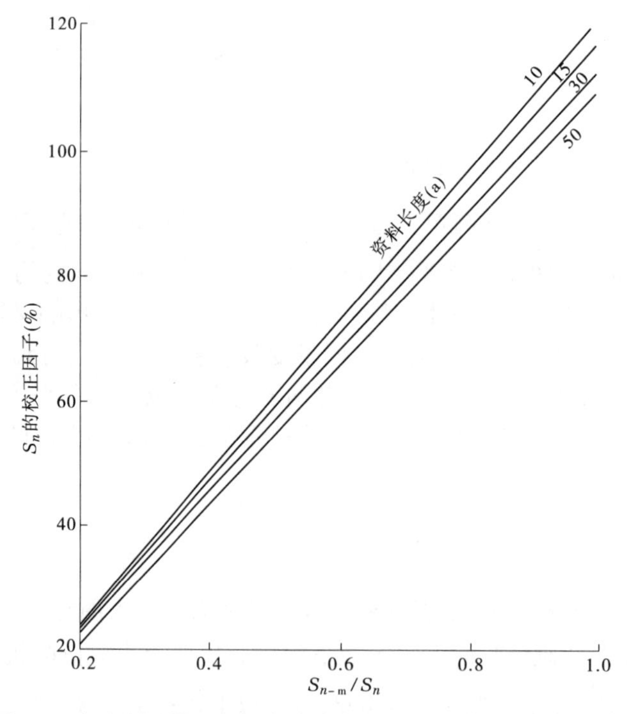

图 4.3　年实测雨量系列标准差的特大值校正图(Hershfield,1961b)

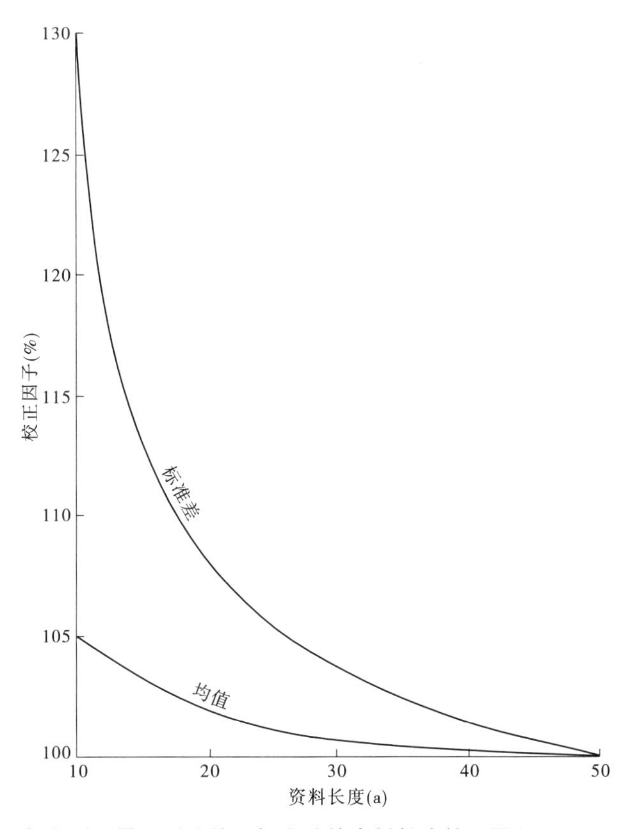

图 4.4　年实测雨量系列均值及标准差的资料长度校正图(Hershfield,1961b)

4.2.4　固定观测时限的校正

降水量的观测常是固定时段的,如 08:00 ~ 08:00(即指 8 时 ~ 次日 8 时,每日),06:00 ~ 12:00(每 6 h),03:00 ~ 04:00(每 1 h)。这样得到的资料很少能抓住这些历时内的真实最大降雨量。例如,年最大日雨量很可能显著小于不受观测时间限制连续 1 440 min 年最大 24 h 雨量。同样,固定时间的 6 h 及 1 h 的观测最大值趋向低于不受固定时间起止限制的 360 min 及 60 min 连续观测值。

研究了几千站年的雨量资料表明,1 ~ 24 h 中间任何单一固定观测时段的年最大雨量频率分析结果乘以 1.13 就可接近于以真正最大值作分析的结果(Hershfield,1961a)。因此,如果 PMP 是从单一的固定时段资料年系列用统计方法求得时,应乘以 1.13。但对于从两个或两个以上固定时段得到的数值,校正数要小些(见图 4.5)(Weiss,1964;Miller,1964)。例如,要从 6 个及 24 个连续 1 h 雨量资料得到 6 h 及 24 h 最大值,只需乘以 1.02 及 1.01。

4.2.5　面积化算曲线

本法所得的结果为点雨量,因此需要有一个自点雨量化算为面平均雨量的方法。

雨深—面积关系有两种类型(Miller 等,1973)。第一种是暴雨—中心关系,即当暴雨发生在影响区域的中心时产生的最大降水(见图4.6)。第二种是地理位置固定—面积关系,面积固定而暴雨发生在中心或偏移,仅部分暴雨影响该区域(见图4.6)。暴雨中心雨深—面积曲线为离散暴雨剖面图,而固定面积的数值为统计平均值,最大点雨量常来自不同暴雨。暴雨中心曲线适用PMP估算。

这两种基本雨深—面积关系有许多不同类型(Court,1961;美国天气局,1960)。采用哪一种作PMP分析应根据能产生PMP的区域的暴雨的DAD特性而定。图4.7的曲线是根据美国西部一般雨型大暴雨的DAD分析所得到的平均值,仅作

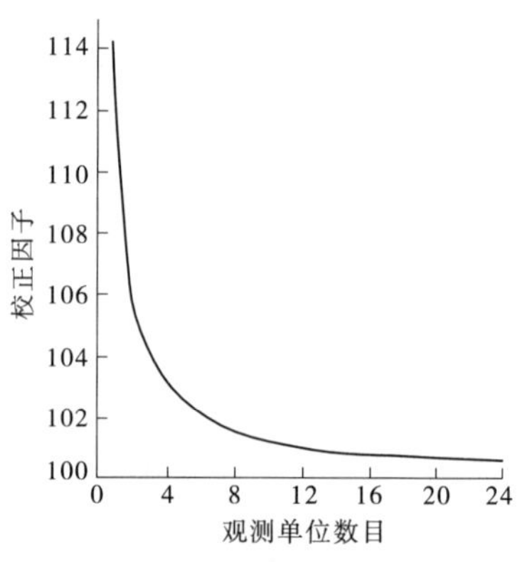

图4.5 用固定时段内观测单位数目计算此时段降水量的校正因子(Weiss,1964)

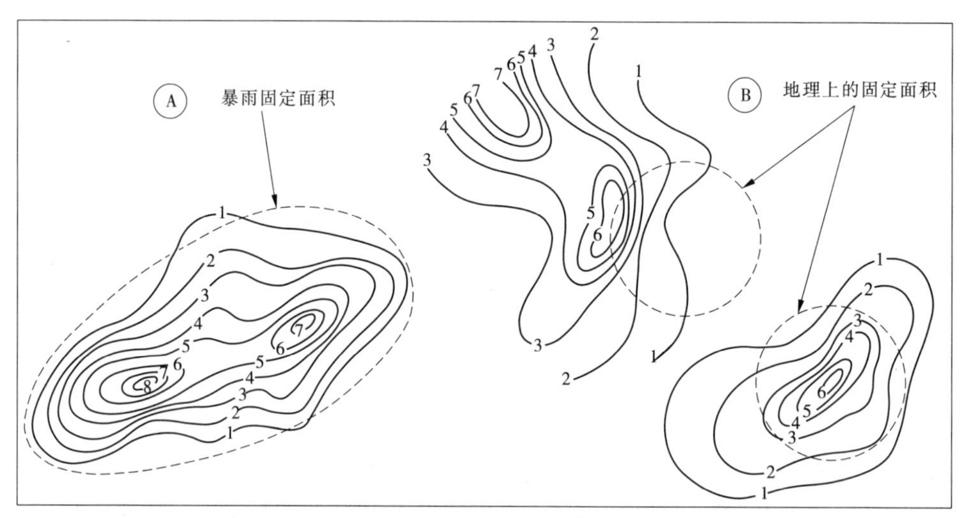

图4.6 实例A为流域中心成为暴雨中心的雨深—面积曲线的等雨量线型,实例B为在固定地理区域的设计雨深—面积曲线可能出现两种等雨量线型(Miller等,1973)

为一个例子,不可广泛应用。例如,这个成果指出其随面积增大而减少的数值不及局部雷暴雨那样多,因此不适合作PMP。有许多种不同的雨深—面积关系,因为它们代表了各种类型降雨的时—面—深(DAD)特性。图4.7的曲线是根据一般雨型大暴雨DAD分析所得到的平均值。这个成果指出其随面积增大而减少的数值不及局部雷暴雨那样多。此曲线不宜延至1 000 km² 以外,因为点雨量的外推因面积增大而更不可靠,但由于需要也求到过一种点雨量和超过100 000 km² 面积的关系(McKay,1965)。点雨量常常假定为适用于25 km² 以下的面积,不需削减。

4.2.6 雨深—历时曲线

许多区域只有日雨量可以利用。有许多不同形式的雨深—历时关系以表示一场暴雨内的雨量分配。这种分配因暴雨类型不同而有很大的不同。例如,地形雨随着时间增加

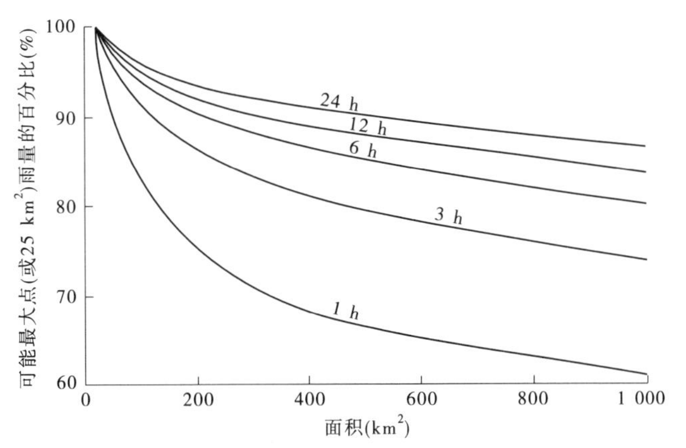

图4.7 美国西部雨深—面积或雨深—历时曲线(美国天气局,1960)

的累积量要比雷雨缓慢得多。

图4.8为美国伊利诺斯州面积在1 000 km^2 以下大雨的最大雨深—历时关系(Huff,1967)。这种关系是按各种时段降雨增量的递减次序排列而不是按时序排列。换言之,此曲线表示第一个3 h雨量为最大3 h增量,第二个3 h雨量为第二大3 h增量等。这种排列不是企图去排列降雨增量的发生次序,实际上除对偶然暴雨情况外也不要这样排列,研究了许多次暴雨的降雨时序分布,发现并无一致的雨型,最大强度可以发生在暴雨期中的任何时候。

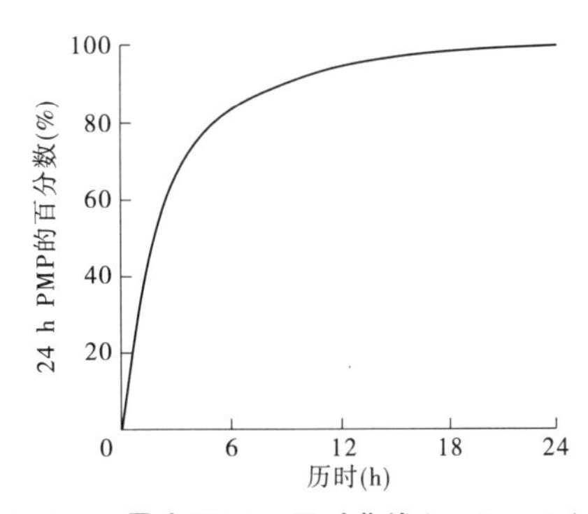

图4.8 最大雨深—历时曲线(Huff,1967)

图4.8中的深度—历时曲线是美国中部对流暴雨的代表。由于这种关系因暴雨类型及地理情况而变,所以应该使用需要估计PMP地区的本身资料来推求。图4.8仅仅是一个例子而不是提供普遍应用的。图4.8或其他类似的关系只能用于缺乏24 h以下雨量资料的情况。

4.3 应用步骤

假定一个500 km^2 的流域需要推求PMP。表4.1列出了年最大1 h、6 h及24 h降水量记录(年系列),这些资料是从研究流域中一个测站25年逐时雨量记录整理出来的。小时记录是时钟小时,如0900~1000即指9时~10时,6 h及24 h雨量为连续6 h或24 h的最大值。$\overline{X}_{n-m}$ 及 S_{n-m} 各为系列中排除最大值以后年系列的均值及标准差。$\overline{X}_n$ 及 S_n 则由全部系列计算得出。均值及标准差用习惯方法计算,应与邻近测站作一致性比较,如有矛盾,则应另换测站作PMP估算。

在各系列的两个均值、标准差及其相应比值算出以后(见表4.1),PMP估算步骤如下:

(1)按图4.2及图4.3分别对 $\overline{X}_n$ 及 S_n 进行特大值校正,按图4.4进行样本长度校正。

(2)由图4.1得出各种历时与校正 $\overline{X}_n$ 相应的 K_m。

(3)计算PMP点雨量,或 X_m 如式(4.2)所示。

(4)如基本资料是从固定时段观测得来的,应乘以1.13。对于由逐时观测资料得到的1 h、6 h及24 h数量则分别乘以1.13、1.02及1.01(见4.2.4部分)。

(5)根据所求地区流域面积的大小,由图4.7或类似的关系,化算PMP点雨量为相应的面雨量(注意:如果只有24 h降雨资料,则类似图4.8所示的最大雨深—历时关系可用于估算较短历时的PMP。此图对于1 h及6 h雨量其折扣分别为34%及84%,得出的雨量分别为155 mm及382 mm。这比从实际资料算出的103 mm及331 mm高出很多。因此,图4.8不是本流域短历时PMP雨深—历时特性的良好代表)。

表4.1　PMP计算　　(单位:mm)

年份	不同历时PMP		
	1 h	6 h	24 h
1941	30	62	62
1942	19	38	60
1943	15	39	57
1944	33	108	112
1945	23	49	67
1946	19	39	72
1947	32	50	62
1948	24	30	61
1949	30	39	57
1950	24	38	69
1951	28	58	72
1952	15	41	61
1953	20	47	62
1954	26	68	82
1955	42	124	306
1956	18	43	47
1957	23	39	43
1958	25	48	78
1959	28	80	113
1960	25	89	134
1961	28	33	51
1962	46	72	72
1963	20	47	62
1964	14	34	53
1965	15	40	55

续表 4.1

$n = 25$

$\frac{\overline{X}_{n-m}}{\overline{X}_n}$: $\frac{24.0}{24.9} = 0.96$　　$\frac{51.3}{54.2} = 0.95$　　$\frac{69.3}{78.8} = 0.88$

$\frac{S_{n-m}}{S_n}$: $\frac{7.3}{8.0} = 0.91$　　$\frac{19.5}{24.0} = 0.81$　　$\frac{21.8}{51.9} = 0.42$

均值(X_n)的特大值校正及资料长度校正

历时	1 h	6 h	24 h
由图 4.2 可得	1.01	0.98	0.91
由图 4.4 可得	1.01	1.01	1.01
校正 X_n	25.4	53.6	72.4

标准差的特大值校正及资料长度校正

历时	1 h	6 h	24 h
由图 4.3 可得	1.04	0.93	0.49
由图 4.4 可得	1.05	1.05	1.05
校正 S_n	8.6	23.4	26.7
K_m(图 4.1)	14	14	16

由式(4.2)得到未经校正的点 PMP 值。

1 h: PMP = 25.4 + 14 × 8.6 = 146(mm)

6 h: PMP = 53.6 + 14 × 23.4 = 381(mm)

24 h: PMP = 72.4 + 16 × 26.7 = 500(mm)

根据逐时资料得到真最大值的校正(见 4.2.4 部分)

1 h: PMP = 1.13 × 146 = 165(mm)

6 h: PMP = 1.02 × 381 = 389(mm)

12 h: PMP = 1.01 × 500 = 505(mm)

注:如系列数据来自固定观测时段而不是逐时观测值,则所有历时的校正系数为 1.13。

将 PMP 点雨量化为 500 km^2 雨量(见图 4.7)

历时	1 h	6 h	24 h
校正因子	0.66	0.85	0.90
500 km^2 的 PMP(mm)	103	331	445

4.4　概化估算

当降水站网足够时,合理可靠的概化 PMP 估算是相当容易取得的。各站校正后的均

值 $\overline{X}_n$ 及标准差 S_n 计算以后,按(见 4.3 节)再计算其离差系数 C_v(C_v 即标准差除以均值)。C_v 值在统计上一般比 S_n 稳定。将 C_v 及 $\overline{X}_n$ 绘成两套等值线图。在此图上任何点的 PMP 均可用图上读出的 $\overline{X}_n$ 及 C_v 值由下式算出

$$X_m = \overline{X}_n(1 + K_m C_v) \tag{4.3}$$

计算了细致网格点上的 PMP 后,就可直接绘制 PMP 等值线图了。由式(4.3)得出的 PMP 数值或 X_m 均应如 4.3 节所述,作出同样的校正。

4.5 注意事项

图 4.1 的曲线是根据约 2 700 个测站的观测资料得来的,有 90% 的测站在美国,至少有 10 年以上的日测量记录。因此,PMP 已经在提供 K_m 控制点的测站上发生了。但事实上有几个美国的非官方测站的记录超过用统计方法计算出的 PMP。但在绘制曲线时排除了这些数字,理由是这些数字的测量精度有问题,发生地点也没有雨量记录来计算 $\overline{X}_n$ 及 S_n。对附近测站来估计这些参数,说明 K_m 值应为 25 才能产生外包美国所有的实测值。在加拿大(McKay,1965)K_m 的计算表明最大的数值为 30,其年平均最大 24 h 雨量为 15 mm。

进一步研究如何推求更可靠的 K_m 值是必要的。例如,K_m 可以与除降雨历时及年系列的均值外的参数发生关系。应用本方法时应当注意 K_m 值对于某些区域偏大而另一些区域偏低,在进行一项特定研究时,选择 K_m 值必须要注意。一般用本法所得的 PMP 比从传统气象方法所得到的为低。

对特定流域中选定一个测站作 PMP 计算时,必须要它的降水记录有合理的代表性。建议比较附近测站的 $\overline{X}_n$ 及 S_n 或 C_v。资料中的突出数值应加考查,如发现伪造应予以剔除,或者另外选站。有时尽管没有删除一些数值,但由于它们在整个数据系列中的“另类”而必须加以注意。测站的资料长度亦应予以考虑。长资料得到的 PMP 一般比短资料可靠。可能时,资料一般不得少于 20 年,少于 10 年的资料完全不宜使用。

面积化算和雨深—历时曲线如图 4.7 及图 4.8 所示,必须用估算地区的资料绘制。采用气候相似地区的概化曲线,即使在研究区域内选择的雨型可做 PMP,仍会增加估算的误差。没有规定误差的大小,但仍可能是较大的。

本法虽然十分简便,但通常不如综合气象分析可靠。应尽可能作补充分析完善统计法的研究成果,特别对短缺资料的地区更是如此。许多国家气象部门在勘测或可研阶段的初步估算中采用统计方法。

第 5 章　概化估算

5.1　绪　言

第 2 章、第 3 章所讨论的 PMP 估算方法可以用于个别流域，也可以适用于包括许多大小不同流域的大区域。对于后一种情况，这种估计被称为概化或区域估算。为用于小流域的 PMP 估算而进行的区域概化研究，也由应用水文气象法（暴雨放大、暴雨移置）、统计估算法和频率分析法三种方法来进行。概化估算主要表现为在一个大区域内许多大小不同流域的 PMP 估算成果的区域的概化（修匀），但也包括暴雨时—面—深曲线的概化，以及 PMP 的空间分布的概化（椭圆形或圆形）和时间分布的概化（单峰形）。

概化估算成果可以用两种相近的方式表示：一种是用等值线图来表示一定历时、一定流域面积 PMP 的地区变化，这种等值线图就是 PMP 的概化或区域图；另一种是建立一系列相关关系，使用户能据此作出任一理想流域的 PMP 估算，也可绘制一张或数张特定部分或区域面积、历时 PMP 的地形变化索引图。非山岳地区常用等值线图。而第二种方式常用于地形在降水过程中占十分重要的地位的流域。

水文气象实践中目前趋向于（Kennedy，1982；Myers，1967；英国自然环境研究理事会，1975；Rachecha 与 Kennedy，1985）进行区域或概化研究（Hansen 等，1977；Miller，1963；Miller 等，1984b；Schreiner 和 Riedel，1978；Schwarz，1963；美国天气局，1961a，1961b，1966；Zurndorfer 等，1986；中华人民共和国水利电力部，叶永毅和胡明思等，1979；澳大利亚水文气象局，Minty 等，1996），然后利用这些研究成果或方法（美国气象局，1984；Hansen 等，1982；Rachecha 和 Kennedy，1985；Zurndorfer 等，1986）做个别流域的 PMP 估算（Fenn，1985；Miller 等，1984a；Rachecha 和 Kennedy，1985；Zurndorfer 等，1986；Minty 等，1996）。区域概化研究需要花费大量的时间和经费，但具有下述优点：

（1）可充分利用区域内所有资料；

（2）区域内的地区、历时和面积修匀具有一致性；

（3）区域内各流域的 PMP 估算值可保持一致；

（4）区域研究完成后，个别流域的估算更加准确、容易。

概化估算的应用，通常有以下的限制：

在任何特定流域内，地形变化有随面积增大而增加的趋势，从而使 PMP 概化图的绘制较为复杂，特别是山岳地区更是如此。由于这种困难，概化估算通常限于 13 000 km^2 以下的山岳地区，以及 52 000 km^2 面积以下的非山岳地区。另外估算 PMP 的历时限制为 72 h 以下，这是因为降水历时超过 72 h，其空间分布难以用一组同心的椭圆表示，其时程分布也难以用一单峰过程表示。

基本地图：

选用合适的地图为基础绘制不同面积和历时的等值线图或 PMP 概化指标图时,主要视估算区域的大小、地形及最后清图所要反映的详细程度而定。比例尺为 1∶2 500 000 的地图,对于非山岳地区(即不是特大的山岳区域)是合适的;对于平坦地区,可用较小比例尺,如 1∶5 000 000 就够了;而对于复杂的山岳地区需要较大比例尺,一般不得小于 1∶10 000 000。不管什么比例尺,底图必须能表示区域的地形情况。最后绘成的 PMP 图当然可以大为缩小,但不宜小到使用者不能在图上确定要估算 PMP 的流域位置。为此,最后的图要标明以 km 为单位的比例尺,经纬度网络、国界、省界、区界、县界。

5.2 利用概化图估算非山岳地区 PMP

非山岳地区 PMP 估算方法与第 2 章所述方法基本相同,包括水汽放大、暴雨移置和数据修匀(外包)。水汽放大是将一场暴雨的降水量调整到最大值。暴雨移置可将暴雨资料点绘在网格点或移置界线上。两种方法均需作雨深—历时、雨深—面积及区域修匀以保持 PMP 图的一致性。

5.2.1 水汽放大

研究流域极限暴雨的水汽放大是绘制 PMP 图的重要步骤。根据 2.2 节的理由,1 000 hPa 最大 12 h 持续露点作为暴雨放大的最大水汽指标。因此,绘制 PMP 图时就需要制作露点概化图(见图 2.4),以供各种调整之用。水汽放大概化图及详细步骤见 2.2 节及 2.3 节。

5.2.2 暴雨移置

暴雨移置(见 2.5 节)在绘制概化 PMP 图时是很重要的一环。一些大区域中有些面积未发生过或记录到曾经在邻近地区或本区其他地方发生过的特大暴雨,因而移置暴雨并经校正以适合于该面积内的条件后,就可以弥补缺乏资料之不足。

估算特定流域 PMP 时,要对大暴雨作综合气象分析,看它是否能够移置到该流域。然后按照该流域的地理特征改正可移置暴雨。绘制概化 PMP 图时,应先划定各场大暴雨移置边界或界线(见图 2.6),然后将各场大暴雨移置到有网格点的合适底图上,或者移置至移置界线上,或者两者均有之。网格点有一个便利之处就是能对各种不同暴雨的雨量进行比较。而边界移置的优点在于可得出移置量。若采用网格点移置,某一点可能落在移置边界之外,这样该点的估算值偏低。若采用边界移置,可避免出现与邻近地区暴雨不连续的问题。

暴雨从发生地点移置到另一地点需要对两地区的不同地理特征加以校正(见 2.6 节)。如在划定移置限制界线时,避免使可移置区域的高程差大于 300 m,则高程校正是很少需要的。如果是这样的话,则可以省略如 2.6.2 部分所述高程改正。

暴雨移置方法:

合适的底图一经选定,就需把暴雨移置值点绘到图上,其方法有两种:一种为网格法,另一种为明晰的暴雨移置界线。

5.2.2.1　网格

若选择网格移置,这种网格通常与网上的经纬网格相一致。网格线各交点(实际上不一定绘出)表示放大暴雨应移置到的地点和点绘最大值。有时需要几张底图,其数量视绘制 PMP 图中区域面积和历时是否具有代表性而定。例如,一张图可以绘 100 km^2 6 h 的 PMP 图,而另一张图绘制 1 000 km^2 24 h PMP 图等。无论需要几张图,各图网格应该相同,使暴雨移置工作量最小。

网格疏密视地形情况而定,对于很平坦的地区,2 个经度 2 个纬度就可以了,但对山岳地区,1/2 的网格可能还嫌粗。全区域的网格不需要均匀。若区域内既有平坦地区又有山岳地区,则平坦地区用粗网格,山岳地区用细网格。

5.2.2.2　暴雨移置界线

暴雨移置界线法需将对 PMP 估算至关重要的所有暴雨移置界线绘制在一系列底图上。而网格法也需要几张底图方可充分代表面积和历时范围。然后把暴雨值移置到移置界线内几个有代表性的点上。在某些情况下,在该区移置范围内要补充暴雨值。暴雨点据数量视移置雨量梯度而定。

5.2.3　数据修匀(外包)

在绘制一个区域的一系列概化 PMP 图时,保持图内及各图间估算的一致性是很重要的。各种历时及面积的变化杂乱无章,而对计算值加以大的改动是不现实的。事实上,如果要达到一致性,修匀是必要的。修匀方法同 2.8 节所述方法。这种修匀称做隐式移置。

5.2.3.1　网格点数据修匀(外包)

采用网格点法,首先要做雨深—历时和雨深—面积修匀,然后将修匀后的数据点绘在图上,地区修匀就完成了。

5.2.3.1.1　雨深—历时修匀

雨深—历时修匀时,将放大了的和能移置到各网格点上或规定位置的各种历时及特定大小面积的最大调整雨量绘在雨深—历时关系曲线上。图 2.10 就是某一网格点为 2 000 km^2 的这种曲线的一个例子。绘出的点据是各种不同历时放大雨量的最大值,并用一根光滑曲线外包这些数据。

5.2.3.1.2　雨深—面积修匀

各种大小面积的修匀与外包类似于雨深—历时修匀。通常将放大了的和能移置到各网格点上或规定位置的各种面积和特定历时的最大调整雨量绘在半对数纸上,面积绘在对数轴上。图 2.11 即是表示 24 h PMP 的这种图线。在 2 000 km^2 处的数据即是图 2.10 上的同样数据。

5.2.3.1.3　时—面—深联合修匀

雨深—面积及雨深—历时修匀有时一次做完。通常将各种历时和各种面积大小的曲线绘制在一张图纸上,如图 2.12 所示。图中各点标明暴雨特征及历时,再连以匀滑等值线。

因为每个历时及面积要点绘相当多的数据,所以这种联合修匀有时容易混淆。其步骤可以这样简化:即先将资料分别如 5.2.3.1.1 部分及 5.2.3.1.2 部分所述作雨深—历时及雨深—面积修匀。再将雨深—历时及雨深—面积曲线外包线的点据绘在联合图上。

这样,对于每一种历时及面积只有一个数值,如图 2.12 所示。

5.2.3.1.4　地区修匀

PMP 等值线是(PMP 等值线)图中各网格点上修匀过的等雨量值的连接线。有些相邻网格点因为移置限制界线的影响时常不连续。因此,作区域修匀必须考虑移置界线以外极大暴雨的影响。这种区域修匀称为隐式移置。绘制等值线时,气象因素,诸如水汽来源、暴雨路径、水汽障碍等要予以考虑。有些绘点数值可以削减,有些可能比外包值还要更大一点。这些要在数据与附近数值不协调时作出,而死板地照数作图(等值线)又会出现不正常的增大或剧降。若确有地理因素,如在平原区有延伸的高山山脉等,证实这种不一致数据是合理的,则等值线必须按数值点绘。如数据作为单个网格值已按5.2.3.1.1部分及 5.2.3.1.2 部分作过适当修匀,则需要的增降调整就不大了。

5.2.3.2　**暴雨移置界线数据修匀(外包)**

暴雨移置界线法要计算水汽放大值,首先对某一特定面积和历时作地区修匀,即先绘制出所选位置的雨深—面积及雨深—历时曲线,然后做历时修匀,最后做面积修匀。

5.2.3.2.1　地区修匀

PMP 等值线是图中某一面积和历时的移置限制界线中修匀过的等雨量值的连接线。绘制等雨量线时要考虑诸如水汽来源、暴雨路径、水汽障碍等气象因素。有些绘点数值可以削减,但数量有限,有些可能比外包值还要大一点。这些要在数据与附近数值不协调时作出,而死板地照数作图(等值线)又会出现不正常的增大或剧降。若确有地理因素,如在平原区有延伸的高山山脉等,证实这种不一致数据是合理的,则等值线必须按数值点绘。点绘的等值线应尽可能不超出外包线值,并具有规则的梯度。气象因素或地形坡降大,等值线会变得尖陡。

5.2.3.2.2　雨深—历时修匀

从(PMP 等值线)图中所选位置的某一特定面积历时的光滑等值线中取雨量值,应选择一定数量有代表性的位置,此数量可少于网格点的点数,但在地理特性上要有代表性。这些数值点绘在横轴表示历时、纵轴表示雨量的曲线图上,要尽可能点绘在有控制暴雨的地方,用一根光滑曲线连接(见图 2.10)。如(PMP 等值线)图上的数据已作过适当修匀,则需要的增降调整就不大了。

5.2.3.2.3　雨深—面积修匀

各种面积的修匀与外包类似于雨深—历时修匀。但要从特定面积的系列基本图上选出某一特定历时的降雨深度。应从已作过雨深—历时修匀的位置选取这些数值。各种面积的雨量值绘在半对数纸上,面积大小绘在对数轴上。除需在图上点绘外包值外,绘图方式与网格法相同。若某一特定面积上有特定暴雨控制值,该值应标注在(PMP 等值线)图上。如图上的数据已作过适当修匀,则需要的增降调整就不大了。

5.2.3.2.4　时—面—深联合修匀

雨深—面积及雨深—历时修匀像网格点一样有时一次做完。通常将各种历时和各种面积大小的曲线绘制在一张图纸上,各点上标明历时,并标注出关键暴雨,再以匀滑的等值线连接。因为最初地区修匀几乎去除了所有最重要的暴雨,雨深—历时及雨深—面积修匀通常同时做。

5.2.3.3　**绘制最终清图**

极少用网格点或清晰的暴雨移置界线法一次完成雨深—历时、雨深—面积及地区修匀。修匀过程应看做是不断重复各步骤直到求得最佳关系的过程。在地区修匀中通常也考虑其他自然地理因素以便绘出 PMP 图的等雨量线梯度和线型(见5.2.4部分)。

5.2.3.3.1　剖面图

绘制最终清图有用的一步是在等值线图上绘出纬线、经线及陡峻梯度法线剖面图,通常绘成时—面—深图。雨深按合理间距在剖面图中选出,点绘在半对数纸上,用光滑曲线连接。若无法绘出光滑曲线,就调整底图,重复雨深—面积、雨深—历时及地区修匀过程。不断重复上述过程直到绘出最佳雨深—面积及雨深—历时曲线和平滑的等值线图。

5.2.3.3.2　各种 PMP 图间一致性的保持

当绘制若干不同历时及面积 PMP 图时,为了保持各图之间的一致性,建议把系列中两张接连的图叠合起来放在灯光透明桌上,再定线使二图的型式协调。例如,同一面积的 6 h 1 000 km^2 PMP 图可以叠在 1 h 1 000 km^2 PMP 图上。6 h 1 000 km^2 PMP 图等值线应该处处大于 1 h 1 000 hm^2 PMP 图上的数值。此外,也不能出现在这一张是个低凹点而在另一张图上同一位置在系列中相近的历时及面积时却是个高凸点。当然,随着历时的不同与面积的增加,雨型可能渐变,因而两张图上的凹凸处最后可能不一致。

不同面积的图也应作同样对照,互相适应。如一张 24 h 1 000 km^2 的 PMP 图等值线必须处处大于 24 h 10 000 km^2 的 PMP 图的数值。

如需要绘制各月图及季节的外包线,季修匀也是必要的。季变化已在2.10节讨论过。

5.2.4　补充考虑

绘制概化 PMP 图还需考虑其他因素,这是对等雨量线梯度和型式而言,尽管可能对局部区域产生一些影响,但对整个区域的 PMP 估算仅有极小影响或没有影响。换言之,这些补充考虑为等雨量线梯度和型式提供指导,同时根据水汽放大暴雨量算出 PMP 值。

可根据各种形式的气候资料得出指导模式。例如,一张长期观测记录的最大 24 h 点雨量图应与 1 000 km^2 以下面积 24 h PMP 图相似。由于涉及的不仅是雨量的大小而是频率,所以降雨—频率图虽然不能可靠地反映 PMP 地区变化,但也可作为指导模式。也可在两张较长历时,如连续 3 d 的放大点雨量及概化 PMP 图中找出类似地区形式。面积较大区域,如 10 000 ~ 50 000 km^2,相同气候带区的周、月平均雨量可得出 PMP 等值线梯度和定位指导模式。

对于一种类型暴雨会产生中到大雨,而不同类型的暴雨会导致大量降雨的地区,概化 PMP 图和降雨—频率型式的区域相似性并不是主要的。夏威夷群岛就是不具有相似形的实例。西北风引起的频繁发生的大暴雨使降雨—频率值增大,而随着这种信风的衰竭,以及风向的不断变化就产生极端降雨。这种气候特点可由概化 PMP 与降雨—频率型式间的差异证实(见图5.1)。

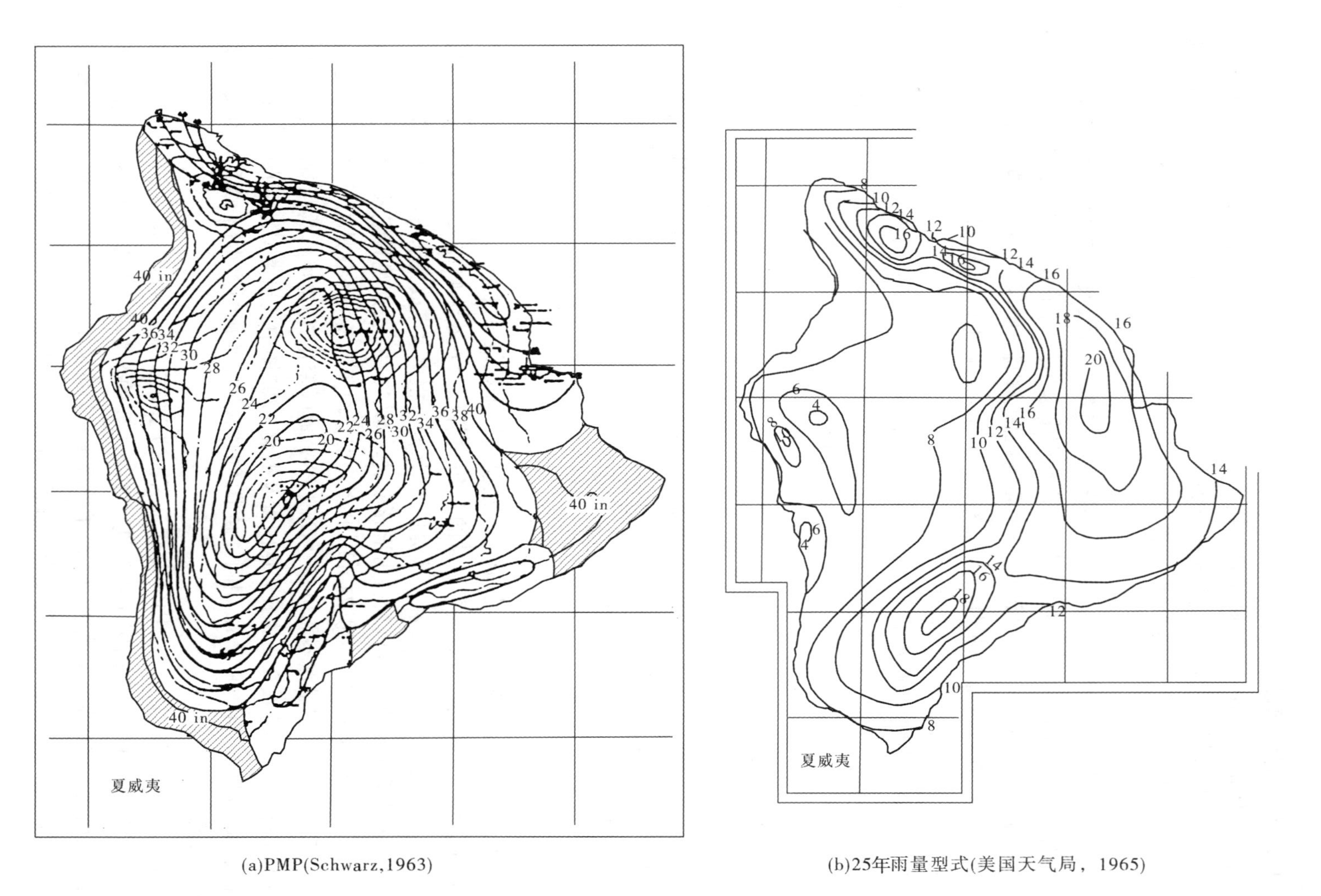

(a)PMP(Schwarz,1963)

(b)25年雨量型式(美国天气局，1965)

图 5.1　PMP(Schwarz,1963)与 25 年雨量型式对比(美国天气局,1965)(两图均为夏威夷岛 24 h 点,注意西北海岸的差别)

5.2.5　一般注意

绘制一系列不同历时、不同面积及不同月份的概化PMP图的工作量是很大的,有两种方法表示概化PMP结果:一种方法是制作这种图时让它的张数少至绝对必需,而另外制备雨深—历时、雨深—面积及季变化曲线以化算图中的PMP值为需要的PMP指标。通常,特别是小面积,绘制1 h、6 h和24 h点PMP指标图,雨深—历时曲线及化算曲线(见图4.7)以供推求其他历时及面积的PMP之用。雨深—历时曲线是根据美国西部放大的主要大暴雨来绘制的。将一根直尺放在上述两张图的任何一张上,来连接图中两端PMP垂线上相应历时的点,就能从需要历时垂线上的交点,插补中间历时的PMP值。例如,若1 h及6 h的PMP值分别为250 mm及400 mm,用直尺放在图5.2左边,图上连接相应历时垂线上的点,可得2 h PMP为300 mm。图5.2的历时曲线依照美国西部的暴雨绘制。在其他研究中,这些曲线必须根据所研究区域的暴雨绘制,方可用面积化算曲线(见图4.7)将点数减少到平均数。

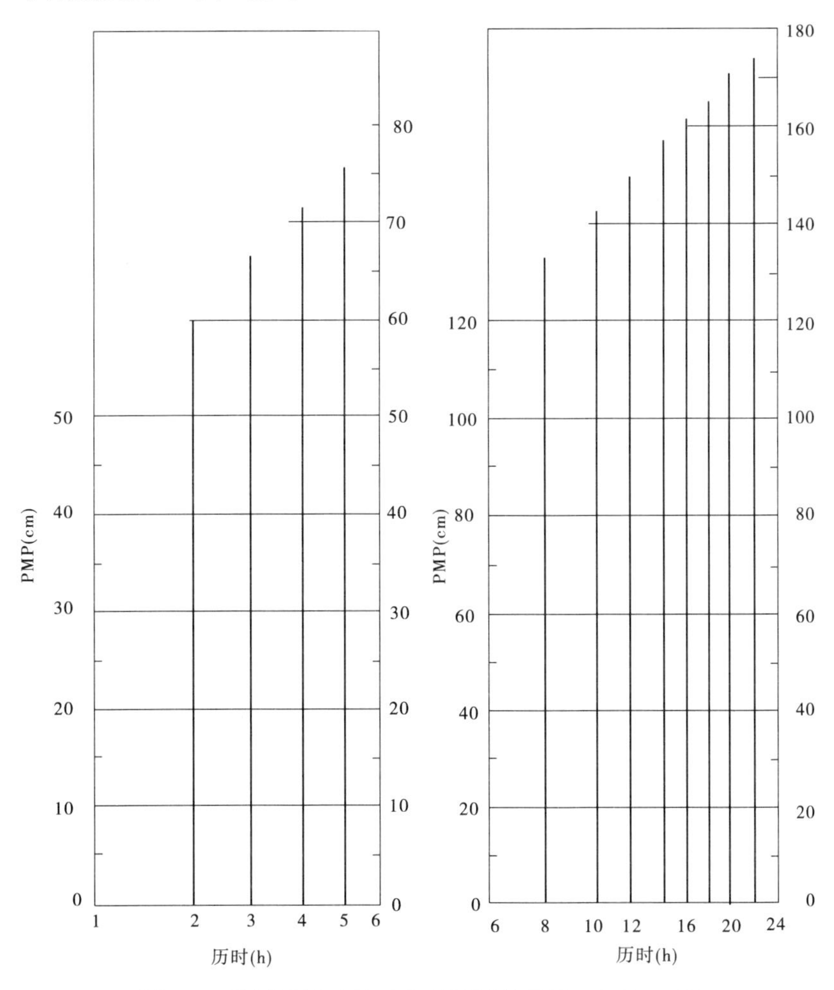

图5.2　美国西部雨深—历时插补图(美国天气局,1960)

第二种方法是绘制一个区域各种面积和历时 PMP 步骤图。图 5.3 为美国东部最新研究中绘制的 25.9 km^2 24 h PMP 图(Schreiner 和 Riedel,1978)。采用这种方法需制备以该区域为中心的时—面—深曲线图。从不同历时和大于或小于该流域面积的标准暴雨面积图中选择 PMP 值。根据流域的特点改正 PMP 值。从实用手册(Hansen 等,1982)选取等雨量线线型、标注方式及时程分配(见 5.2.7 部分)。

5.2.6 步骤总结

非山岳地区概化 PMP 图的一般步骤总结如下:

第一步:决定研究地区及邻近地区(见 5.2.2 部分)主要实测暴雨的移置界线。

第二步:在适宜的底图或地图上绘制适当的网格系统或标出所有暴雨的移置界线(见 5.2.2 部分)。

第三步:将所选定暴雨的时—面—深数值放大,并移置到可移置地点的各网格点上或移置明确的移置范围内的一些点上,并不需要将所有暴雨均移置到各网格点上,因为校正了几场暴雨之后,就能发现对于某一个或一组网格点,哪些暴雨是起控制作用的(最大的)。

第四步:①若采用移置到网格点的方法,则对每个网格点的数据都要进行检查(目的是使之在历时和面积上保持一致)和修匀(见 5.2.3.1.1 部分及 5.2.3.1.2 部分);②若采用移置到明确的暴雨移置界线方法,则需绘制数张不同面积及历时的等值线图(5.2.3.2.1 部分)。

第五步:①为各网格点的数值勾出初步等值线。在勾绘等值线中若发现与邻近数值不协调并发生不合理的凸出或凹陷时,可用削减或增大某些点的数值来修匀(见 5.2.3.1.4 部分);②移置地点的数值应作历时及面积一致性检查(见 5.2.3.2.2 部分及 5.2.3.2.3 部分)。

第六步:利用各种辅助手段有利于各网格点间等雨量线间距与形状协调,并保持各图协调一致(见 5.2.4 部分);最后的清图必须匀滑,无不合理的凹凸或梯度。

第七步:若绘制不同面积及历时的概化图,使用者还应提供必需的资料来绘制光滑的时—面—深曲线,以便化算研究区域的暴雨 PMP 值。若绘制特定面积及历时的 PMP 图就应建立指标关系,从而计算其他面积及历时。根据这些关系可化算其他面积及历时的 PMP 值,并绘出研究区域必需的时—面—深关系曲线。

5.2.7 非山岳地区概化 PMP 对特定流域应用估算

非山岳地区概化 PMP 估算可得出暴雨中心值。开发应用这些暴雨中心值估算特定流域 PMP 特定程序是必要的。通常从实用手册中可查得。该方法考虑到等雨量线型及理想的方位,以及 6 h PMP 增量的空间分布和时间分布。这些都是确定洪水过程线中洪峰及洪量以便计算特定流域 PMP 值的必备资料。本部分论述的方法是以美国东部主要暴雨研究资料为依据(Hansen 等,1982),适用于非山岳地区。该方法加以修正方可用于山岳地区(见 5.3.6 部分)。必须说明的是,尽管上述方法也可能适用于其他地区,但没有对该区资料做详细分析并建立必要关系前不能直接使用。

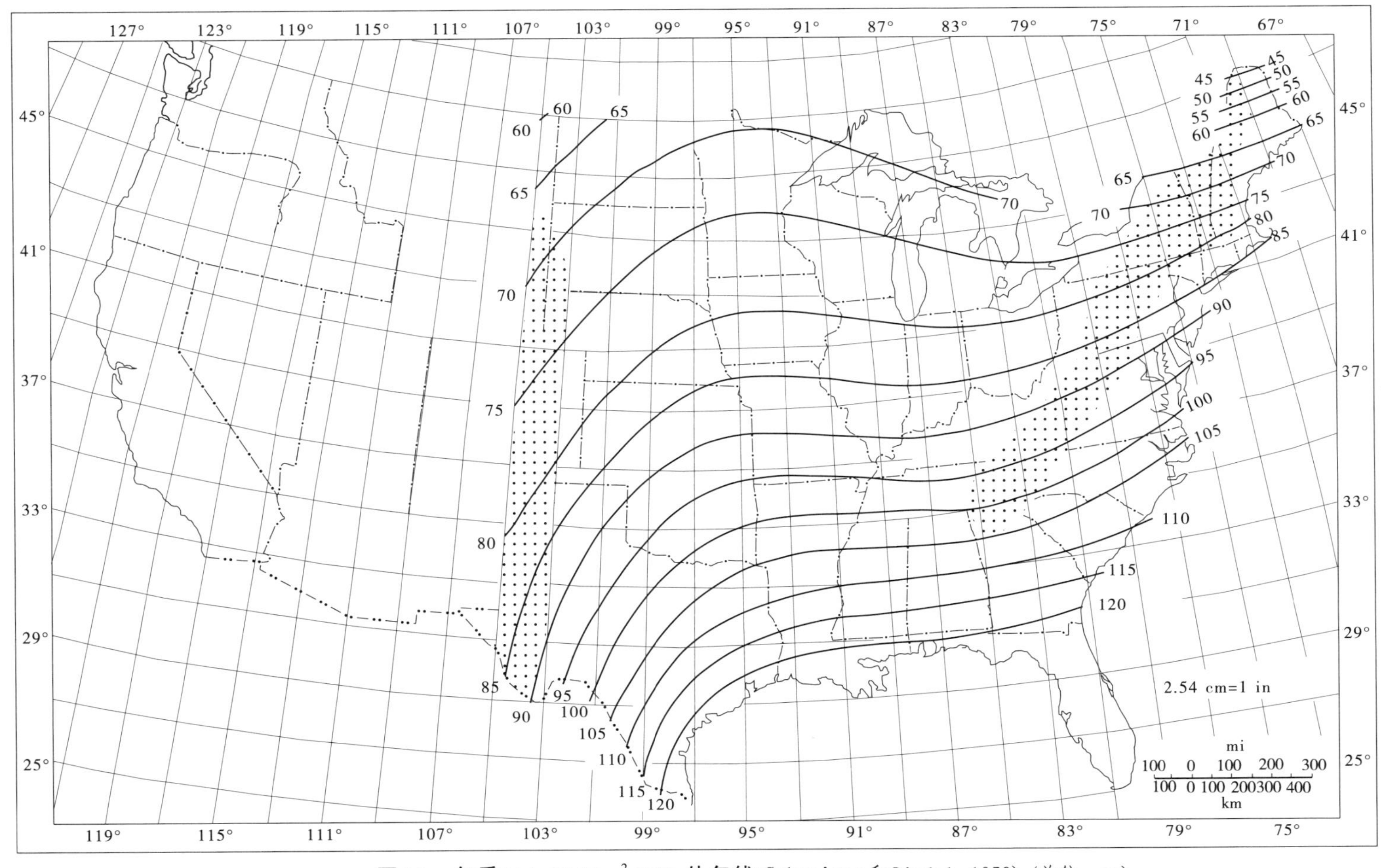

图5.3　各季24 h 25.9 km² PMP外包线(Schreiner和Riedel,1978)(单位: cm)

注：图中带点部分未考虑山岳影响。

5.2.7.1　时间分布

根据PMP绘制洪水过程线时需确定降水与时间的关系。这种降水过程可用暴雨累积曲线表示,为暴雨开始后随时间变化累计降水量。几场暴雨实测降水量累积曲线表明6 h雨量变化很大。某些降水过程会产生较大的洪量。实践中考虑最重要暴雨的6 h降水增量过程。《美国东部指南》中根据该区53次最重要暴雨推荐PMP降雨过程。该研究中选择暴雨要符合以下3个条件:第一,水汽放大暴雨应不大于该暴雨区PMP的10%;第二,研究区内暴雨须持续72 h;第三,暴雨应代表研究区内各种不同面积(259 ~51 800 km^2)。

上述暴雨的实测降水已作分析。首先应确定每一场暴雨的降水阵数。降雨阵数指一次或多次连续6 h降水增量,每一降水量为72 h降水量的10%或以上。若降水阵数为20%,其结果则不同了。采用5%、15%、25%或其他百分数也会得出不同结果。校核每一场暴雨的降水过程可汇编出有用的资料。时间分布有3个重要特点:①每一降水过程的阵数;②每一场阵雨持续时间;③两场降水的间隔时间。图5.4为5场大暴雨6 h降水的时间分布,图中第一个例子是1906年6月6 ~8 h暴雨,以一场阵雨的降水量为总暴雨量的10%计说明暴雨的时程特点。259 km^2有两场实测阵雨,而25 900 km^2有三场阵雨。259 km^2的两场实测阵雨时间分别为12 h和6 h,间隔6 h。25 900 km^2的三场阵雨中,第一场延续6 h,隔12 h后发生第二场降雨,持续12小时,过了6 h出现第三场雨,持续6 h。有限的暴雨实例分析表明这些数据可能出现各种排列。以堪萨斯州Council Grove为中心的日12 h阵雨雨量极少。图5.4未显示发生在俄克拉荷马州Warner的另一场暴雨,连续6 h最大增量在72 h序列的中间。求出72 h暴雨所有历时的PMP值就需把6 h增量放在一个峰值上。这与多数大暴雨的实测降水次序相一致。选择24 h降水时段代表大暴雨阵数,那么72 h暴雨可划分成3个24 h时段。下述内容为排列该区域72 h暴雨的6 h增量的方法。求出所有历时的PMP:

(1)将每个6 h增量按大小递减次序排列。这表明最小6 h增量将出现在序列的开始或结尾。

(2)除暴雨系列的第一个24 h时段外,4个最大的6 h增量可排在序列的任何位置上。研究表明最大降雨极少发生在该序列的开始。

5.2.7.2　等值线线型

采用表示PMP降雨的等值线要考虑两个因素:

(1)线型及表示方法;

(2)等值线数量及大小。

对美国东部(Hansen等,1982)53场大暴雨做了分析。研究表明,所有这些暴雨的最有代表性的形状是椭圆形。由于暴雨运动,实际暴雨形式通常朝一个或多个方向延伸,有特殊长短轴比的椭圆形通常最适合最大降水量的部分暴雨。53场暴雨形状比总表见表5.1。形状比2在该区域最为常见,其次是形状比3和形状比4。表5.1所列暴雨中62%的形状比是2或3。分析了这些形状比的地区差异、暴雨大小差异或暴雨总面积偏差。所有工况中,长轴与短轴之比为2:1或3:1较为理想。因为大多数暴雨的形状比是2或3,所以推荐理想的椭圆形长轴与短轴比为2.5:1的等雨量线型作为美国东部非山岳地区6 h增量降水分布。推荐型式如图5.5所示。该线型应位于流域的中心以便得出关键

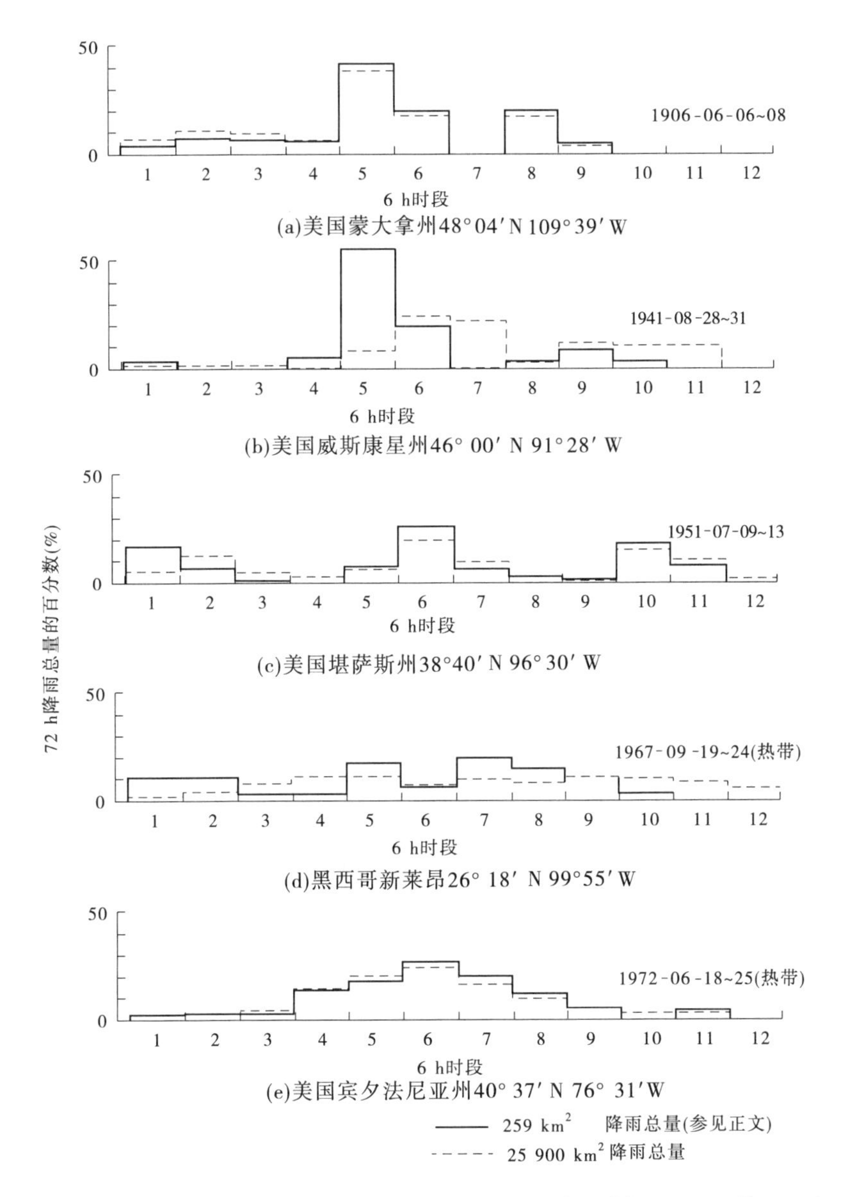

图5.4 美国东部和中部大暴雨6 h降水时程序列举例(Hansen 等,1982)

的径流量。由于多数流域的形状不规则,图5.5的线型不完全适合于每个流域,因此通常某一流域PMP的一部分落在线型之外。在PMP线型之外的降雨称作残雨。应强调的是,虽然残雨落在研究区域PMP线型之外(见5.2.7.5部分),但不必在流域之外。计算流域的平均雨深和洪水过程线时要考虑残雨。

5.2.7.3 等值线方位

可将PMP暴雨的等值线以任何方位放置在流域中。这从气象学角度讲可能是不合理的。在美国东部研究中对是否可确定该区域大暴雨的理想的方位作了分析。图5.6显示了根据数百场大暴雨分析美国东部暴雨理想方位的结果。除理想方位的等值线外,还有所选31场大暴雨的方向。因为实测暴雨方向是变化的,所以将图示等值线±40°内方

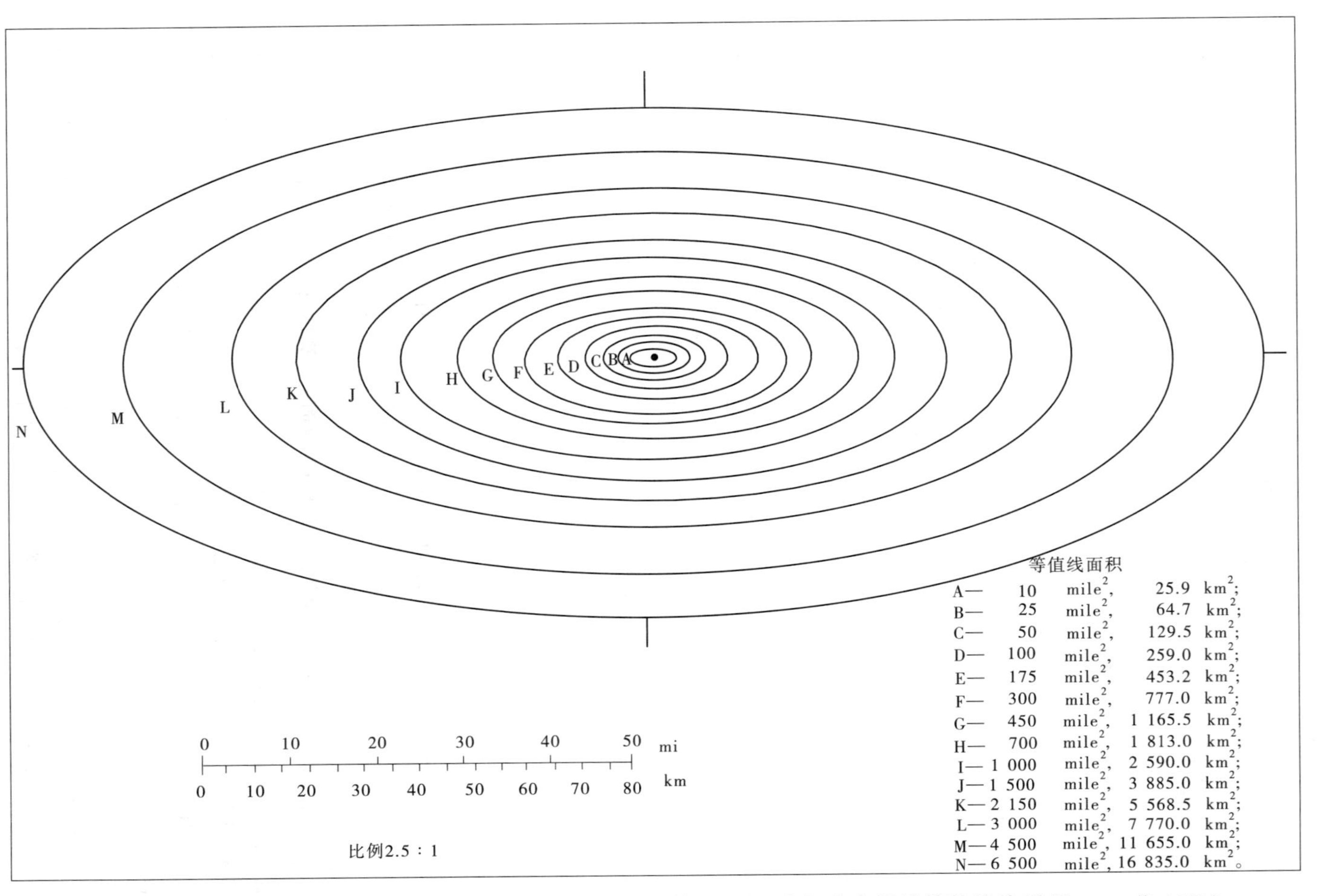

图5.5　第105°子午线以东美国东部地区所推荐的 PMP 空间分布标准等值线线型(Hansen等,1982)

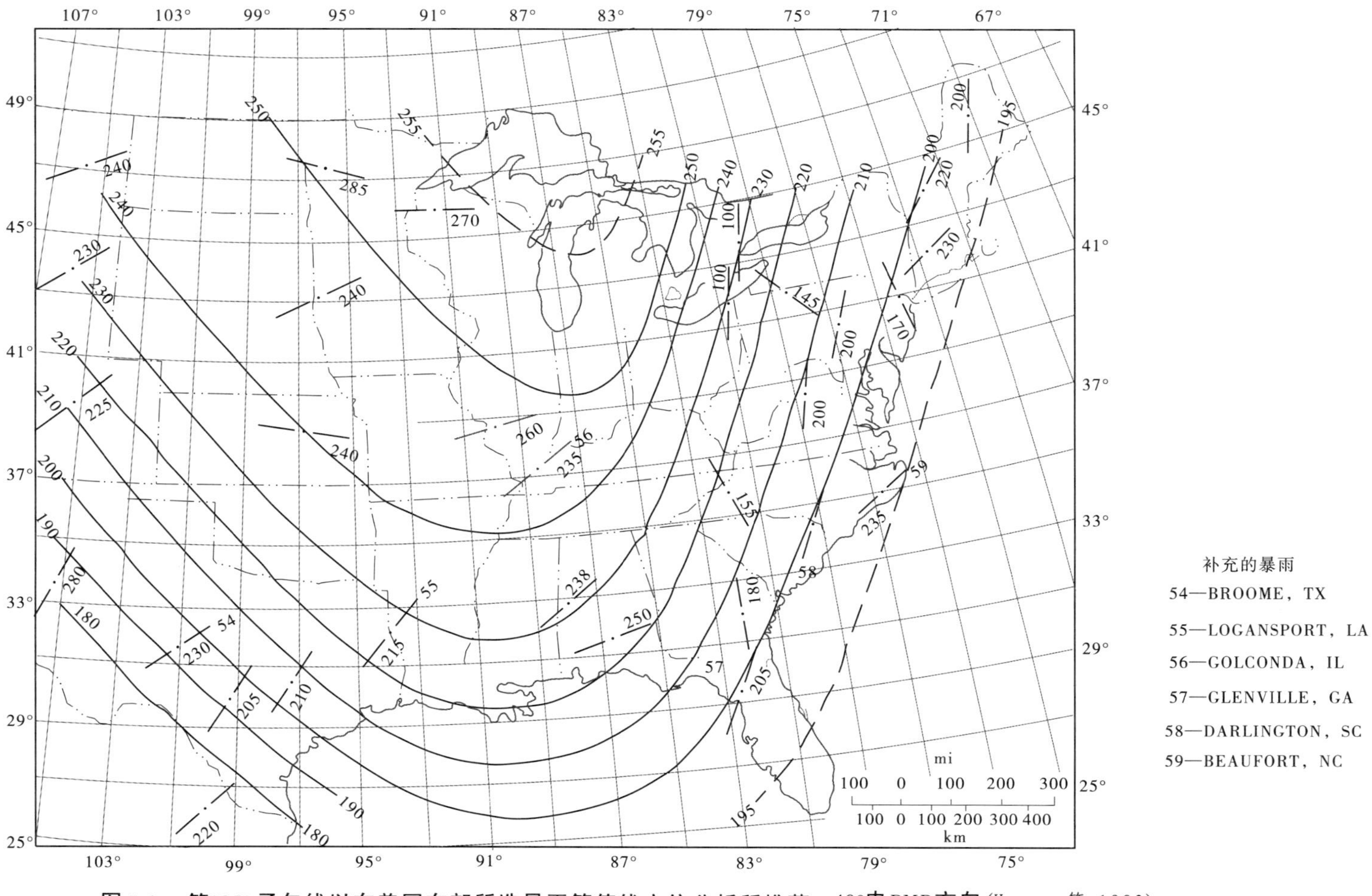

图5.6　第105°子午线以东美国东部所选暴雨等值线方位分析所推荐±40°内PMP方向(Hansen 等,1982)

位看做大暴雨的理想方位。

表5.1　美国东部53次主要降水等值线线型比(Hansen 等,1982)

项目	形状比								总计
	1	2	3	4	5	6	7	8	
线型数	2	22	11	11	4	2	1	0	53
占总数的百分比(%)	3.8	41.5	20.8	20.8	7.5	3.8	1.9	0	100
累计百分比(%)	4	45	66	87	94	98	100	100	

在把PMP用于某特定流域时,由于在±40°内这个方向范围是根据图5.6读得,所以PMP要用全值。超出该方位范围以外的PMP值要作一些削减。这个削减百分数在分析一些大暴雨后确定。在各种暴雨区内,暴雨的降水量用该区的最大降水量的百分数表示(该值与理想方位相关),勾绘在系列图上(本书未附)。这些图用于建立确定等值线值调整系数的关系(见图5.7)。小于777 km^{2}的暴雨不必化算,因为该面积代表一场雷暴雨或复杂的雷暴单体。它们可能在任何方位、同等强度发生。最大化算适合7 770 km^{2}以上的面积。两最大值的简化以线性方式增长。

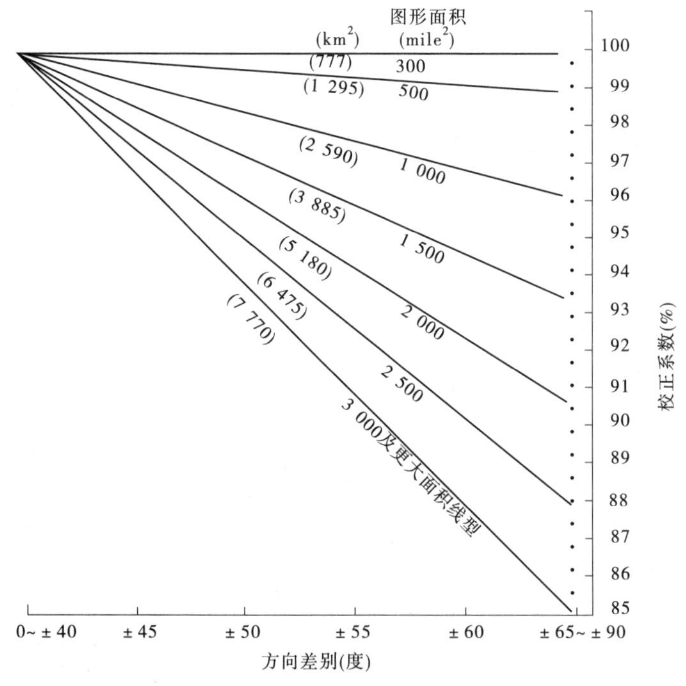

图5.7　按图5.5的线型方向,与图5.6的方向差大于±40°,确定某一区域等值线校正系数模型(Hansen 等,1982)

5.2.7.4　等值线数值

美国东部实测暴雨中,为较大面积PMP暴雨提供控制值的较小面积的PMP暴雨降水量小于为较小面积PMP暴雨提供控制值的相应暴雨降水量(Schreiner 和 Riedel,1978)。所以,不应根据PMP雨深—面积关系确定PMP暴雨的等值线值。PMP暴雨雨深—面积关系应称作“暴雨内”关系,因为它代表一种关系,即一场暴雨可确定除PMP暴雨面积外的所有面积的降水深度。该区大于 PMP 暴雨面积的降水小于 PMP 暴雨降水也是事实。这种雨量分配叫无暴雨曲线,或残雨。图 5.8 是这些关系的示意图。流域 PMP 暴雨内/无暴雨分配将介于平均值(均匀分布)与 PMP 雨深—面积曲线之间。实测暴雨降水的 DAD 关系在极值间剧烈变化。这均表明最大 6 h 降水随面积变化而急剧减少。其余 6 h 降水增量随面积增大而减少、增加或无变化。在大多数 PMP 研究中,除 3 个最大 6 h 增量外,其余的 6 h 增量很小,适合均匀分布。

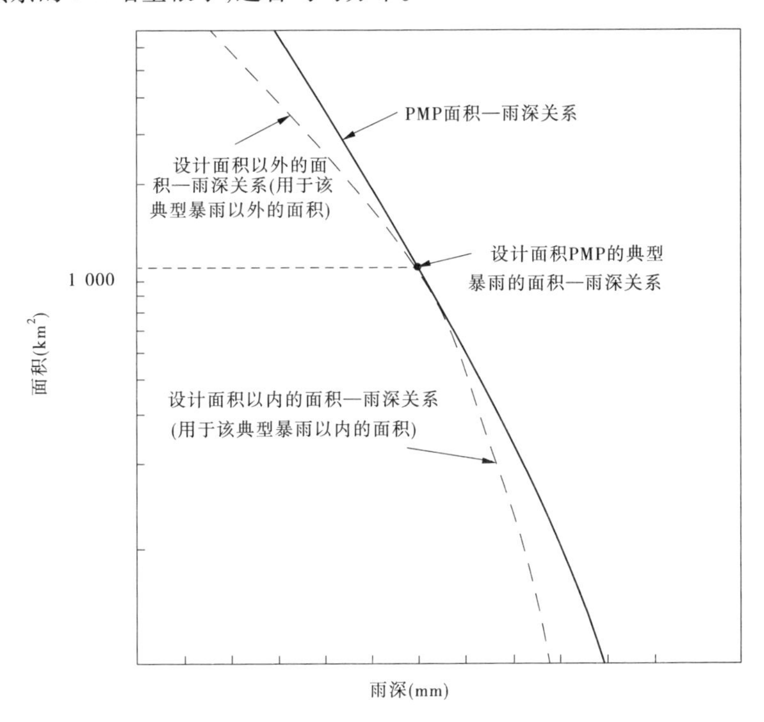

图 5.8　PMP 雨深—面积曲线与在 1 000 km² 处暴雨内/外暴雨关系示意图
(Hansen 等,1982)

5.2.7.4.1　等值线标注各个最大的 3 个 6 h 增量诺模图

诺模图绘制等值线标注步骤与各个前 3 个增量相似。本部分讨论了绘制最大 6 h 等值线标注诺模图步骤。另外,2 个次最大增量也可用同样的步骤作出。在某些情况下,第 3 个增量的诺模图可以通过在第 2 个增量和一个平均深度间插补得出。

第一步:选出该区的几场最大暴雨。通常选用 PMP 降雨深度一定百分比内的所有暴雨,这些经水汽放大的暴雨值在 PMP 的 10% 之内。

第二步:用这些暴雨的雨深—面积数据得出所有合用的深度比,即 25.9 km² 分别与 25.9 km²、518 km²、2 590 km²、12 950 km²、25 900 km²、51 800 km² 相比的平均降雨深度。求出的第一个比率当然是 1,所以 518 ~ 51 800 km² 的全部比率中第一个比率也是一个基数。每一场暴雨均分别计算,这些暴雨内/外暴雨平均比率按相关暴雨面积的降水量的百分数计算。算出所求比率的平均数后,按面积大小绘出平均比率。美国东部(Hansen 等,1982)暴雨关系曲线如图 5.9 所示。实线表示小于 PMP 面积的暴雨内平均数,虚线表示大于 PMP 面积外的暴雨平均数,即残雨。

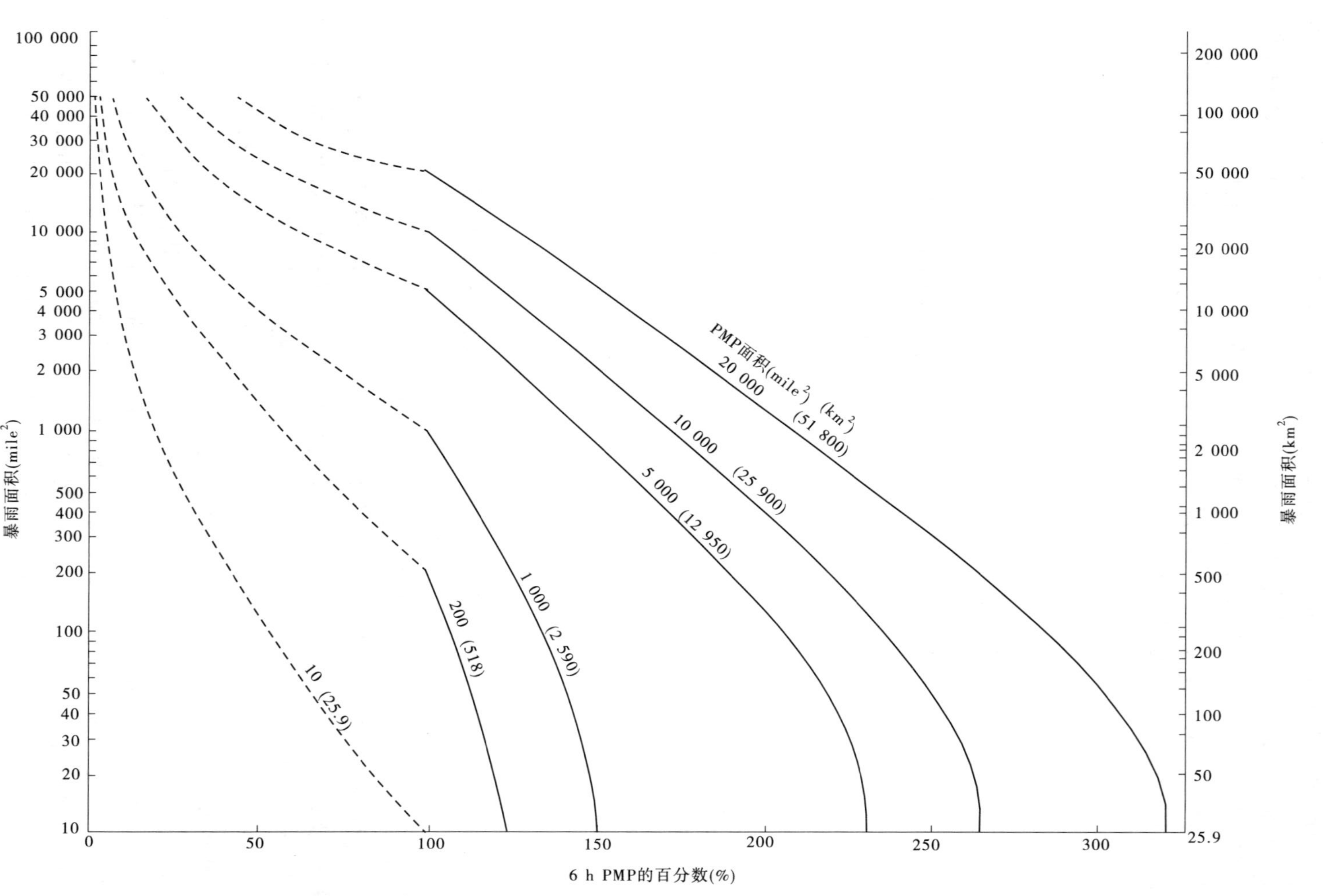

图5.9　标准面积6 h暴雨内/外暴雨平均曲线 (Hansen 等，1982)

将图 5.9 曲线放在概化研究暴雨区 37°N、89°W 的 PMP 图上，可绘出如图 5.10 所示的一系列曲线。实线曲线连接各种面积 6 h PMP。短虚线为小于 PMP 面积的暴雨内曲线，长虚线为大于 PMP 面积的外暴雨曲线。图 5.10 中的曲线可按照 2.11.3 部分中讨论的方法绘制等雨量剖面图。等雨量剖面图所显示的是美国东部的特定位置。图 5.11（37°N、89°W 标准面积的等雨量线剖面图）是指 37° N、89° W 的位置。某一位置剖面图的标准化，可通过将其转化为 PMP 最大 6 h 时增量的百分数来实现。用标准化的等雨量剖面图来比较美国东部的几个地方，没有发现相同的地区差异。将不同的等雨量剖面图进行组合，可得到用来决定首次 6 h PMP 增量的等雨量线标记和 25.9 ~ 103 600 km^2 的标准等雨量区域的诺模图（见图 5.12 和标准等雨量线面积诺模图）。

5.2.7.4.2　其余 6 h 增量的等雨量标记

72 h PMP 暴雨的第 4 ~ 12 个增量，PMP 增量的平均深度一般很小，在流域内采用的这个深度与平均值相同已是足够的了。在增量较大的地区，应绘制另外的诺模图来分配雨量。在 PMP 暴雨区域以外，剩余雨量还会继续减少。根据美国东部进行的研究（Hansen 等，1982），利用首次 3 个增量图的趋势来绘制，用剩余增量的剩余雨量来计算等雨量标识的诺模图（未绘出），用一个单独的诺模图来显示所有 9 个增量。

5.2.7.5　流域 PMP 暴雨类型区域的选择

PMP 暴雨类型区域的选择是以最大限度放大流域的降雨量为基础的。最大雨量作为 PMP 暴雨类型的中心的函数，流域不规则形状的函数，流域 PMP 分布面积大小的函数。暴雨类型的中心是由气象学家或决定单独流域估算的人员决定的。如果类型的安置不受气象或地形控制，建议类型在定中心地点时，在流域区放置尽可能多的等雨量线。流域的不规则性已确定，PMP 暴雨类型的面积是剩下的变数。最优面积是由一系列的试验决定的。

第一步：按理想类型选择靠近标准等雨量线（见 5.2.7.2 部分）的区域（见图 5.5）和流域面积相比，或大或小。

第二步：选择各面积的 PMP 的 3 个最大 6 h 增量的雨量进行计算就能决定流域的降雨总量。然后在流域面积大小另一侧选择不同面积给出最大雨量区域来计算每个区域的相关雨量，经过这个试验过程，将结果绘制成所选的流域面积和计算的雨量，即可得出流域雨量达到最高时的 PMP 面积。

5.2.7.6　分段步骤

决定流域最大雨量的阶段，利用了最大的 3 个 PMP 6 h 增量的雨量和。以下的例子给出了最大增量的步骤，其他两个增量的步骤是相同的。

A. 6 h 增量 PMP。

步骤 A.1：从一般研究（见图 5.3 所示）中获得时—面—深的数据以用于流域位置。

步骤 A.2：在半对数格纸上（面积以对数表示）按步骤 A.1 并在各相同历时点间勾画一匀滑曲线显示一般历时。

步骤 A.3：根据步骤 A.2 得到的曲线，读取比特定流域或大或小的一组标准面积雨量。

步骤 A.4：按步骤 A.3 每个标准类型面积尺寸，在线性图纸上标绘出雨深—历时数据，画一平滑曲线，以便插补中间历时数据。

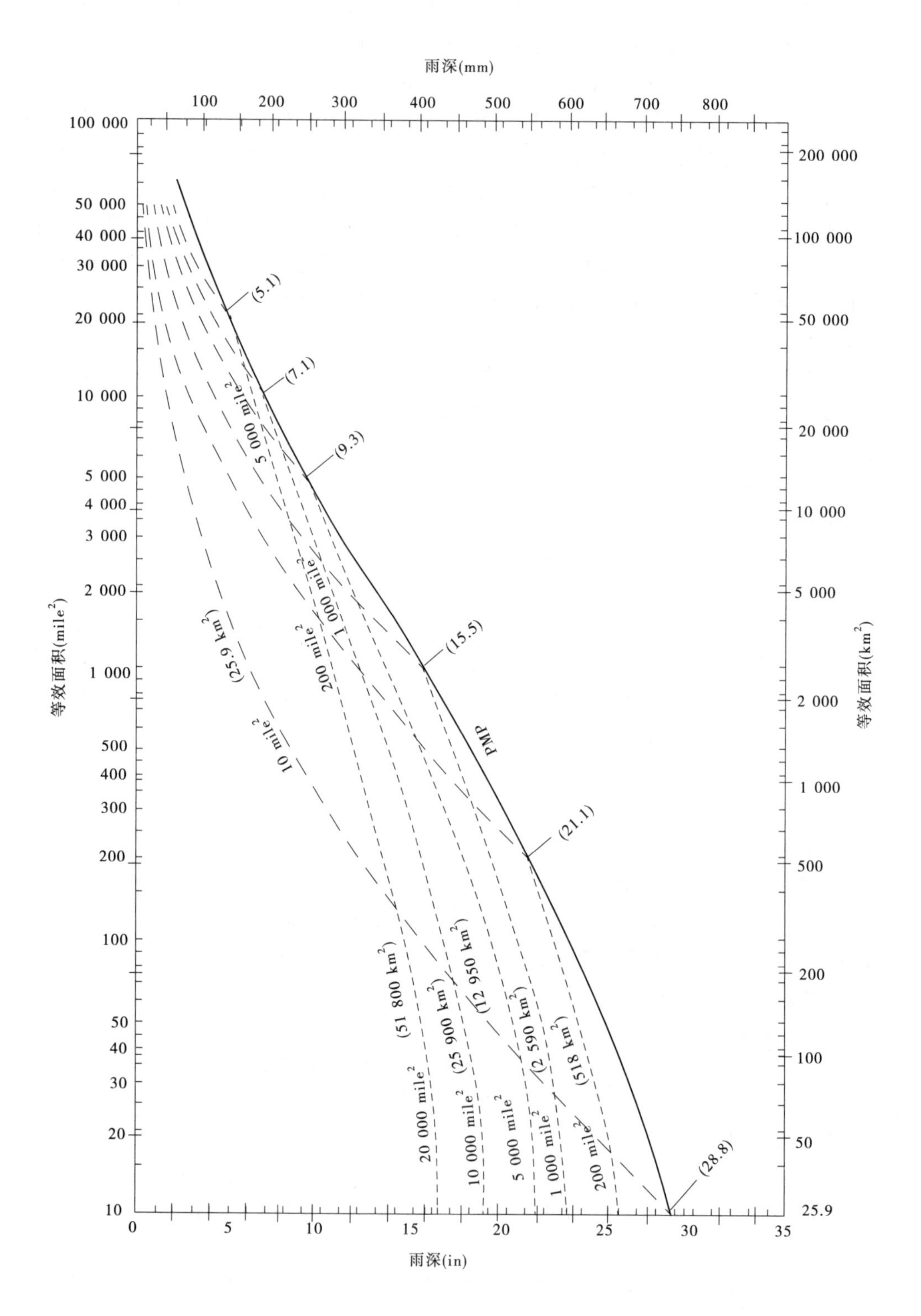

图 5.10　美国 37°N、89°W 位置各标准面积 PMP 时暴雨内/外暴雨雨深—面积曲线(Hansen 等,1982)

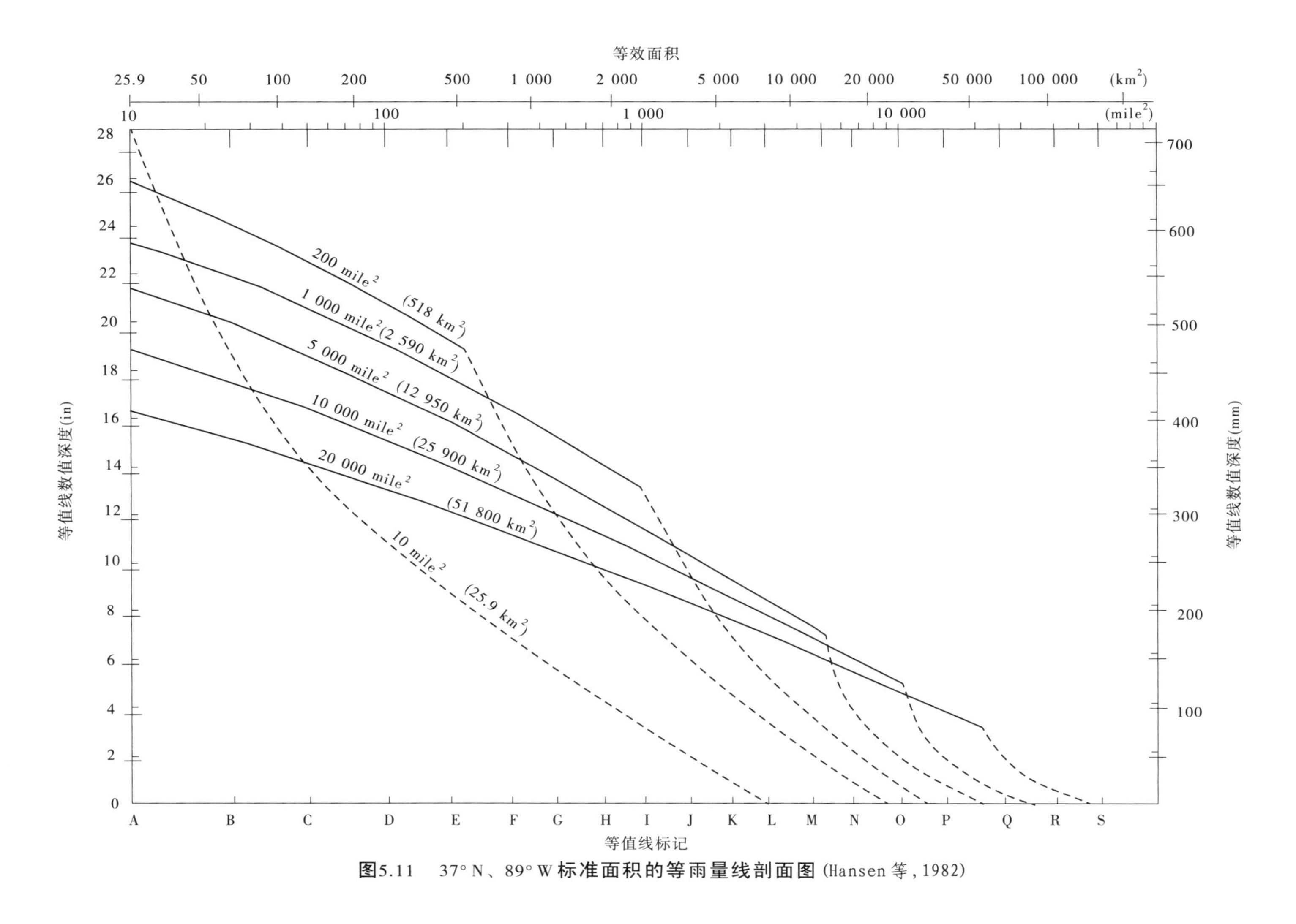

图5.11　37°N、89°W 标准面积的等雨量线剖面图(Hansen 等,1982)

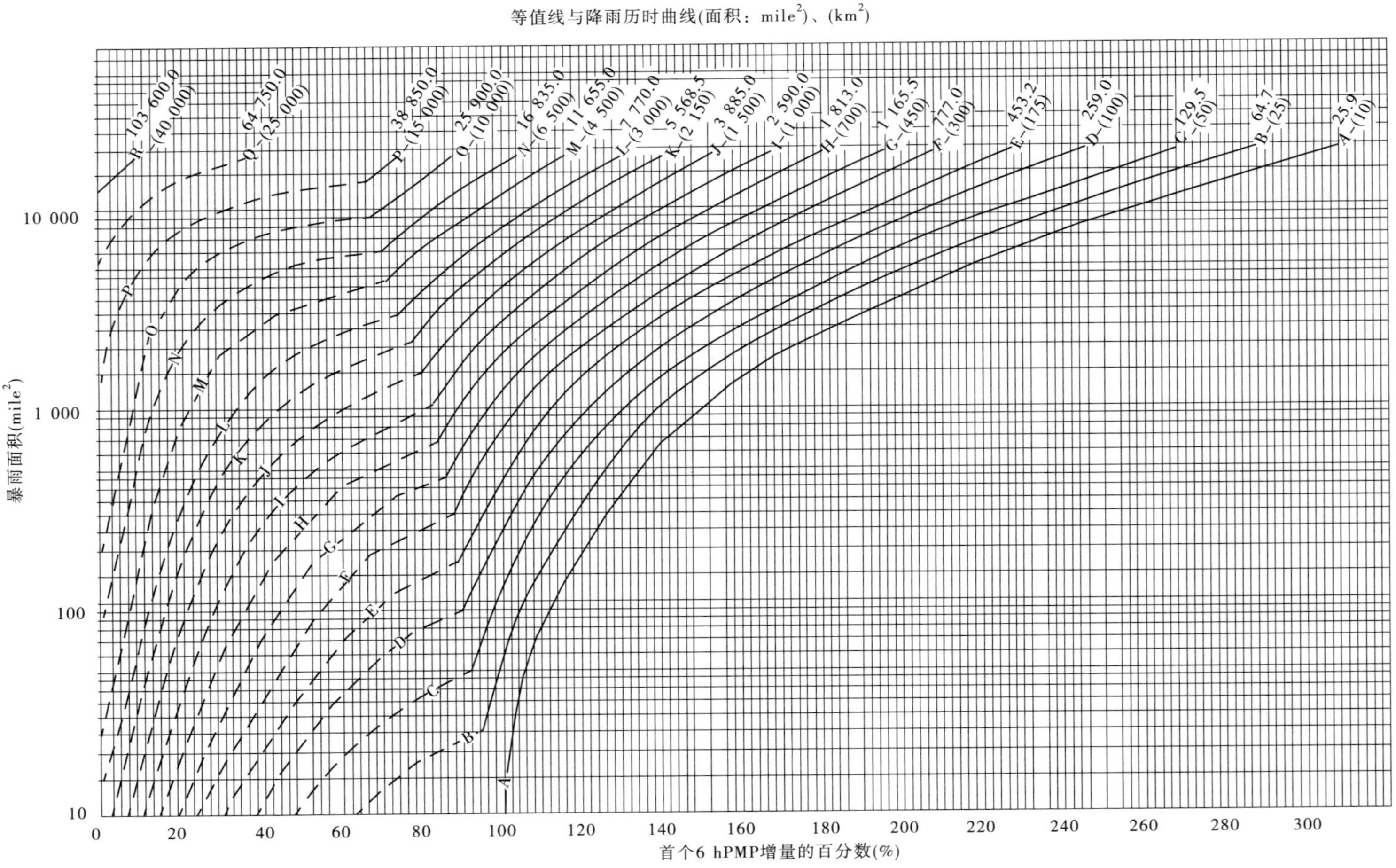

图 5.12　25.9 km² 和103 600 km² 之间的首次6 h PMP 增量和标准等雨量线面积诺模图 (Hansen 等，1982)

步骤A.5:按步骤A.4每一面积的雨深—历时曲线,通过连续的化算,得到每个面积最大3个6 h历时的增量差。

B.等雨量图。

步骤B.1:等雨量线图上应显示流域的轮廓。它们应该有相同的地图投影和比例尺。所画等雨量线图应使流域内含有最大降雨量。在多数情况下,以流域为中心的等雨量线图能被满足。

步骤B.2:放在流域上决定图的方位。

步骤B.3:从图5.6等雨量线图的中心位置的PMP条件决定方向。如果步骤B.3和步骤B.2的方位差少于40°,绘制流域等雨量线图就不需考虑折减系数。如果方位差超过40°,必须考虑:①和流域成一定角度,无需化算等雨量值;②对准流域,化算等雨量值。

步骤B.4:如果不需调整方位,可取消此步骤。等雨量线图绘制完成后,按照图5.7所示模型的等雨量线的方位决定合适的调整因子。请注意,化算数量是根据PMP暴雨面积尺寸(只有面积大于777 km^2 时需要化算)和方位差决定的。将调整因子乘以从步骤A.5得到的相应6 h增量,得到化算的增量值作为该方向上的等雨量线。

C.最大降雨量。

步骤C.1:在图5.13顶部的方框内填上流域的名字、流域面积、计算和增量日期(不论是第一,第二或第三)。

步骤C.2:在图左上方的标题下,写上第一次计算由步骤A.3得到的流域面积。

步骤C.3:列Ⅰ列有等雨量标签,所列标签能够覆盖流域即可。

步骤C.4:根据步骤C.2的面积大小,从图5.12的诸模图中得出相应的百分比列在第Ⅱ列,用于的这些等雨量线必须覆盖流域。

步骤C.5:在表头列Ⅲ的数量下(AMT),写出从步骤B.4中得出的与面积大小和增量相关的值。将列Ⅱ中的每个百分数乘以列Ⅲ上面的AMT来填充列Ⅲ。

步骤C.6:列Ⅳ代表了相邻等雨量线之间的平均雨深。等雨量线A的平均深度是从列Ⅲ得到的。全部在流域内的其他等雨量线A的平均雨深是从列Ⅲ得到的。全部在流域内的其他等雨量线之间的平均雨深是列Ⅲ中每对数据的算术平均数。对于不完全在流域内的等雨量线,等雨量线的平均雨深的估算应该考虑等雨量线面积与流域覆盖的等雨量线面积之间的百分比。

步骤C.7:列Ⅴ有相邻等雨量线的增量区域。当等雨量线完全被流域包围时,增量面积可从等雨量线图的标准面积得出。对于其他的等雨量线,有必要将每个等雨量线包括的流域面积求积,并进行适当的逐次减法。列Ⅴ的所有增量面积的和应该和流域面积相同。

步骤C.8:列Ⅳ的数和列Ⅴ的数相乘得到的增量写在列Ⅵ。将增量值相加,得到首次6 h特定等雨量线面积大小的某一流域内的总降水量值。

步骤C.9:对步骤A.3所选的其他等雨量线面积重复步骤C.2~C.8。

步骤C.10:步骤C.8和步骤C.9得到的最大雨量代表了首次6 h增量阶段的最初最大雨量。这就确定了与雨量相关的等雨量线图的面积。最大雨量的面积可指导选择等雨量线图面积来计算第二个和第三个6 h增量阶段的雨量。注意:采用适当的诺模图(未显

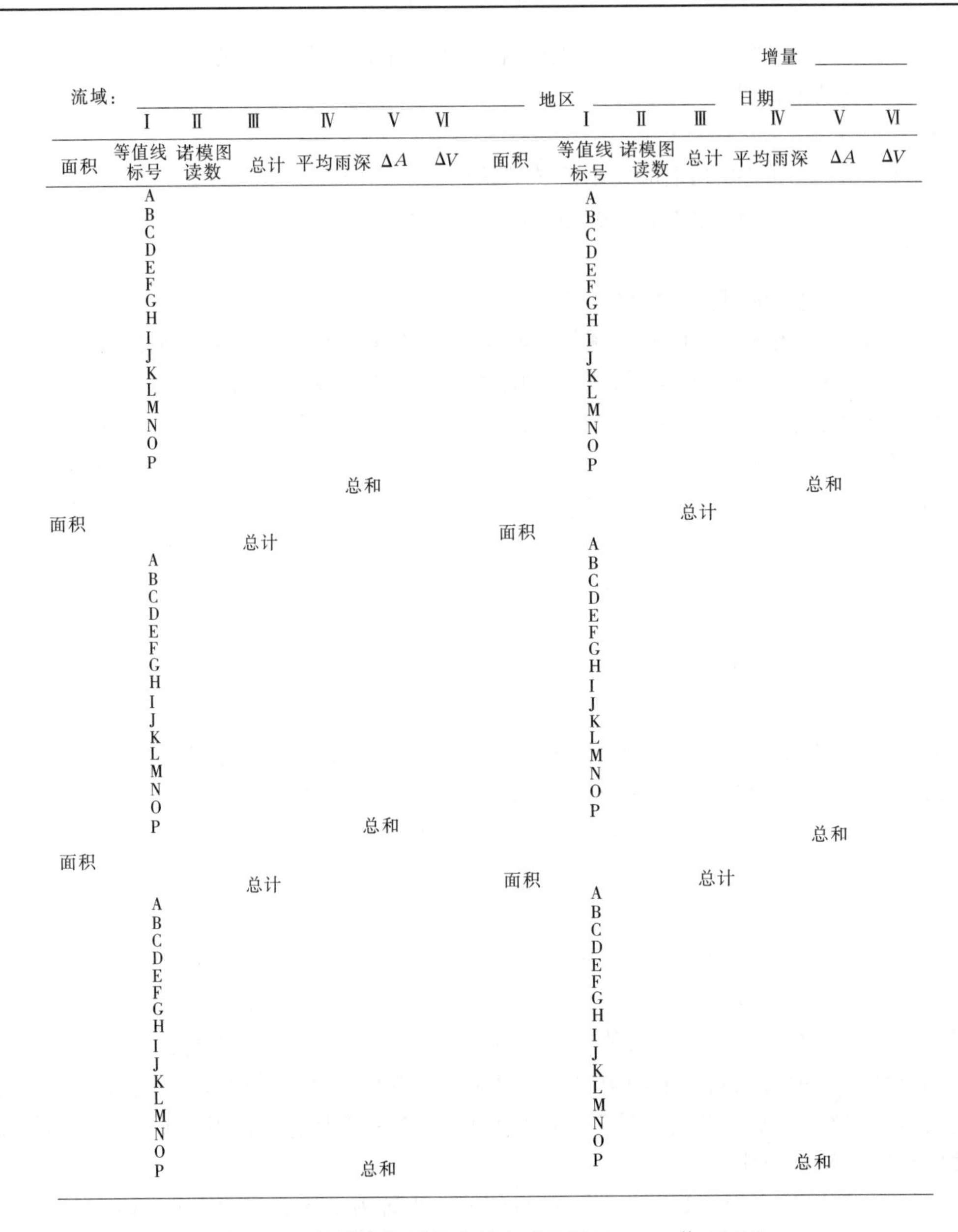

增量 ________

流域：________ 地区 ________ 日期 ________

	Ⅰ	Ⅱ	Ⅲ	Ⅳ	Ⅴ	Ⅵ		Ⅰ	Ⅱ	Ⅲ	Ⅳ	Ⅴ	Ⅵ
面积	等值线标号	诺模图读数	总计	平均雨深	ΔA	ΔV	面积	等值线标号	诺模图读数	总计	平均雨深	ΔA	ΔV
	A							A					
	B							B					
	C							C					
	D							D					
	E							E					
	F							F					
	G							G					
	H							H					
	I							I					
	J							J					
	K							K					
	L							L					
	M							M					
	N							N					
	O							O					
	P							P					
				总和								总和	
面积			总计				面积			总计			
	A							A					
	B							B					
	C							C					
	D							D					
	E							E					
	F							F					
	G							G					
	H							H					
	I							I					
	J							J					
	K							K					
	L							L					
	M							M					
	N							N					
	O							O					
	P							P					
				总和								总和	
面积			总计				面积			总计			
	A							A					
	B							B					
	C							C					
	D							D					
	E							E					
	F							F					
	G							G					
	H							H					
	I							I					
	J							J					
	K							K					
	L							L					
	M							M					
	N							N					
	O							O					
	P							P					
				总和								总和	

图 5.13　计算表格展示典型格式实例(Hansen 等,1982)

示)计算第二个和第三个 6 h 增量雨量,重复步骤 C.1 ~ C.9。

步骤 C.11:由最大 3 个 6 h 时增量相对应的面积数值之和标绘成与面积大小的比值,将该点连接到定义的降雨模型面积大小上,这得出了流域的最大 18 h 雨量,这就是 PMP 暴雨面积大小。

D. 在本流域内区域暴雨平均 PMP 的分布。

步骤 D.1:根据步骤 C.11 决定的 PMP 的等雨量线面积,使用步骤 A.3 的数据来延伸步骤 A.4 的雨深—历时曲线至 72 h,从修匀曲线读取每 6 h 间隔的数值(6 ~ 72 h)。

步骤 D.2:根据步骤 A.5、步骤 D.1 的数据,得到第 4 ~ 12 个的 6 h 增量值, 如需要按照步骤B.1～B.5调整等雨量线方位的增量值。

步骤D.3:步骤D.1和步骤D.2给出了7 h时暴雨的12个6 h递增的平均雨深。为得出流域内等雨量线的值,将首次6 h增量深度乘以图5.11内根据步骤C.11得到的面积的6 h百分比。然后将第二个6 h增量深度乘以与图5.12相似诺模图的第二个6 h百分比。用此步骤的结果,可完成以下表格(指覆盖流域的等雨量线图),在此表中填入等雨量线的标签值。

	6 h时段											
	1	2	3	4	5	6	7	8	9	10	11	12
A	—	—	—	—	—	—	—	—	—	—	—	—
B	—	—	—	—	—	—	—	—	—	—	—	—
C	—	—	—	—	—	—	—	—	—	—	—	—

步骤D.4　为得到覆盖流域的增量平均深度，计算步骤C.11得出的PMP类型的面积的增量值。将每个增量值除以流域面积(雨量覆盖的部分)。

E.时间分布。

在步骤D.3的表中,根据增加的6 h时段,(区域暴雨平均)PMP的空间分布已按6 h时段增量得出(完成的步骤D.4,可获得流域平均PMP)。步骤D.3的增量按PMP雨深—历时曲线配置。增量值按5.2.7.1部分的准则配置。

5.3　山岳地区PMP估算

5.3.1　绪言

在山岳地区作区域或概化PMP图远较非山岳区域复杂。由于地形的差异及其影响,暴雨类型、资料数量等原因阻碍了适用于在进行地区PMP估算时所遇到的复杂多变情况的标准基本程序的发展。这种估算的其中一种方法是将非山岳地区PMP值作地形修正取得的,这种修正却是随情况而异的。因为没有标准方法,从某些实际研究的实例汇总可以提供如何估算区域化的PMP值。本章5.3.2部分、5.3.3部分、5.3.4部分、5.3.6部分、5.3.7部分、5.5节和5.6节选自代表不同情况的实例。

另一个方法是地形分割法。在这种方法里,PMP的辐合和地形两个组成部分分别估算然后合并。用这种方法进行PMP估算使用了一个层流模型来估算地形PMP(美国天气局1961a,1966),3.2节和3.3节详细介绍了这种方法,这里不再赘述了。3.1.6.1部分中提到的另一个地形分割法(Hansen等,1977)的使用在5.3.5部分中进行了阐述。

5.3.2　田纳西河流域259 km² 以下面积的PMP

田纳西河恰塔努加以上流域面积，大致是全流域的东半部，已在3.4.2部分中介绍过了。其西半部比较低,有一些低山起伏。全流域达到7 800 km² 的概化PMP估算已经做出来了(Zurhdorfer 等, 1986)。由于对 259 km^2 以下小流域的特别需要和大小流域造成 PMP 的暴雨类型不同,所以又单独做了小流域及流域面积在 259 ~ 7 800 km^2 的 PMP 研究。本手册只介绍全流域东半部的估算。东半部此后称为设计流域。本部分只介绍小流域的估算,大流域将在 5.3.3 部分中讨论。

5.3.2.1 美国东部的特大降雨

1924 ~ 1982 年的资料中有 80 场特大点降雨, 其中包括几个以径流计算为基础的估计, 在设计流域内或附近产生了 1 h 及几个 2 ~3 h 的 300 mm 左右暴雨量。这些暴雨的高程为 200 ~1 200 m。未发现明显一致的降雨—高程关系。这就使估计 PMP 值时对于短历时降雨不必过分重视地形影响。特大暴雨中也无显著的固定地理分布影响。

为了补充流域资料,普查了美国东半部几百场小面积短历时剧烈暴雨的研究。注意 6 h 259 km^2 降水量超过 250 mm,特别是超过 350 mm 的那些暴雨,其中有些暴雨历时为 24 h。60 场最严重暴雨分析表明绝大部分暴雨在夜间加强。这说明比白昼供热更为重要的那些因素经常造成这些特大降雨。

从上述各项讨论得到本设计流域的小面积 PMP 结论如下:

(1)PMP 暴雨雨型的形势要包括 24 h 期间固定位置多个雷暴雨的连续情况;

(2)历时 1 h 或 1 h 以下雷暴型 PMP 的地形影响微小,而对较长历时的降雨在坡面及临近河谷可能较临近无坡的平地为大。

5.3.2.2 局部地形的分类

利用航空测量及大比例尺地形图(1:24 000)研究大暴雨地区的地形得出下列地形分类:

(1)平坦: 极少数地点每 0.5 km 高差为 15 m。

(2)中等:每 0.5 km 高差为 15 ~50 m。

(3)崎岖:每 0.5 km 高差超过 50 m。

虽然设计流域东南部分均属崎岖类,但其范围内降雨潜势仍有差异:有些高峰高达 2 000 m, 有些山岭掩蔽着大河谷。山岳与大的掩蔽河谷的对比除需要考虑地形粗糙度外,还应考虑确定强烈夏季暴雨的地形影响。局部地形对降雨的影响将在 5.3.2.3 部分中讨论。

5.3.2.3 大尺度地形影响

分析实测最大及百年一遇日降雨量地图, 得出大尺度地形对降雨的影响。也研究过年平均及季平均降水量图。经过一些实际验证之后得出如下概念:

(1)第一级迎风坡。其指面向东到西南低地方向(水汽入流方向)而且无山脉在水汽来源(即墨西哥湾与大西洋)和坡面之间横亘的山坡。

(2)第二级迎风坡。其为高度与陡峻程度足以增强降水,但部分的被低山脉遮拦了水汽来源。高低山脊间的高差至少为 500 m。

(3)荫蔽地区。其为具有高度在 600 m 以上水汽入流障碍的河谷地区。

(4)低降:障碍峰顶至荫蔽地区某一个点的高差称为该点的低降。

设计流域地形分类如图 5.14 所示。分析各种分类地区的夏季降雨量,得到下列地形对 PMP 影响的指导概念:

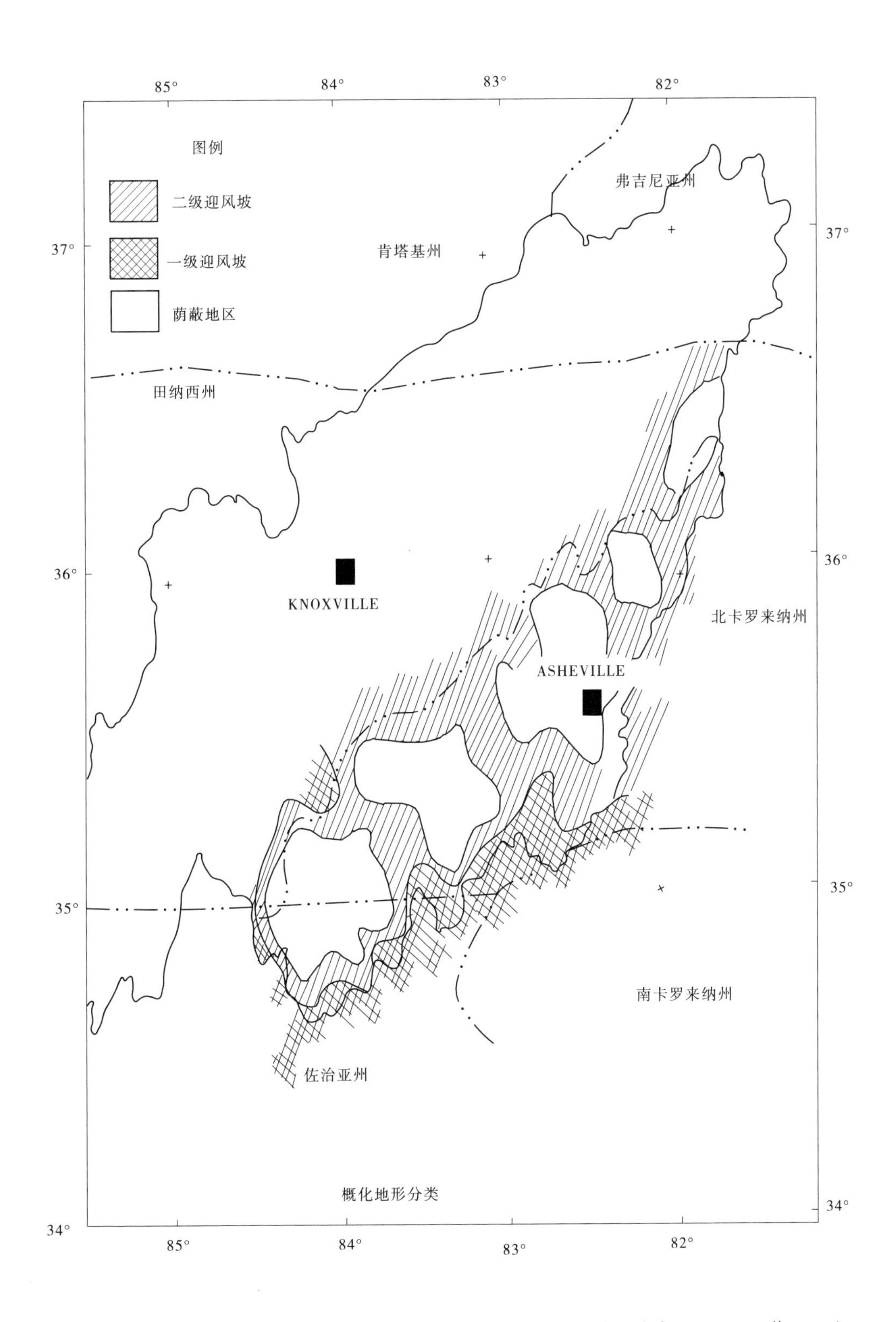

图5.14 田纳西河流域恰塔努加以上地区基于对降水作用的地形分类(Zurndorfer 等,1986)

（1）一级迎风坡上从海平面至 800 m 高程，每 300 m 增加降水量 10%；800 m 以上即不再增加。

（2）二级迎风坡上，自海平面到所有高程上每 300 m 增加降水量 5%。

（3）在荫蔽地区每 300 m 减少降水量 5%。

5.3.2.4　2.6 km² PMP **雨深—历时曲线**

雨量器（计）及类似容器所测得的点雨量可能比实际发生的最大点雨量要小。美国东部地区 12 h 以内最大实测点雨深放大值在第 2 章描述。放大与实测的突出点据对应的时间已被标绘（见图 5.15），对于平坦和崎岖地区分别绘制 6 h 曲线（实线）（见5.3.2.2 部分）。

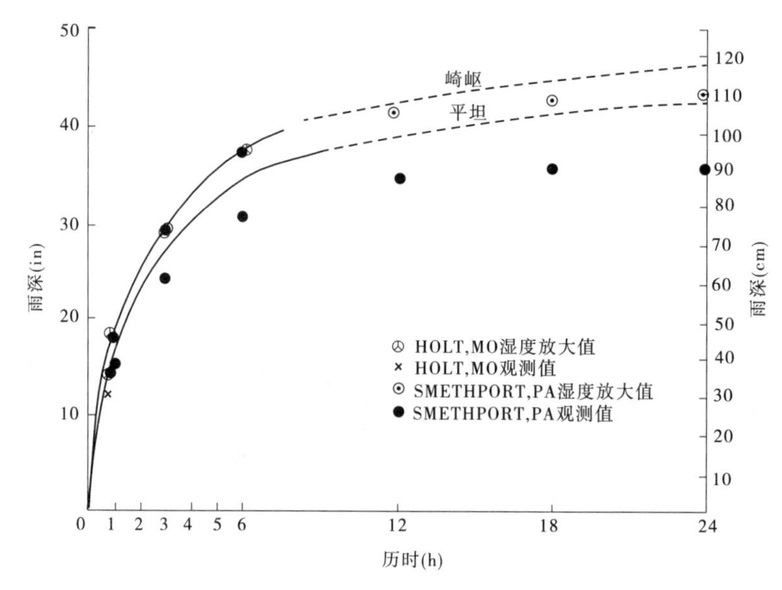

图 5.15　田纳西河流域 2.6 km² PMP **及支持数据**（虚线是根据图 5.16 外推的，平滑曲线应用于未调整的（未改正的）仅用于图 5.18 的 100% 的线）（Zurndorfer 等，1986）

下述概念及原则应用于上述两条曲线的制作：对于 2.6 km² 及几十分钟以下历时，最大降雨强度与强盛雷暴雨中极大上升速度有关，而高速度又与暴雨动力情况有关。地形作用可以略而不计。因此，同一气团在不同地形区域可望发生最大强度相同的暴雨，对于较长历时，地区崎岖的影响渐渐显著。第一，坡度和粗糙度加剧上升速度；第二，强烈雷暴雨在地形有利的地点比平坦的地方往往保留较久，因为在平坦地区会随风漂流或因它们自身的动力作用而侧向分散传播；第三，在强烈雷暴雨之后继续降雨的机会因地区粗糙度而加大。

图 5.15 中，PMP 基本数值可用于设计流域的南部边缘。崎岖地区的匀滑 PMP 曲线是一条假想的曲线，但可以作为调整地形影响一致性的一种手段（见 5.3.2.2 部分及 5.3.2.3 部分）。

国内已发生的严重暴雨的经验对超过 6 h 的雨深—历时曲线定型是有用的。图 5.16 的曲线是用来把 6 h 的曲线（见图 5.15 的曲线）扩展到 6 ~ 24 h 历时的。

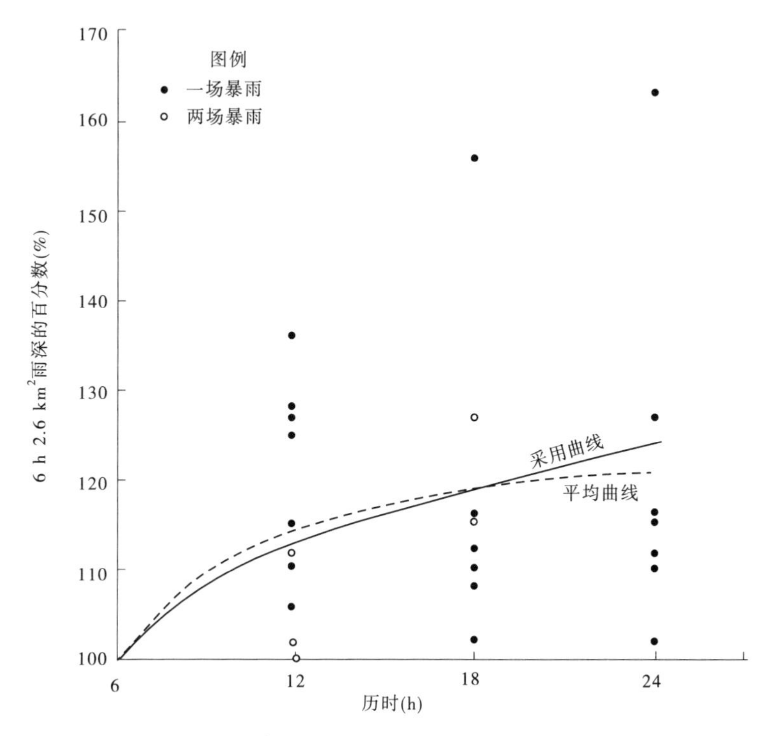

图 5.16 田纳西河流域 259 km^2 以下流域 PMP 的雨深—历时曲线(Zurndorfer 等 ,1986)

5.3.2.5 水汽及纬向梯度的调整

在设计流域西北部比较平坦地区绘制有水汽调整图。此图(见图 5.17)是根据平均露点及最大 12 h 持续露点估定的。分析表明,自全流域的西南端点(超出图幅,未绘出)至东北角相差约为 10%。图 5.17 表示出供调整 PMP 值的水汽指标线(百分数表示)。

纬向梯度图(见图 5.18)是为设计流域的山区制备的。此图主要根据被山脉隐蔽地区的频率降雨梯度得出。水汽影响也合并在其中了。

5.3.2.6 6 h 2.6 km^2 PMP 指标图

上述概念及曲线图用于绘制设计流域的 6 h 2.6 km^2 PMP 指标图(见图 5.19)。自图 5.15 中,并用图 5.17 及图 5.18,按地形平坦、中等及崎岖,取得其 6 h PMP 值分别为 874 mm、912(插补)mm 及 750 mm,等雨量线交界处有些不连续,勾等直线时曾予以修匀。雨深—面积关系(见图 5.20)是从小面积强烈暴雨资料中得出来的,可用于从 2.6 km^2 PMP 值校正至其他面积。

5.3.2.7 降雨的时程分配

本设计流域中极小面积的实测暴雨一般有一个暴雨核心,在最大 3 h 暴雨之后很少继续有雨。即实测暴雨资料表明,在一个 24 h 之内的只有一个核心。因此,建议按下述指导原则作危险时序的安排:

(1) 24 h 暴雨中 4 个 6 h 降雨增量应将次大值安排在最大值之次,第三与此两值相邻,第四排在任何一端。还可作其他排列,以产生最大径流为原则。

(2) 最大 6 h 增量中的每一个小时增量,只要注意于 2 个最大 1 h 增量,3 个最大 1 h 增量相连等,其他任何排列都是可以的。

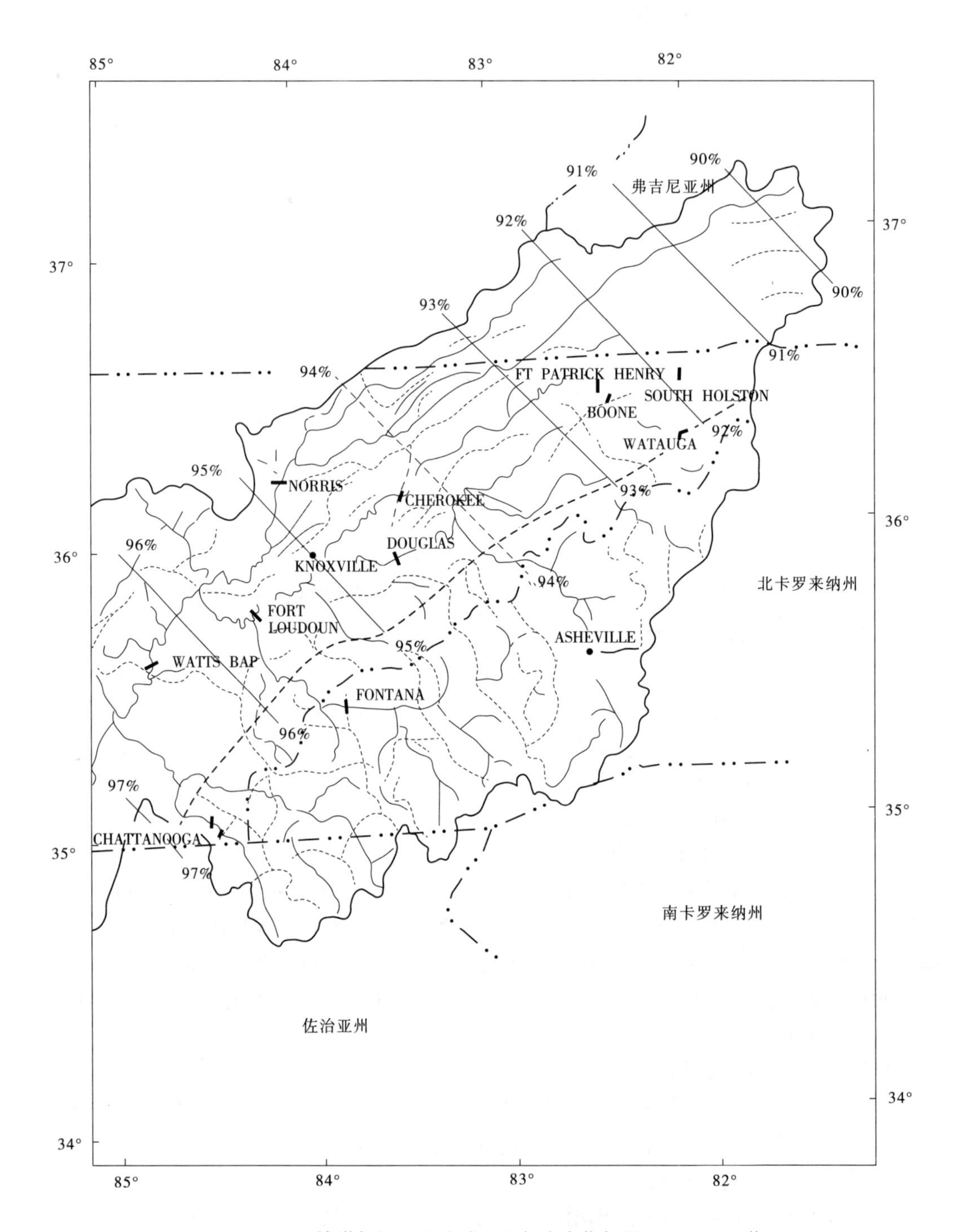

图 5.17　田纳西河恰塔努加以上流域西北部水汽指标图(Zurndorfer 等，1986)

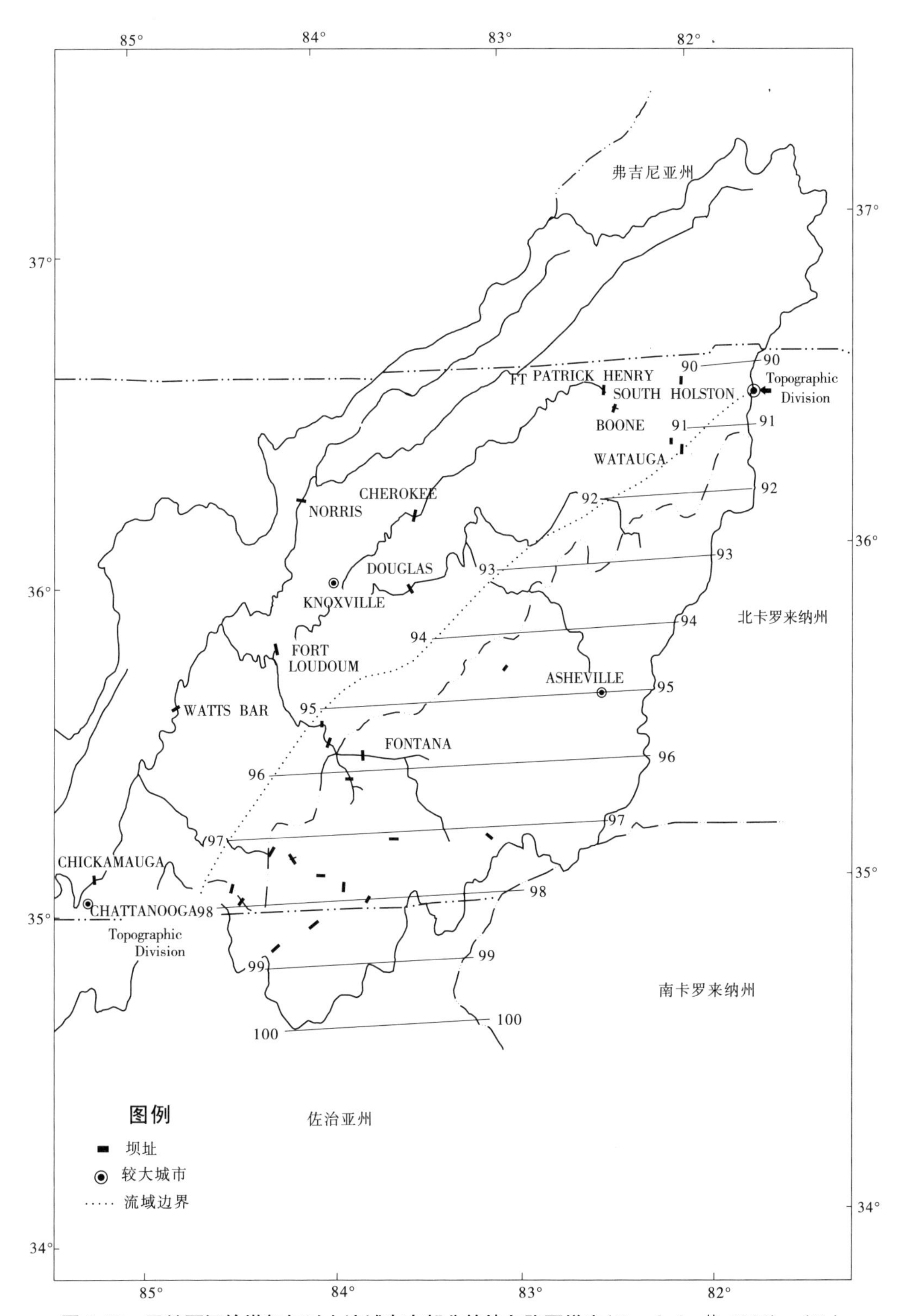

图5.18 田纳西河恰塔努加以上流域东南部分的纬向降雨梯度(Zurndorfer 等,1986) (%)

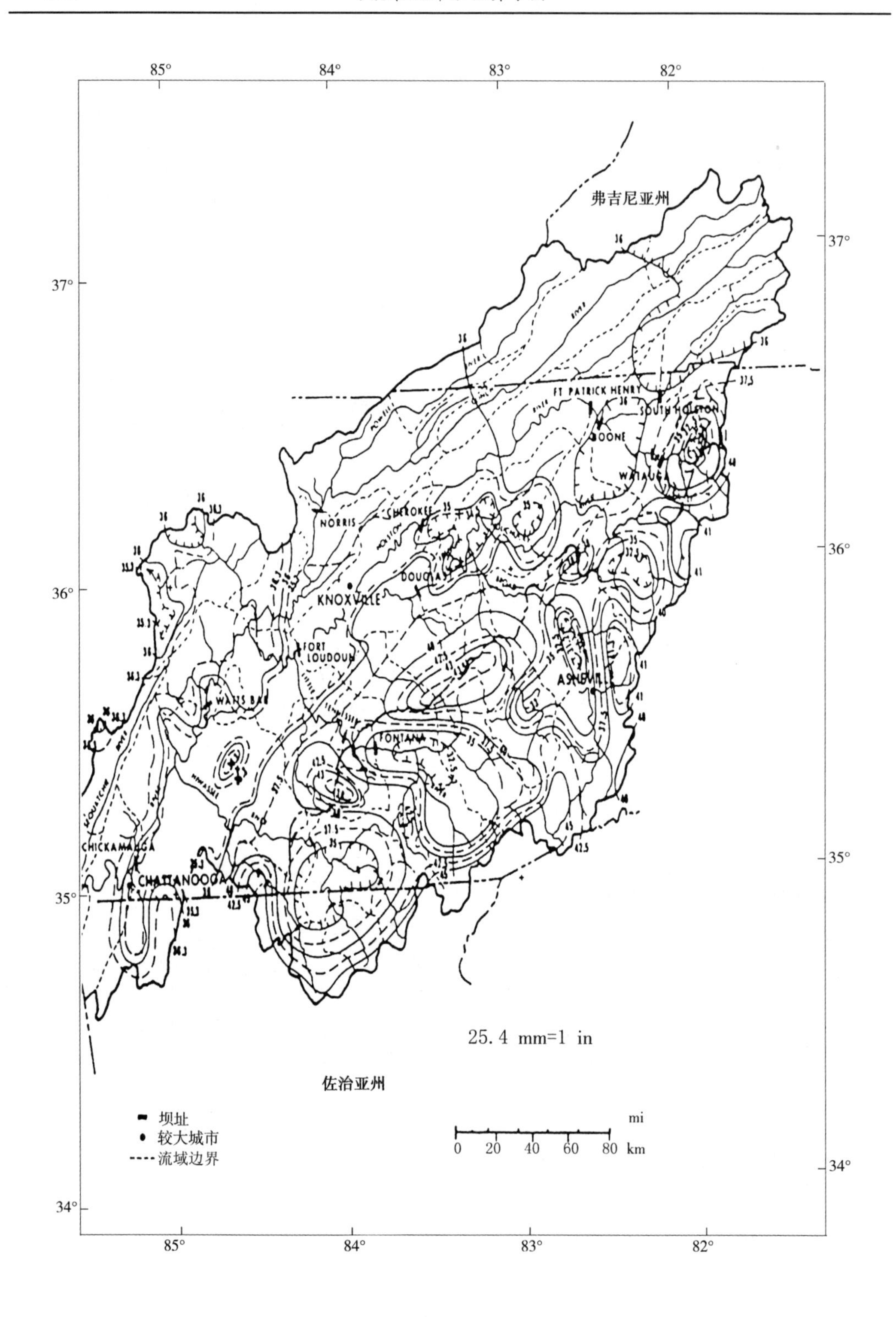

图 5.19　田纳西河恰塔努加以上流域 6 h 2.6 km² PMP(Zurndorfer 等,1986)

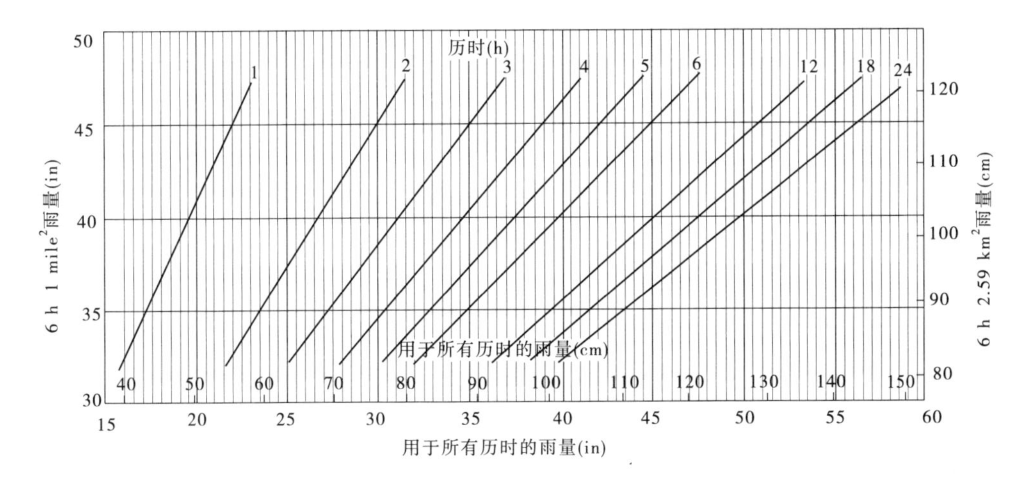

图5.20 田纳西河流域24 h PMP暴雨雨深—历时关系诺模图(Zurndorfer等,1986)

5.3.2.8 **特定流域的PMP**

特定流域PMP估算方法如下:

第一步:在图5.19中勾出流域边界,推求流域平均6 h 2.6 km²PMP。

第二步:由图5.20得出24 h以下各种历时的PMP。

第三步:由图5.21(田纳西流域小流域PMP雨深—面积曲线)将2.6 km² PMP化算成所求流域面积的PMP。

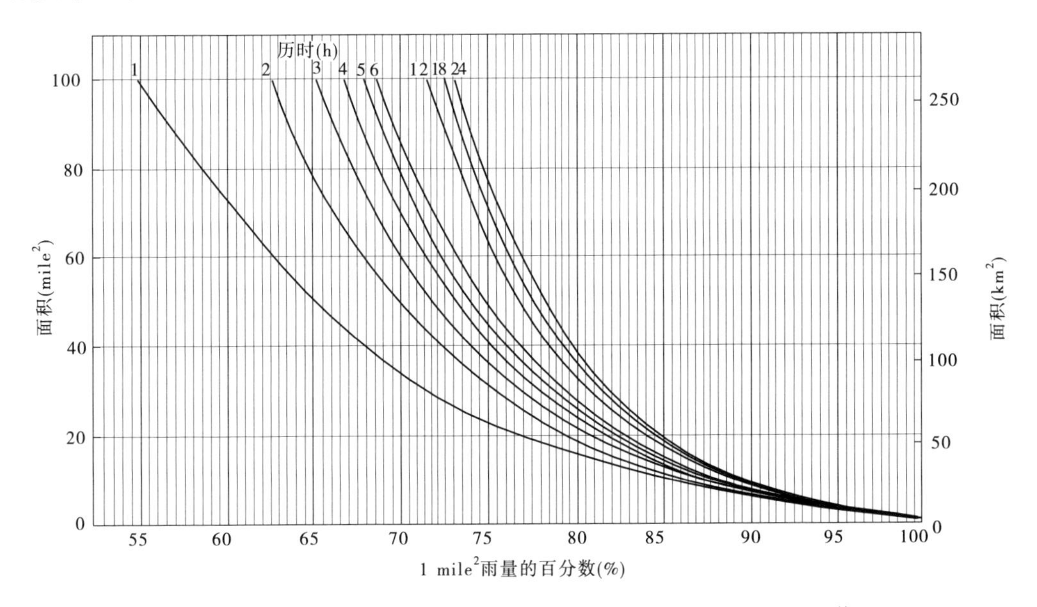

图5.21 田纳西河流域用于小面积估算的雨深—面积关系(Zurndorfer等,1986)

第四步:将第三步所得的数值绘制雨深—历时光滑外包曲线,得到最大6 h中的每1 h增量,及其余18 h中的每6 h增量。

第五步:建议危险时程序列(见5.3.2.7部分),诸如①6 h时段的每小时增量为6、5、4、3、1、2,其中1指最大1 h增量,②24 h时段内的每6 h增量为4、2、1、3,其中1指最大 6 h 增量。流域面积不足 259 km² 的，如需空间分布，用 5.3.3 部分中讨论的方法来分布雨量。

5.3.3　田纳西河流域 259 ~ 7 770 km² 的 PMP

下述仅限于恰塔努加站以上的田纳西河流域（Zurndorfer 等，1986）。地形及水汽来源如前所述，地形分类见图 5.14。

5.3.3.1　非山岳地区 PMP 的推求

PMP 用如 3.4.2 部分所述方法推求。东部地区的暴雨均就地放大，并绘制外包等值线，因此隐含着移置。对于许多流域大小及历时作出如图 3.20 所示的 PMP 图，这些图的等值线不仅外包了各图的数据，而且对各种面积大小及历时经历过修匀。从这些图中读出田纳西州诺克斯维尔数值的百分数，得出图 5.22。由图 5.22 的时—面—深数值乘以图 5.23 的百分数就得到流域中各处的非山岳地区 PMP。

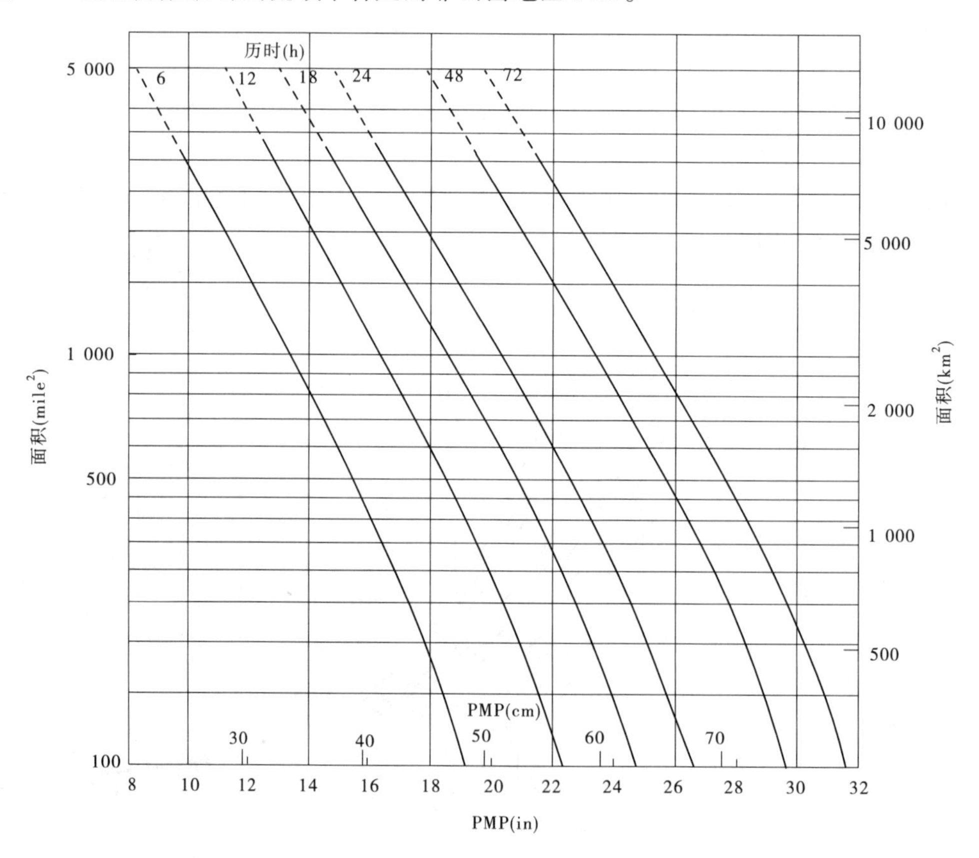

图 5.22　田纳西州诺克斯维尔的非山岳地区 PMP（Zurndorfer 等，1986）

5.3.3.2　地形和山地对 PMP 的影响

年平均降水量是一个指标。绘制了假定没有阿巴拉契亚山脉影响，自周围非山岳区域的年平均降水量图（本书未绘出）。该图证实了图 5.23 的概化 PMP 百分数线。

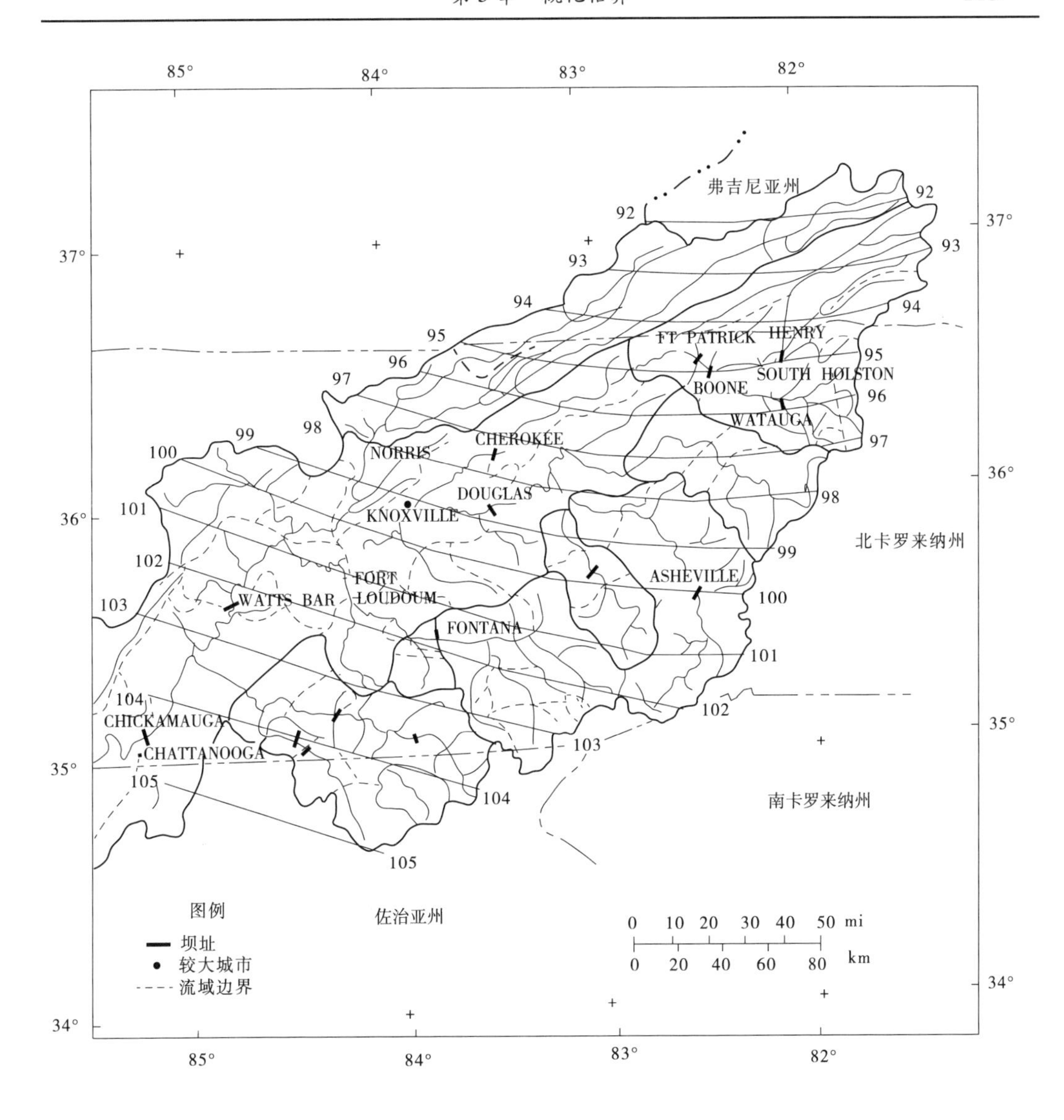

图5.23　24 h 2 590 km² PMP(以诺克斯维尔机场数值的百分数表示)
(气象观测在诺克斯维尔南约10 mi的机场)(Zurndorfer等,1986)

根据流域内及其附近600个水文站2年一遇24 h的降雨资料绘制出降雨的图表(见图5.24)。虽然没有绘制自然地理因素的指数关系图来进行各站点间的插补,但地形图在分析中起到了作用。对绘制的最大月降雨图(书中未绘出)进行分析来评估地形影响。

另一个地形影响指标是以图5.19中小流域PMP图与假定全流域到处为平坦地区所作的图(书中未绘出)的比较。非山岳PMP的时—面—深曲线数值(见图5.22)用PMP指标图数值(见图5.19)与已调整到流域地点的(见图5.17或图5.18)6 h平坦地区PMP(见图5.15)之间的比值作调整。

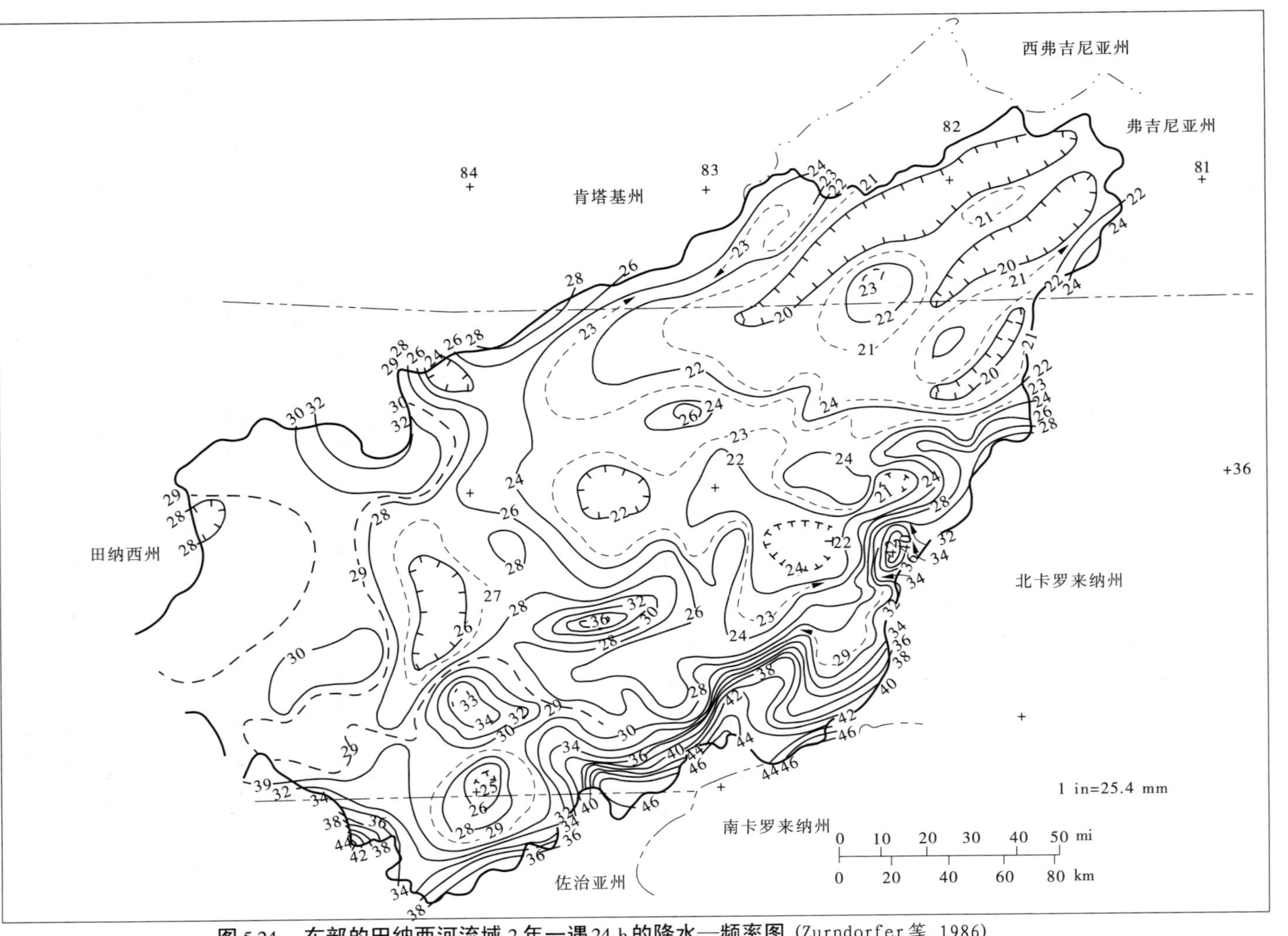

图 5.24　东部的田纳西河流域 2 年一遇 24 h 的降水—频率图 (Zurndorfer 等, 1986)

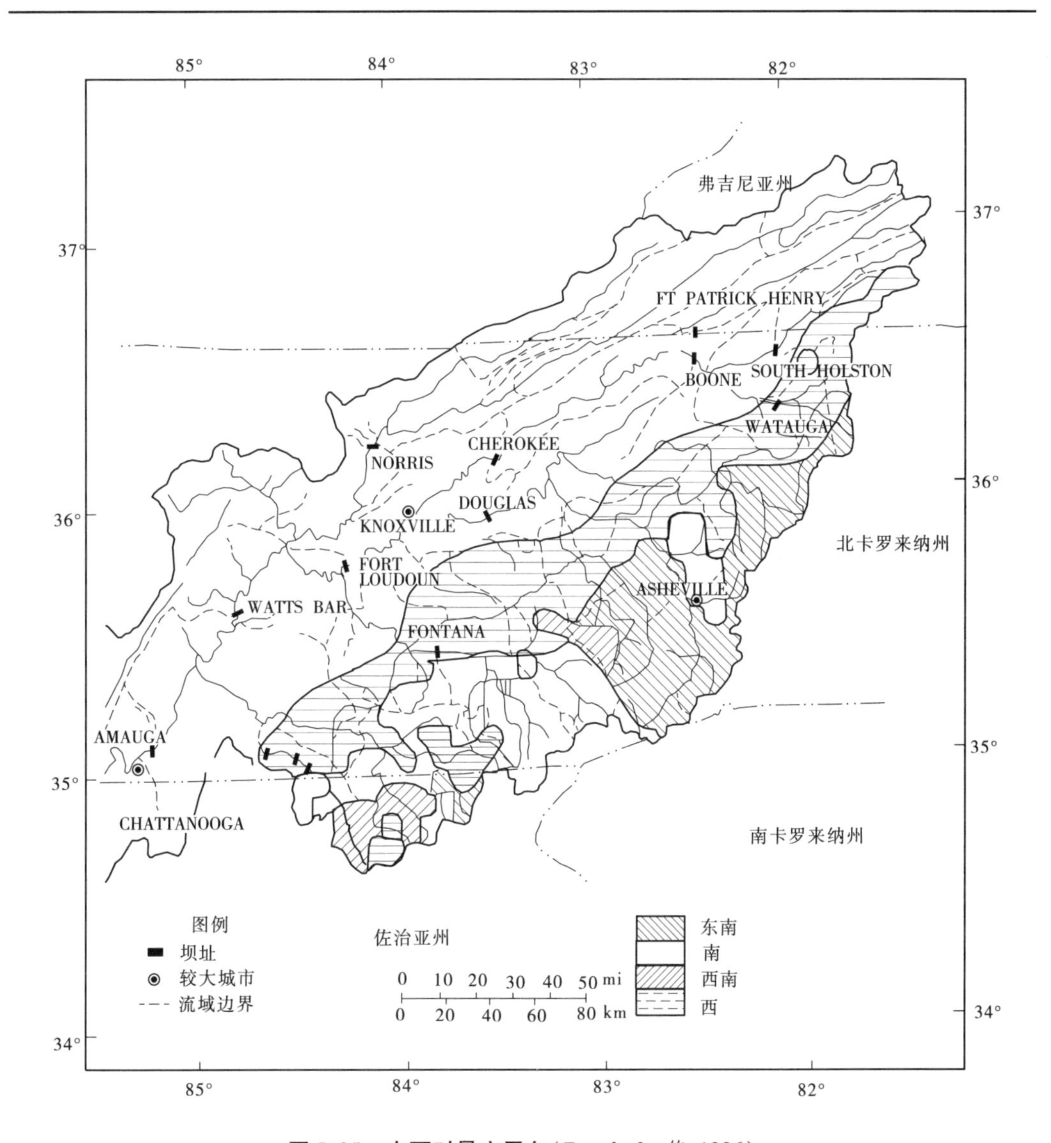

图5.25　大雨时最宜风向(Zurndorfer 等,1986)

还有一个地形影响指标是大气最宜入流方向。对于一个不大于 259 km² 的流域来说,可以认为当 PMP 暴雨发生时,有利于无阻碍潮湿空气入流和地面坡度加剧抬升的最宜风向具有控制作用。而在较大流域,由于地形状况的差异,降水最宜方向在流域可以各处各不相同。对全流域来说,最危险的风向可以定义为对流域最大部分为最有利的方向。图5.25表示该区域东部山区的各局部地区的最宜水汽入流方向。自图5.25中可求出研究流域的同一最宜风向入流风向的最大百分数。最宜风入流的调整因素与图5.26中的百分比值有关,图5.26是在估算了一些特定流域 PMP 后根据经验得出的。

5.3.3.3　地形催化调整

在5.3.2部分和5.3.3部分中的步骤涉及 259 km² 的流域。根据特大雷暴雨事件来进行较小面积的估算,较大面积的估算受到大区域的一般暴雨的控制。如果在对稍大于 259 km² 的面积进行估算时仅考虑大面积暴雨,那么 PMP 数值就有点低估了。这不包括

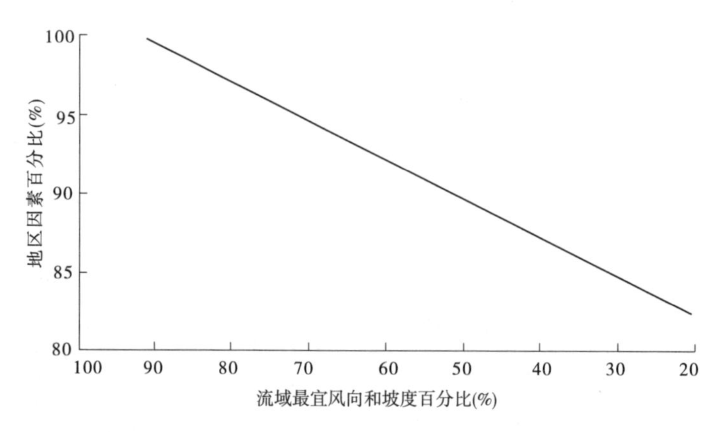

图 5.26　田纳西河恰塔努加以上流域东南山区的最宜风入流调整(Zurndorfer 等,1986)

所考虑的小面积高强度暴雨事件。所考虑的仅用于调整大面积暴雨估算的步骤与地形分类有关。崎岖和中等地形趋于“固定”某一地区的对流单元并增加降雨量。图 5.27 为田纳西河流域东半部的地形分类。从这幅图上可以确定每一流域的不同地形分类如崎岖、中等或平整所占的百分比,这些百分比用于图 5.28 来确定地形对大暴雨的催化影响的百分比调整。如果这一流域包括崎岖地形和中等地形,增加对该地形分类的这些调整可得出总的地形调整。因为调整与对地形大面积暴雨里对流单元的影响有关,调整随着面积的增加而减少(见图 5.29),这种调整被称为地形催化指数(*TSP*)。

在东部山区还需要另一个调整指数来计算迎风坡和荫蔽地区的影响。这个指数被称为大尺度山岳指数(*BOF*),是图 5.14 所示的第一、第二山坡和荫蔽地区所覆盖的流域加权百分比的总和。从 18 个流域的山岳强化指数回归分析可得出这三类的权重分别为 0.55、0.10 和 0.05,这些指数是根据这些流域的地形影响详细评估及年平均降雨与年平均非山岳降雨比率的主观比较而得出的。

对于东部山区任何一个地区,总调整指数(*TAF*)是 *TSF* 与 *BOF* 的总和。对图 5.22 中的非山岳 PMP 进行现场地区性调整,然后乘以 *TAF* 便可得出总的 PMP。

5.3.3.4　259 km^2 界面处 PMP 的调整

当采用不同的概化过程估算不同面积范围的 PMP 时,面积界面处附近的流域估算可能有所不同,这些不同是因为地形评估的不同所致。259 km^2(在 5.3.2 部分和5.3.3部分中的方法都涉及这一点)附近的 PMP 样本计算表明对于山区东部的流域来说,两种程序之间的差异可达 10% ~20%,特别是对于主要为第一迎风坡的 259 km^2 和 285 km^2 之间的流域,降低 *BOF* 调整是很有必要的,见图 5.30。

有必要减少交汇处不连续体,这对于采用 5.2.7 部分中列出的适当程序所需要的面积范围来修匀雨深—面积关系来说是非常重要的。

5.3.3.6 部分中列出了特定流域的 PMP 估算的整个程序。

5.3.3.5　时空分布

由上述关系可得出特定面和各种时程的 PMP 量。研究流域 PMP 的地理分布则利用理想或典型代表性暴雨等值线型来将预先准备已获的等雨量值的诸模图推出,而后调整地形影响。这些步骤见 5.3.3.6 部分。危险 6 h 和 24 h 降雨增量的排列如 3.4.2.6 部分所述。

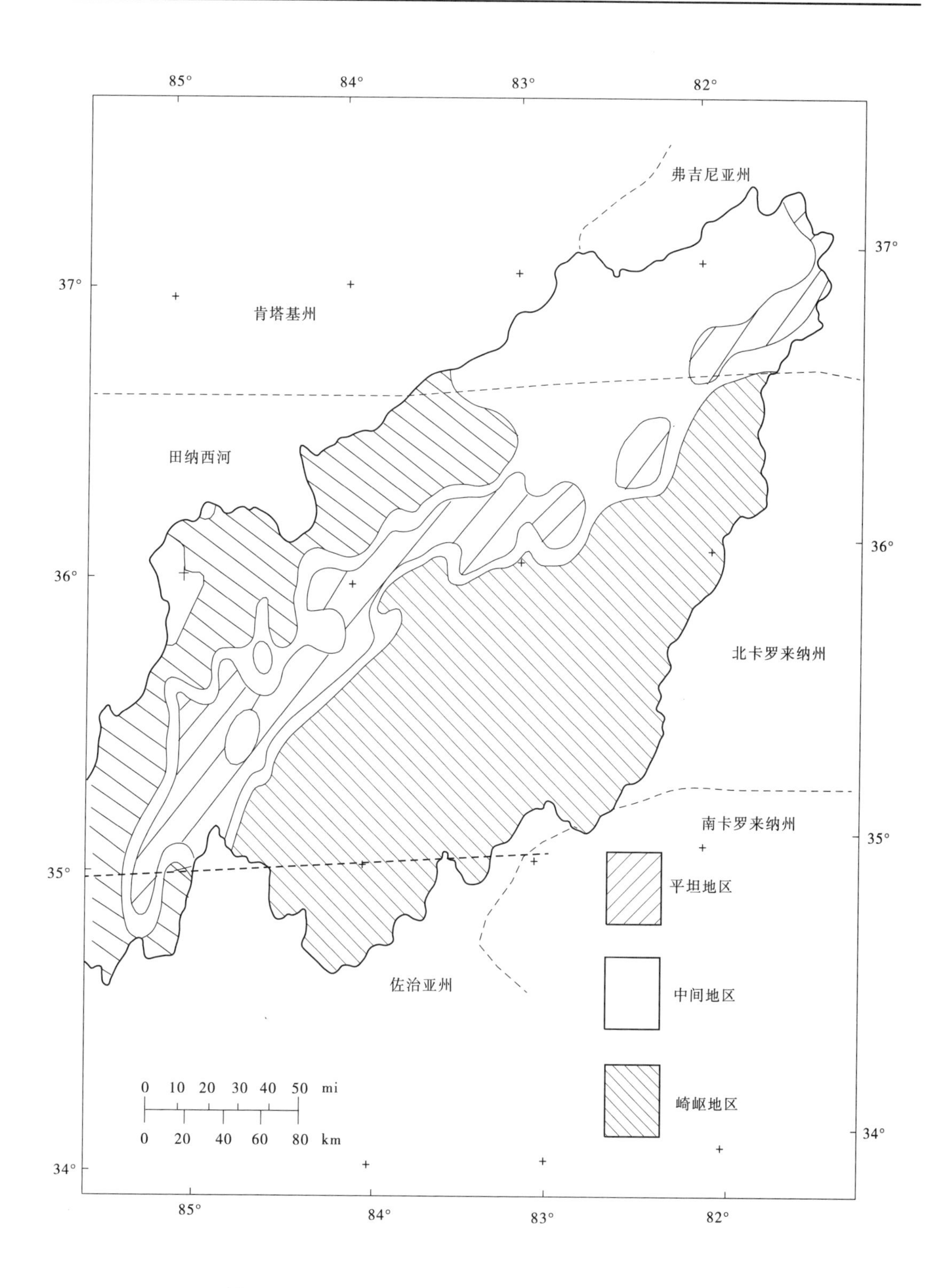

图5.27 田纳西河流域东部地形分类图(Zurndorfer 等,1986)

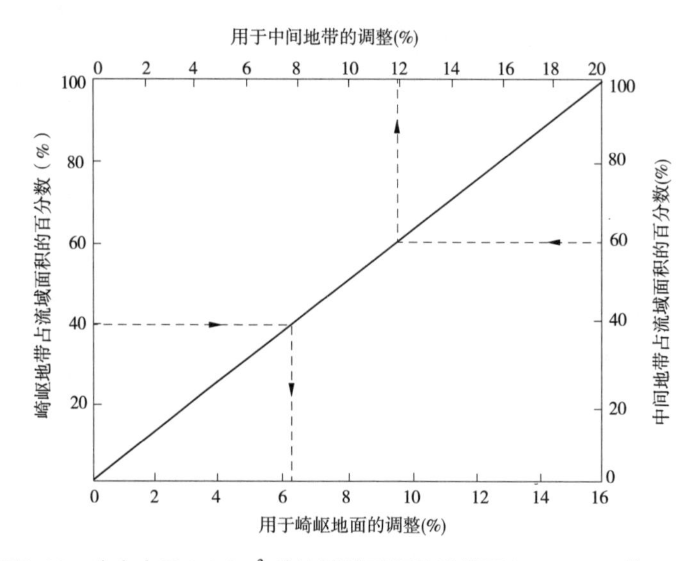

图5.28　确定大于259 km^2 的流域地形调整诺模图(Zurndorfer 等,1986)

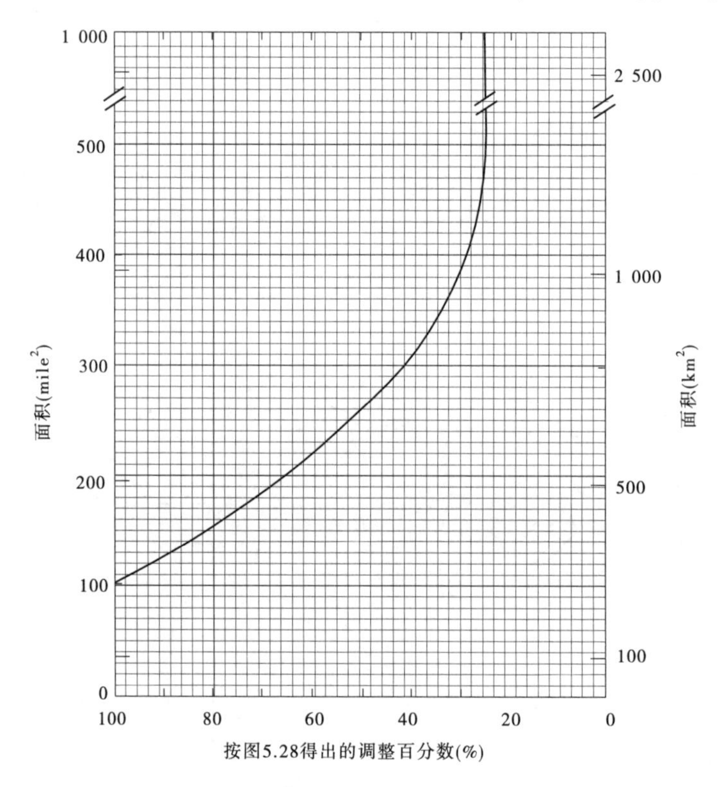

图 5.29　流域地形崎岖度调整的变化(Zurndorfer 等,1986)

注:原版图 5.29 排版有误。

5.3.3.6　特定流域的 PMP

对于本流域相对较平坦的西北部,田纳西河总流域的这一部分被称为东部非山岳地区(见图 5.25 中未加阴影的部分),PMP 估计值得自诺克斯维尔的流域 PMP(见图 5.22)

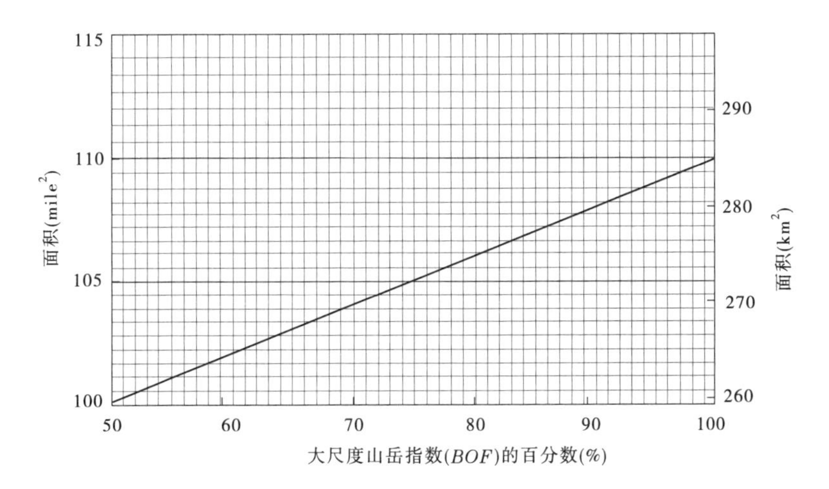

图5.30　用于小于和大于259 km² 步骤交汇处附近的大比例山岳因子的调整(Zurndorfer等,1986)

和区域校正(见图5.23)。步骤如下。计算流域平均PMP所需的每一个步骤(步骤(1)~(7))可参照表5.2田纳西诺里斯大坝以上7 542 km² 克林奇河流域的样本计算依次进行。

表5.2　田纳西诺里斯大坝以上7 542 km² 克林奇河流域PMP降雨估算样本计算

(流域中心为36°42′N、82°54′W)

线	项目与来源	历时(h)					
		6	12	18	24	48	72
1	未调整的PMP(见图5.22)(mm)	259	333	386	432	508	561
2,3	位置调整(见图5.23) 流域PMP,未调整地形	0.94 243	0.94 313	0.94 363	0.94 406	0.94 478	0.94 527
4	计算地形促进指数(*TSF*)	流域62%为"中等",12%为图5.28的调整 流域35%为"崎岖",5%为图5.28的调整 总调整 = 12% + 5% = 17% 从图5.29,7 542 km² 流域的调整 = 0.25 *TSF* = 0.25×0.17 = 0.042 5					
5	从图5.14计算大尺度山岳指数*BOF*(如需要)	本例不需要该步骤					
6	*TAF* = *TSF* + *BOF* + 1.00 (接近0.05附近)	1.05	1.05	1.05	1.05	1.05	1.04
7	*PMP* = (*TAF*)×流域*PMP*(平滑)	255	328	381	426	502	553

步骤如下:

(1)从图5.22中,得出6 h、12 h、18 h、24 h、48 h和72 h的流域非山岳地区PMP。

(2)从图5.23中,查出研究流域中心的调整百分比数,并用它乘以第(1)步所得到的数值。

(3)用第(2)步所得的数值绘制一条光滑的外包雨深—历时曲线,得出72 h PMP的6 h增量。

(4)从图5.27中确定流域的不同部分,即流域内中等部分和崎岖部分的百分比。进入图5.28的每一百分比,求出该流域的地形调整,合并这些调整。进入图5.29流域面积(7 542 km^2),得出空间调整。如果流域小于285 km^2,空间调整必须乘以图5.30的总调整,得出地形催化指数*TSF*。如果该流域位于山区东部,*TSF*须对荫蔽地区和最宜风向影响进行进一步的修正。

(5)对于山区东部流域(不适用于表5.2中的样本),由图5.14求出流域内一级和二级迎风坡及荫蔽地区的百分比,分别用指数0.55、0.10和0.05乘以这些百分比,加上这些结果,由最接近0.05的数值得出大尺度地形指数*BOF*。

(6)合并第(4)步、第(5)步加上1.00求出总调整指数*TAF*,这一指数最接近0.05。*TAF*等于非山岳地区东部的*TSF*。

$$TAF = TSF + BOF + 1.00$$

(7)用第(3)步所得的数值乘以第(6)步所得的*TAF*,绘制雨深—历时图并绘制最终结果的平滑曲线,所得结果是流域平均PMP。这仅确定PMP量,在高度山岳化地区,如山岳区东部,空间分布图也按地形影响进行修正。所以必须用面积仪求出所得到的等降雨量线图的面积,求出流域内的PMP雨量。

注:确定流域平均PMP空间分布的步骤根据5.2.7部分中讨论的应用手册(Hansen等,1982)中列出的概化步骤而定。按照该部分中所讨论的步骤,可以确定产生流域最大降雨量的暴雨面积的大小,这是PMP暴雨面积。5.2.7.4部分中描述了怎样获得PMP暴雨等雨量线的标识。这形成了流域非山岳地区PMP的空间分布。

由于在山岳地区,最具山岳性降雨易发生在流域周围或流域内的山脊和坡面上,田纳西河流域的总PMP的空间分布步骤将非山岳地区图形的中心定位于流域内最大2年的24 h降雨量中心处。这与该区的暴雨经验相符。当在其他地区采用这种变形方法时,应认真评估暴雨移置的判据。以下程序描述了非山岳地区椭圆图的山岳变形。

(8)将非山岳地区PMP暴雨图移至流域内最大2年24 h降雨量位置,得出流域内中心等雨量线的最大百分比,将移位图中心定在距流域边缘至少16 km处,方向可与非山岳地区图一致或不同。与所选取暴雨方向不同的不再进行方向折减。

(9)调整第(8)步中的6 h增量图,得出与用上述的非山岳地区降雨步骤(Hansen等,1982)所做的流域中心图相同的PMP雨量。用等雨量线标识乘以位移雨量与流域中心雨量的比值来进行调整。

(10)将第(9)步中得到的位移调整图叠加到图5.24的2年24 h降雨量分析上,将流域的2年24 h等降雨量线转化为穿过位移椭圆图中心的2年24 h等雨量线。

(11)对于精细的节点网或在2年24 h等百分比分析与位移椭圆等降雨量线图的交汇点,计算两个分析的结果。

(12)以2年24 h分析和地形图为指导,分析第(11)步得出的数值。分析结果应形成一个由椭圆图变形而来的图形(淤灌程度随每个6 h增量而变化)。

(13)用面积仪重新量得第(12)步中的变形图面积,求出新的量并与第(9)步中的量进行比较。如果差异在百分之几以上,调整等雨量线值,修正第(9)步中的量。

将第(8)~(13)步重复一遍得出6 h增量图。

当制作位移和变形等雨量线图时,应注意采用两个步骤:首先,用面积仪求得总流域内全部分流域的等雨量图的面积,确保总流域的PMP结果不会使分流域的量大于具体计算出的分流域的PMP;其次,中心等雨量线图的位置应对照小面积PMP(见5.3.2部分)进行审查,确保这些等雨量线值不超过那些较小面积的PMP。

5.3.4　美国大陆分水岭与103°子午线之间的PMP估算

美国大陆分水岭与103°子午线之间的地区是一个地形复杂的地区,从东部蒙大拿州、科罗拉多州、怀俄明州和新墨西哥州的大平原的西边缘,穿过东部面向落基山的山坡,到达顶部,即将太平洋与墨西哥流域分隔开来的大陆分水岭。该区山区部分有狭窄和宽阔的峡谷,一些直接暴露在湿润的风里,另一些几乎完全是荫蔽地区。从气象上来说也是一个复杂地区。该区的特大降雨量是因为暴雨类型不同的宽阔地带,即该区南部主要受较弱的热带暴雨的影响,再往北,特大降雨事件来自于温带气旋。该区所有部分,特大对流对小面积短历时特大降雨事件是一个重要影响因素。研究地区的地形对进行PMP估算所采用的步骤具有明显的影响(Miller等,1984b)。研究出了一套能对不同地形PMP进行一致分析的步骤,该步骤与已用于美国西部其他研究的那些步骤有相同之处。首先估算该区的所有大暴雨的辐合降雨,放大辐合降雨量湿度并将其移置到发生过相同暴雨的所有地区。被移置的放大湿度值因整个地区的地形影响的变化而进行了调整。

5.3.4.1　**暴雨分割方法**

在山岳地区,暴雨移置一般限于地形和气象特征与暴雨发生地相同的那些地方。地形同质性的要求将以往大部分山岳地区研究的移置限制到了极为有限的区域。为了扩大可移置地区,需要鉴别仅来自大气作用的单场暴雨的雨量,称为自由大气作用降雨(FAFP)。步骤假定,在非山岳地区,降雨或FAFP仅是大气作用的唯一结果。在山岳地区,当排除地形反馈作用时,步骤假定基本暴雨机理是不受影响的。在该方法中,在对降水观测资料、等雨量线图及全部已有气象资料的数量与质量进行分析和评价基础上,以估算地形作用降水和大气动力作用降水所占的百分比。图5.31是所用方法流程图,详细介绍见美国HMR 55A报告(Hansen等,1988)。

第一,挑选影响面积和历时(A/D类别)。地形作用暴雨降雨的百分比一般趋于随时程增长及面积增大而增大。特别暴雨的自由大气作用降雨与山岳地区降雨关系的首先确定考虑了观测到的降雨量(模块1)。对观测到的非山岳地区暴雨的最大降雨和山岳地区暴雨的最大降雨进行了比较。通常,随着这两种量之间的差距减小,特大暴雨的辐合或自由大气作用降雨量就越大。

第二,评估以等降雨量线图的暴雨辐合分量部分(模块2)为基础。将该区的等雨量线与地形等高线进行比较。在比较中,地形特征和等雨量线图之间的相互关系级别(包

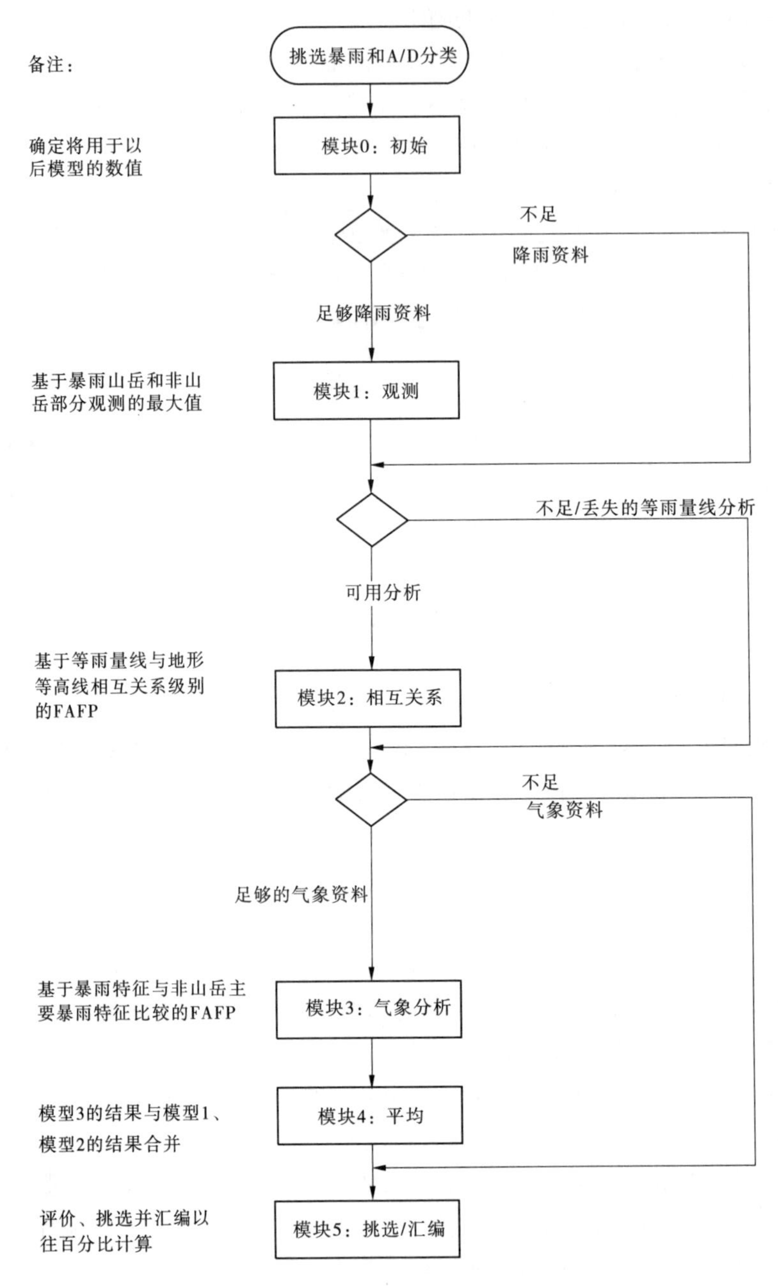

图 5.31　暴雨分割方法流程图(Miller 等,1984b)

括降雨的重要面)越高,暴雨内山岳降雨的数量越大。

第三,辐合评估方法详细地考虑了引起辐合降雨的重要气象指标(模块 3)。将特大暴雨中的指标与非山岳区主要暴雨记录中的指标进行了比较,注意详细的地面和高空天气图表的再分析,因为它们在估算特殊暴雨的辐合降雨的百分比中起重大作用。

在暴雨分割方法中,将通过气象分析所得的等雨量线分析和降雨观测分析(模块 4)的百分比进行平均,求出百分比。因此,如果有充分的观测数据、等雨量线和气象分析,用这种办法可算出 5 个百分比。最终百分比的选定首先取决于确定暴雨与每一步骤下的假定吻合程度的可信度;此外,还取决于用于每一步骤的数据可达到该步骤的目的程度。如果百分比都同样可信,就选择得出最高辐合或大气作用降雨(FAFP)的估算。

确定区域内所有主要暴雨的辐合降雨(FADP)后,放大 24 h 的辐合降雨值的水汽并将其移置到出现相同暴雨的地方。移置范围的确定如 2.5 节所述。根据已知可降水的差异,增加或减少降雨量。研究中,可降水变化或 300 m 或以下高程变化未做调整,仅对第一个 300 m 以上不同高程的已有可降水进行了 1/2 的调整(见 2.6.4.2 部分)。图 5.32 为科罗拉多州中心和东部的放大了的水汽受敛降雨图。正如所预想的,该图显示高程增高部分一般为向西部递减。沿大陆分水岭降雨量最低,总的来说,该处高程最高。

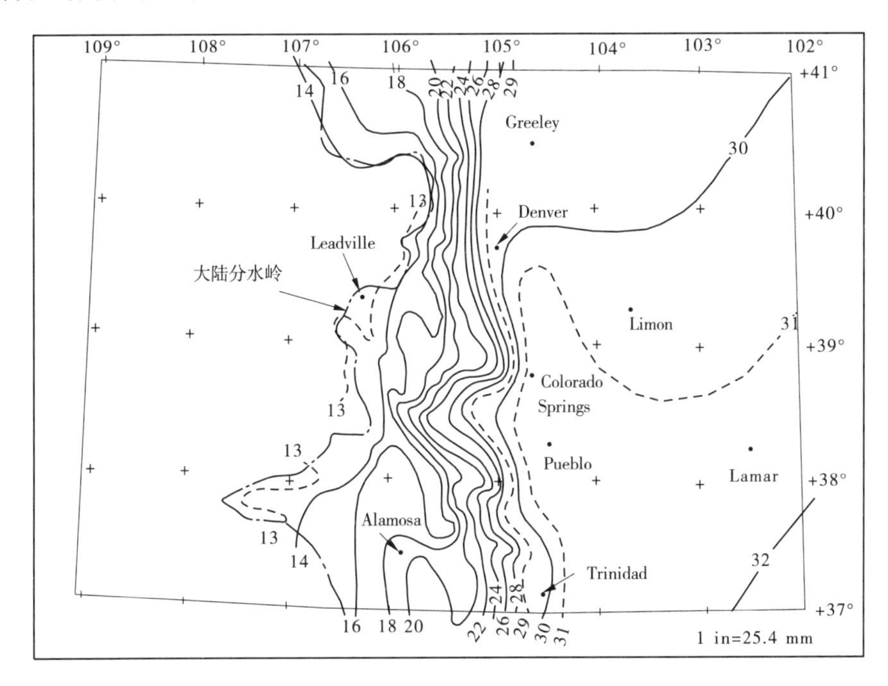

图 5.32　大陆分水岭以东科罗拉多州水汽放大辐合降雨　(Miller 等,1984b)　(单位:in)

5.3.4.2　山岳因素(T/C)

有必要调整辐合降雨,因为该区域的山岳影响变化不定。山岳因素变化是根据百年 24 h 降雨频率图 NOAA Atlas 2 (Miller 等,1973)而定的。第一步要确定百年一遇降雨频率值的非山岳部分或辐合成分(C)。所采用的步骤是为了检查地图找出平原地区和宽阔峡谷的最小值区域,这些包括最小山岳影响。然后假定这些最小值仅反映辐合降雨,绘制出该区平滑的收敛组成部分等值线。这些等值线仅反映出从湿润源地一般向该区西北部收敛降雨的减少。图 5.33 为大陆分水岭以东新墨西哥州百年一遇 24 h 辐合部分的样本。

山岳影响由百年一遇 24 h 总降雨量除以辐合降雨量确定的。这样做是因为该区降雨频率图上具有密集间隔的不同的网格。图 5.34 显示的是大陆分水岭以东科罗拉多州部分。一般来说,在该研究区,山岳对降雨有影响,但在大平原的西边或一些宽阔河谷的

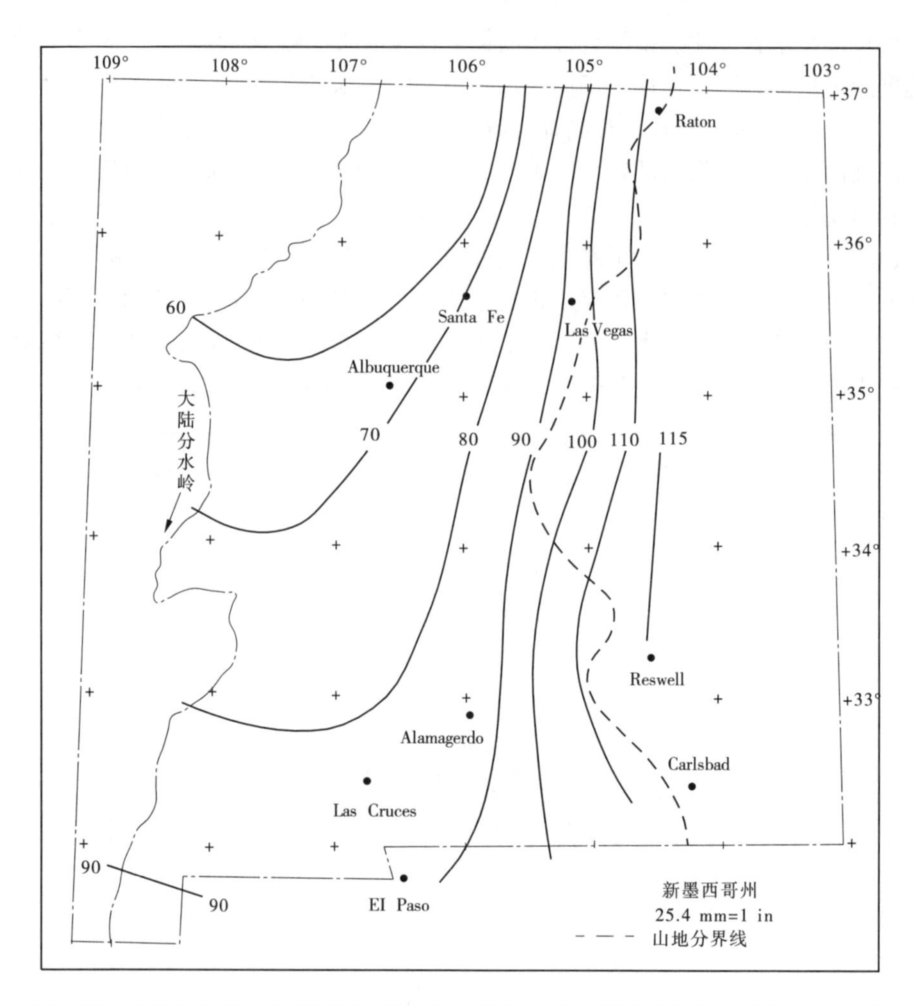

图 5.33　大陆分水岭以东新墨西哥州百年一遇 24 h 降雨频率值的辐合成分(Miller 等,1984b)

底部影响很少或无影响。

5.3.4.3　暴雨强度系数(M)

山区任何地方的降雨都是由与暴雨有关的大气作用和山坡气流垂直上升引起的。后一种对暴雨降雨的影响在某一特定位置相对比较稳定。有一些与垂直于山岳障碍的风入流有关的变化,但关于暴雨期间动力作用的变化有关的变化相对小一些。要调整这种变化影响的山岳系数,需要一个暴雨强度系数,这个系数(M)被定义为暴雨最强地区或中心地区降雨量值除以暴雨时程中降水量。虽然本研究需要 1 ~ 72 h 的历程,研究的基本中心是要确定 24 h 25.9 km^2 降雨。根据对该区主要暴雨数据的审查,该区的 24 h 的最强地区约为6 h。因此,暴雨强度系数是6 h 的数值除以该区域每一主要暴雨 24 h 数值。根据暴雨的气象特点,该区域的这一系数有地理性变化。大陆分水岭以东蒙大拿州地理性变化的实例见图 5.35。

5.3.4.4　PMP 计算

用 5.3.4.1 ~ 5.3.4.3 部分中讨论的 3 个因素求出 PMP 最终估算。公式为

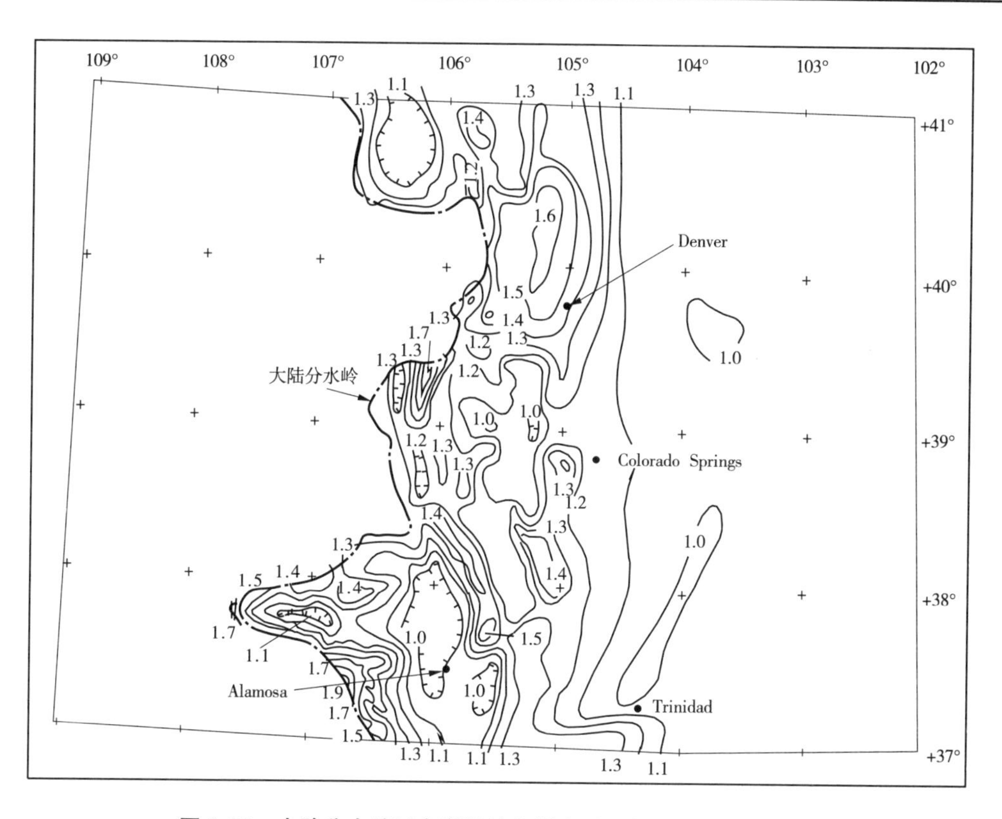

图5.34 大陆分水岭以东科罗拉多州山岳因数(Miller 等,1984b)

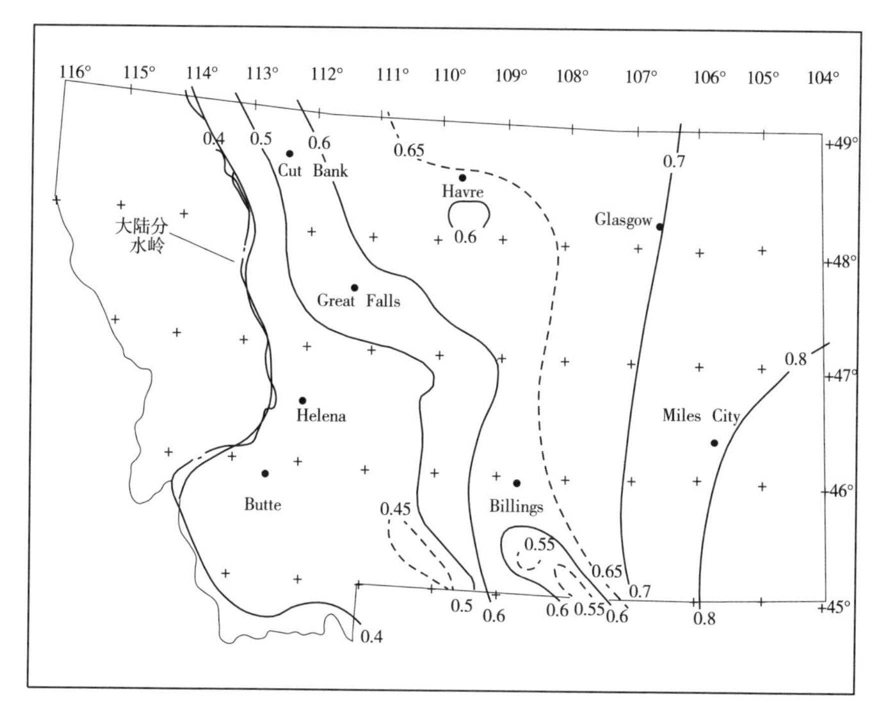

图5.35 大陆分水岭以东蒙大拿州暴雨强度系数(M)(Miller 等,1984b)

$$PMP = FAFP[M^2(1 - T/C) + T/C] \quad (5.1)$$

式中:$FAFP$ 为自由大气作用降雨(见 5.3.4.1 部分);M 为暴雨强度因素(见5.3.4.3部分);T/C 为山岳因素(见 5.3.4.2 部分)。

本公式降低了山岳强度因素(T/C)的影响,因为暴雨的对流性更强。即在暴雨具有最基本的辐合性的区域,由于记录中的主要暴雨受到强对流活动的反射,山岳强度因素有效地降低了。在一般均匀降雨较多的区域,如呈山坡特征的地方,T/C 越来越重要。它还最大限度地减少了山岳强度因素在暴雨最强或“中心”时段的影响。用本公式和一个变化不定的区域网格进行 PMP 总值的估算。对计算出的网格点值加以分析可以提供大分水岭和 103°子午线之间的美国区域 24 h 25.9 km^2 PMP 概化图表。图 5.36 为大陆分水岭以东的北部新墨西哥州的部分情况。其他时程的数值用与基本 24 h 25.9 km^2 PMP 估算的有关比率求出。

5.3.4.5　**雨深—面积关系**

本研究用指标图涉及 1 h、6 h、24 h 和 72 h 历时的 25.9 km^2 的范围。一般而言,在估算某一地区的 PMP 值时,有必要提供某一面积范围的数值。从面积—雨深关系可以得到非山岳区达到 51 800 km^2 和山岳区 12 950 km^2 面积的估算值。面积—雨深关系的依据是大陆分水岭与 103°子午线之间主要暴雨的面积—雨深特征。暴雨的多样性可以推出该区内的 PMP 值,而地形的复杂性要求将该区划分为数个亚区。

在总的研究区内,首先划分为主要流域。有 5 个大的流域组合,北起密苏里河和黄石河,南到佩科斯河、加拿大河和里奥格兰德河中游(见表 5.3)。再分为山岳和非山岳区。每一区分为一级区、二级区或屏蔽区。最终划分为亚区的示意图(见图 5.37)。密苏里河和黄石河流域的山岳部分的面积—雨深关系示例见图 5.38。

表 5.3　美国大陆分水岭与中部 103°子午线之间地区内用于面积—雨深关系计算的主要流域

亚区	流域
A	密苏里河和黄石河
B	北普拉特河
C	南普拉特河
D	阿肯色河和里奥格兰德河上游
E	佩科斯河、加拿大河和里奥格兰德河中游

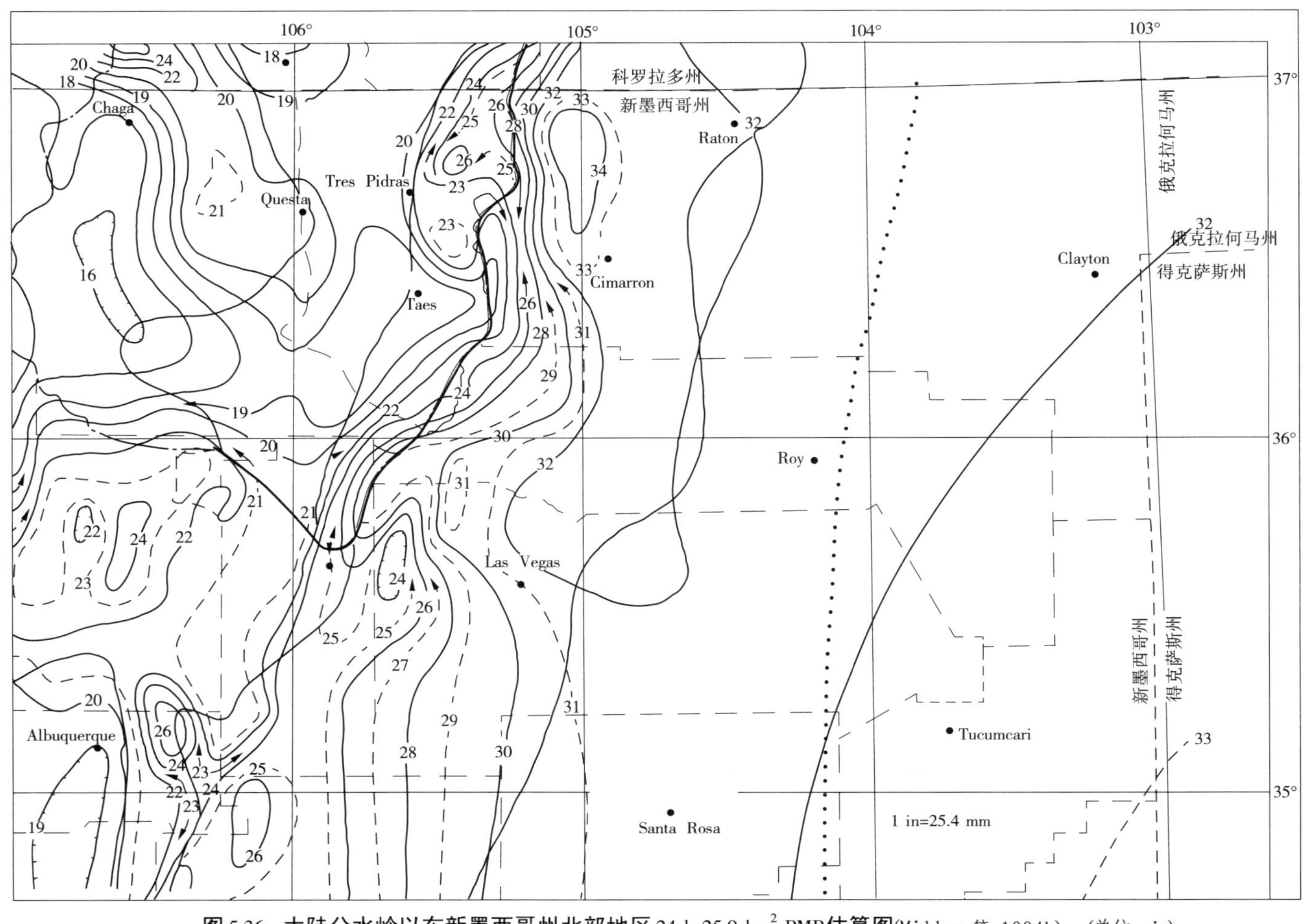

图 5.36　大陆分水岭以东新墨西哥州北部地区 24 h 25.9 km^2 PMP估算图(Miller 等, 1984b)　(单位: in)

5.3.5 美国西南科罗拉多河和大盆地流域的 PMP 估算值

美国西南部(Hansen 等,1997)地区的 PMP 值估算使用了上述的山岳划分方法(3.1.6 部分)。首先,由该区的非山岳部分的主要辐合暴雨估算基本非山岳部分或辐合部分 PMP。然后确定山岳部分 PMP。

在该区,3.2.2 部分讨论过的层流模型并不适用。沿美国的西海岸,一直使用的是层流模型(美国天气局,1961a,1966),山脉对风流动形成了一道几乎连续不断的屏障。沿美国西海岸形成降雨的主要原因之一是稳定的湿润空气沿着该屏障抬升。还有大量代表性降雨计量值用以校正该模型。在科罗拉多河和大盆地流域,进入该区的湿润空气所含气团比沿西海岸的气流更不稳定,而含有假设层流的山岳模型的实用性很有限。该区内主要暴雨的大量降雨导致对流活动的产生,包括沿山坡形成的雷暴雨。因为有各个方向的短小山岭,地形变得更为复杂,与进入风流形成夹角。由于这些因素,山岳风流模型的实用性有限。

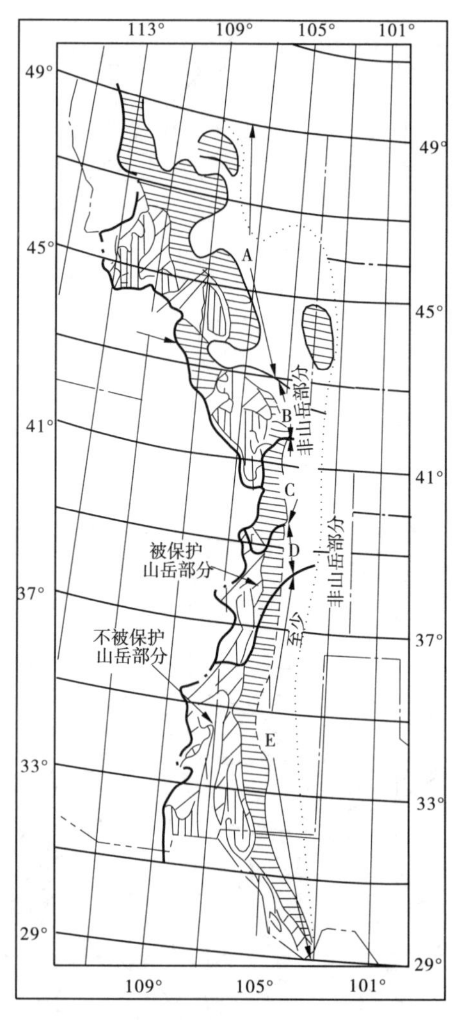

图 5.37 用于确立时—面—深关系的亚区系统示意图(Miller 等,1984b)

山岳降水估算是根据观测降水和地形影响的变化。该地区辐合降水估算的完成与加利福尼亚州和3.3.4 部分讨论的相似。本章不再重复。既然降水山岳部分的确定使用了间接步骤,将对此作简要介绍。

5.3.5.1 地形降水指标

在科罗拉多河流域和大盆地的山岳部分 PMP 最初估计是根据百年一遇 24 h 25.9 km^2 频率降水值推算的。靠近亚利桑那州西南和加利福尼亚州东部百年一遇 24 h 102 mm 值是完全辐合雨量。在研究地区最小山岳部分的类似时,首先由应用于减少障碍和高程效应估算得出。然后,将百年一遇 24 h 的降雨总量用该辐合部分的百分比表示,将该百分比用于 PMP 的收敛部分以获得山岳影响的初步近似值。该步骤中尚未明确的是假设 PMP 的山岳部分和辐合部分的相互关系与百年一遇 24 h 的降雨总量的山岳部分和辐合部分的相互关系相同,并因高程和山脉屏障的影响分别作适当调整。

地形降水指标初步近似值的修正:

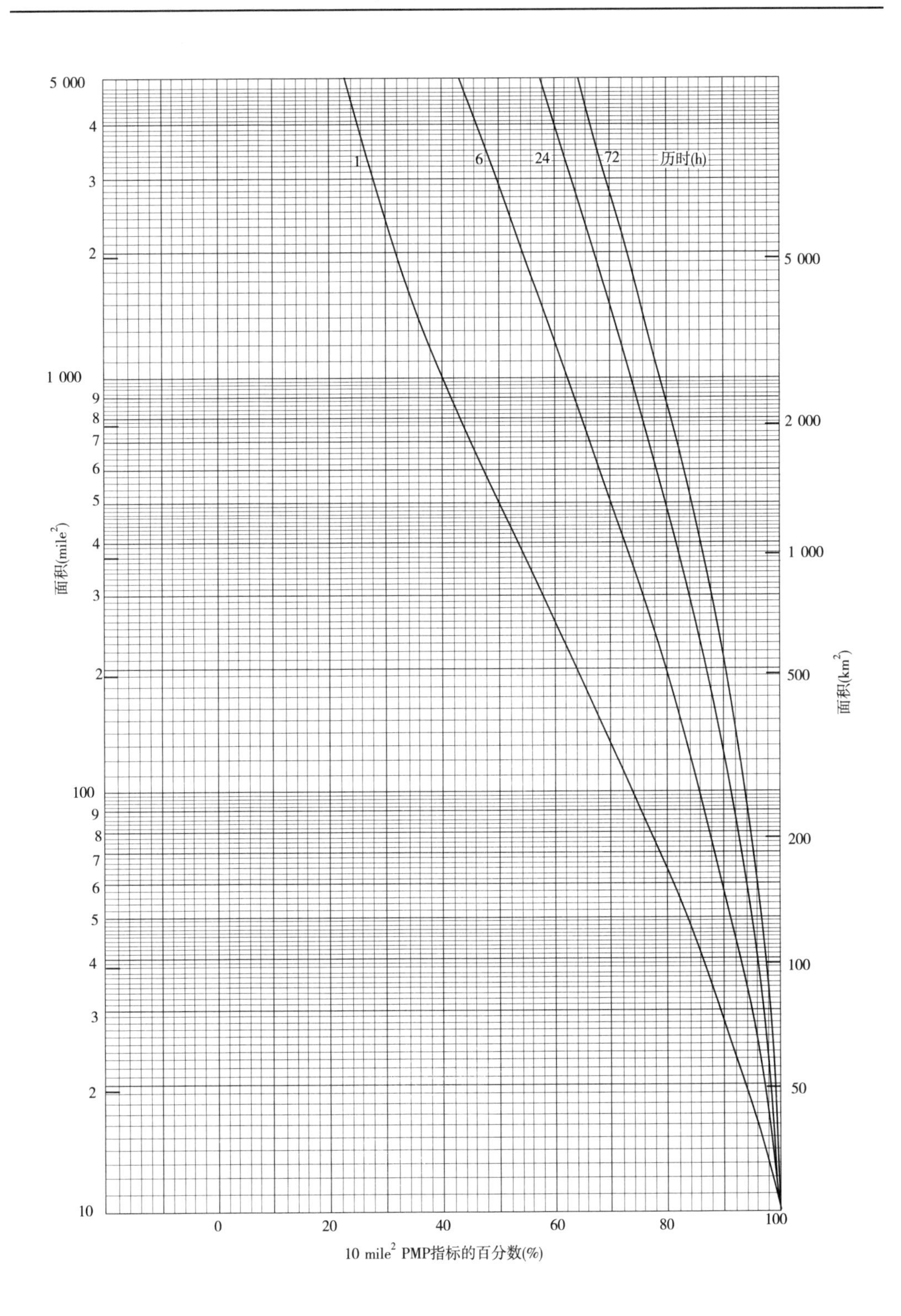

图 5.38　密苏里河和黄石河流域山岳部分的时—面—深关系(Miller 等,1984b)

采用几个因素为地形 PMP 指标的初步近似值的修正提供指导。第一个是该地区跨山岭的地段的雨量比。降雨比值是每 305 m 降雨变化率除以基底高程降雨量。该降雨比值是随高程而变化,并与低高程降雨量有关。各种降雨比值是根据百年一遇 24 h 降雨量、年平均降水量、季平均降水量和最大观测值计算的。根据由降雨—高程关系频率调整的月平均降雨量修正该降雨比值。该比值与未经降水频率关系而调整的降水比值差别不大,一般略小。还将为该地区的数次主要暴雨计算了降雨比值分布图。作为比较的基础,到山岭的距离作为横坐标,将所有比值都绘成了图形。地形剖面也加入了图形。对下风侧山岭以外到峡谷的地区也计算了相似的比值。利用该信息,将该区划分成三种不同的地形类别,即:

(1)山岳地形为主;

(2)零星山岳地形;

(3)山岳地形面积适中。

在以山岳地形为主的地区,PMP 的梯度保持在百年一遇 24 h 降雨和年平均降水的比值梯度的 2 倍左右。在零星山岳地形区,山岳地形 PMP 的下限是 25.4 mm。这些地形的山岳地形降雨归因于来自上风地区的飘雨或由于归类于大部分零星山岳地形的小型丘陵的影响的概化结果。在山岳地形面积适中的地区,降雨量线梯度大约与降雨比值的梯度相同。图 5.39 为亚利桑那州南部、新墨西哥州西南部和加利福尼亚州东南部的山岳指标 PMP 图的一部分。

5.3.5.2　流域面积变化

在以前的研究(美国天气局,1961a)中采用了山岳分类法,流域大小的变化与含水汽气流相迎的每个山坡的坡度、高度、长度、方向和裸露程度有关。假设是在一定的横向范围内,越过山坡输送的水汽,在强度上没有降低。这种降低由对压力梯度变化的研究来评价,研究考虑了压力观测站之间的距离。在美国西部的山脉相间地区,在整个暴雨期间,山岳 PMP 的规模和梯度的确定一定要考虑数个方向的入流。然而,在某一流域,PMP 暴雨的任何特别的 6 h 时段,风向一般为一个方向。这样,来自这个方向的风仅对正交的山坡产生最大山岳影响。确定了一种近似方法,既考虑因流域的横向范围而进行的折减,也要考虑这样的事实,即在某一时间,对单一方向的山坡影响最大。这一步骤就是要分析该地区有记录的大暴雨中地形影响最大的面积—雨深关系。图 5.40 表示了流域内由这些暴雨形成的地形 PMP 的变化。

5.3.5.3　历时变化

山岳降水的历时变化取决于风和水汽的历时变化。亚利桑那州图森的 500 hPa 和 900 hPa 压力水平下,最大 6 h 递增风的变化作为风的历时衰减的指导。最大含水量的历时变化是基于科罗拉多河和大盆地流域的 7 个雨量站的最高持续 12 h 1 000 hPa 的露点考虑的。在 7 个雨量站各站的 12 个月各月的 6 h、12 h、24 h、36 h、48 h、60 h 和 72 h 最大持续 1 000 hPa 露点表示为以 cm 计的可降水量,假设饱和大气有虚拟绝缘直减率。该露点变化与风力衰减结合,以获得山岳 PMP 的历时变化(见图 5.41)。对所示两个纬度之间的范围建议采用线性内插。与美国西南部主要暴雨降水量的变化的比较证实了这些历时衰减。另一种比较是最大观测 6 ~ 24 h 与 24 ~ 72 h 降水的比值。这些比较确认了所采

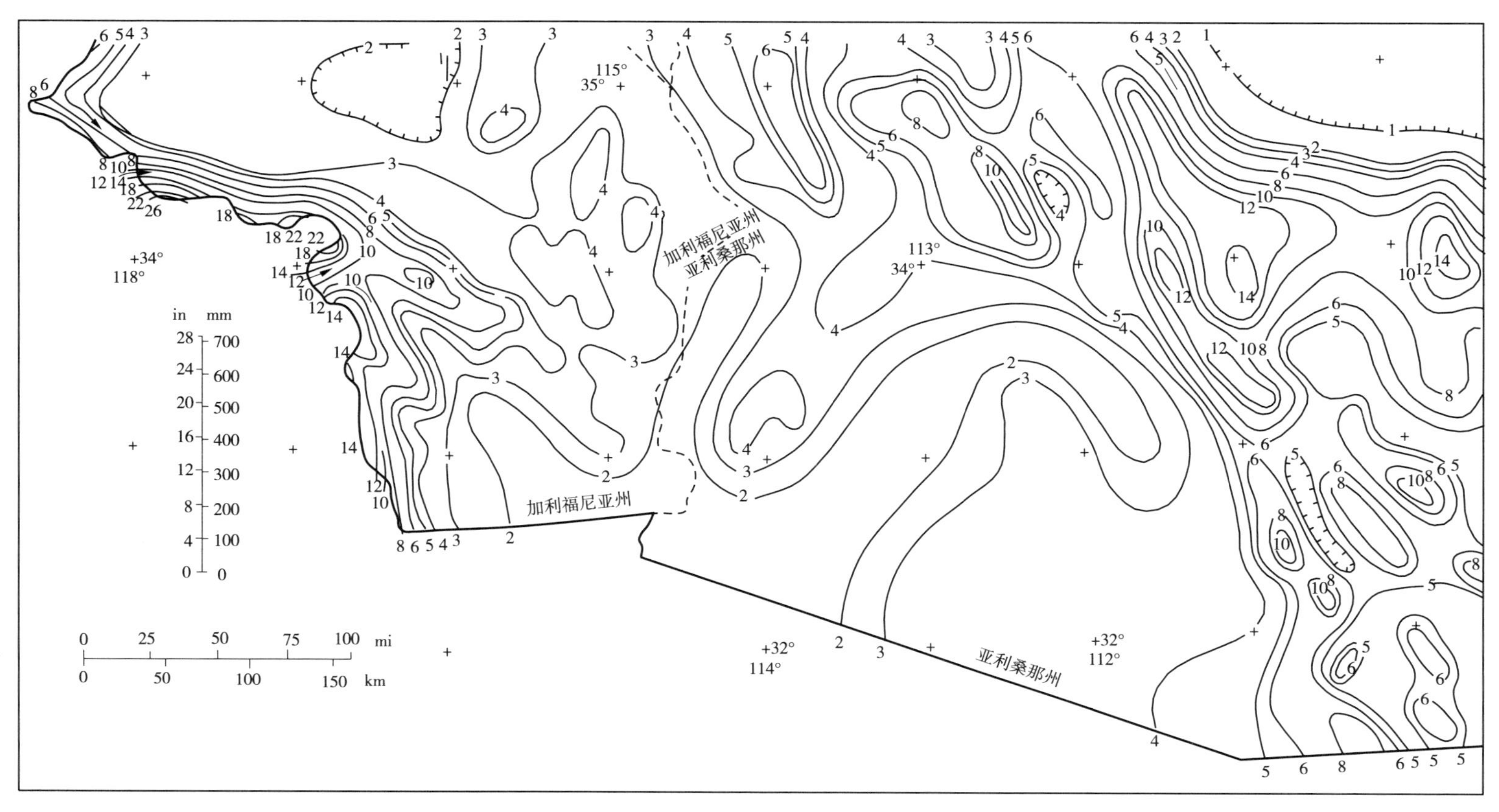

图 5.39　亚利桑那州南部、新墨西哥州西南部和加利福尼亚州东南部25.9 km² 24 h PMP指标图 (Hansen等,1977)

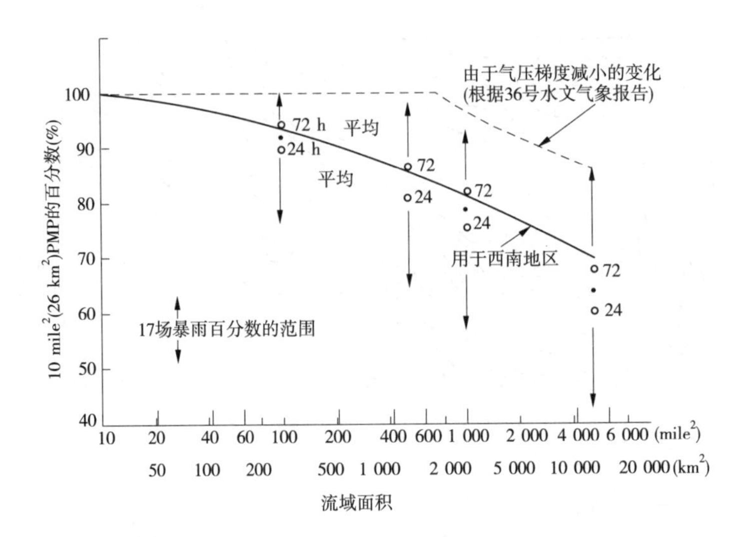

图 5.40　科罗拉多河和大盆地流域地形 PMP 的变化(Hansen 等,1977)

用的历时变化。

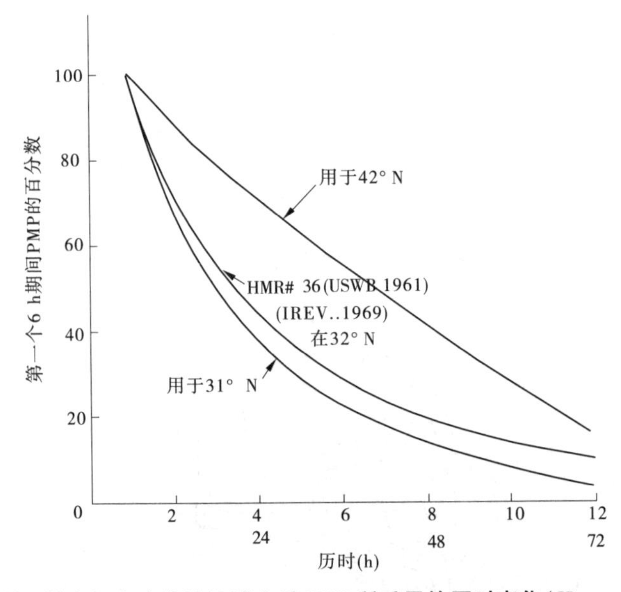

图 5.41　科罗拉多河和大盆地流域山岳 PMP 所采用的历时变化(Hansen 等,1977)

5.3.5.4　地形 PMP 与辐合 PMP 的综合

以前章节讨论的地形 PMP 值可用于美国西南部的科罗拉多河和大盆地流域的任何流域计算。PMP 的地形部分与 PMP 的辐合部分综合以获得该流域的总的 PMP 估算值。按照 3.3.4 部分的讨论确定辐合部分 PMP。在确定 PMP 的辐合值时,只考虑与产生大量山岳降水的普通暴雨一致的那些暴雨。

5.3.6　肯塔基州的约翰河杜威大坝上游流域的 PMP 值估算

在对美国东部最近一次的概化研究中(Schreiner 和 Riedel 等,1978),只确定了辐合或非山岳降水。图上点画标注了山岳地区,阿巴拉契亚山脉,这是上次的研究结果,而研究推荐在该地区中为各个流域做独立估算,以考虑地形的影响。这样的两个研究已经完成(Fenn,1985;Miller 等,1984a)。在各研究中,采用了为大陆分水岭和 103°子午线(miller 等,1984b)之间的地区制定的步骤。在 5.3.4 部分所述的研究中,确定了辐合 PMP,并因山岳影响因素作了调整。在美国东部,将《应用手册》(Hansen 等,1982)应用于该地区的概化 PMP 估算值(Schreiner 和 Riedel,1978)来获得辐合 PMP,该手册曾在 5.2.7 部分讨论,用于确定山岳加强系数的步骤在各例中都相似。在迪尔斐尔德河流域(Miller 等,1984),雨量站的数据用于确定要求的山岳系数。在约翰河流域(Fenn,1985),没有雨量站,需要使用间接步骤。

5.3.6.1　山岳系数(*T/C*)

在该区中,首先计算 *C* 值(见 5.3.4.2 部分)。图 5.42 表示美国中部某地区百年一遇 24 h 降雨的辐合值等值线。高程大于 1 000 ft (305 m)的地区表示为阴影,认为山岳影响显著的地区用点画线表示。研究流域位于山岳区的西部边缘,并在图 5.42 中用轮廓线表示。图 5.42 中表示了该区中为所有定期测报站点计算百年一遇 24 h 降水—频率值。考虑该山岳区以外的数值为完全的受辐合影响。山岳区以内的值为辐合和地形的综合影响。对所有数据的检查,发现百年一遇 24 h 辐合最大值在分析地区的西部和东部边缘。将东部和西部地区与曲线光滑的等值线结合形成该区中部的低数值谷。沿着37°N,该地区 *C* 值比西边缘的数值低约 10%,而比东边缘低约 20%。从该分析中可以决定该流域中心 160 mm (6.3 in)的 1 000 hPa *C* 值。

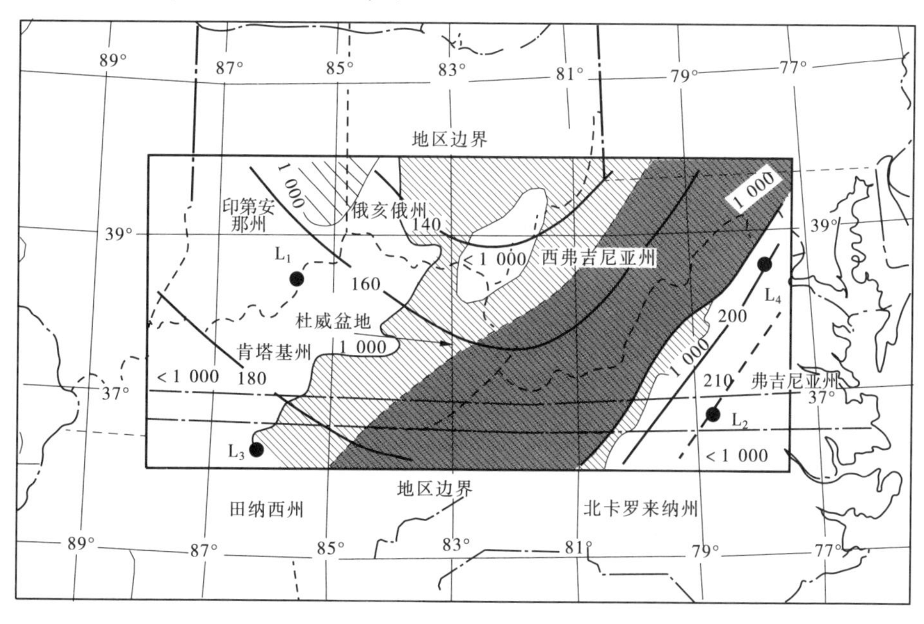

图 5.42　美国中部地区百年一遇 24 h 辐合雨等雨量线(Fenn,1985)

既然流域中没有雨量站,有必要利用"近似"站确定流域的百年一遇 24 h 总降水—频率值。经研究,将地形分为三类;低地代表约 220 m 以下的峡谷底,高地代表约 300 m 以上的较崎岖的地形,以及两者之间的过渡区。低地占流域的 32%,高地占流域的 43%。

剩余的25%为过渡带。然后,将流域内所有站点的百年一遇24 h降水频率值表示成图线,并对地形进行分析。有10个划定的站点,地形情况类似于流域特有的三种地形类型。用于进行分类的高程与流域内使用的高程相同。图5.42的辐合降水的变化和为各站点确定的总降水值的变化均按照各地形分类中心高程进行了调整。利用这些数值,为该流域确定的24 h历时 T/C 加权值为1.13。

为获得长于24 h历时的 T/C 值,利用了来自其他地区的数据。对于所选地区,分析了百年一遇24 h和6 h降水频率值,以百年一遇24 h降雨量为基础的 T/C 值是1.13。而该地区与约翰河流域同在大约一致的纬度,而且与湿润气流源的距离相等。另外,选择地形尽量与约翰河周围及三个近似地区的地形相匹配。所选位置在科罗拉多州和新墨西哥州的落基山脉前缘的山麓丘陵地区。约翰河和三个地区之间的降雨气候有些不同,而且地形分布也有不同。但是,在这两个地区内,就与此面积范围产生PMP的暴雨类型相似。对于这些地区,确定6 h T/C 值为1.11。随着历时的减小,T/C 值趋于1。利用这一假设,确定了1 h和72 h之间6 h和24 h历时的 T/C 值。这些数值见表5.4。

表5.4　肯塔基约翰河杜威大坝上游中心点的 T/C 值

历时(h)	1	6	12	24	48	72
T/C	1.04	1.11	1.12	1.13	1.14	1.15

5.3.6.2　暴雨强度系数(M)

在PMP暴雨期间(见5.3.4.3部分),暴雨强度系数与雨核(雨强最大时段)历时的长度有关。约翰河流域(Fenn,1985)周围的地区中,对主要暴雨的研究表示了某些历时的核心事件(r)的长度与其他地区某些历时(Miller等,1984a,1984b)的核心事件的长度略有不同。对所选降水总时段(h)来说,雨核历时 r 见表5.5。暴雨强度系数(M)是降水历时(r)与降水总时段(h)之比。这些降水量为与该流域面积相当的地区(Schreiner和Riedel,1978)的概化研究图读出的非山岳PMP值。利用这些数据计算出的 M 值与约翰河流域适应,见表5.6。

表5.5　按所选暴雨总历时 t 估计雨核历时 r(Fenn,1985)

总历时 t(h)	1	6	12	24	48	72
雨核历时 r(h)	0.75	3	4.5	6	8.5	10.5

表5.6　对于所选历时的暴雨强度系数

历间(h)	1	6	12	24	48	72
M 值	0.881	0.788	0.776	0.774	0.773	0.772

5.3.6.3　约翰河流域的 PMP 计算

用于计算约翰河流域总 PMP 值的步骤与大陆分水岭和 103°子午线之间的山岳地区所用步骤相同。使用的式(5.1)(见 5.3.4.4 部分)。方程的确定考虑了大气压力与山岳影响之间的关系。一般适用该关系的地区,气候状况、暴雨类型和地形与美国中纬度地区并非完全不同。唯一要求是在该特别区域内利用主要暴雨的关系确定山岳系数(*T/C*)和暴雨强度系数(*M*)。在该研究中(Fenn,1985),因将约翰河流域的水汽量消尽、流域方向、流域形状而调整的式(5.1)中的辐合降水与前两节中讨论的 *T/C* 和 *M* 系数相结合而产生总 PMP 值,见表 5.7。这些值还可以用为该流域面积作的概化和地区研究(Schreiner和 Riedel,1978)直接确定的以暴雨为中心的 PMP 的百分比表示。山岳屏障对进入湿润气流的加强和减弱与偏心等雨量线与流域形状的非共点的综合影响的结果比直接来自于概化研究的结果略小。有其他流域时,该综合影响可能不同,结果净值可能增加或甚至减小量更大。

表 5.7　肯塔基州杜威大坝上游流域 PMP

历时(h)	1	6	12	24	48	72
PMP(mm)	190	492	591	607	760	799
占总估计值百分比(%)	85	95	96	97	98	98

5.3.7　美国太平洋西北部地区局地暴雨 PMP 概化估算

5.3.7.1　概述

一个小面积短历时的暴雨可能是大区域降水的中心,也可能是与大区域降水无关的孤立事件。前者为非局地暴雨,后者被称为局地暴雨。在本部分中局地暴雨的定义是:与大范围暴雨无关,降水历时小于 6 h、面积小于 1 300 km^2 或更小的暴雨。美国太平洋西北部地区极端局地暴雨主要是雷暴雨,是大气辐合现象。暴雨水汽来源主要来自西方和西南方。大尺度上升运动的地区,为雷暴雨提供了一定条件,但强烈的上升运动发展,还需要对流活动支持。对流暴雨的实质,主要依赖于热力稳定度大小,其对对流的强度起关键作用。在美国太平洋西北部地区直接地表加热,引起强烈对流不稳定,形成局地特大雷暴雨。这个地区雷暴雨主要当令季(6 ~8 月)和白天(下午)发生频率高的情况,支持了这个观点。由暴雨阵风引起的低空辐合,对于多网格暴雨暴发的再发生过程起关键作用。本部分内容是引自美国 HMR NO.57(Hansen 等,1994)报告。哥伦比亚河、斯内克河与太平洋的卡斯塔流域所应用的步骤可能作为其他地区的指导。

5.3.7.2　水汽极大化

研究每个西北部局地暴雨特性和影响它的气象条件,认为局部暴雨所需的湿度不像非局地暴雨那样普遍和持续,而是缺少连续的水汽补充,故暴雨代表性露点持续时段应与暴雨时段较短暂的情况相一致。在暴雨水汽放大与调整时,采用与非局地暴雨相似的方法,即将一定时段内最大持续地面露点作为局地暴雨的水汽含量的一个尺度,进行水汽放大与调整,但在做法上有所不同。其一,局地暴雨主要降雨时段在 3 ~4 h 以内,采用暴雨期最大持续 3 h 露点作为水汽放大与调整的指标；其二，局地暴雨期水汽入流方向不确定，故代表性露点的地点选择不受入流方向限制；其三，为能更好地反映局地暴雨水汽特征，露点选择最好在距暴雨地点 80 km^2 以内的站点挑选。

美国太平洋西北地区极大局地暴雨发生在 4 ~ 10 月，其中以 6 ~ 8 月最多，数值也最大。6 ~ 8 月南到东南部 3 h 持续最大露点最高、可达 76 ~ 77 ℉[1]，西北部最低，其值也可达 60 ~ 64 ℉。

5.3.7.3　高程调整、水平移置调整

局地暴雨高程调整和水平移置调整，与非局地暴雨调整方法相同。

5.3.7.4　PMP 的雨深—历时关系

美国太平洋西北部地区局地特大暴雨期间，受地形阻碍，缺少连续水汽补充，故这些局地暴雨经常在前一个小时产生最大暴雨，而且总的降雨历时很少超过 6 h。根据西北部地区 99 场局地暴雨时程变化研究，6 h 与 1 h 的比值为 1.10 ~ 1.15。

5.3.7.5　PMP 的雨深—面积关系

根据美国 HMR43 号和 49 号报告以及西北地区几场极端局地暴雨资料研究，雨深—面积关系经过适当修正。现采用的雨深—面积关系如图 5.43 所示。采用的概化局地暴雨等雨量线图形如图 5.44 所示，以此就可以推求一定历时、一定面积的局地暴雨的 PMP 的空间分布。

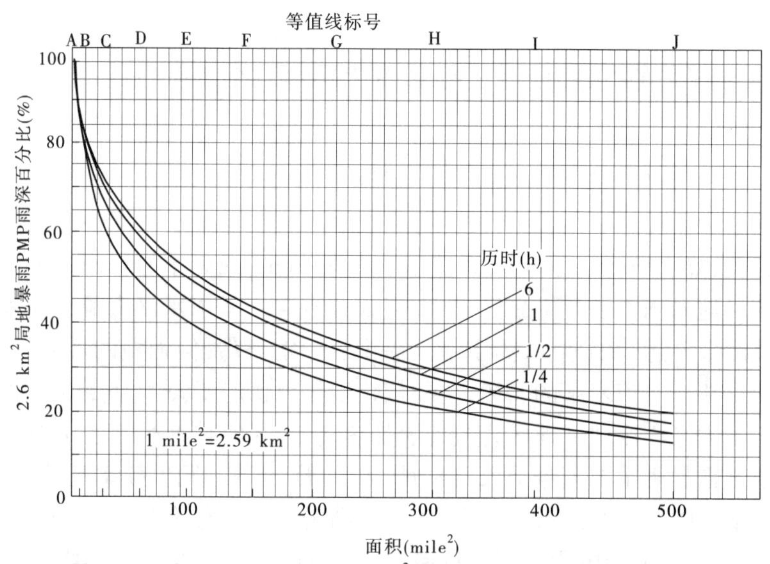

图 5.43　太平洋西北各州 2.6 km^2 局地暴雨 PMP 雨深—面积关系

5.3.7.6　西北地区 1 h 2.6 km^2 PMP 图

5.3.7.6.1　成果分析

根据美国 57 号报告研究，提供了 1 h 2.6 km^2 PMP 的索引地图（海拔 1 800 m 或以下），如图 5.45 所示。

---

[1] 1 ℉ = 0.555 556 K = 0.555 556 ℃，下同。

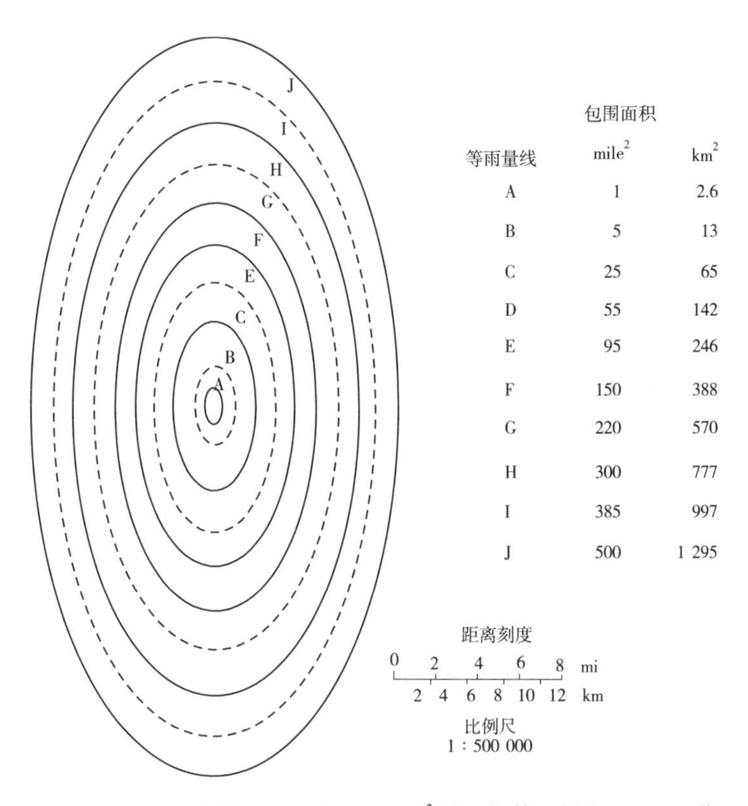

图 5.44　局地暴雨面积达 1 300 km² 的理想等雨量线(Hansen 等,1978)

局地暴雨 PMP 最高值发现在斯内克河流域的东南部的极值中,在爱德华边界的最大值接近 10 in。局地暴雨 PMP 极大值的范围是 8.0 ~ 9.0 in,在通过斯内克河沿着爱德华边界,发现在山岳地区有些下降。局地暴雨 PMP 值通常会向北向西时有所降低,在西雅图的瀑布山地区下降到大约 6 in。这是水汽减少和太阳辐射强度减弱的结果。局地暴雨 PMP 的最小值,大约为 3 in,发生在华盛顿的奥林匹克半岛地区。这个值向南部沿海有些增大,在俄勒冈州与加利福尼亚州边境地区超过了 5 in。这些比较低的值是受冷空气的不稳定影响,地表空气的水汽和太平洋沿海地区的水汽相交的结果。

5.3.7.6.2　与其他研究比较

美国 HMR No.43 计算了瀑布山东部哥伦比亚河流域面积上的夏天雷暴雨 PMP。用在那个研究中的步骤和用在现在研究中的步骤有很大的不同。步骤和结果的突出差别的主要论点就是为了强调这些有关变化的类型。

比较美国 HMR No.57 和 HMR No.43 对于瀑布山地区 1 h 2.6 km² PMP(以 in 表示)估算成果。两个研究中,这个区域的大部分降雨在 1.5 in 偏差内。然而,在研究地区内(华盛顿中心到加拿大边界)也出现较大的不同。新的 PMP 研究结果偏低 1 ~ 1.5 in。

同时,也作了些对照研究,包括 HMR No.49 和 HMR No.55A。一些不同考虑高程和历时特征的假设已经过讨论。

相对于 HMR No.49,1 h、2.6 km² PMP 的差别在犹他州极北地区几乎是 0,越来越肯定,沿着加利福尼亚州—俄勒冈州边境地区,向西移动大约有 1.5 in 的最大值。这种差别

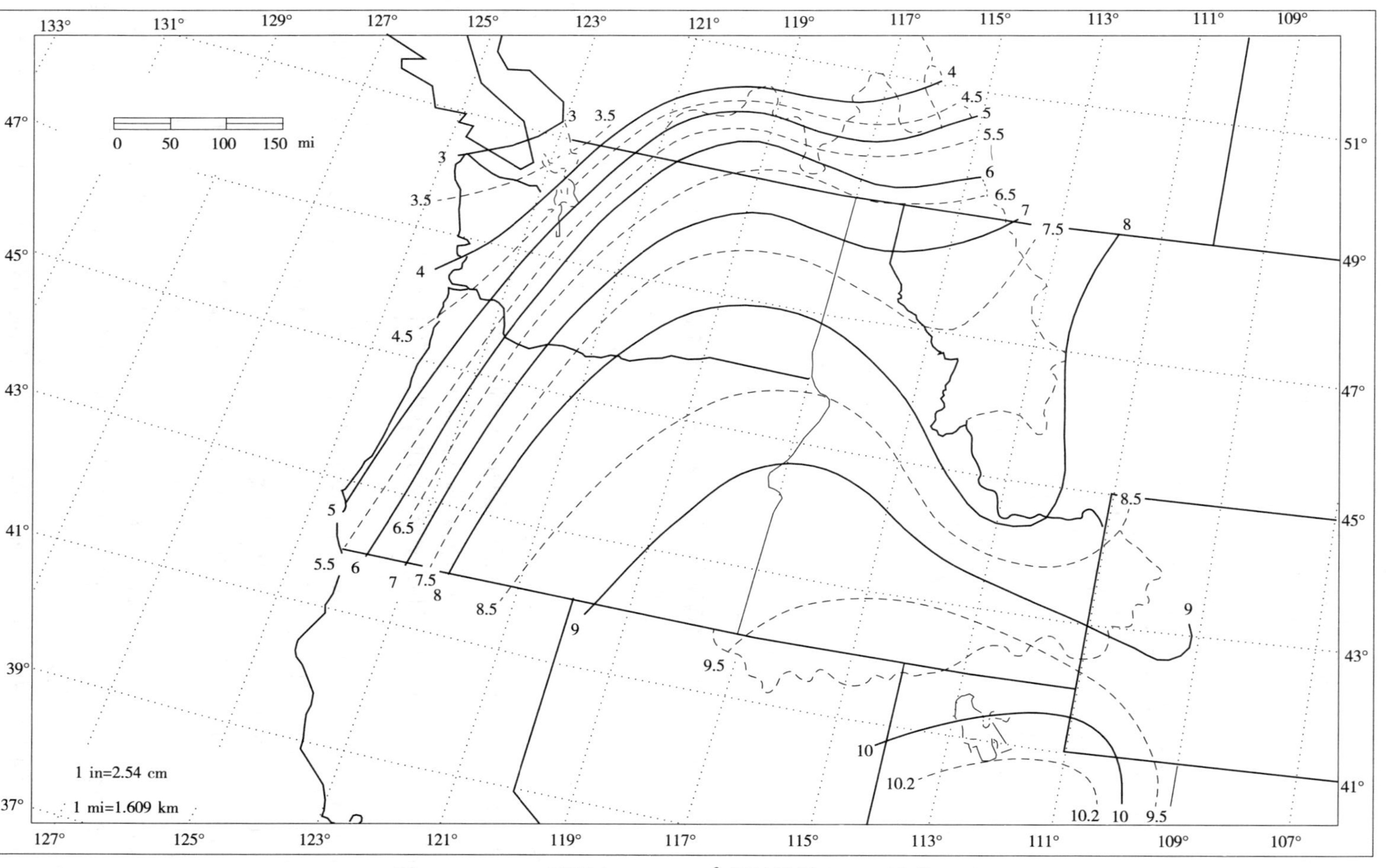

图5.45　1 830 m 高程上 1 h 2.6 km² 局地暴雨 PMP　（单位：in）

主要是由于摩肯、犹他州暴雨移置到西北的南部地区,HMR No.49 和现在的研究支持暴雨的季节特征,并且不再应用季节的曲线或诺模图。

在 HMR No.55A 和现在的研究中,局地暴雨 PMP 没有太大的区别。在这个地区没有发现可以引起 PMP 增加的新的暴雨,也没有发现能使估算降低的证据。HMR No.55A 中的季节性在极端局地暴雨中显示了不同的夏季最大值,这项研究也同意这一点。

5.3.7.7　特定流域局地暴雨 PMP 估算步骤

步骤 1:1 830 m 或以下高程 1 h 2.6 km^2 PMP 的确定,需要在图 5.45 上定位该流域,并采用线性内插方法确定流域平均 1 h 2.6 km^2 局地暴雨 PMP。

步骤 2:为了进行流域平均高程调整,确定流域平均高程。对 1 830 m 以下高程不必作调整。如果平均高程大于 1 830 m,按它以上每升高约 300 m,步骤 1 得到的 PMP 减小 9%。例如,某一流域平均高程 2 650 m(比 1 830 m 高出 820 m),则其缩减系数为 24.3%(2.7 ×9%)。

步骤 3:为了进行历时调整,获得到历时从不足 1 h 至高达 6 h 的 2.6 km^2 当地局地暴雨 PMP 估值,将其作为步骤 2 中 1 h 总量的百分比。用步骤 2 获得结果与各历时的百分比相乘,得各历时 PMP 值。

步骤 4:为了进行流域面积调整,在图 5.43 上,按流域面积取得 0.25 h、0.5 h、0.75 h、1 h、3 h、和 6 h 的百分比缩减值,乘以步骤 3 的相应结果。按照数据点值画出光滑曲线,以得到未指定历时的估值。

步骤 5:分析当地局地暴雨的时间分布,确定时间分布。结果显示,大部分暴雨历时小于 6 h,最强 1 h 雨量出现在第 1 个小时。推荐的小时增量序列如下:通过从光滑雨深—历时曲线读数及依次相减直接得到小时增量,并将其从大到小排列。

步骤 6:采用图 5.44 和表 5.8 的百分比来推求局地暴雨 PMP 的空间分布。此时,步骤 3 和步骤 4 可以忽略,将步骤 2(如果没有高程调整时为步骤 1)得出的结果乘以表 5.8 中的每个百分比因子。获得的结果为代表理想化模式且放置在具体流域上的标识等雨量线。

表 5.8　PMP 的纵剖面值(1 h 2.6 km^2 值的累积百分比)

等雨量线	历时(h)								
	0.25	0.5	0.75	1	2	3	4	5	6
A	50.0	74.0	90.0	100.0	110.0	112.0	114.0	114.5	115.0
B	32.0	53.0	67.0	74.8	83.5	85.5	87.5	88.0	88.5
C	22.0	37.5	48.0	56.0	63.0	65.0	66.0	66.5	67.0
D	17.0	28.5	38.0	43.0	48.0	49.5	50.5	51.0	51.5
E	12.0	21.0	28.0	32.2	37.0	38.0	38.5	39.0	39.5
A	7.5	14.0	19.0	22.4	25.0	25.7	26.2	26.7	27.2
G	5.0	8.5	12.0	14.0	16.2	16.7	17.2	17.7	18.2
H	2.0	3.5	5.0	6.5	8.3	8.8	9.3	9.8	10.3
I	0.4	0.7	1.0	1.2	2.2	2.7	3.2	3.7	4.2
J	0.2	0.3	0.4	0.5	1.0	1.5	2.0	2.5	3.0

一旦每一个应用的标识确定了,其模式就可以被移置到流域上的不同地方。在许多情况下,当把这个模式放在流域中心时,会得到最大的 PMP 量。然而,实际上洪峰流量也许发生距流域的出口更近的位置。

5.3.7.8 局地暴雨 PMP 估算实例

选择马德山大坝上游的白河流域(1 041 km^2),采用上述步骤来确定当地暴雨 PMP。

步骤 1:流域轮廓线见图 5.46,而流域平均 1 h 2.6 km^2 PMP 读数是 161.3 mm(6.35 in)。

步骤 2:6 月平均高程低于 1 800 m,而流域边界附近高程更高。该流域不需要作高程调整。

步骤 3:从图 5.42 得到 2.6 km^2 的各历时 PMP 值,如表 5.9 所示。

表 5.9 各历时流域平均 2.6 km^2 PMP 值

历时(h)	1/4	1/2	3/4	1	2	3	4	5	6
系数(%)	50	74	90	100	110	112	114	114.5	115
PMP(mm)	80.8	119.4	145.3	161.3	177.5	180.6	183.9	184.7	185.4

步骤 4:从图 5.44 得到 1 041 km^2(402 mile^2)的空间分布缩减系数,然后按照指定的历时得出流域平均 PMP,乘上对应的系数,再乘步骤 3 的结果,如表 5.10 所示。

表 5.10 各历时流域平均 PMP 值

历时(h)	1/4	1/2	3/4	1	3	6
系数(%)	16.0	19.0	21.0	22.0	23.0	24.0
PMP(mm)	13.0	22.6	30.5	35.6	41.7	44.5

步骤 5:用步骤 4 结果,如图 5.46 所示数值画出时间分布,读取光滑的小时数值。注意光滑数值与计算数值可能略有不同,如表 5.11 所示。

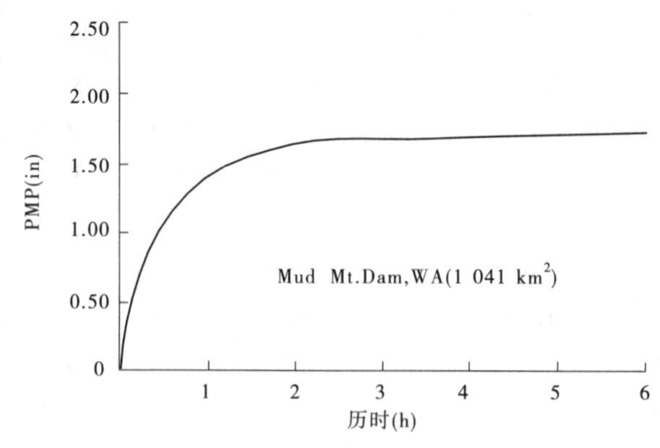

图 5.46 泥山大坝 PMP 的时间分布

表 5.11　各历时增量流域平均 PMP

时段(1 h)	1	2	3	4	5	6
PMP(mm)	35.1	39.4	41.7	43.2	43.9	44.5
PMP 增量(mm)	35.1	4.3	2.3	1.5	0.7	0.6

按照推荐的序列对锋面加强的局地暴雨 PMP 的这些增量进行排列。时间分布关系如图 5.47 所示。

步骤 6:当按照图 5.45 的理想椭圆形提供空间分布时,根据表 5.8 决定等雨量线标值。在该例中,第一步的结果 161.3 mm 乘以表 5.8 中的各百分比,以得到表 5.12 中的标值。

将表 5.12 中等雨量线标值加在图 5.45 上得到每个历时等雨量线图形。可以将该线型放在流域上,使流域内降水最大化,得到最大洪峰流量。

表 5.12　华盛顿白河流域(1 041 km^2)局地暴雨 PMP 等雨量线标值　(单位:mm)

等雨量线	历时(h)								
	1/4	1/2	3/4	1	2	3	4	5	6
A(2.6)	80.8	119.4	145.3	161.3	177.5	180.6	183.9	184.7	185.4
B(13)	51.6	85.6	108.0	120.7	134.6	137.9	141.2	142.0	142.7
C(65)	35.6	60.5	77.5	90.4	101.6	130.3	106.4	107.2	108.0
D(142)	27.4	46.0	61.2	69.3	77.5	79.8	81.5	82.3	83.1
E(246)	19.3	33.8	45.2	51.8	59.4	61.2	62.0	63.0	63.8
A(388)	12.2	22.6	30.7	36.1	40.4	41.4	42.2	43.2	43.9
G(570)	8.1	13.7	19.3	22.6	26.2	26.9	27.7	28.4	29.5
H(777)	3.3	5.6	8.1	10.4	13.5	14.2	15.0	15.7	16.5
I(997)	0.8	1.0	1.5	2.0	3.6	4.3	5.1	5.8	6.9
J(1 295)	0.3	0.5	0.8	0.8	1.5	2.5	3.3	4.1	4.8

注:表中第一栏括号内数字为该等雨量线包围的面积,单位为 km^2。

5.3.8　美国加利福尼亚州 PMP 估算

5.3.8.1　**概述**

美国第 58 号(Corrigan 等,1998)和第 59 号(Corrigan 等,1999)水文气象报告(Hydrometeorological Report,简称 HMR)提供了估算加利福尼亚州(California)PMP 估算的方法步骤。该报告介绍了两种估算方法,即一般暴雨(General-Storm)法和局地暴雨(Local-Storm)法。一般暴雨法用于估算面积为 10 ~ 10 000 $mile^2$(1 $mile^2$ ≈2.6 km^2)的流域上,历时从1 ~ 72 h(1 h、6 h、12 h、24 h、48 h、72 h)的 PMP;局地暴雨法则用于估算面积小于 500

mile^2(1 300 km^2)的流域上,历时从 15 min 到 6 h 的 PMP。在估算面积小于 500 mile^2 的流域的 PMP 时,建议两种方法都要采用,然后取两者之中的较大者作为该流域的设计 PMP。

一般暴雨的 PMP 估算,仍采用时—面—深(DAD)概化法。在地形雨的分割上,将经验公式(5.1)改写为

$$PMP = K \times FAFP \tag{5.2}$$

$$K = M^2\left(1 - \frac{T}{C}\right) + \frac{T}{C} \tag{5.3}$$

报告对 $FAFP$、T/C、M 和 K 都给出了等值线图。最后在 1∶1 000 000 的加利福尼亚州地图上,绘出了 24 h 10 mile^2 PMP 等值线图。

PMP 等值线图上标有经纬度及一些主要地名,此外该地图也标明了子区域的边界线,每一子区域内有其概化的时—面—深(DAD)曲线供使用,故以下将子区域简称为 DAD 区域。

如果研究流域位于不止一个 DAD 区域内,先单独计算位于各 DAD 区域内的子流域的 PMP,然后采用面积加权法求全流域的 PMP。例如,一个面积为 100 个单位的流域,它包括面积分别为 70、20 和 10 个单位的 3 个子流域,3 个子流域位于不同的 DAD 区域内,那么,全流域的 PMP,即 R 为

$$R = (70\ R_1 + 20\ R_2 + 10\ R_3)/100 \tag{5.4}$$

式中:R_1、R_2 和 R_3 分别为 3 个子流域的 PMP。

局地暴雨法的水汽放大,代表性露点采用 3 h 持续最大值。最后在加利福尼亚州地图上绘出了 1 h 1 mile^2 PMP 的等值线图。

5.3.8.2　一般暴雨法估算 PMP 的步骤及算例

一般暴雨法估算 PMP 分 6 个步骤,下面逐一介绍,同时以加利福尼亚州 Auburn 流域为例,详细说明计算流域 PMP 的过程。Auburn 流域在 Folsom 湖边,位于 Sierra 区域(即第 5 DAD 区域)内,流域面积 973 mile^2(2 520 km^2)。

5.3.8.2.1　描边界

在 1∶1 000 000 的加利福尼亚州地图上描出流域边界,这一步可以采用 GIS 软件确定。研究对象为 Auburn 流域,那么在 1∶1 000 000 的地图上描出 Auburn 流域的边界,并与概化的 24 h PMP 等值线图叠加,如图 5.47 所示。

5.3.8.2.2　估算 PMP

将网络化后的流域图与 24 h PMP 等值线图叠置,由叠置后的流域 PMP 等值线图计算该流域内的各网络的 PMP,然后采用面积加权法求得全流域的 PMP。流域网格化的大小需考虑 PMP 在全流域内的空间变化情况,以便获得该流域较为合理的 PMP 代表值。这一步同样可以由 GIS 软件或其他商业软件计算,在某些 PMP 空间变化较大的流域,以上这些软件可以对 PMP 的空间变化作出更准确的分析,继而得到更为准确的 PMP 值。

根据图 5.47 中 PMP 等值线对应的雨深得到 Auburn 流域 24 h 的 PMP 平均值为 24.6 in(即 625 mm)。

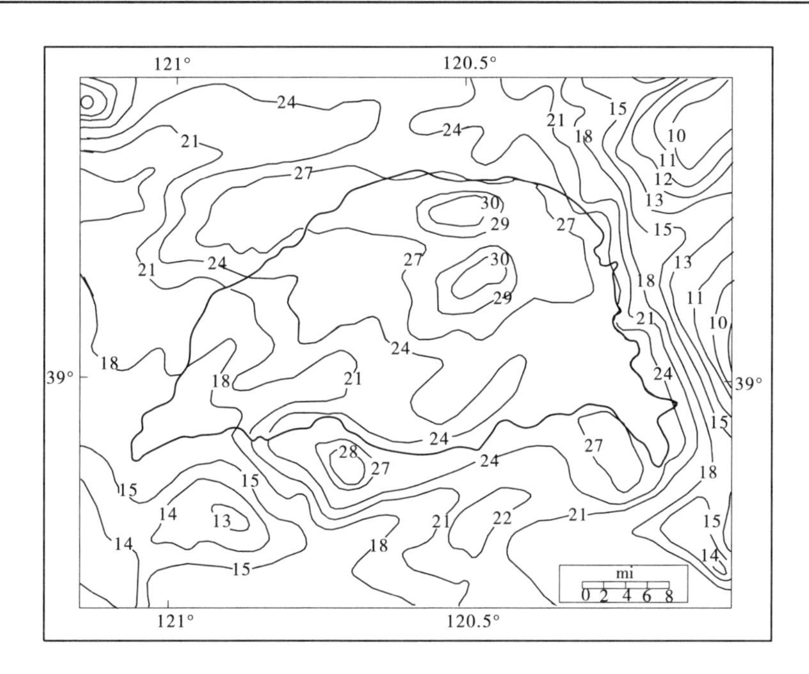

图5.47　Auburn 流域24 h PMP 等值线图(图中数值单位为 in,1 in = 25.4 mm)

5.3.8.2.3　求雨深—历时关系

图5.48给出了加利福尼亚州各DAD区域(共分7个子区)的边界。若研究区域位于某一DAD区域内,就从表5.13中读出相应区域的雨深—历时关系。需要注意的是,表5.13

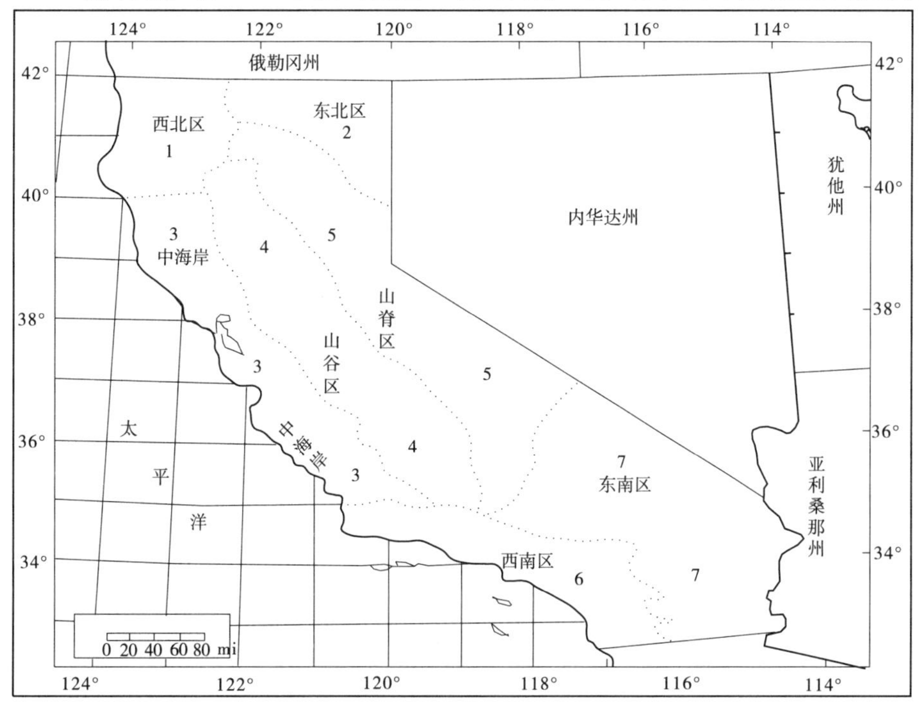

图5.48　加利福尼亚州DAD分区

中的数值是指该历时下的 PMP 与历时 24 h 的 PMP 的比值，即雨深折算系数。那么，将表 5.13中的数值乘以步骤 2 中得到的 24 h PMP 比值，就可以得到各标准历时下的 PMP 值。

表 5.13　加利福尼亚州各 DAD 区的雨深—历时折算系数

区域名	不同历时的雨深(mm)					
	1 h	6 h	12 h	24 h	48 h	72 h
1　西北区	0.10	0.40	0.73	1.0	1.49	1.77
2　东北区	0.16	0.52	0.69	1.0	1.40	1.55
3　中海岸	0.13	0.45	0.74	1.0	1.45	1.70
4　中央山谷	0.13	0.42	0.65	1.0	1.48	1.75
5　内华达州	0.14	0.42	0.65	1.0	1.56	1.76
6　西南区	0.14	0.48	0.76	1.0	1.41	1.59
7　东南区	0.30	0.60	0.86	1.0	1.17	1.28

Auburn 流域基本位于 Sierra 区域(即第 5 区)内，除非常小的一部分面积位于坝址附近(但这一处并不重要)外，可以认为该流域仅位于第 5 区内。从表 5.13 中摘录第 5 区的雨深折算系数，然后分别乘以 24 h 的 PMP，就得到各历时下的 PMP，见表 5.14。

表 5.14　Auburn 流域各历时 PMP 计算成果

历时(h)	1	6	12	24	48	72
雨深折算系数	0.14	0.42	0.65	1.00	1.56	1.76
PMP(in)	3.4	10.3	16.0	24.6	38.4	43.3
PMP(mm)	86	262	406	625	975	1 100

5.3.8.2.4　*求面积折减系数*

各分区各历时下的面积折减系数(通过简单的线性内插可以得到任意面积下的面积折减系数)有表可查，表 5.15 仅列出了内华达山区的面积折减系数。将各历时下的面积折减系数乘以步骤 3 中得到的各历时下的 PMP 值。如果流域位于不止一个 DAD 区域内，那么查得各 DAD 区域的面积折减系数，然后采用面积加权法求得全流域的面积折减系数。

表 5.15　内华达山区面积—历时折减系数

面积($mile^2/km^2$)	不同历时的折减系数(%)					
	1 h	6 h	12 h	24 h	48 h	72 h
10/26	100.00	100.00	100.00	100.00	100.00	100.00
50/130	88.00	89.00	90.00	91.00	92.50	94.00
100/260	82.50	84.00	85.50	87.00	89.25	91.25
200/520	76.75	78.75	80.75	82.75	85.50	88.25
500/1 300	69.25	71.75	74.25	77.00	80.50	83.50
1 000/2 600	63.25	66.25	69.25	72.25	76.25	79.75
2 000/5 200	57.00	60.00	63.50	67.00	71.25	75.25
5 000/13 000	47.50	51.00	55.00	59.00	63.50	68.00
10 000/2 6000	40.00	44.00	48.00	52.50	57.50	62.00

注：表中面积单位之间的换算系数采用 1 $mile^2 \approx 2.6\ km^2$。

由表 5.15 插值得到面积为 973 $mile^2$(2 530 km^2)的 Auburn 流域各历时下的面积折减系数,结果列于表 5.16 中,然后将第 3 步中各历时下的 PMP 乘以相应的面积折减系数得到流域面平均 PMP,结果同样列于表 5.16 中。

表 5.16　Auburn 流域面积折减系数和流域面平均 PMP

历时(h)	1	6	12	24	48	72
面积折减系数	0.64	0.67	0.70	0.72	0.77	0.80
PMP(in)	2.2	6.9	11.2	17.7	29.6	34.6
PMP(mm)	56	175	284	450	752	879

以历时为横轴,面平均 PMP 为纵轴,绘制 Auburn 流域面平均 PMP—历时关系曲线,见图 5.49。

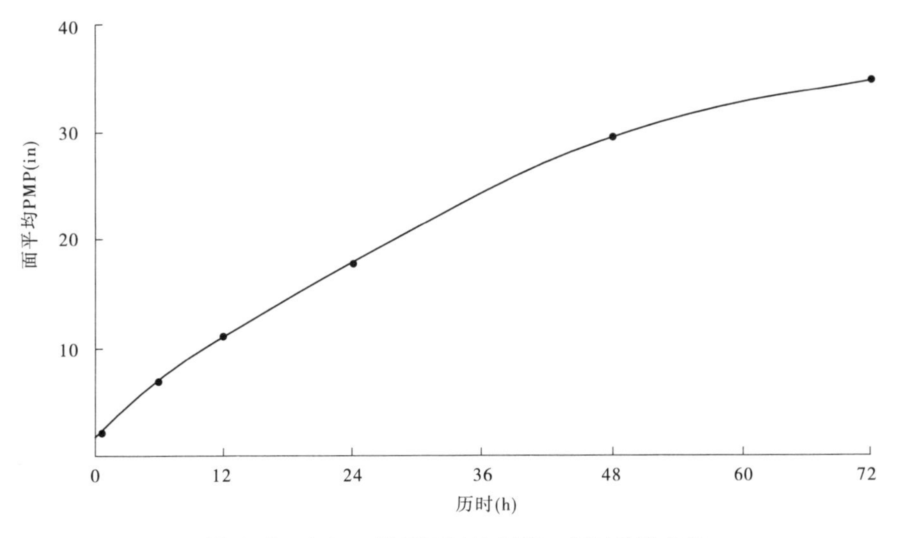

图 5.49　Auburn 流域面平均 PMP—历时关系曲线

5.3.8.2.5　绘制 PMP 增长曲线

绘制某历时下 PMP 增长曲线的方法如下:将求面积折算系数中得到的各历时下的 PMP 值以历时为横坐标,雨深为纵坐标绘制一条历时—雨深的平滑曲线。绘制该曲线时,加(或者减)去 0.5 in(12.7 mm)是允许的,这是因为步骤 1 ~ 步骤 4 各种各样的凑整会产生误差。如果绘制 6 h 的时段 PMP 过程,6 h 的 PMP 作为第一个时期的 PMP;将 12 h 的 PMP 减去 6 h 的 PMP 得到第 2 个时段的 PMP,依此类推,72 h 的 PMP 减去 66 h 的 PMP 得到第 12 个时段的 PMP。

从图 5.49 中摘录得到 6 h 的累积 PMP 过程,继而得到逐时段(时段长 6 h)的 PMP 过程,结果均列于表 5.17 中。

5.3.8.2.6　PMP 的时程分配和面分布

(1)PMP 的时程分配。No.58 水文气象报告对 PMP 的时程分配没有作过多研究,建议采用根据历史特大暴雨概化的雨量过程线进行分配。绘制 PMP 增长曲线的过程中已经将 72 h 的 PMP 转化为 6 h 的时段 PMP 过程,各时段 PMP 的放置原则如下:①将最大

表 5.17　Auburn 流域 PMP 累积过程线和时段过程线

历时(h)		6	12	18	24	30	36	42	48	54	60	66	72
PMP 累积过程	in	6.9	11.2	14.6	17.7	20.8	23.8	26.7	29.6	31.6	32.7	33.7	34.6
	mm	175	284	371	450	528	605	678	752	803	831	856	879
PMP 时段过程	in	6.9	4.3	3.4	3.1	3.1	3.0	2.9	2.9	2.0	1.1	1.0	0.9
	mm	175	109	86	79	79	76	74	74	51	28	25	23

24 h 雨量(排在前 4 位 6 h 雨量组成)放在一起;②在最大 24 h 雨量中,将最大和次大的 6 h 雨量居中,第三和第四大值排在它们两边;③最大 24 h 雨量可以靠前、居中或靠后,其他 8 个 6 h 雨量可以任意放置在最大 24 h 雨量的两边。

(2)确定 PMP 的面分布一般采用综合概化法,也就是从多年的实测大暴雨资料中综合概化出来的一种等雨量线图。暴雨的等雨量线图一般呈椭圆形,用两个特征量来概化等雨量线图,即形状比率和雨轴方位。

根据上述的 PMP 过程放置原则及绘制 PMP 增长曲线的过程中的时段雨量过程,得到 Auburn 流域的 72 h PMP 时程分配,见图 5.50。

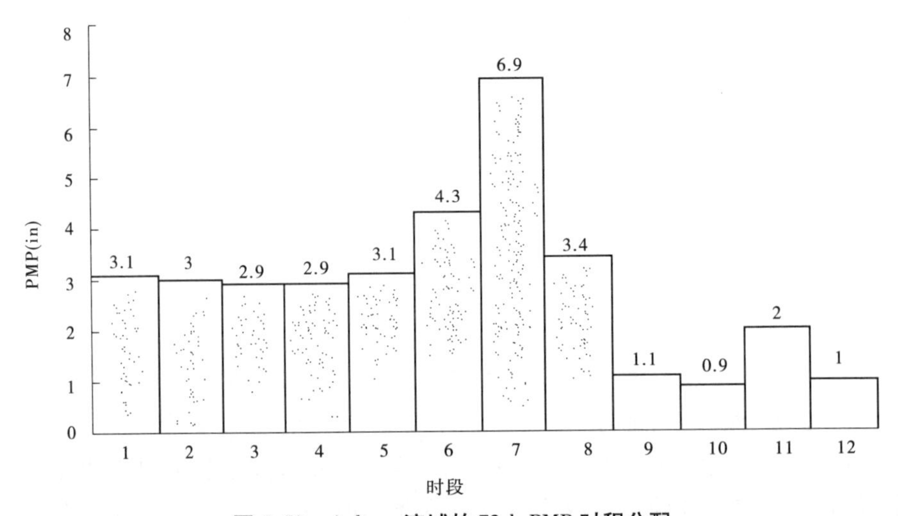

图 5.50　Auburn 流域的 72 h PMP 时程分配

面分布则采用该地区概化的面分布图,在此不作详细介绍。

5.3.8.3　局地暴雨法估算 PMP 的步骤及算例

局地暴雨法估算 PMP 包括两个部分:

(1)计算流域平均的 PMP,不包括其面分布情况;

(2)根据流域一次大暴雨过程确定 PMP 的面分布。

下面介绍局地暴雨法估算 PMP 的步骤,同时以加利福尼亚州 Wash 流域为例,详细说明其计算过程。Wash 流域位于加利福尼亚州东南部,面积为 167 $mile^2$(434 km^2),该流域边界如图 5.51 所示,图中粗线所围面积即为 Wash 流域。

步骤 1:估算历时为 1 h,暴雨面积为 1 $mile^2$(约 2.6 km^2)的局地暴雨 PMP。

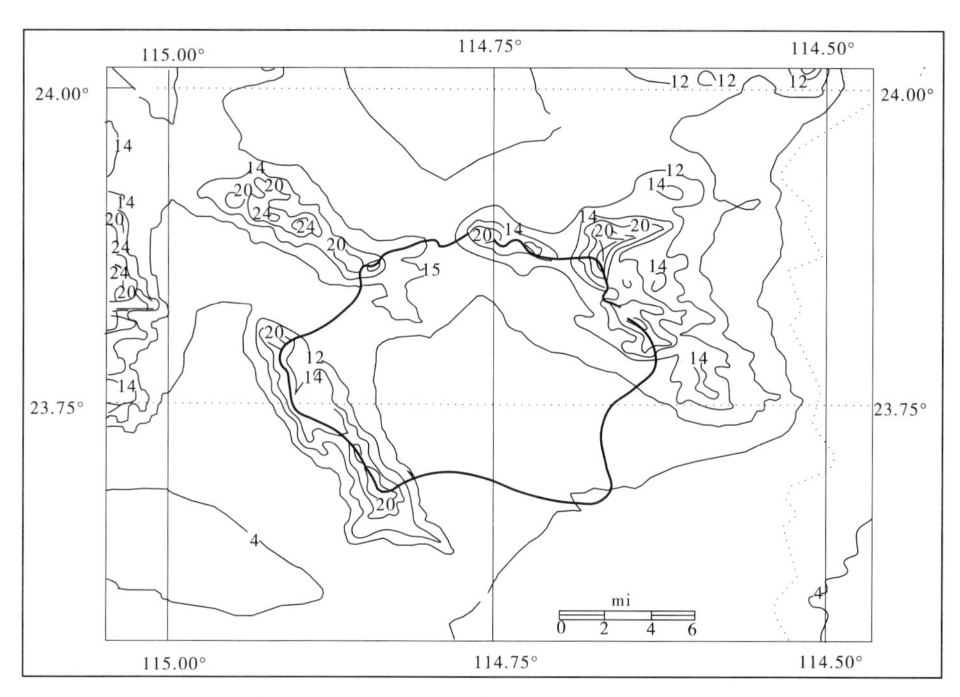

图 5.51　加利福尼亚州 Wash 流域位置示意图

将流域定位于图 5.52 中，并采用线性内插的方法确定历时为 1 h，暴雨面积为 1 $mile^2$（约 2.6 km^2）的局地暴雨流域的 PMP 值。

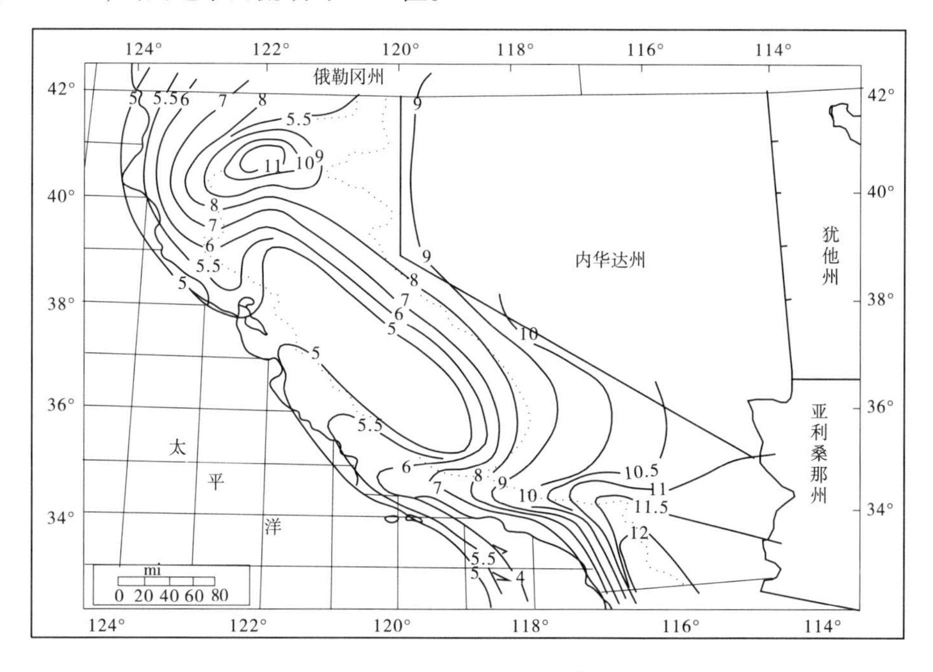

图 5.52　加利福尼亚州历时 1 h，暴雨面积 1 $mile^2$ 的局地暴雨 PMP 等值线图

Wash 流域的重心位于北纬 33.75°，西经 114.75°，从图 5.53 中内插得到该点历时为

1 h,暴雨面积为 1 mile^2 的局地 PMP 为 11.4 in(289.6 mm)。因为该地区 PMP 的空间变化不大,因此内插是可行的;如果 PMP 的空间变化幅度较大,那么必须对美国国家海洋和大气管理局(NOAA)的资料进行更详细的分析才能求得平均的 PMP 值。

步骤 2:平均流域高程修正。

首先确定研究流域的平均高程。如果流域平均高程等于或小于 6 000 ft,那么无须作修正;如果流域平均高程大于 6 000 ft,那么对于高出 6 000 ft 的部分,每多出 1 000 ft,从步骤 1 中得出的 PMP 减少 9%。图 5.54 亦给出了流域平均高程大于 6 000 ft 时,不同流域平均高程的气柱水汽含量修正百分比,也就是该高程对应的水汽含量与流域平均高程为 6 000 ft 时气柱的水汽含量之比。

举一个例子来说,如果一个流域的平均高程为 8 700 ft,较 6 000 ft 高出 2 700 ft,那么折减系数等于 24.3%(9%的 2.7 倍)。也就是说,步骤 1 中得出的 PMP 值要乘以 76%,这一点从图 5.53 中也可以得到证明:假绝热线在高程为 8 700 ft 处对应的比值大约为 76.4%。

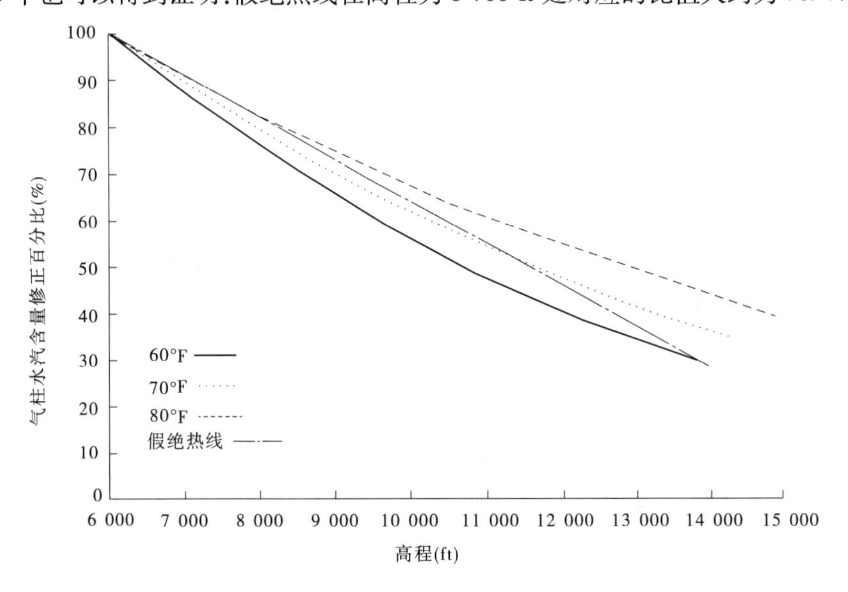

图 5.53　不同流域平均高程的气柱水汽含量修正百分比

本算例中 Wash 流域的平均高程远小于 6 000 ft,所以不必进行平均流域高程修正。

步骤 3:历时修正。

对于历时小于 1 h 的 PMP,根据图 5.54 求得。图 5.54 中不同历时对应的纵坐标(百分比)表示该历时下的 PMP 占历时为 1 h 的 PMP 的百分比。对于历时大于 1 h 的 PMP 修正系数,则需先确定流域的修正类别。修正类别分为 A(1.15)、B(1.5)、C(1.3)、D(1.4)四类。图 5.55 是加利福尼亚州流域修正类别的等值线图,图中数值是 6 h PMP 与 1 h PMP 的比值。具体操作时,先从图 5.55 中确定该流域的修正类别,然后从图 5.54 中得到相应类别的 1 ~6 h 的修正系数。

从图 5.55 中查到 Wash 流域属 C 类修正,继而从图 5.54 中查得 C 类修正各历时下的修正系数,乘以步骤 2 中经平均流域高程修正后的 PMP(本例中没有步骤 2 的修正,故

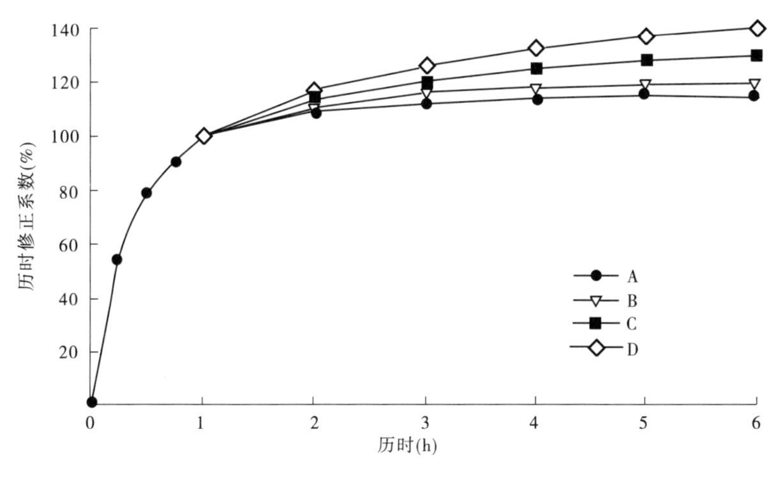

图5.54 PMP历时修正系数

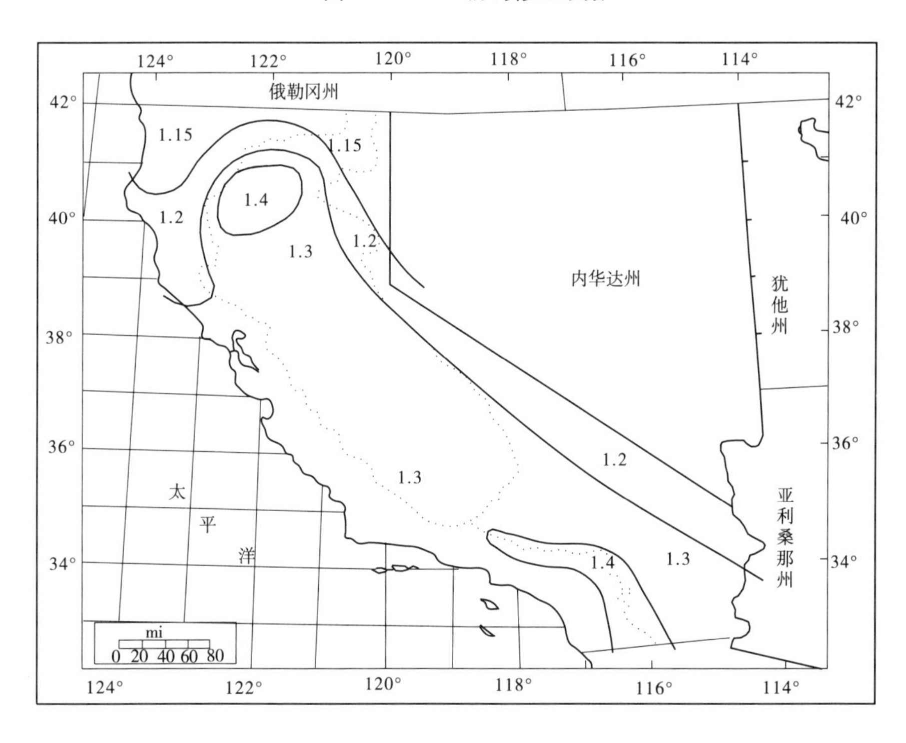

图5.55 流域修正类别等值线图

直接采用步骤1中的结果),得到Wash流域各历时下暴雨面积为1 mile^{2}的PMP,结果见表5.18。

步骤4:流域面积修正。

A、B、C、D四类修正的面积折减系数(面积小于500 mile^2)均有图表给出,图5.56给出了相应于C类修正对应的面积折减系数。

表 5.18　Wash 流域 PMP 历时修正结果

历时(h)	0.25	0.50	0.75	1	2	3	4	5	6
历时修正系数	0.55	0.79	0.91	1.00	1.14	1.20	1.25	1.28	1.30
PMP(in)	6.3	9.0	10.4	11.4	13.0	13.7	14.3	14.6	14.8
PMP(mm)	160	229	264	289	330	348	363	371	376

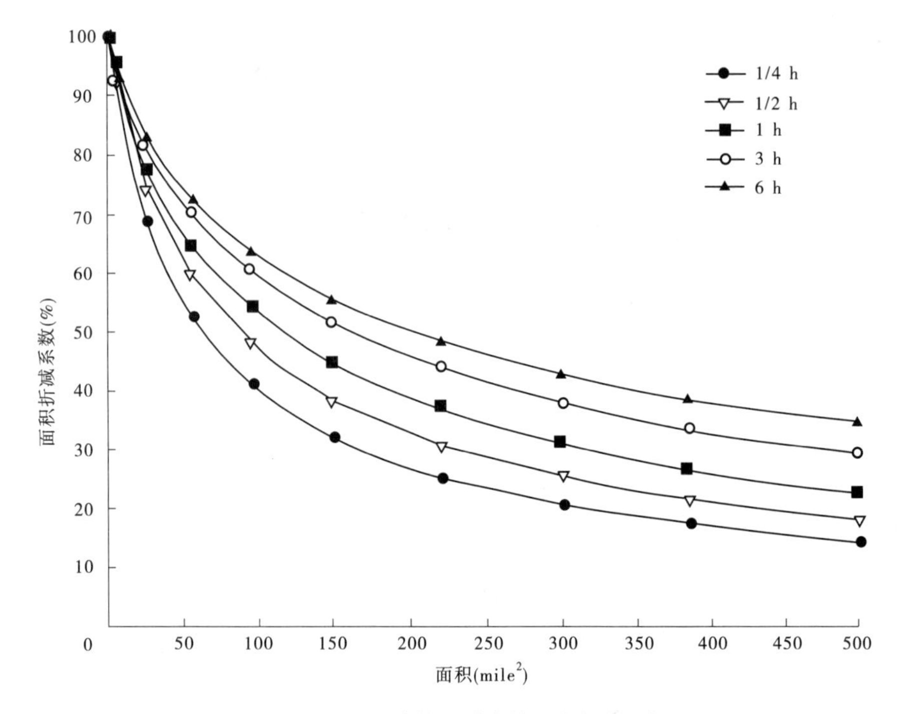

图 5.56　C 类修正对应的面积折减系数

从图 5.56 中查出由暴雨面积为 1 $mile^2$(约 2.6 km^2)转换为 167 $mile^2$(约 434 km^2)的面积折减系数(事实上,这个折减系数与流域面积大小无关,仅与 6 h PMP 与 1 h PMP 的比值有关),折减系数乘以步骤 3 中对应历时的 PMP 得到经流域面积修正后的 PMP,结果见表 5.19。

表 5.19　Wash 流域 PMP 面积修正结果

历时(h)	0.25	0.50	1	3	6
面积折减系数	0.31	0.37	0.43	0.50	0.54
PMP(in)	2.0	3.3	4.9	6.9	8.0
PMP(mm)	51	84	124	175	203

将表 5.19 中各历时下的 PMP 绘制成一条光滑的曲线,如图 5.57 所示。

步骤 5:时程分配。

分析该地区的多场暴雨发现:该地区的暴雨历时一般小于 6 h,且最大 1 h 雨量一般

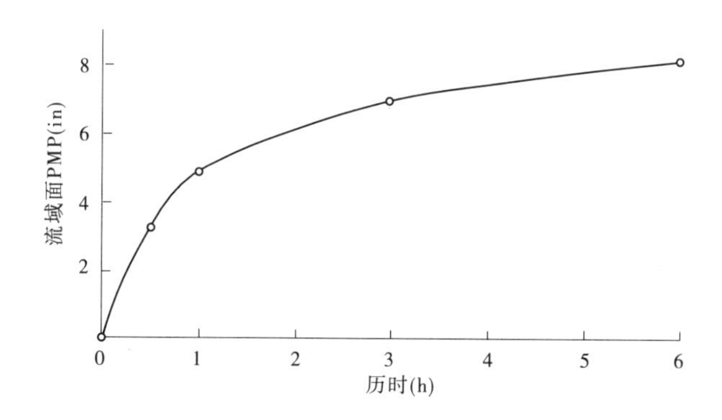

图 5.57　流域历时—面 PMP 关系曲线

发生在第 1 个小时内。所以该地区的 PMP 时程分配原则为：最大 1 h 雨量放在最开始第 1 个阶段内，次大 1 h 雨量放在第 2 个时段内，依此类推。

从图 5.57 中读得 PMP 累积过程，结果见表 5.20 中的第二、三行，然后将后一时段 PMP 减去前一时段 PMP 得到逐时段（时段长 1 h）的 PMP 过程，结果见表 5.20 中的第四、五行。

表 5.20　Wash 流域 PMP 累积过程线和时段过程线

历时(h)		1	2	3	4	5	6
PMP 累积过程线	in	4.9	6.1	6.9	7.4	7.7	8.0
	mm	124	155	175	188	196	203
PMP 时段过程线	in	4.9	1.2	0.8	0.5	0.3	0.3
	mm	124	30	20	13	8	8

表 5.20 中时段 PMP 的排列顺序与前述的时程分配原则一致，故不需要作调整。

步骤 6：面分布。

图 5.58 中椭圆形的等雨量线及其配套的确定等雨线雨量数值的 4 个表（分别对应 A、B、C、D 四类修正，表 5.21 对应 C 类修正）中的百分比可以用来确定该局地暴雨 PMP 的面分布。图 5.58 中的椭圆形等雨量线的长短轴比均为 2∶1，4 个表中的百分比是指该等雨量线的雨深与经流域平均高程修正后的局地暴雨 PMP 的比值（如果无须修正，则是指该等雨量线的雨深与步骤 1 中计算的局地暴雨 PMP 的比值）。该等雨量线图必须是与 1∶500 000 的流域图相叠加，然后才能根据该等雨量线图计算流域平均的 PMP 值。一旦等雨量线图确定就可以将该等雨量线图移置于流域上，当然，不同的位置方式会得到不同的 PMP 面分布，从而计算得到不同的面 PMP。当该等雨量线图置于流域中心时，得到最大的 PMP 值；如果等雨量线图接近流域出口断面，就会得到较大的洪峰流量。

另外，还需要说明的是，4 个表分别适用于一种情况（A、B、C、D 四类修正中的一种），而从这些表中获取的百分比仅适用于历时为 1 h，暴雨面积为 1 $mile^2$（约 2.6 km^2）的局地暴雨 PMP，因此百分比必须乘以步骤 1（或步骤 2）中得到的 PMP。本算例中，局地暴雨 PMP 是 11.4 in，对应于第 C 类修正，将表 5.21 中 6 h 对应的百分比与 11.4 相乘，从而得到类似于图 5.58 的流域 6 h 等雨量线图。因为 Wash 流域面积为 434 km^2，所以等雨量线从椭圆 A（包围面积为 2.6 km^2），计算至椭圆 G（包围面积为 570 km^2），各等雨量线对应的雨深值见表5.22。

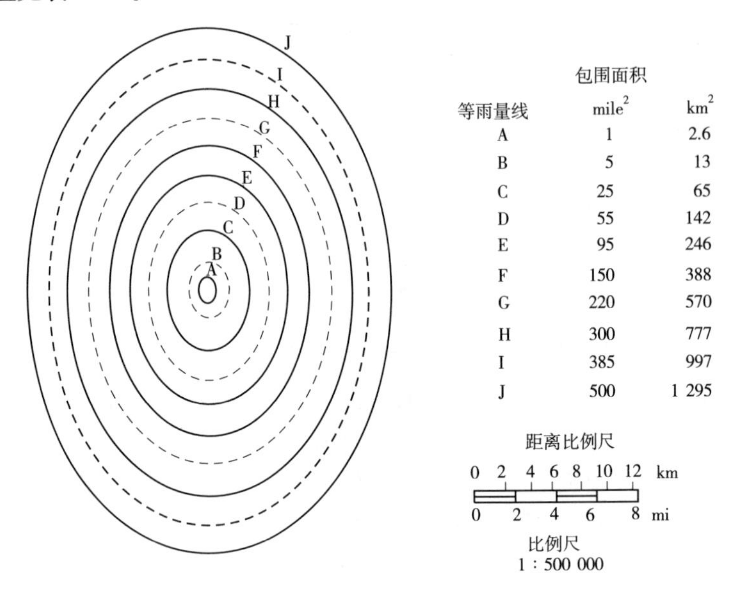

图5.58　概化的PMP等雨量线图

表5.21　C类修正对应的等雨量线百分比

等雨量线	不同历时C类修正对应的等雨量线百分比(%)								
	0.25 h	0.50 h	0.75 h	1 h	2 h	3 h	4 h	5 h	6 h
A	55	79	91	100	114	120	125	128	130
B	44	66	77.6	86	100	106	111	114	116
C	26	44	53.6	61	74	81	86	89	91
D	17	31	40.2	46.5	58	65	70	73	75
E	11	20	26.8	32.5	42	49	54	57	59
F	6.6	13	19	24	32	38	43	46	48
G	6.5	11	14	16	23	28	33	36	38
H	5.0	8.0	10.5	12	17.5	21.5	25.5	29	31
I	3.0	6.0	8.5	10.5	16	20	24	27.5	30
J	2.5	5.5	8.0	10	15	19	23	26.5	29

表5.22　Wash流域等雨量线值

等雨量线	A	B	C	D	E	F	G
雨深(in)	14.82	13.22	10.37	8.55	6.73	5.47	4.33
雨深(mm)	376	336	263	217	171	139	110

Wash流域的形状与等雨量线图不能完全重合,即不符合椭圆形等雨量线2:1的长短

轴之比,因此当该等雨量线放置于 Wash 流域(不规则形状)时,不管其如何放置,根据等雨量线计算得到的面平均 PMP 比步骤 4 中得到的面 PMP 要小。

5.3.9 地形调整

就降雨历时≥24 h 的暴雨而言,若在该场暴雨和指定位置之间的地形不同,则地形对这两个地区降雨的影响也不同。如果另一个更高的地区已经发生过这种暴雨,那么在一个小山丘地区发生的暴雨将会产生更多的雨量。地形调整的任务就是要解决不同地形对降雨量的影响问题。在有降雨强度历时频率(IDF)资料可以利用的地区,可把具有某一重现期和类似于实测暴雨历时的指标雨量,用于客观地确定这场暴雨在原生地区和移置后地区之间的地形影响。下面介绍王碧辉(1986)的例子来说明如何使用 IDF 方面的技术来进行地形调整。他是把蒙塔纳(Montana)流域的一场暴雨移置到钱斯曼(Cheesman)流域。图 5.59 和图 5.60 分别表示蒙塔纳流域和钱斯曼流域百年一遇 24 h 降雨的网格点。

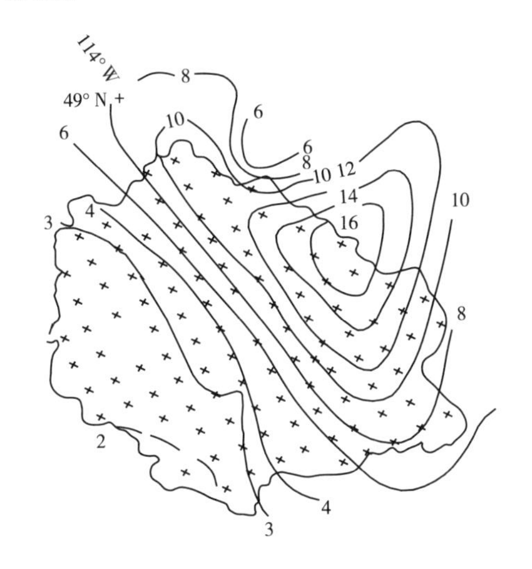

图 5.59 蒙塔纳流域 1964 年暴雨移置到钱斯曼流域后的等雨量线 (单位:in)

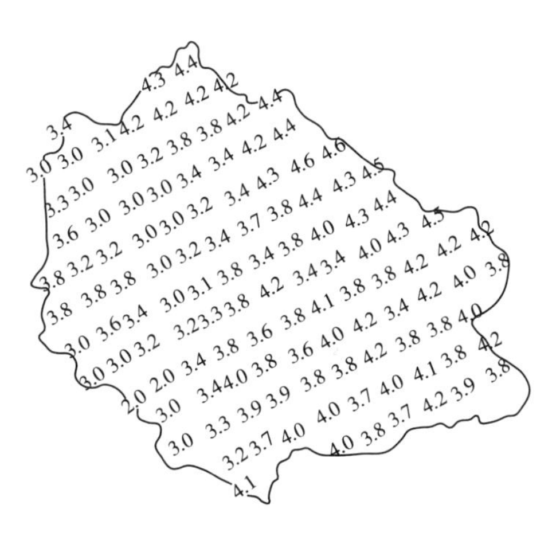

图 5.60 蒙塔纳流域百年一遇 24 h 雨量 (单位:in)

在图 5.60 中已绘出需要定位计算的一些网格点,每个网格点移置后的暴雨值由钱斯曼流域百年一遇 24 h 雨量网格点值和蒙塔纳流域百年一遇 24 h 雨量网格点值的比值乘以图 5.60 中相应网格点的雨量得出(见图 5.61、图 5.62),即

$$R_c = R_s \times \frac{IDF_c}{IDF_s}$$

式中:R_c 为设计流域网格点雨量;R_s 为暴雨原生地网格地网格点雨量;IDF_c 为设计流域降雨强度历时频率网格点上的雨量;IDF_s 为暴雨原生地降雨强度历时频率网格点上的雨量。

由于钱斯曼流域百年一遇的 24 h 雨量比蒙塔纳流域百年一遇 24 h 雨量小,所以在这种情况下这场暴雨的最大暴雨等值线,由该流域接近东南部地区由 16 in 减小为 13 in。

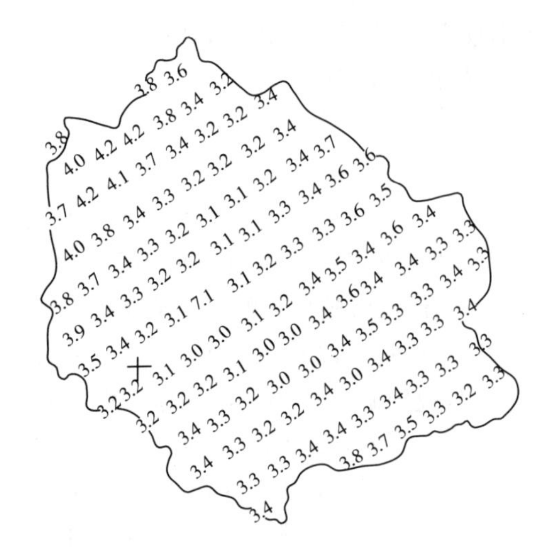

图 5.61　钱斯曼流域百年一遇 24 h 雨量（单位:in）

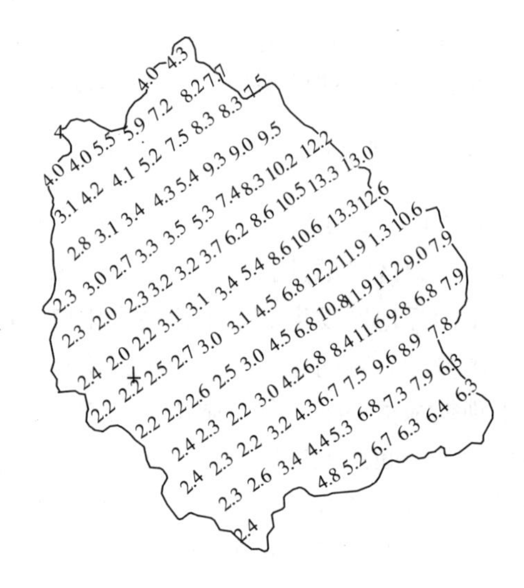

图 5.62　蒙塔纳流域暴雨移置到钱斯曼流域后的网格点雨深（由图 5.61 和图 5.62 网格点雨量的比值乘以蒙塔纳流域雨深得出）（单位:in）

5.4　澳大利亚短历时和小面积 PMP 估算

5.4.1　概述

在澳大利亚,由于雨量站网稀疏、带自记装置的雨量站不多,故仅有少量强烈短历时暴雨记录。而这些记录表明澳大利亚的降雨潜能与美国的相似。这样就可以采取相应步骤,利用已知的“调整美国数据”方法来估算澳大利亚的 PMP(澳大利亚气象局,1985),如已知的短历时概化法(GSDM)。自 1985 年以来,这个方法已经改进和修订了两次(澳大利亚气象局,1994,2003)。

5.4.2　澳大利亚和美国的记录暴雨比较

利用世界上另一个地区的数据的任何步骤的基本点是将不同地区的暴雨的气象特性和它们的时—面—深特征进行比较。此处考虑的各地区中,短历时和小面积的极大降雨量将产生于大规模高效和实际为固定的雷暴雨或部分来自带有隐藏的积雨云团的中尺度或天气尺度的暴雨系统。所考虑的这种降雨是有效水汽和辐合因子的函数。

在澳大利亚,频繁报道有强烈局地暴雨,而只有少数这种暴雨可能经过详细降雨分析而得到足够的数据。能做时—面—深分析的那些实测最大暴雨数据见表 5.23。该表没有考虑那些发生在热带和亚热带的沿海地带的暴雨。表 5.24 提供了历时从数分钟到数天的著名的点降雨量的数据。这些数据支持这一概念,即这些短历时和小面积的降雨潜力与美国的这种潜力相似。

表5.23 澳大利亚实测最大时—面—深数据(澳大利亚气象局,1985)

面积(km²)	不同历时(mm)		
	0.5 h	1.5 h	3 h
1	114(3)	300(3)	—
10	85(3)	99(2)	222(3)
50	72(3)	87(2)	195(1)
100	66(3)	78(2)	190(1)
500	49(3)	180(1)	—
1 000	42(3)	170(1)	—

注:1. 1900-03-20暴雨,Molong,新南威尔士。
2. 1971-01-26暴雨,Woden Valley,澳大利亚首都直辖区。
3. 1983-03-02暴雨,Dutton,南澳大利亚。

表5.24 澳大利亚实测最大点雨量统计(澳大利亚气象局,1994年提出,1996年修正)

日期(年-月-日)	地点	历时	雨量(mm)
1942-05-03	Adelaide,南澳大利亚	2 min	11
1960-10-26	Tamboirne Village,昆士兰州	4 min	18
1901-06-25	Karridale,西澳大利亚	5 min	22
1977-01-15	Tewkesbury,塔斯马尼亚岛	12 min	32
1960-11-22	Fairbairn,澳大利亚首都直辖区	15 min	20
1969-03-03	Croker Island,北部直辖区	15 min	42
1959-11-24	Sunbury,维多利亚州	18 min	40
1974-03-25	Cunliffe,南澳大利亚	20 min	61
1969-11-11	Bonshaw,新南威尔士	40 min	174
1946-03-13	Deeral,昆士兰州	60 min	330
1961-03-30	Deer park,维多利亚州	60 min	102
1983-03-02	Dutton,南澳大利亚	2 h 15 min	228
1983-03-02	North Dutton,南澳大利亚	3 h	330
1980-01-06	Binbee,昆士兰州	4 h 30 min	607
1984-02-18	Wongawilli,新南威尔士	6 h	515
1979-01-04	Bellenden Ker Top,昆士兰州	24 h	960
1979-01-05	Bellenden Ker Top,昆士兰州	2 d	1 947
1979-01-08	Bellenden Ker Top,昆士兰州	8 d	3 847

5.4.3　GSDM 时—面—深数据的应用

通过天气气象分析以及使用雷达和卫星对澳大利亚强烈暴雨的观测结果可以用于确定在澳大利亚使用调整的美国时—面—深数据的范围(见图 5.63)。在暴雨历时为 3 h 或 6 h 的地带之间属中间地带。该地带的暴雨历时由其他地带之间的线性内插或利用其他气象分析决定。时—面—深外包线(见图 5.64)的确定是利用美国有记录的最高降雨雨深加上新南威尔士附近达普托(Dapto)的一场稀有暴雨的雨深(Shepherd 和 Colquhoun,1985)都调整为同一水汽含量,即露点等于 28.0 ℃。提供了两条曲线:一条代表平缓地形,另一条代表崎岖地形。崎岖地形的特点是在水平距离 400 m 以内,地面高差一般为 50 m 或更多。该类主要用于临海侧陡峭丘陵的迎风坡流域。

图 5.63　短历时概化法适用的地带(澳大利亚气象局,2003)

图 5.64 的曲线适用于 1 500 m 以下高程,该高程以上,每 300 m 折减 5%。

5.4.3.1　地理变化

图 5.64 的曲线已调整至共同的水汽含量基准即露点等于 28.0 ℃。已利用澳大利亚年最大持续 24 小时露点绘制了一露点图。这些露点值在 2001 年曾进行过修正。然后,

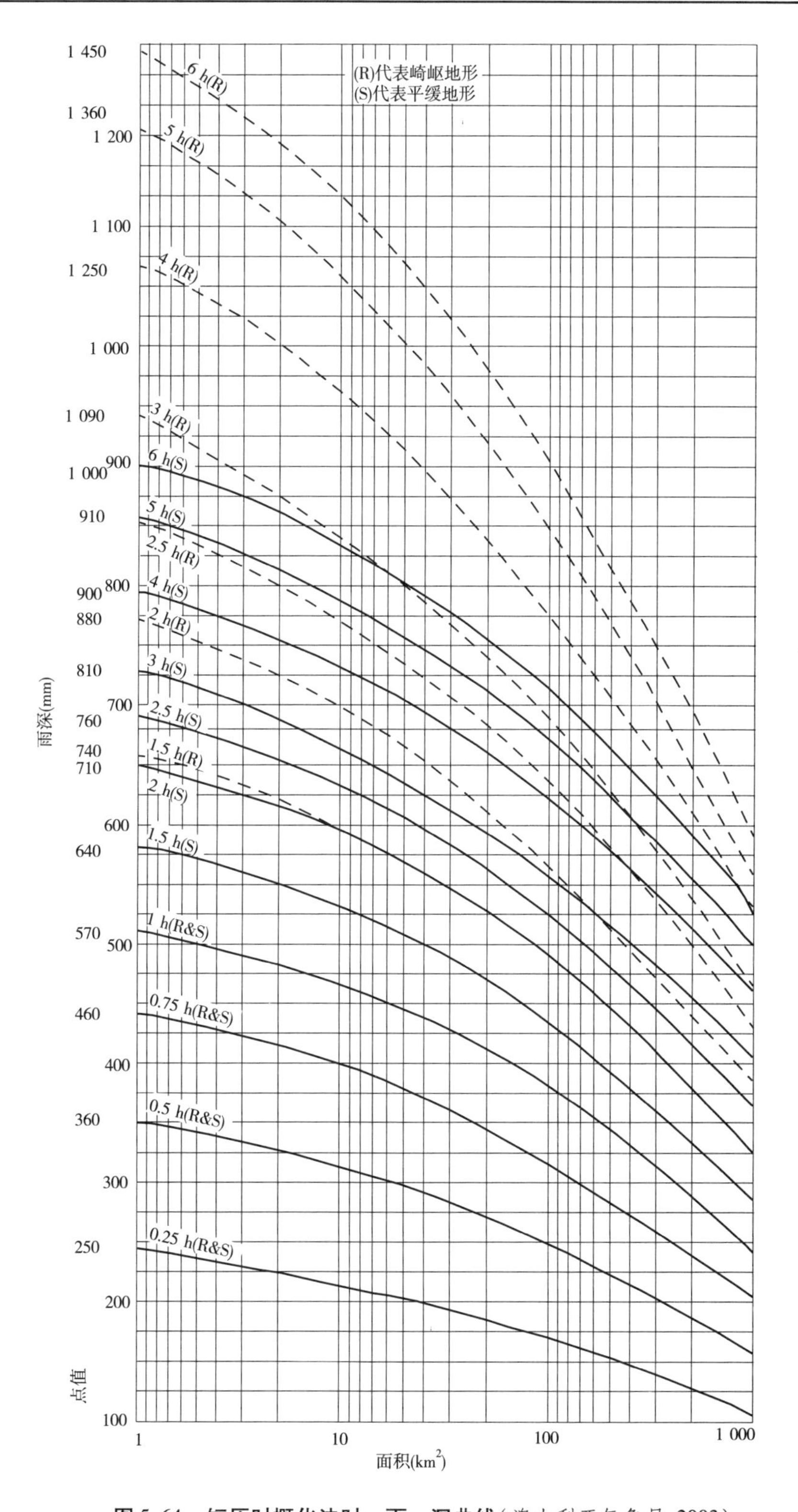

图 5.64　短历时概化法时—面—深曲线（澳大利亚气象局，2003）

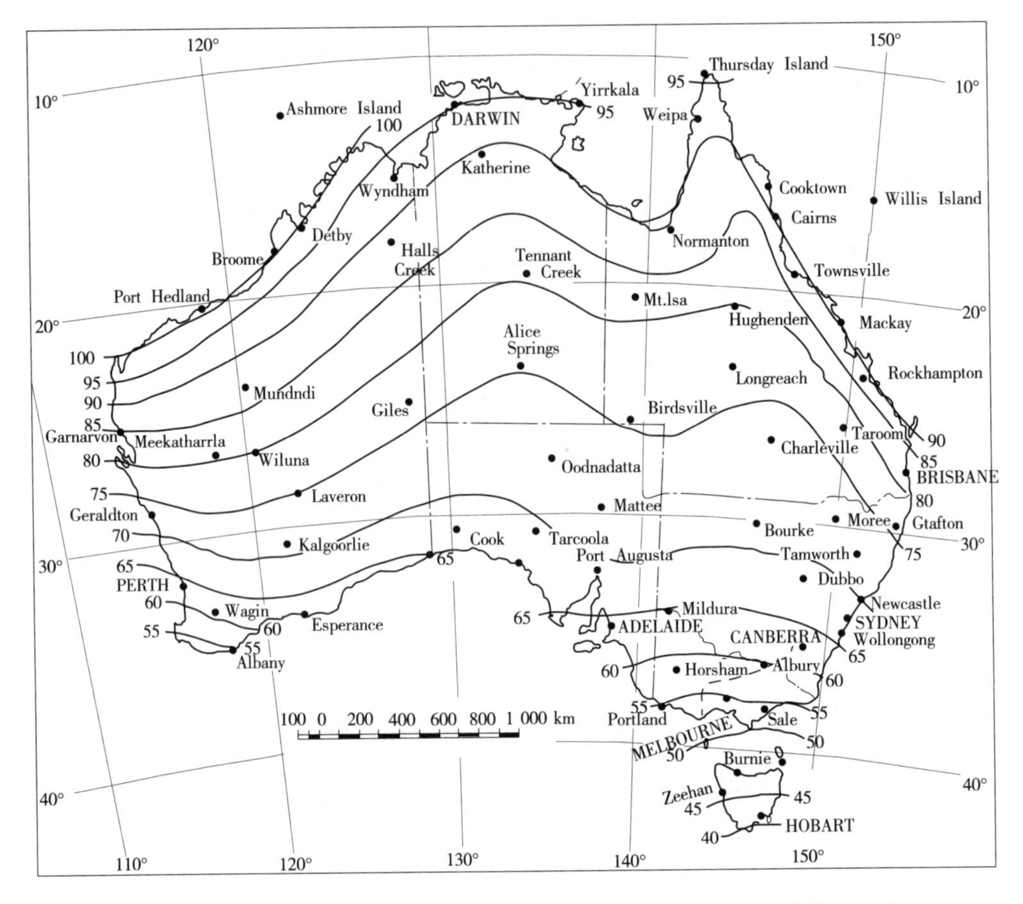

图 5.65　极限水汽指标差异随地理变化的折减因子(澳大利亚气象局,2003)

利用这张图推求了一个用来调整时—面—深数据的有效水汽指标。这个指标是通过计算年最大露点与基准露点 28.0 ℃所相应的可降水的比值来获得。图 5.65 是一张表示这种削减指标的图。

5.4.3.2　**PMP 的时间分配**

PMP 的时间分配应根据该地区特大暴雨的特性确定(见图 5.66)。图中的这条典型分配曲线是根据澳大利亚首都直辖区的沃登瓦力地区 1971 年 1 月 26 日暴雨和维多利亚墨尔本地区 1972 年 2 月 17 日暴雨概化而得。这两场暴雨都是由严重雷暴雨单体所引起的。

5.4.3.3　**PMP 的空间分配**

图 5.67 所给出了适用于对流暴雨 PMP 的设计空间分布。这种分布是基于美国气象局(1966)和 PMP 手册第二版(WMO-No. 332)所提供分布,但是根据澳大利亚经验作了修改。它假定一场暴雨实际上是稳定的,而且就该流域而言可以朝向任何方向。澳大利亚气象局(2003)已经给出应用这个空间分布的说明,但这张空间分布图没有具体化。

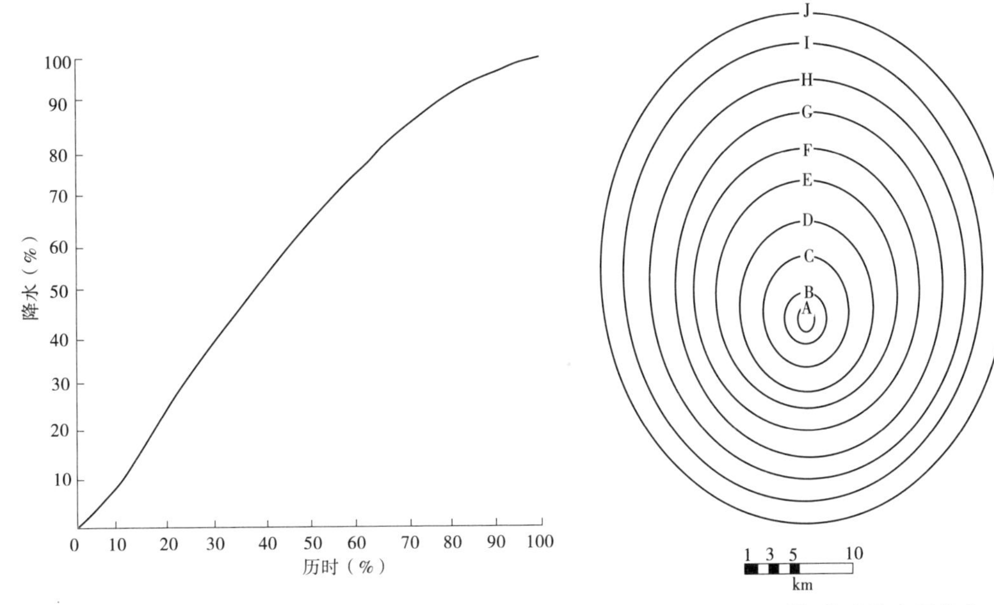

图5.66 用于短历时概化法估算PMP所需的时程分配
（澳大利亚气象局，2003）

图5.67 短历时概化法的空间分布

为了使用的方便和一致，建议对PMP的雨深用梯级函数(Step-Function)法分配。其假定在相邻椭圆之间的区间内(或在中心椭圆之内)所有点雨量都是一个常数，而且按每一个椭圆分级为一个新的常数。椭圆之间的这个常数值为该区间的平均雨深，是用下面所介绍的步骤来求得。关于这个方法的基本原理的进一步的信息，可以在泰劳(Taylor)等(1998)的著作中找到。

空间分布图的使用介绍如下：

(1)为完成空间分布图的定位，放大或缩小这张空间分布图(见图5.67)的尺寸，以便与该流域轮廓图的大小相匹配。把该流域的轮廓线覆盖在空间分布图上，并移动之，以获得与尽可能最小的椭圆的最佳符合。现在这个椭圆就是这个空间分布的最外面的椭圆。

(2)确定位于相邻两椭圆之间的流域面积($C_{i(\text{between})}$，这里i是第i个椭圆，它是A到J个椭圆之一)。

若这个流域面积完全充满两个椭圆，它正好是每个椭圆所包围的面积之差，其值如表5.25所示，即

$$C_{i(\text{between})} = Area_i - Area_{i-1}$$

式中：$C_{i(\text{between})}$填满椭圆之间的那一部分，可以用地理信息系统(GIS)、平面测量或某一类似方法确定。

(3)按下式确定每个椭圆所包围的集雨面积($C_{i(\text{enclosed})}$)

$$C_{i(\text{enclosed})} = \sum_{k=A}^{i} C_{k(\text{between})}$$

最外面的那个椭圆所包围的面积要等于该流域的总面积。

表 5.25　图 5.67 中椭圆 A ~ H 所包围的初始平均雨深　（单位:mm）

椭圆标记		包围面积(km^2)	区间面积(km^2)	历时(h)										
				0.25	0.5	0.75	1	1.5	2	2.5	3	4	5	6
平缓地区	A	2.6	2.6	232	336	425	493	563	628	669	705	711	832	879
	B	16	13.4	204	301	383	449	513	575	612	642	711	765	811
	C	65	49	177	260	330	397	453	511	546	576	643	695	737
	D	153	88	157	230	292	355	404	459	493	527	591	639	679
	E	280	127	141	207	264	321	367	418	452	490	551	594	634
	F	433	153	129	190	243	294	340	387	422	460	520	562	599
	G	635	202	118	174	223	269	314	357	394	434	491	531	568
	H	847	212	108	161	208	250	293	335	373	414	468	506	544
崎岖地区	A	2.6	2.6	232	336	425	493	636	744	821	901	1 030	1 135	1 200
	B	16	13.4	204	301	383	449	575	672	742	810	926	1 018	1 084
	C	65	49	177	260	330	397	511	590	663	717	811	890	950
	D	153	88	157	230	292	355	459	527	598	647	728	794	845
	E	280	127	141	207	264	321	418	480	546	590	669	720	767
	F	433	153	129	190	243	294	387	446	506	548	621	664	709
	G	635	202	118	174	223	269	357	417	469	509	578	613	656
	H	847	212	108	161	208	250	335	395	441	477	541	578	614

（4）针对每个由相邻椭圆所包围的面积（$C_{i(\text{enclosed})}$（见第（3）步），使用 x h 的初始平均雨深（$IMRD_i$），求得各个椭圆所包围的初始平均雨深。当集雨面积完全充满一个椭圆（$C_{i(\text{enclosed})}=Area_i$）时，对于这个面积的 x h 的初始平均雨深按表 2.3 确定。当集雨面积仅充满一个椭圆的一部分（$C_{i(\text{enclosed})}<Area_i$）时，则根据合适的时—面—深（DAD）曲线（见图 5.64）确定这个面积 x h 的初始平均雨深。

注意：对于椭圆 I 和 J 不需要初始平均雨深，因为其面积已经超出了 DAD 曲线应用于面积小于 1 000 km^2 的限制。

（5）将 $IMRD_i$ 与水汽调整因子（MAF）和高度调整因子（EAF）相乘来获得修正平均雨深 $AMRD_i$

$$AMRD_i = IMRD_i \times MAF \times EAF$$

对于最外面那个椭圆来说，其包围面积内的修正平均雨深，应等于该整个流域的 PMP（不含四舍五入）。

（6）用各个椭圆所包围的集雨面积（$C_{i(\text{enclosed})}$）（见第（3）步）乘以相应于该面积的 $AMRD_i$（见第（5）步）来确定每个椭圆包围的降雨总量，进而得到整个流域上每个椭圆内的降雨总量（$V_{i(\text{enclosed})}$）按下式计算

$$V_{i(\text{enclosed})} = AMRD_i \times C_{i(\text{enclosed})}$$

(7)用相邻的两个椭圆所包围的总雨量($V_{i(\text{enclosed})}$)(见第(6)步)相减,即可得出相邻两椭圆之间(即区间)的降雨总量($V_{i(\text{between})}$)

$$V_{i(\text{between})} = V_{i(\text{enclosed})} - V_{i-1(\text{enclosed})}$$

靠近暴雨中心的那个椭圆之内的降雨总量,已经在第(6)步中求得。

(8)用相邻两椭圆之间的降雨总量($C_{i(\text{between})}$)(见第(7)步)除以相应的相邻两椭圆之间的面积差($C_{i(\text{between})}$)(见第(2)步),即得该相邻两椭圆之间的平均降雨深(MRD_i),即

$$MRD_i = \frac{V_{i(\text{between})}(8)}{C_{i(\text{between})}(2)}$$

(9)对于其他历时的PMP,可重复步骤(1)~(8)得出。

5.4.3.4 季节变化

与短历时PMP估算有关的暴雨假设为夏季或早秋雷暴雨。在澳大利亚的部分地区,夏季很干燥,而较小规模的冬季暴雨可能对设计来说更关键。这对澳大利亚西南部来说是实际存在的。显示在图5.68中的这条季节变化曲线是根据各月最大持续24 h露点(以年最大值的百分数表示)所确定的水汽变化值而绘出的。这些百分数是根据横跨澳大利亚南部有代表性的12个站的月最大值算出来的。

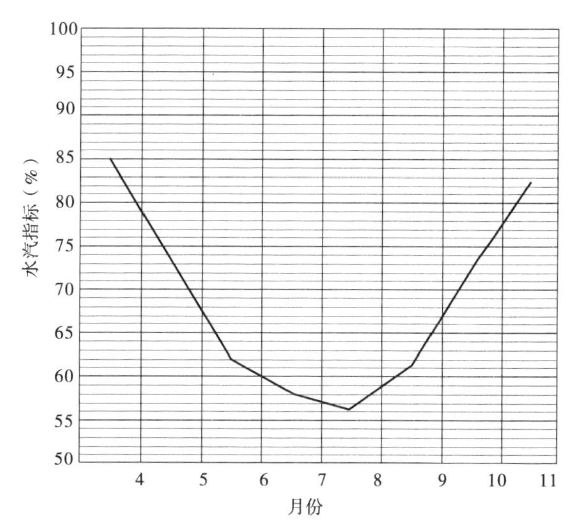

图5.68 南澳大利亚(30°S以南)PMP **月水汽调整百分数**(面积上限为500 km²)

图5.68适用于30°S以南而且面积小于500 km²的流域。

5.4.4 计算短历时小面积PMP的步骤

对于某一流域的PMP可采用以下步骤来确定。

(1)确定该流域的地形分类。

(2)确定该流域位置容许的PMP历时(见图5.63)。

(3)确定该流域面积规定或容许历时的PMP(见图5.64);如果不能从图5.64直接确定要求的历时,则用0.5~6 h的历时数值画出半对数图,并从最适合这些数据的曲线处内插。

（4）确定该流域位置的折减系数（见图 5.65）。

（5）对高程在 1 500 m 以上的流域每 300 m 取 5% 的折减系数。

（6）如果流域面积小于 500 km²，且位置在 30°S 以南需要季节数值，采用取自图 5.68 的调整因子。

（7）如果需要等雨量线型式，则采用 5.4.3.3 部分讨论的步骤。

5.5 澳大利亚长历时暴雨 PMP 估算

5.5.1 绪言

澳大利亚用于较长历时的 PMP 估算有两种概化方法。即澳大利亚东南部概化法（GSAM）（Minty 等，1996）和修正热带暴雨概化法（GTSMR）（Walland 等，2003）。图 5.69 显示了这两种方法应用地区的界线。还有一种在澳大利亚应用的新方法，利用全澳大利亚雨强—频率—历时数据库（澳大利亚工程师学会，1987）和计算技术蓬勃发展的优势，简化了概化和执行过程。该方法可大大简化地形对降雨影响的参数确定过程，尤其当在所研究地区具备这样的雨强资料时，其应用十分方便。

澳大利亚气象局水文气象处最初研制的 GSAM（Minty 等，1996）适用于不受热带暴雨影响的地区。后来在 GSAM 的发展中使用的一些方法和步骤也应用于热带暴雨，取代了先前的 Kennedy 和 Hart（1984）方法。该方法的修订完成于 2003 年（Walland 等，2003）。

这两种方法都遵循同一基本技术途径。作为概化方法，两者都建立在所能收集到的观测记录中澳洲大陆相关部分的全部历史暴雨资料基础上。在澳大利亚，已收集的观测资料约有 100 年，每种概化方法都使用了这 100 年中所发生的大暴雨资料。由此建立了一个历时变化很大及站点位置变化范围很广的巨大暴雨样本数据库。然后将空间具体位置特征进行识别并加以剔除，即允许修改该场暴雨，由此可以将其随意移置到相关地区并实现暴雨数据的外包。

如图 5.69 所示，两种概化的 PMP 方法现适用于除塔斯马尼亚（Tasmania）西海岸外的所有地区。

5.5.2 暴雨数据库的建立

5.5.2.1 暴雨选择

历史降雨资料的来源有：①已出版的一些报告，包括暴雨说明书、热带气旋报告、其他工程已编制的数据表和洪灾报告；②以往对 PMP 的研究；③计算机化收集的暴雨档案。可以通过若干程序向澳大利亚气象局查询降雨档案并提取特定区域雨量记录站的所有数据。将这些数据按降序排列并检测，以确定降雨记录的分布是否广泛。同时可将降雨量与站点位置对应的 50 年一遇的 72 h 雨强进行比较（澳大利亚工程师学会，1987）。这样可以提供与站点位置对应的稀遇事件发生的某一量度，以协调暴雨的排序。

最终的 GSAM 数据库拥有 110 场大暴雨资料，而 GTSMR 数据库拥有 122 场大暴雨资料。

图5.69　两种PMP方法的适用范围

5.5.2.2　数据质量控制

暴雨数据质量控制是数据库建设中耗时但又必需的部分,需要对降雨数据进行时间和空间上的一致性检查。需找出错误的记录,如降雨量发生日期的记录有误、累计的降雨量没有标记及某测站在观测期内位置改变等。位于特大暴雨中心测站的原始雨量观测簿可由国家档案馆获得。特别要注意观测员对涉及雨量计溢流的注释。对于与大暴雨、洪灾和溃坝报告等调查有关的全部资料都要搜集并补充到已建的数据库中。通过肉眼观察GSAM地理分类表和GTSMR地理分布图来进行空间一致性的检查。

5.5.2.3　暴雨分析与网格化

将暴雨总历时内的降雨总量点绘在一张比例适当的地形图上,并进行分析。然后将暴雨的等雨量线数字化。按照Canterford等(1985)的方法,利用样条函数(Spline Function)将各经纬度上所描述的等雨量线值内插到规则网格上。根据网格数据按原始分析图的比例重绘等值线,并附在原始分析图上直接进行比较。用递归(Recursive)的方法不断调整样条函数的参数并将等雨量线形状不断数字化,直到能完整重现原暴雨为止。当等雨量线延伸到无暴雨资料的海洋时,采用海—陆屏蔽法(Land-Sea Mask)将海洋中网格点数值设置为零。

5.5.2.4　暴雨时程分配

为了确定降落在标准历时和标准面积内的暴雨总量的最大百分数,需要去掉多数雨量站实施的24 h(上午9时至次日上午9时)降雨观测周期的限制。这一点可通过如下方式实现:将暴雨的3 h分配内置于24 h分配中,并提取该雨型的某一历时和面积下暴雨总量的最大百分比。

为构建3 h分配,需使用日雨量记录数据:来自天气站网的3 h降雨观测值,每场暴雨的研究成果,以及最重要的自记雨量计的数据档案。正如暴雨分析一样,用于构建时程分配的数据也要在时间和空间上进行一致性检查。在这个步骤中,将一些记录反常雨深的测站从站点列表中删除。

如图5.70所示,时程分配根据一组围绕暴雨中心的近似于标准面积的多边形来确定。所选取的标准面积对GSAM而言是100 km²、500 km²、1 000 km²、2 500 km²、5 000 km²、10 000 km²、20 000 km²、40 000 km²和60 000 km²,对GTSMR而言,增加了100 000 km²和150 000 km²。对各个特定多边形的日雨深,采用面积加权平均的方法确定。对应于每个多边形面积,可以得到总雨深的一组日(上午9时到次日上午9时)分配百分比。然后将3 h的时程分配置于日分配中,则可以得到总雨深的一组3 h分配的百分比。对应于每个标准面积的百分数,通过多边形面积的数值内插来确定。构建该暴雨时程分配的最后一步是确定标准历时为6 h、12 h、24 h、36 h、48 h、72 h、96 h和120 h的总雨深的最大百分比。也就是最大6 h百分比,最大12 h百分比等。GTSMR标准历时已经扩展到144 h。

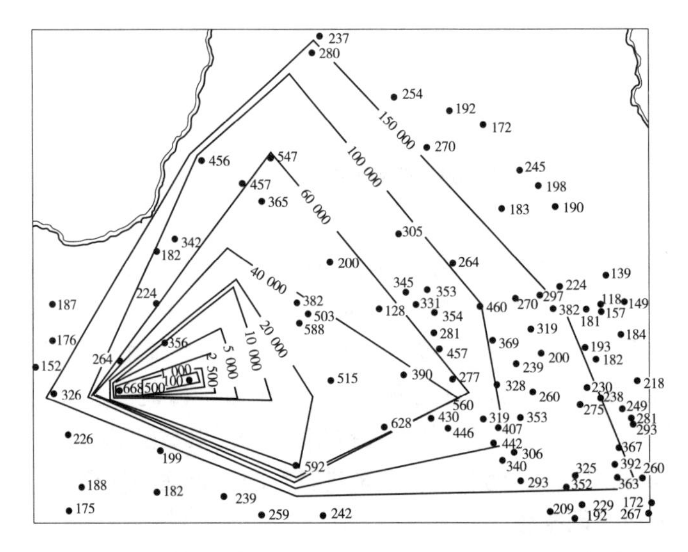

图5.70　标准面积多边形实例(1974年1月18~23日的6 d暴雨)

5.5.2.5　时—面—深分析

每一场网格化暴雨的最大雨深—面积曲线可用如下方法构建:由于等雨量线间隔均匀,统计相邻等雨量线间的网格点数;计算等雨量线间隔中降雨量的算术平均值;确定移动平均雨深和所有间隔内的累积面积。面积的计算是根据网格点数和网格分辨率来完成的。计算出总暴雨历时的雨深—面积曲线后,则各标准面积的雨深就可通过内插确定。然后将它与5.5.2.4部分中所得到的暴雨时程分配的雨深百分比相乘,就得到一组标准历时和标准面积下的雨深—面积曲线。

5.5.2.6　暴雨露点温度

为保证一场暴雨的露点温度能够代表这场暴雨的产雨气团,应尽可能将几个测站地表露点温度加以平均。合适的测站处在这场暴雨的水汽入流轨道上,或在该暴雨峰值所在的地区,并且要有持续 6 ~ 24 h 的最高露点温度记录。注意要保证选取的这些地面露点温度不受降雨影响(即要处于雨区边缘——译者注)。对于高程在 100 m 以上的测站,需通过假绝热化算到 1 000 hPa 的地表露点值(美国天气局,1951)。

在估算一场暴雨的露点温度的过程中,需要做大量的判断:确定水汽入流方向、局部地形影响、降雨过程计时、露点温度持续的相关性、地面测量相对于降雨形成层的代表性以及单个观测值的质量。权衡这些不同的因素后,就可以非常客观地确定一场暴雨露点温度的估值。如果其他误差来源已达最小化,误差不超过 2 ℃。

5.5.3　概化暴雨数据库

概化暴雨数据库的目的主要是对每一场暴雨的“具体地点”的地形分量进行识别和剔除,以便能将其移置到其他地方。

5.5.3.1　地区、地带、均一性

GSAM 的适用地区是澳大利亚东南部,同时其应用边界已延伸除应用 Kennedy 和 Hart(1984)方法的地区外的澳大利亚部分。这两种方法的地理边界,是按实际的流域边界划分的。

后来 GSAM 地区又被划分为沿海和内陆两个地带。这种划分反映出一个工作假设,即在这两个地带内,大雨产生的机制是截然不同的。其推论就是在每个地带中都存在一个假设的均一性,即在此地带数据库中的暴雨都可能发生在本地带内的任何地方。

尽管在介绍 GTSMR 时保留了两种方法应用区的地理边界(Walland 等,2003),但同时 GTSMR 地区本身又被划分成了几个新的地带:沿海、内陆以及位于澳洲大陆西南端的一个冬雨地带。相对于 GSAM 而言,GTSMR 地带的划分是基于对多种暴雨形成机制出现的地理范围进行调查的基础之上。实际上这意味着,在沿海地带,任何热带成雨机制都可能成为该地带降雨最重要的影响因素;而在内陆地带,只有季风低压能产生极限降雨。

各种方法应用地带的边界线如图 5.71 所示。

5.5.3.2　时—面—深分析

一场暴雨的等雨量线的大小、形状、方向受诸多空间位置特征影响,包括地形影响、水汽入流方向、暴雨的移动。正如 5.5.2.5 部分所言,用一组时—面—深(DAD)曲线来量化各场暴雨,就可有效地剔除各场暴雨的空间分布不同所带来的影响。

5.5.3.3　降雨的地形增强

概化方法初始要点主要是基于美国的基本水文气象报告(美国联邦气象局,1966;美国国家气象服务中心,1977,1984)及王碧辉(1986)的文章中所介绍的一些概念和实践经验而提出的一种实用技术。

在此引入两个基本概念:一是一场暴雨可被分成辐合雨与地形影响雨两个部分;二是某一地区的地形影响雨可用降雨的频率分析值来衡量。

作为《澳大利亚降雨径流》(工程师学会,1987)的一部分,已经完成对澳大利亚地区的降雨强度频率分析。澳大利亚气象局拥有一个名为计算机化设计 IFD(强度—频率—历时)降雨系统(CDIRS)的软件包,是该降雨强度频率分析地图的网格化版本。图 5.72 给出了一个例子。

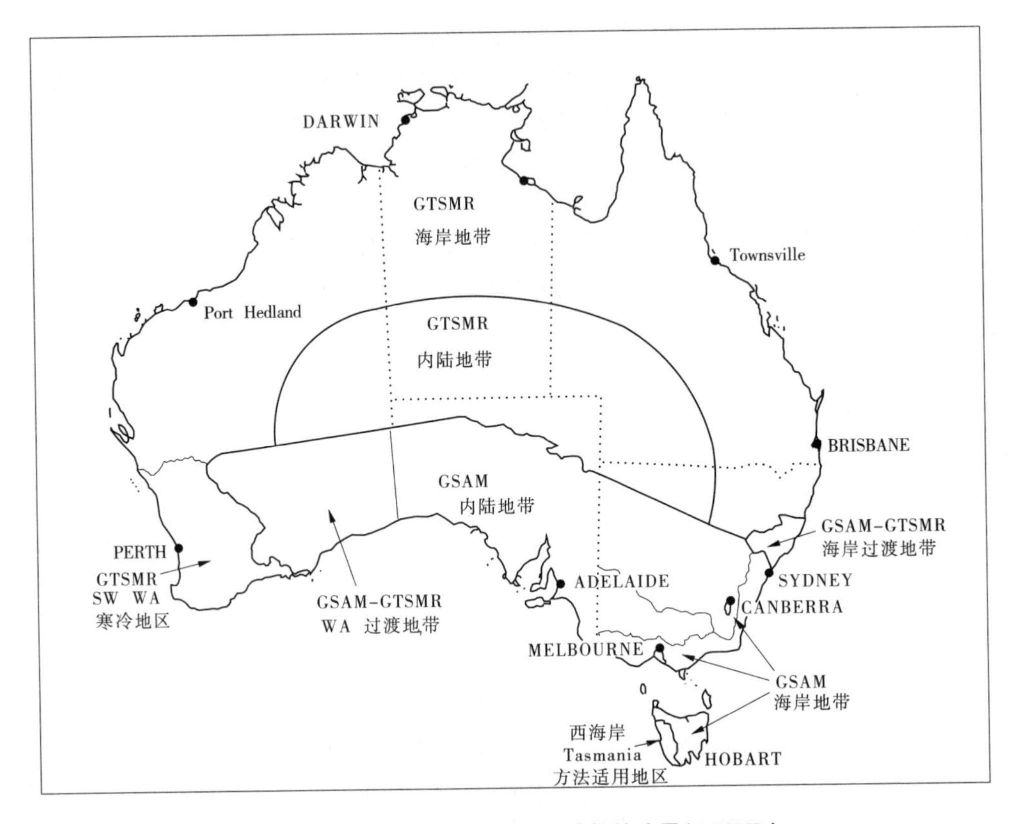

图 5.71　各种 PMP 方法和应用地带的边界(GTSMR)

在图 5.72 中,雨强的地区差别主要反映了地形对降雨影响的平均差异,此处提到的降雨是指相对比较罕见(平均重现期(ARI)为 50 年)、中等历时(72 h)的降雨事件。无地形影响的地区上的降雨强度可以认为仅由辐合降雨形成。有地形影响的地区的降雨强度是由辐合降雨和地形降雨两者共同形成的。在同一区域,受地形影响地区与非地形影响地区雨量的比值,可以用来衡量由于地形影响而使降雨增强的平均程度。

为了估算一场暴雨的地形增强因子,可使用下面近似等式

$$\frac{\text{总雨强}}{\text{辐合雨强}} \approx \frac{\text{总雨深}}{\text{辐合雨深}}$$

在实际应用时,可用 = 代替 ≈,但不能忘记这种关系本质上是近似的。这样一场暴雨的辐合和地形分量就定义为

$$\text{辐合雨深} = \text{总雨深} \times \frac{\text{辐合雨强}}{\text{总雨强}}$$

$$\text{地形雨深} = \text{总雨深} - \text{辐合雨深}$$

在研究这些方法的过程中,曾经尝试了多种方法以评估辐合分量。最后决定构建一张覆盖整个澳洲大陆的 72 h 50 年一遇雨强辐合分量图。制图时,首先精确定位出雨量值不受地形影响的地点,然后对这些地点之间的数值进行人工内插。对于澳大利亚内陆地区来说,该操作相对简单,但是在山丘地区,就需要更多的判别方法。图 5.73 展示了该地区的部分成果。

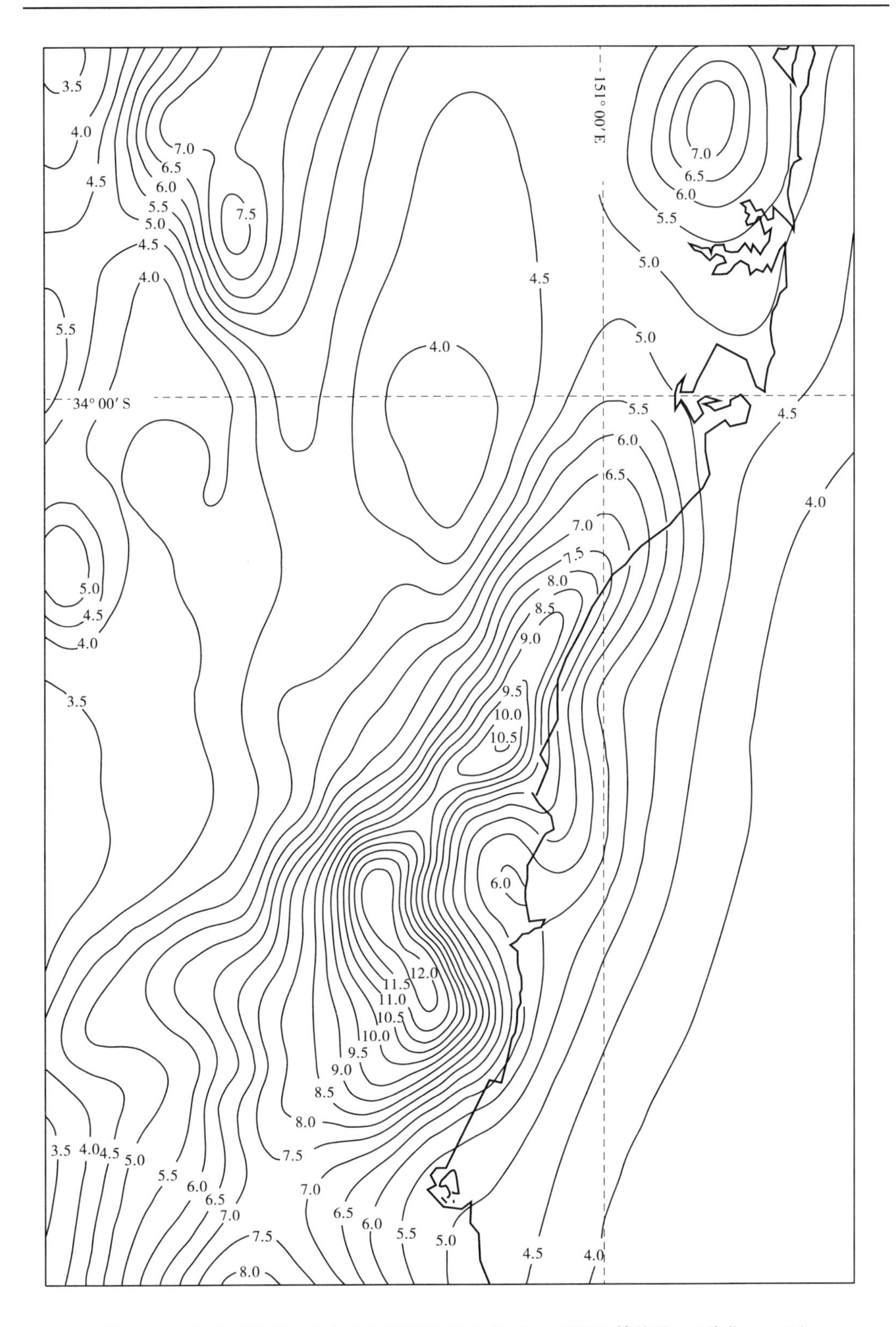

图 5.72　澳大利亚新南维尔士中部海岸 72 h 50 年一遇雨强等值线　（单位:mm/h）

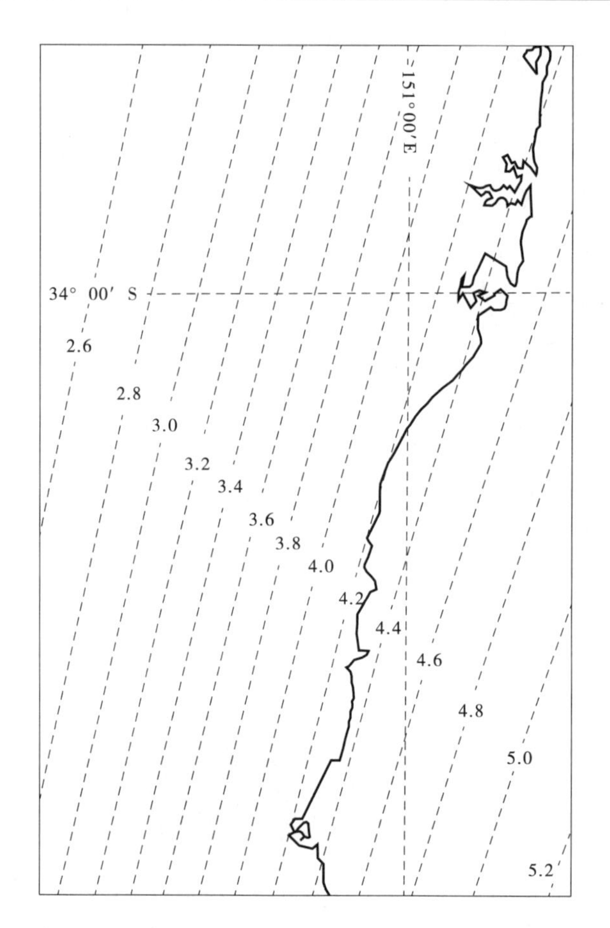

图 5.73　澳大利亚新南维尔士中部海岸 72 h 50 年一遇雨强的辐合分量等值线　（单位:mm/h）

然后采用与暴雨等雨量线网格化相同的技术,对这个地区的等值线进行数字化和网格化。根据这些网格点,计算单个网格点总降雨强度与其辐合分量的比值。同样,对每个暴雨网格点上的总暴雨深除以相应的降雨强度比值,计算出每场暴雨的辐合分量。然后对于每场暴雨的总暴雨量和辐合分量,都可以绘出雨深—面积曲线。

采用 72 h 50 年一遇降雨强度,来估算所有暴雨的地形增强因子,基于如下考虑:

(1)在《澳大利亚降雨径流》中,72 h 50 年一遇的分析在六个基本的降雨频率分析中最为精确;

(2)72 h 的历时大致位于 GSAM 要求的历时范围的中间;

(3)50 年的平均重现期(ARI)大致是 GSAM 暴雨数据库中暴雨重现期的平均值。

5.5.3.4　水汽放大和标准化

水汽放大就是"在假设进入这场风暴水汽入流增大的前提下,把实测降雨总量向上调整的过程"(世界气象组织 332 号出版物,WMO-No. 332)。如果某场暴雨已经达到特定地点在一年中特定时间的最大水汽入流,则放大后的暴雨就是已经发生的这场暴雨量。

水汽放大方法需要知道两个参数:

(1)在特定位置和一年中特定时间可能发生的最大或极限水汽,以最大 24 h 持续露点温度表示；

(2)拟放大的这场暴雨的有效水汽，用该场暴雨的露点温度表示，其值可用5.5.2.6部分中所介绍的方法推求。

持续24 h最大露点利用长期气候资料来求得。澳大利亚自2001年以来，所使用的一组分月露点温度值是经过修正后的数值。

暴雨露点和持续最大露点所对应的可降水值可用查表(如WMO－No.332)的方法求得。水汽放大因子定义为相应于最大露点的最大可降水量与相应于该场暴雨露点的可降水量的比值。因此

$$MF = \frac{EPW}{SPW}$$

式中：MF为水汽放大因子；EPW为相应于最大露点的最大可降水量；SPW为相应于暴雨露点的可降水量。

最大露点应在拟放大的该场暴雨的相同位置选择，其日期应在该场暴雨开始日期的前后28 d内。暴雨辐合雨量放大就是用水汽放大因子与之相乘。

水汽放大的概念是假定水汽增加与降水量增加之间的关系是线性的，即在水汽有相对很小的增大的情况下，降水量也有最小的增加。尽管因水汽改变所引起的暴雨效率变化程度是未知的，然而进行如下的假定仍然是合理的。较小的水汽入流变化对暴雨效率仅有很小的影响，而较大的水汽入流变化对暴雨效率将有重大的影响。因此，应避免使用过大的水汽放大因子，以免引起暴雨动力条件的改变。通常的做法是为水汽放大因子设定限值。澳大利亚过去采用限值范围是1.5～2.0。对GSAM而言，放大因子上限是1.8。对GTSMR暴雨而言，有5场暴雨放大因子超过1.8；其中有1场的放大因子为1.96，这是根据一场很完整的暴雨资料确定的。因此，GTSMR的放大因子上限设为2.0。

为了剔除一场暴雨水汽含量受空间位置的影响量，需要把水汽标准化，即把暴雨的水汽含量增加到本地带(而不是暴雨所在位置)的标准最大露点的水平。本质上标准化过程相当于把各场暴雨从其原位置移置到一公共的假设位置。由于完全是从水汽含量的角度进行的移置，所以标准化过程仅对一场暴雨的辐合分量有效。标准化因子的计算与放大因子的推求方法类似，即它是标准的最大露点下的可降水量与这场暴雨的最大露点下的可降水量的比值。值得注意的是，在水汽的放大和标准化之间唯一的主要差别是放大因子设置了上限。

由于已将澳大利亚分成两大方法应用区，又对应用区细划了应用地带，这就限制了暴雨在空间范围上的可移置性。由于暴雨类型与地理带相关的同时，与季节也同样相关，所以也限制了在时间范围上的可移置性。鉴于这个原因，GSAM暴雨数据库按季节分成四组，这四组的标准最大露点不同；GTSMR暴雨数据库按季节分成了两组，这两组的标准最大露点也不同。这些标准最大露点是根据各种方法应用区内的持续24 h最大露点的年变化来选择。

对GSAM而言，其年振荡是用四个不规则的阶跃函数来近似表示。各个阶梯的时间间隔根据振荡曲线的坡度以及尽量使各阶梯内相关露点变化范围最小的要求来选取。因此，并不是真正按季节进行分组。这种预防性的处理方法可保证本数据库标准化的结果

对季节性分组之间的影响保持一致。季节分组内的标准最大露点是 GSAM 应用区北部末端的典型值,因此标准化因子一般应大于 1.0。图 5.74 中显示了 Brisbane 站的标准化过程的阶梯,同时该图描绘了最大露点的年变化,以便比较。

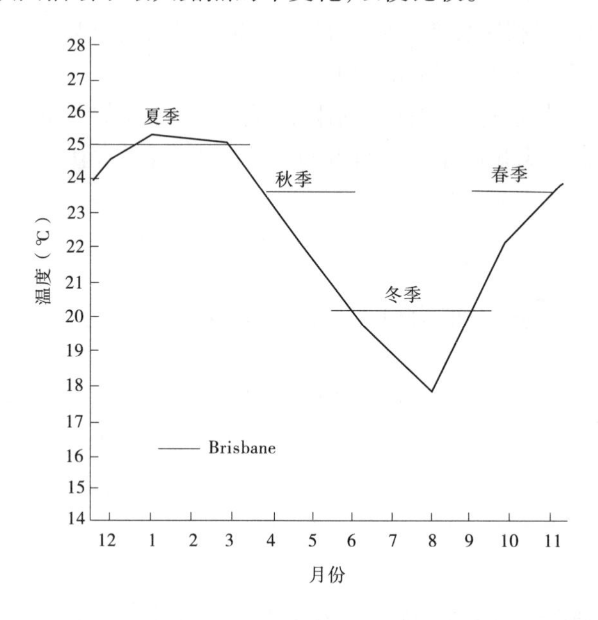

图 5.74 用于 Brisbane 站的分月持续 24 h 最大露点和用于 GSAM 各季节分组的标准持续最大露点

对 GTSMR 数据库中的暴雨采取类似的标准化过程。将这些暴雨的标准化处理为如图5.75所示的两个季节的函数。该图是根据 Broome 站持续 24 h 最大露点数据完成的,该站拥有该地区每月持续最大露点的长记录。

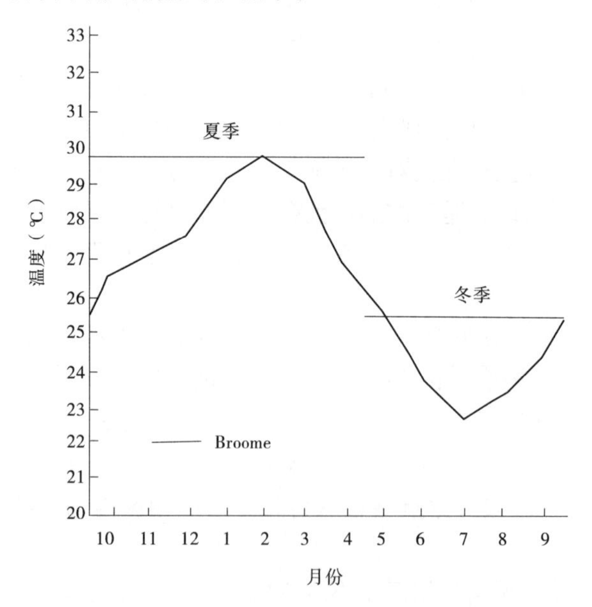

图 5.75 用于 Broome 站的分月持续 24 h 最大露点和用于 GTSMR 各季节分组的标准持续最大露点

5.5.3.5　暴雨机制衰变的地理变化

GTSMR 额外使用了一个调整因子。在 GSAM 概化暴雨的情况中，消除地形影响和水汽放大与标准化这些处理已经足够用来将暴雨在本区域内移置。然而，对于 GTSMR 而言，由于其应用区较大，而且形成最大降雨情势的暴雨类型是热带气旋，特别是在沿海地带。一般而言，热带暴雨具有从海洋上空温暖水汽吸收的较大能量源；所以，距能量源越远，暴雨量级衰减的程度就越深。为使该暴雨机制可以在本地带内移置，需要进一步考虑地理变化。

一个实用的定量方法是将澳大利亚工程师学会(1987)的强度—频率—历时(IFD)信息为考虑全国降雨强度地理变化的基础，它是该方式下所能获得的最好的信息。然而，IFD 数据既代表了由地形和水汽引起的降雨变化，也代表了除此之外的地理变化，而后者才是此处需要考虑的。为了避免重复计算，必须从 IFD 数据中剔除受水汽和地形影响的降雨分量。辐合强度数据(见 5.5.3.3 部分)表示了假定澳大利亚为平原的前提下的降雨强度，可用于剔除地形对降雨量的影响。现有的持续最大露点信息能够协助剔除水汽的影响，是基于下述假设的

$$R_{\mathrm{a}} \approx \mathrm{Smooth}IFD_{\mathrm{a}} \times \left(\frac{EPW_{\mathrm{A}}}{EPW_{\mathrm{a}}}\right)$$

式中：R_{a} 为 a 点剔除水汽和地形影响后的 IFD 值；SmoothIFD_{a} 为 a 点的平原地区 IFD 值；EPW_{A} 为相当于澳大利亚持续 24 h 最大露点的可降水量(由于 Broome 站拥有澳大利亚境内单个可靠站点中最高的露点记录 25.9℃⇔118.9 mm，所以选择该站持续 24 h 最大露点作为代表)；EPW_{a} 为 a 点相当于持续 24 h 最大露点的可降水量。

对地形和水汽来说，有了标准化的 IFD 信息，剩余的就是地理变化，它是由其他因素引起的，诸如距海岸的距离、距赤道的距离及除其他更微弱的变数外的一些影响阻挡最优入流的障碍。

为使剩余的 IFD 数据变成一种便于应用的形式，需要基于支撑数据(海表温度 SST 和实测数据)将剩余 IFD 数据标准化(Scaled)为振幅因子(Amplitude Factor)。为了消除噪声的影响，还要对振幅分布进行平滑。由此所得到的因子(即所谓的衰减振幅)的分布绘制于图 5.76 中。

标准化并平滑这些数据的一个重要方面是对未经修正(即衰减因子为 1.0)的暴雨和它们与海岸线的交点要选定在最南纬度的位置。此项工作可基于 SST 信息来完成，此时需要作一个保守的假定：SST 的 25 ~26 ℃等温线近似于海洋温度，该温度即是一个海洋上空的热带气旋能维持其全部潜能的海洋温度。因此，这条等温线的纬度用来指明未经修正的暴雨强度所能及的南部范围所在地方。故 SST 数据充分体现了东、西海岸间衰减振幅的基本不对称性。

对某些已经到达较高纬度的较大的热带气旋，其位置的影响也需考虑。作为平滑过程的一部分，东海岸的一个实测用于确定南部衰减振幅为 1.0 的情况，而西海岸的一个实例确定的 1.0 值的边界时应稍微伸向更南方。

5.5.3.6　时—面—深曲线外包

概化 GSAM 和 GTSMR 暴雨数据库的最后一步是在各种标准历时下，针对同一 PMP

图 5.76 在 GTSMR 地带确定衰减机制等级的振幅因子分布

方法应用地区和地带内已被放大和标准化处理的暴雨辐合分量的雨深—面积曲线组，均绘制一条外包线。外包实际上是从数据库中得出的一场假想的具有最大的水汽含量和最大效率的暴雨，也就是一场 PMP 暴雨的标准辐合分量。这一外包过程可用图形直观描述（见图 5.77）。

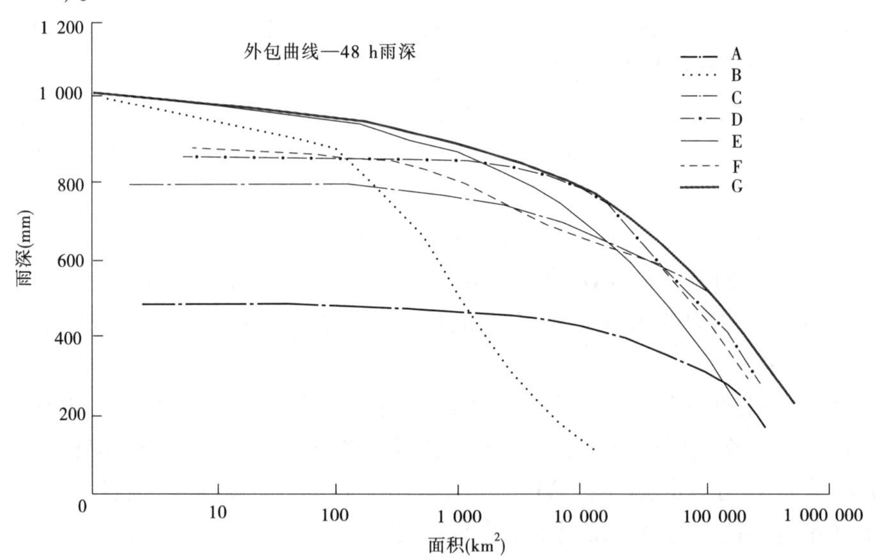

图 5.77 由诸暴雨辐合分量的深度—面积曲线所确定的一组暴雨（A – F）的外包过程

对前文提到的两种概化方法而言，绘制外包线的方式是相似的。基于雨深—面积信息绘制的外包线，代表针对各个方法应用地带及其跨越标准历时范围的相应季节的理论上的最大雨深。下一步是将某特定地带全部的雨深—面积曲线组合成独立的一张图。为了消除矛盾和数据不可靠（如在一个较长历时内却有一较小的雨深），需要对这些曲线进行平滑。一般而言，24 h、48 h 和 72 h 曲线用于指导对其他曲线形状的调整，因为这三种历时的曲线依据的资料数量最大，因此最为可靠。为消除在雨深方面的矛盾，设计了一个外包程序,而且它是一个迭代程序。

作为 GSAM 建立的一部分,检查了雨量站密度对所绘制的等雨量线的影响。通过一些暴雨数据的分析,获得了如表 5.26 所示的小面积雨深的调整系数。对 GTSMR 数据库的暴雨分析作类似的检查,没有显示任何明显的趋势,因此不再进行调整。

表 5.26　用于 GSAM 的小面积调整因子　(%)

面积(km^2)	1	10	100	1 000	10 000
内陆(采用值的上限)	50.0	37.5	25.0	12.5	0
沿海(采用值)	15.0	10.0	5.0	0	0

总的来说,GSAM 构建了 57 条外包线:即除了内陆“春季”之外(因为该区域仅有一场暴雨记录,所以只有一条 24 h 的曲线),有 8 种历时的外包线相应于两个地带和四个季节。GTSMR 绘制了 25 条外包线:即相应于三个应用地带 6 种历时的外包线,加上相应于沿海“夏季”地带的另外一种历时的外包线和具有两个季节曲线的沿海地带的外包线。

5.5.4　特定流域 PMP 的估算方法

两种概化方法的最后一步就是建立一套根据概化暴雨数据库的外包曲线估算 PMP 的通用方法。为了估算某流域的 PMP,必需获得 PMP 暴雨的“特定流域特征”,并将其与 PMP 暴雨的辐合分量进行组合,该辐合分量由相应于合适的方法、地带、季节和历时的 DAD 曲线求得。PMP 暴雨的“特定流域特征”定义为:

(1)暴雨类型;

(2)地形影响;

(3)局地水汽变化;

(4)机制衰减(仅用于 GTSMR)。

这些特征是相互联系的,目前研究了一些方法来再现它们。

5.5.4.1　流域的面积和位置

为确定应用的概化方法及其所应用的地理地带,需要准确阐明流域位置。为了从合适的 DAD 曲线组中获得辐合分量,需要先确定流域边界及其所包围的面积。

流域边界可以在地形图上手工绘出,并进行数字化和网格化。然后根据在此流域边界内的网格点数和网格的分辨率来计算面积。近期,已可通过 GIS(地理信息系统)和一个用来计算面积的应用文件来绘制并显示流域界线。

5.5.4.2　PMP 辐合分量估算

从合适的地带数据库中得出标准辐合分量的外包雨深后,一旦流域的面积和位置确定以后,就可在标准面积之间进行插值,以得出本流域的外包值。

将标准的 PMP 辐合降雨从假定的标准位置移置到本流域位置,因为水汽潜势不同,需要对雨深进行调整。水汽调整因子(*MAF*)采用类似于标准化因子的计算方法来计算,即它是该流域露点温度极值下的降水与标准化露点温度极值下的降水的比值

$$MAF = \frac{EPW_c}{EPW_s}$$

式中：EPW_c 为相应于该流域最大露点的最大可降水量；EPW_s 为相应于标准最大露点的最大可降水量。

由于季节性标准最大露点，GSAM 有四个，而 GTSMR 有两个，所以也需要与此相应季节的流域最大露点。一种方法是采用该流域的重心作为该流域的位置，并按这个重心的经纬度来确定流域的季最大露点。最近的实践是利用 GIS 获取流域平均值。

然后，将来自各季节组的外包线雨深与流域水汽调整因子相乘。对于任一历时而言，流域 PMP 的辐合雨深定义为横跨所有季节的最大雨深。

当把 GTSMR 应用于某流域时，必须考虑衰减幅度（Decay Amplitude）。把辐合雨深与衰减因子相乘，以考虑暴雨机制衰减的地理变化。

这样就获得了这个流域的 PMP 辐合分量。由于考虑了流域所在地带及某一给定历时下的流域面积和位置上能提供最大辐合雨深的季节信息，故该辐合分量包含了该类型暴雨的"具体流域"特征。其次，由于针对该流域位置的水汽调整因子的作用，水汽含量也包含在辐合分量中。最后，就处于 GTSMR 应用区内的流域而言，由于考虑了衰减幅度，辐合分量也同时考虑了暴雨机制的衰减影响。

5.5.4.3　PMP **地形分量估算**

为了在流域 PMP 辐合分量基础上得到该流域的 PMP 雨深，剩下的调整即是恢复该流域这场 PMP 暴雨的地形分量。恢复地形分量的方法类似于在建立数据时扣除暴雨地形分量（见 5.5.3.3 部分），引入地形调整因子（*TAF*）修正该流域的辐合分量

$$\text{流域 PMP 雨深} = \text{流域 PMP 辐合雨深} \times TAF$$

式中：$TAF = \dfrac{\text{总雨强}}{\text{辐合雨强}}$。

然而，由于数据库中的暴雨平均重现期为 50 ~ 100 年（Klemes，1993 年；Minty 等，1996 年），考虑到与它相比，PMP 事件的辐合分量可能比山地分量大，需要对原 *TAF*（见 5.5.3.3部分）进行一些调整。这种调整主要根据 GSAM 数据库中的高低地形对应的历史最大雨量的比较，以及全世界不同地形对应的实际发生过的最大雨量的比较来确定。因此提出了一个修正 PMP 暴雨的地形增强因子的公式，该公式对两种概化方法均适用，其细节如表 5.27 所示。

表 5.27　地形增强因子（*TAF*）

x 值（修正前 *TAF*）	*X* 值（修正后 *TAF*）
$x \leqslant 1.0$	$X = 1.0$
$1.0 < x \leqslant 1.5$	$X = x$
$1.5 < x \leqslant 2.5$	$X = 0.5x + 0.75$
$x > 2.5$	$X = 2.0$

于是，可以计算出本流域内各个网格点修正后的地形增强因子，这些因子的流域平均值就是本流域 PMP 的地形增强因子。

5.5.4.4　**流域 PMP 估算**

流域的 PMP 总雨深是通过本流域 PMP 辐合分量与本流域 PMP 地形增强因子相乘的

办法来计算。然后点绘 PMP 总雨深与历时的关系,并绘制出一条外包线。流域 PMP 估值从这条最终的外包线上查得。示例见图 5.78。

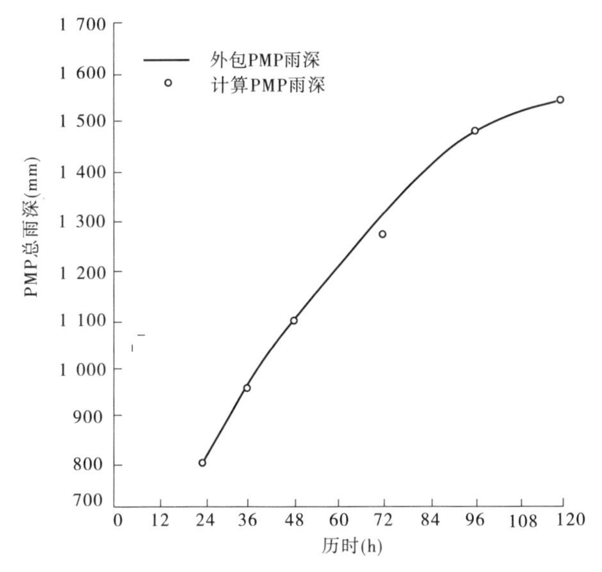

图 5.78　针对一特定流域面积通过一系列历时来确定 PMP 雨深的外包过程

对 PMP 估值作外包的理论依据是:

(1)暴雨数据库必然是不完整的,不能提供 PMP 设计暴雨的完整形式;

(2)不同历时的 PMP 估值也许是从不同季节中获得,并没有试图对跨季节的数据库进行外包。

5.5.4.5　PMP **暴雨的设计空间分布**

PMP 暴雨的设计空间分布是用本流域修正后的地形增强因子的数场简明地给出。图 5.79 为示例。

5.5.4.6　PMP **暴雨的设计时程分布**

PMP 暴雨的设计时程分布根据 5.5.2.4 部分介绍的构建暴雨时程分布的方法来推求。

对 GSAM 而言,设计时程分布是澳大利亚气象局和维多利亚乡村水利委员会合作的成果。这项成果在 Nathan(1992)的论文中有详细的介绍。对于各个标准面积、历时及各个独立的地带而言,都可以采用 Pilgrim 等(1969)所提出的平均变率法(The Average Variability Method)推求暴雨时程分布,进而求得 PMP 暴雨的设计时程分布。需要注意的是,一场 PMP 暴雨的时程分布会比 GSAM 数据库中的普通暴雨更为平滑。因此,对通过平均变率法所求得的时程分布,要利用 Nathan(1992)所介绍的方法进行平滑。

GTSMR 提供了两种可应用于流域 PMP 雨深的时程分布。一种为:对在各标准面积和标准历时下的雨深都很接近于 PMP 雨深的 10 场暴雨,应用平均变率法推求的时程分布。另一种为:采用这些来自于合适地区的 10 场暴雨中的某一真实暴雨的时程分布,但应用这种时程分布时可能要增加一些分析。

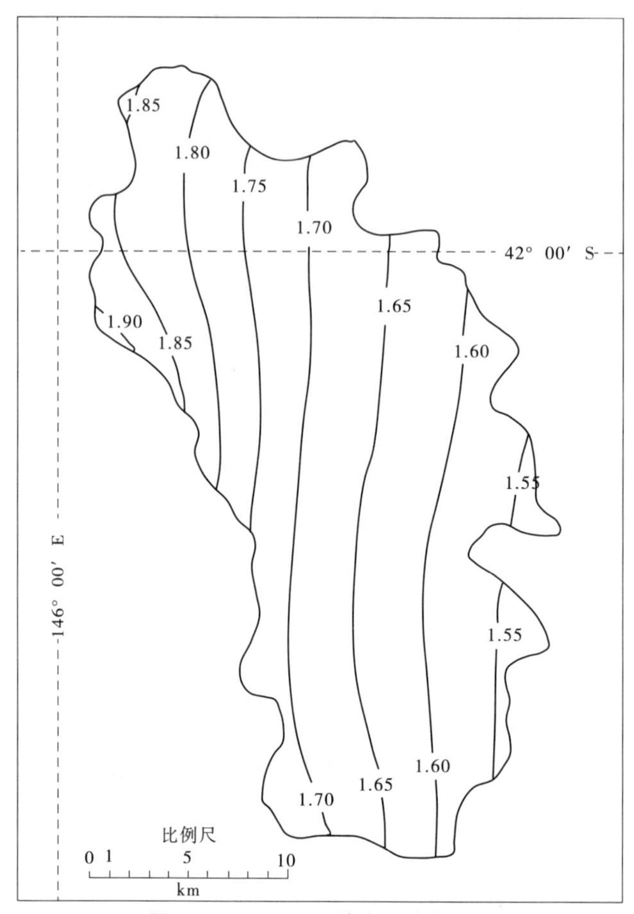

图 5.79　GSAM 设计空间分布示例

在确定流域 PMP 雨深的设计时程分布时，采用与该流域面积最接近的标准面积下的时程分布，而不必按标准面积进行内插。

5.6　中国 24 h 点 PMP 概化估算

5.6.1　简介

1975 年 8 月 5 ~ 7 日中国河南省西部发生了一场特大暴雨，暴雨中心林庄最大 24 h 降雨量 1 060 mm，最大 3 d 雨量 1 605 mm，24 h 10 000 km^2 面雨量超过 400 mm。这场特大暴雨造成了严重的洪水灾害。为保证水库的防洪安全，中国的水利电力部门和气象部门合作，在 1976 ~ 1977 年编制了中国 24 h 点的可能最大降水等值线图（叶永毅和胡明思，1979）。

对 PMP 的估算，采用了暴雨气象因子放大、统计估算和暴雨频率分析三类方法，选取一个较为合理的数值作为采用成果。

5.6.2　中国的24 h特大降水

对中国水文和气象部门12万个站年的雨量观测资料进行了整理与研究,最大24 h点雨量极值超过500 mm,都出现在103°E以东,其中台湾阿里山1996年的降雨量最大,为1 748.5 mm,海南岛、广东省最高记录也超过了900 mm。四川盆地西侧和北侧多点记录超过400 mm,最大为578.5 mm。但中国南北区域的数值差异不大,北方海河、黄河、淮河实测24 h暴雨最大值达700 mm以上,中国东北地区(40°N以北)24 h雨量最大记录也达657.9 mm。地形对短历时暴雨均值影响较小,但对中长历时暴雨均值分布有明显影响(王家祁,2002)。在一些对中国长、短历时暴雨极值与地形关系的研究中,认为也有相同情况(林炳章,1988)。

在此项研究中,应用了100多场大暴雨调查资料。这些调查资料都是及时细致的调查成果,较为可靠。例如,经过5次调查和复查(郑梧森等,1979)。证实1977年8月1日17时至2日6时,在内蒙古自治区与陕西省交界的乌审旗有5个地点的8~12 h降雨量超过了1 000 mm,其中什拉淖海村8 h的降雨量为1 050 mm。一些调查暴雨量超过附近实测暴雨记录的1倍以上,有的甚至超过了世界记录。

河南、陕西、四川、贵州等省还利用历史洪水的调查成果反推历史暴雨数值或量级。这些资料对缺少大暴雨资料的地区,有重要的参考价值。从近几百年历史文献中也可能找到有价值的暴雨信息,并加以利用。

在暴雨及气象因子资料整理的基础上,根据暴雨统计参数等值线图,并参照地理、地形特点,将一个省划分为若干一级和二级暴雨区。这种分区可以作为暴雨移置、暴雨统计参数综合及暴雨时—面—深关系分型依据。

5.6.3　暴雨气象因子放大估算

将实测、调查和移置的24 h大暴雨进行水汽放大。水汽放大采用2.3.4部分介绍的方法。历史最大露点不够大时,也采用50年一遇的露点温度作为放大指标。暴雨移置时,要进行高程、位移调整。如认为仅用水汽放大还不能达到可能最大值时,还可利用水汽输送率等气象因子再进行放大。

5.6.4　统计估算法

借用Hershfield统计估算法的思路,按下式计算各站点的PMP,即

$$PMP = \overline{X}_{\mathrm{m}}(1 + \Phi_{\mathrm{mm}} C_{\mathrm{v}n})$$

式中:$\overline{X}_{\mathrm{m}}$和$C_{\mathrm{v}n}$为包括特大值$X_{\mathrm{m}}$在内的$n$年系列所求得的均值和变差系数;$\Phi_{\mathrm{mm}}$为包括特大值$X_{\mathrm{m}}$在内的$n$年系列所求得的离均系数$\Phi_{\mathrm{m}}$的外包值。

显然,这种方法就是用外包值Φ_{mm}取代Hershfield统计法中的K_{m}。

5.6.5　暴雨频率估算

5.6.5.1　暴雨资料

暴雨资料全部观测年数多于15年的雨量站记录。在测站稀少地区,还用了一些多于

10 年的站点资料,作为参考。对邻站发生大暴雨的年份,根据同次暴雨量等值线图进行内插。对于只有日雨量记录的资料,采用其多年均值乘以系数 1.13,换算成最大 24 h 的多年均值。

5.6.5.2　重现期

对于实测或调查的大暴雨的重现期可从暴雨中心附近小河流的相应洪水的重现期进行估计;也可按暴雨一致区内所有各站的总观测年数,按大小顺序排队;有时还可以根据暴雨所引起的地形、地貌的改变程度,以及与国内外暴雨记录相比较中,进行判断估计。

5.6.5.3　频率曲线与统计参数

暴雨的频率曲线采用皮尔逊Ⅲ型曲线。各站的均值 $\overline{X}$ 及变差系数 C_v 按频率曲线在机率格纸上通过点群中心的原则确定,规定偏差系数 $C_s = 3.5C_v$。

为了减少单站资料频率分析成果的误差,应用了地区综合。如在暴雨一致区内,可认为各站的暴雨观测系列是独立、随机地取自同一总体分布,则各站暴雨频率曲线的平均线和相应的统计参数,可作为各站共同的统计特征。在平原较小范围内,可直接采用这种方法。但在山区或平原较大范围,应在上述平均的基础上,根据统计参数的地区分布规律,适当考虑各站的差别。

5.6.5.4　暴雨频率等值线图绘制

根据各站计算均值、C_v 值,并考虑地理位置、地面高程、地形特点及水汽、热力等气象因素的分布特征,勾绘年最大 24 h 点雨量均值及 C_v 值等值线图。将这两张等值线图重叠在一起,相互对照,检查其高低区及走向是否合理。经修匀后,从图上读出各站的均值及 C_v 值,计算其万年一遇值,绘制出年最大 24 h 点雨量的万年一遇值的等值线图。如发现不合理处,再经修改均值和 C_v 值后,予以修正。计算结果可作为计算点 PMP 的第二类估算成果。

5.6.6　24 h 点 PMP 等值线图绘制

5.6.6.1　统计成果的分析与确定

各站由多种方法估算的可能最大降水量需经过下列分析,合理选定出一个采用值。

(1)从资料条件、方法前提、适用程度等方面评价各种成果的相对可靠性,分析同一地点各种方法的估算成果。

(2)对照实测及调查的最大暴雨记录分布图、暴雨统计参数或某一频率降水量等值线图(百年一遇或万年一遇),以及与形成暴雨有关的气象、地形等因子的分布图,分析各地可能最大暴雨估算值在地区分布上的合理性。

5.6.6.2　等值线图绘制步骤

绘制等值线图的主要步骤如下:

(1)多数省区选择实测或调查到的大暴雨中心地点,经多种方法计算,再经过综合分析,确定这些点雨量的 24 h PMP 值,将这些点估算值作为支撑点数值。

(2)利用支撑点数值,按一定的相关关系推求各雨量站地点的相应数值。由此勾绘全省的等值线图,作为初估值。

(3)对这些初估值进行合理性分析,对照各种统计参数等值线图,进行调整,作出修改图。

有些省区,直接选择了较多的计算点,经多种方法估算,选择各点采用值,勾绘等值线图,再进行合理性检查、修改后,提出修改图。

(4)将全国分成9片,每片3~5个省区。将各省区修正图分片拼接,协调各省可能最大降水量的量级,以及边界地区等值线数值和趋势的问题,再修改各省等值线图,绘制各片点的24 h PMP等值线图。

(5)将各片等值线图经过调整,拼汇成全国的等值线图。图5.80是中国24 h点PMP等值线图。

5.6.7 24 h点PMP等值线图的应用

中国24 h点PMP等值线图适用于面积在1 000 km^2以下的流域。根据等值线图,先推算出研究工程所在流域的各设计时段的PMP雨量,再通过暴雨的点—面关系推算出相应指定流域面积上的各时段相应的面平均雨量,最后按某一典型或概化图形给出PMP的时程分配。

各设计时段t点的PMP的求法按下式进行

$$PMP_t = PMP_{24} \times t^{(1-n)}$$

式中:n为暴雨递减指数。

各省在完成本区域24 h点PMP等值线图时,也同时提出一套本省区内的暴雨点面关系及时程分配的辅助图表,供工程设计使用。表5.28是中国河南省暴雨点面关系。

表5.28 中国河南省山丘区不同历时的PMP点—面关系

历时t(h)	面积F(km^2)					
	点	100	200	300	500	1 000
1	1.00	0.89	0.82	0.75	0.65	0.52
6	1.00	0.91	0.85	0.80	0.73	0.62
24	1.00	0.92	0.87	0.84	0.78	0.70

5.7 注意事项

PMP的概化和地区估算值是具有与推求估算值所用概化地形相类似的地形特征的各流域代表值。地形特征不同的各个流域的PMP可以与概化值有较大的变化,特别是在山区更是如此。如果有不同,应对这些差异进行评价,并对概化或地区研究的数值进行改进。本章中考虑的流域面积范围内的较大流域的概化估值不大可能需要对地区研究的结果进行更改。这些较大流域通常具有的一些一般特征与据以推求概化估计的地形特征相似,而较小流域的地形特征则可能与其所在区域的一般特征全然不同,因而概化估算值更倾向于需要修正。

本手册介绍的特定流域估算PMP的逐步计算步骤仅仅是为了总结推求PMP估算值

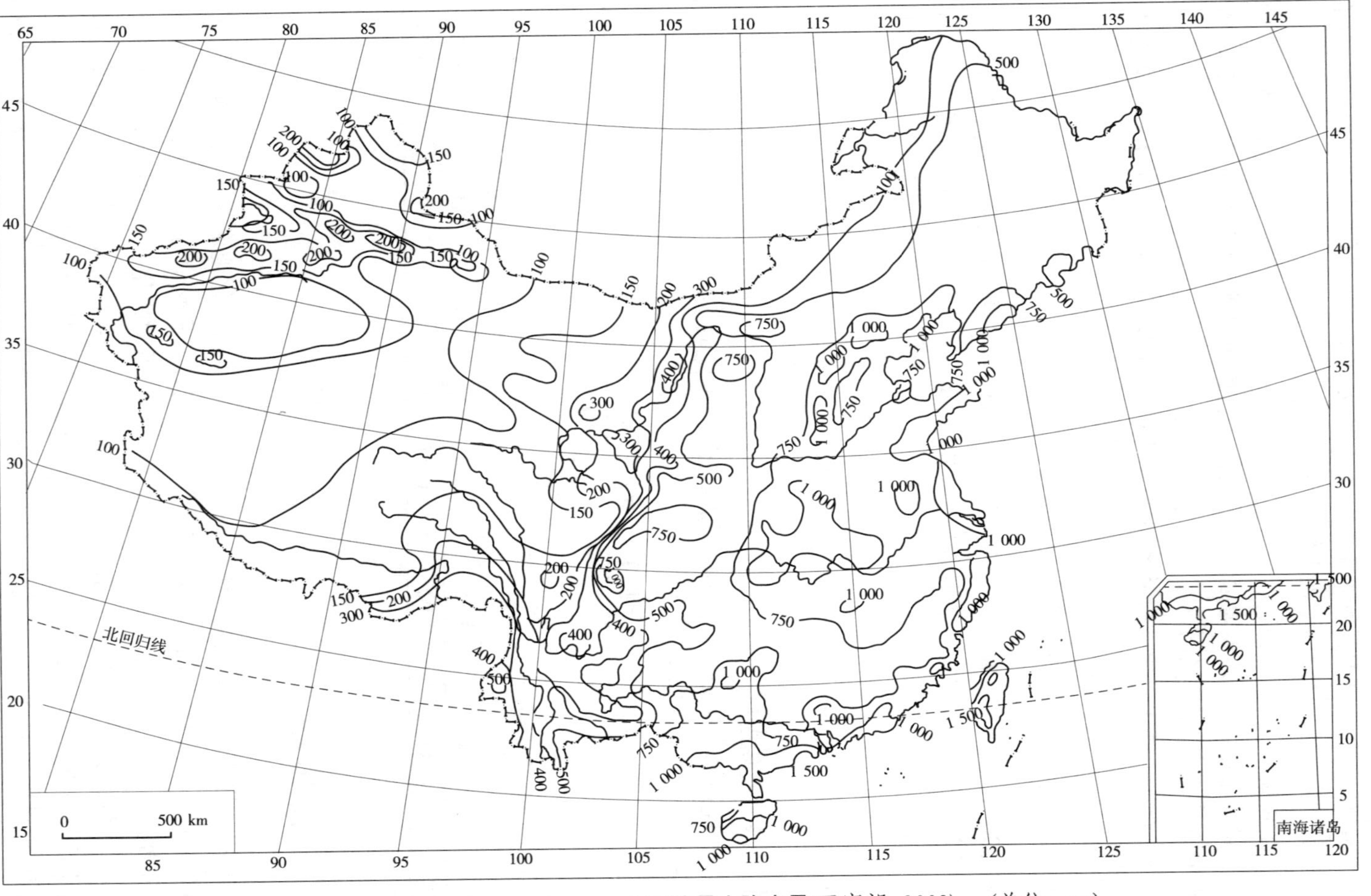

图5.80　中国24 h点可能最大降水量(王家祁,2002)　(单位: mm)

的方法，并介绍在特定流域应用这些方法的技术，并不是仅使读者得到示例所属地区特定流域的 PMP 数值。因此，该手册仅列出一些需要说明该方法的图表。在做特定流域完整的 PMP 估算时，仍然需要做些补充图表。

此外，除了所介绍的方法，还采用了一些同样有用的方法得到概化估算值。本手册早就提过，采用的方法视设计流域的地形及所需资料的数量与质量而异。可靠估算所需要的基本资料是足够的雨量站网及露点和风的资料。对可能控制 PMP 暴雨的气象特征的精通是一个重要的要求，特别是当基本资料缺乏时更为重要。

2.13 节所提的注意事项，关于充足的暴雨样本和降雨记录比较，估算值的一致性，季节变化及空间分布等项均适用于概化估算。

第 6 章　热带地区的 PMP 估算

本章所介绍的 PMP 估算方法仅适用于南北纬 30°之内,而且是潮湿的热带或热带雨林气候区,不包括降雪较多的高山地区,以及地域广阔的内陆干旱半干旱地区。

6.1　中纬度方法的修正

在热带湿热与多雨地区估算 PMP 时,最突出的困难是缺乏雨量站点,故雨量资料需要应用卫星测量等手段得到的间接测量值补充,以及需要扩大移置范围,移用 30°以内赤道南北地区已有实测大暴雨资料。其次就是热带地区暴雨气象条件与中纬度区别,异常的海面水温对水汽变化和大暴雨的产生起重要作用。

尽管热带地区的 PMP 估算中会出现一些罕见的困难,但中纬度地区的 PMP 估算所需的基本步骤如水汽放大、移置、时序与空间放大和外包方法也均可用于热带地区,当然需要进行一些修正。本节结合夏威夷群岛、越南湄公河流域、印度和中国海南岛昌化江流域 PMP 研究,进行了讨论。内容包括本区域的气象学研究、区域暴雨的时—面—深关系分析,并且了解水汽的极值、风的结构以及降雨产生过程中的其他重要因子。

6.1.1　暴雨气象分析

PMP 估算最基本的一步是要彻底了解整个区域大暴雨的气象情况。研究的第一步是要对与重要降雨事件相关的各种气象条件作天气图分析。要用所有的地面和高空天气图,对气象条件进行最大可能的综合分析。在热带地区使用高空天气图尤为重要。来自各种层面的资料均应校核。在一些实例中,重要信息是从 300/200 hPa 天气图中获得(天气图通常可从国家气象服务部门得到)。要特别关注降水事件的主要成因,如雷雨、热带气旋、季风等。关于世界某些地区的热带风暴路径有一些文章已发表(Arakawa,1963;Chin,1958;Crutcher 和 Quayle,1974;Koteswaram,1963;Lourensz,1981;美国国防部,1960;Neumann 等,1981)。将发生较大降雨量的时间和地点与沿合适路径上的热带风暴位置进行对比,将有助于确定哪些是由这种风暴引起的。应进行估算的其他因子为:

(1)水汽来源区的位置;

(2)挟带水汽进入暴雨区的风的大小及其垂直分布;

(3)温度的垂直分布以及云层结构和云顶高度方面的资料等。

应充分利用许多区域相同类型的暴雨,如热带风暴暴雨资料,进行暴雨结构的最好分析(Schwarz,1972;Schwerdt 等,1979)。从某种程度来说,只要有资料,主要暴雨的动力学特性均应加以分析。在一些情况下,来自全球天气试验的资料也可用来帮助进行暴雨结构的分析。气象卫星的出现对热带区域天气图分析的贡献极大。由于覆盖了热带的许多部分,卫星传感器是气象资料的唯一综合来源。

必须强调的是,了解区域已经出现的一些大暴雨形成的气象条件,是考虑任一种 PMP 估算方法的一个必要前提。确定合适的暴雨移置界线也是暴雨分析过程的第一步(见 2.5 节和 6.1.5 部分)。

6.1.2　时—面—深分析

所有大暴雨的降水量均应作时—面—深关系分析。作此类分析的标准步骤参见《暴雨降水时面深分析手册》(WMO-No.237)。由于热带地区雨量站网稀少,只有利用大量的间接测量值补充实测降水量,卫星测量可提供降雨面积的区域范围以及雨量大小两个方面的宝贵资料(Barrett 和 Martin,1981;Falansbee,1973;Negri 等,1983;Scofield 和 Oliver,1980)。

一些已有的研究成果所提供的某些基本信息可用于其他地区。Kaul(1976)提供了印度尼西亚最大点雨量的有关资料;Vickers(1976)给出了牙买加最大点雨量;Schoner 与 Molansky(1956)总结了 1900 ~ 1955 年发生在美国由飓风引起的大暴雨;Schoner(1968)根据 1900 ~ 1955 年发生在美国由飓风引起的大暴雨资料及其他公开的研究成果,检验了美国东部海岸区域飓风天气条件;有几项研究成果(Dhar 和 Bhattacharya,1975;Dhar 和 Mandal,1981;Dhar 等,1980)给出了有关印度最大降雨事件的信息。

6.1.3　水汽放大

温带地区的水汽放大是基于两个假定条件。首先,发生大暴雨时大气是饱和的,而且可由地面露点确定的假绝热直减率来表示(Riedel 等,1956;美国天气局,1960)。其次,根据地面露点可确定某个区域的最大水汽值,并假定具有假绝热直减率的大气是饱和的(Riedel 等,1956;美国天气局,1960)。上述假定条件并不一定适用于所有热带地区。

对于降雨情况来说,几位研究人员已经发现,由地面露点估算出的可降水量与根据无线电探空仪测值计算出的可降水量之间存在着差异。Clark 和 Schoellar(1970)在研究中发现,实测降水量比降雨日由地面露点所指示的估算值小约 1.5 cm,而在夏威夷群岛,Schwarz(1963)发现降雨日两者之间的差异约 2.0 cm。在马来西亚,Mansell-Moullin(1967)也发现由地面露点估算的可降水量要大于无线电探空仪的观测值。

Miller(1981)根据墨西哥梅里达 1946 年 1 月至 1947 年 12 月及 1956 年 10 月至 1972 年 12 月间的降水记录,分析了最大水汽条件下具有某种假绝热直减率的饱和空气假定条件。对于这些时段,将每半月实测降水量最大值(Ho 和 Riedel,1979)与根据无线电探空仪升空时所测的地面露点在大气具有一定假绝热直减率饱和情况下计算出的可降水量进行了对比。图 6.1 为地面至 500 hPa 大气层的对比结果,所示关系的相关系数在 5% 置信水平下是显著的。图 6.2 表示地面至 850 hPa 大气层比较的另一相似关系。

图 6.2 中所作的两个对比情况为:

(1)最大可降水量是由地面至 850 hPa 大气层观测得到;

(2)最大可降水量是由地面至 500 hPa 大气层观测得到。

前者中,根据无线电探空仪观测值估算出的可降水量,在观测值的很大范围内,都略大于由地面露点所得的估算值。仅在相关线的最上端,地面露点所得估算值才有一种略大于实测值的趋势。

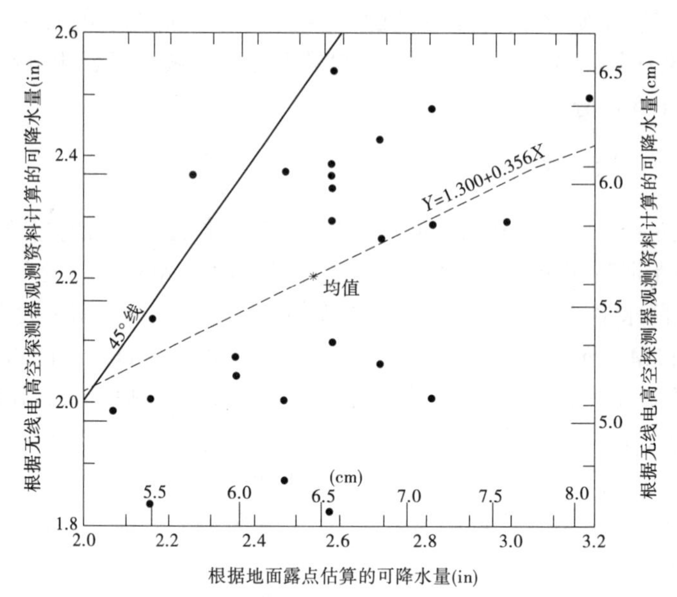

图 6.1　墨西哥梅里达地面至 500 hPa 气压层实测与估算可降水量比较

（每 50 hPa 气压层无线电探空测风仪测值；根据无线电探空测风仪观测的地面露点及假绝热递减率饱和空气估算）(Miller,1981)

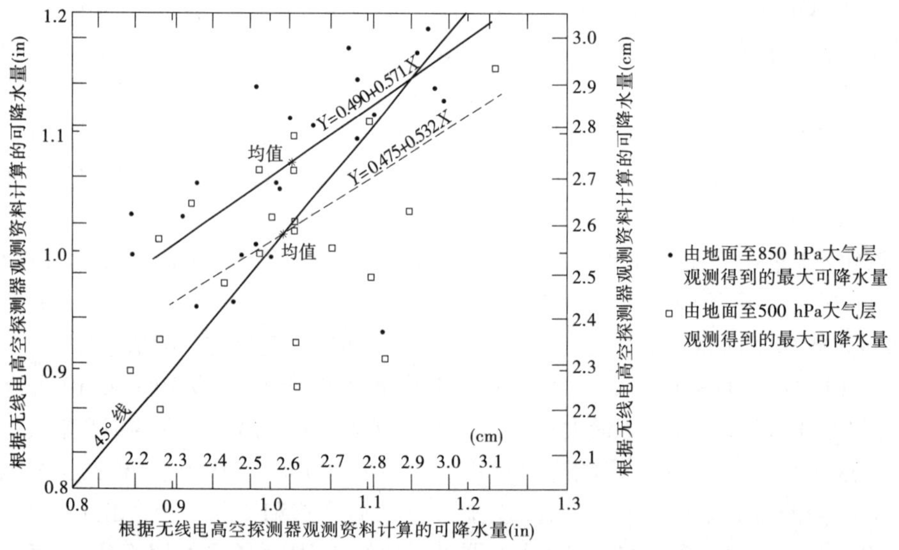

图 6.2　墨西哥梅里达无线电探空测风仪观测及地面露点估算的 2 周最大降水量比较

（实测时段为 1946 年 1 月至 1947 年 12 月，1957 年 10 月至 1972 年 12 月）(Miller,1981)

虽然根据上述两段所讨论的对比结果还不是结论性的，但这些有限的证据表明，对于热带气候区域的暴雨或最大水汽条件，根据地面露点确定饱和大气具有假绝热直减率的假定并不总是正确的。在 PMP 估算地区的暴雨水汽放大前，对于最大水汽条件和暴雨两个方面，都要将地面水汽测量值与根据无线电探空测风仪观测值所推算的可降水量进行类似的对比。作为这些研究的一部分，研究确定湿空气入流层对于大暴雨的降水过程至关重要。根据某一特定大气层的变化作水汽调整，要比整块调整更为实际。

根据暴雨过程中的实测水汽值与该区测得的最大值的比值,进行暴雨降雨量修正,其假定为暴雨的确随水汽条件的变化而产生。一些热带地区根据地面露点推算时,通常有效的水汽供应方面可能有小小的变化,但是Brunt(1967)发现,气旋雨与露点密切相关。

海洋表面温度:

一些研究表明,异常的海洋表面温度对水汽变化和随后的重大降雨事件起很大作用(Namias,1969)。Schwarz(1972)建议,在以热带暴雨为主的广大区域,推求PMP估算值时,需要考虑海洋表面温度的变化。Pyke(1975)在研究整个美国西南部大暴雨降雨量时得出结论,即海洋表面温度异常对确定降雨事件的大小是非常重要的。对热带地区暴雨的水汽放大来说,用海洋表面温度条件比用实测表面露点方法更合适。温带气候区域可降水量和露点观测数据的分析表明,用于水汽放大的最大观测值接近于百年一遇的数值(美国天气局,1961a)。对于海洋表面温度,一个异常值或某些统计值也许比平均值要更好一些。有一种可行性是采用海洋表面温度系列的标准偏差,如均值以上1~2倍标准差。有研究(Rakhecha和Kennedy,1985)采用了高于长期平均海洋表面温度3℃的值。

水汽调整无论使用什么样的技术方法,极端的调整值都应当避免。在美国的绝大多数研究中,还没有使用过大于170%的调整值。美国东部三分之二的非山岳地区,大暴雨的平均水汽调整大约为134%,其波动范围是从105%到稍大于150%。特别低的比率表明,无论是在暴雨潜力方面没有多大余地,还是简单的水汽调整并不适合,都可能需要其他的放大步骤。

6.1.4　风速放大

风速放大技术和温带地区使用的此项技术是相同的。且在2.4节中有详细讨论,这里不再赘述。只有在确定最大入流层的研究中,要指出某一特定层对这场暴雨的水汽入流最为重要时,这个方法才需要修正。如果这个层已确定,然后的风速放大步骤仅限于此层。在将风速放大方法用于降雨量之前,应进行研究以证实风速增加和降雨增加之间的关系是紧密的。

6.1.5　暴雨移置

温带地区使用的方法也适用于热带地区。在中纬度,全区都会出现很多暴雨,通常可能会将与研究流域相连的一个区域看成为气象一致性区域。如果此区域有几十万平方千米,并且记录时段至少为40年,这样得到的暴雨样本一般认为是足够的。在大多数情况下,这种尺寸的毗邻一致区并不会出现在热带气候中。而从其一相邻地理区选取的暴雨会更好一些。移置界限允许被扩大到包含非相邻的单元上,大到包含足够的暴雨样本。Schwarz(1972)建议,为了较可靠地估算PMP值,可将多个大陆的暴雨资料联合起来运用。图6.3显示了Schwarz根据热带气旋出现所提出的该区域的普遍特征。

雷暴多发的固定辐合区(TIFCA)是另一种暴雨类型,在热带的大部分区域都出现过。在夏威夷群岛(Schwarz,1963)和亚洲东南部(Kennedy,1976)的PMP估算中都曾使用过。在特定的区域确定这些或其他暴雨类型都很重要,其确定方法是将现有大暴雨进行综合气象分析(见6.1.1部分)。

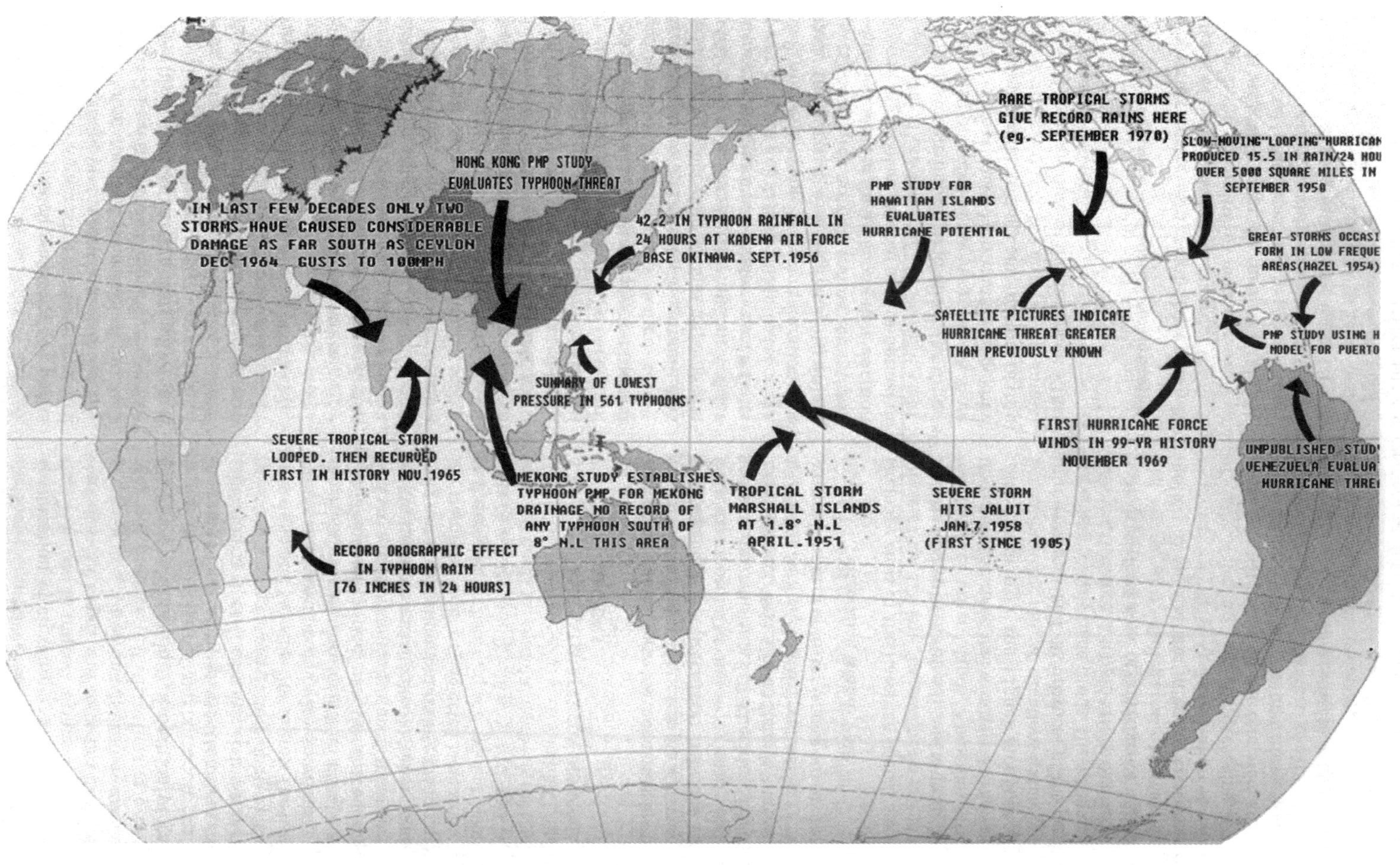

图 6.3　与热带雷暴雨相关的极值事件（Schwarz,1972）

在温带气候区域，移置改正仅是以暴雨地区与暴雨将移置的流域或区域之间的水汽变化为基础的。在温带气候区有重大水汽梯度的地方，相邻区域这样做是合适的，其方法步骤已在2.5节和2.6节中讨论过。在考虑非毗邻区域时，特别是在那些大范围不相连的分区中，可能需用其他的改正。热带暴雨不同区域之间PMP值的差异，与海洋表面温度、热带风暴强度和地形影响等的变化有关（Schwarz，1972），对于其他暴雨类型中的变化，如TIFCA，应考虑与暴雨过程动力学相关的其他因素。可利用的因子有：

（1）加入暴雨的入流风强度；

（2）云高或可从卫星、雷达推求出的云顶温度；

（3）航空数据、不稳定性量度值及水平温度梯度等。

如果无法得到暴雨动力学方面地理变异的直接数值，经常会用到间接测量值。经常用到的因子是水汽放大后的降水量移置，通常以正常年或季节降水的百分比来表示。如使用年或季降水，通过某阈值，如0.25 in（6 mm）以上的降雨天数来进行这种因子的改正，很可能减少小暴雨概率的影响。另一个可用做移置指数的降雨因子，是某历时的降雨频率值，如50年一遇24 h的值。对于某一重现期和所选取的合适历时而言，降雨—频率值可以减少与正常或年、季降水的相关问题。然而，这并不会得出与地区间暴雨潜力方面差异的所有信息。

一个以降雨频率信息为基础的更完整的方法，是用一种中心趋势（如年系列均值）与某种离散特征值（如标准差）的结合。

6.1.6　时序和空间放大

在温带气候区，从已经出现的很多暴雨来看，由于某一区域内会有不同的暴雨机制，以及在各场暴雨之间的水汽变化，故暴雨的差别相对较大。在这些区域，实测暴雨总数的增加，就等于可能最大水汽已经出现，于是就可得出较符合实际的降雨量上限值。在具有大暴雨样本的情况下，可合理假定除水汽外所有产雨因子的一种近于最佳组合已经出现。在热带区域，暴雨类型的变化和水汽的变化总的来说要少一些，水汽含量的简单放大，即使在与任意移置方法相结合的情况下，也不一定会得出符合实际的PMP估值。时序和空间放大可能是一种重要工具。虽然所用方法和温带气候区没什么不同，但是，在推求暴雨的合理气象时序时，必须进行一定的评价。所考虑的一些特定暴雨，并不需要在拟使用时间或空间放大方法的同一流域都发生过。重要的是要找出该流域内已经发生的一些相似暴雨时序，求出气象学上合理的最小时间时序，然后将所选取的一场大暴雨移置到第二个流域。

6.2　单独区域的PMP估算

热带地区已完成的PMP研究成果比温带气候区少得多。因此，所采用的方法并不完善。以下章节将讨论一些完善的研究（Rakhecha 和 Kennedy，1985；Schwarz，1963；美国气象局，1970）来提出一些可能的方法。

6.2.1　夏威夷群岛的 PMP

夏威夷群岛的流域面积一般小于 120 km²。其中,有两个岛具有高 3 000 m 以上的孤峰。其他三个较大岛屿峰高约 1 200 m。许多研究表明,风有环绕山峰流动的趋势,而不是越过较高的山峰。破纪录的降雨情况,通常是以盛行东风的扰动和雷暴复合为主要特点。因此,优选的位置确定为(Schwarz,1963)一个相对固定的辐合区,此区为嵌入式再生小区,具有强度和大小都与雷暴(TIFCA)有关的强烈垂直运动。对夏威夷超过 300 mm 日雨量的 156 个实例研究表明,大约其 60% 的降水都与雷暴有关,因此雷暴可以看做极值降雨量的重要结果。虽然也可以看做一种常见天气特点,但严重的雷暴在夏威夷群岛仍相对比较罕见。

6.2.1.1　**非山岳地区** PMP

一个非山岳地区的基本站点,正如图 5.1 中所示 24 h PMP 为 1 000 mm(39.37 in),可得到如下结论:

(1)这个数值与世界范围内受到热带气旋影响的热带及副热带区域中的非山岳地区实测最大雨量一致,同时也考虑了夏威夷地区的位置及水汽供应限制条件。

(2)它外包了夏威夷群岛最大实测雨量,并且具有一定的安全余地。

(3)它与 *P/M* 比值外包线数值和一定的冷季水汽的乘积数相近。

此外,与夏威夷纬度接近的波多黎各岛的早期 PMP 研究成果(美国天气局,1961b)也提供了另外的实例。

6.2.1.2　**降雨的坡面增强**

从一些可比较地区的实测降水资料所得出的经验关系表明,降雨随坡面坡度的增加而增强。这些资料同时表明:随着降雨强度的增大,最大降雨量出现的高程有所降低,同时,降雨随地面坡度的增大而增加。世界各地的降水资料都可以用来决定降雨随地面坡度而加强的总体变化,如图 6.4 所示。

可以看出:中等坡度(0.10～0.20)的增强作用最大,陡峻坡度(0.25 以上)几乎没有增强作用。在这些区域如此陡峻的坡度一般都在较高的高程以上,那里的风往往有环绕山峰而过的趋势,因而没有大规模的过峰气流的爬升作用。

图 6.4 中虚线适用于 1 000 hPa、温度为 23 ℃的饱和空气柱,表明随地面高程的增加而水汽在逐渐减少。因此,在增强曲线上的任何一点,或给定的任何坡度上,水汽减少与降雨增强两种作用相抵的高度值就可以很快确定。例如,对于坡度为 0.17 时,临界高程约为 1 000 m。在 1 500 m 以上,所有坡度上水汽减少作用均会超过因坡度而产生的基于降水增强作用。这可由图 6.5 看出:该图是坡面对降水增强与水汽减少两种作用组合的结果,提供以 24 h 1 000 mm 点 PMP 为基础时的坡度及高程调整之用。

6.2.1.3　**概化** PMP **估算**

24 h 点(2.6 km²)PMP 的概化估计值如图 5.1 所示。表明漂雨及其他山地影响的气候资料,可以用来修正图 6.5 所示的关系。曾用百年一遇雨量与 PMP 的比值作为检验,并进行了调整,以免偏高或偏低。

为了将基本 PMP 数值扩大至历时为 0.5～24 h,面积达 500 km²。主要根据夏威夷的

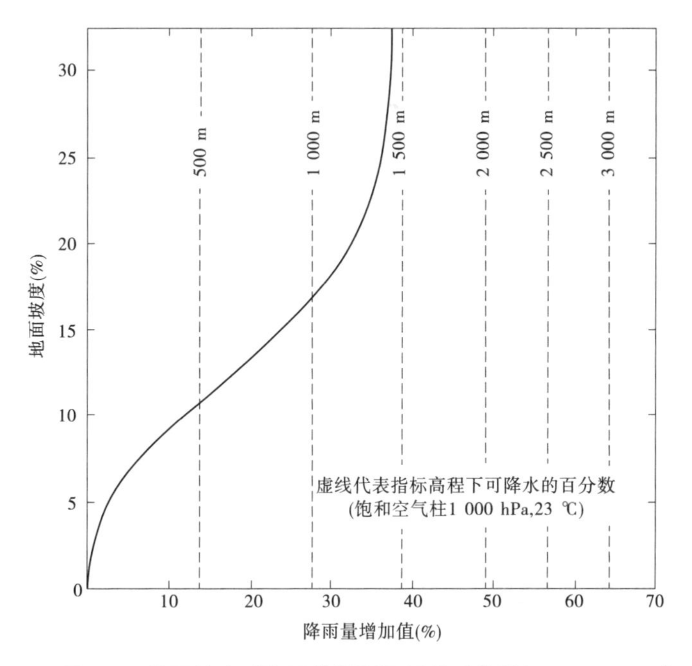

图6.4　地面坡度对降雨的增强作用关系曲线(Schwarz,1963)

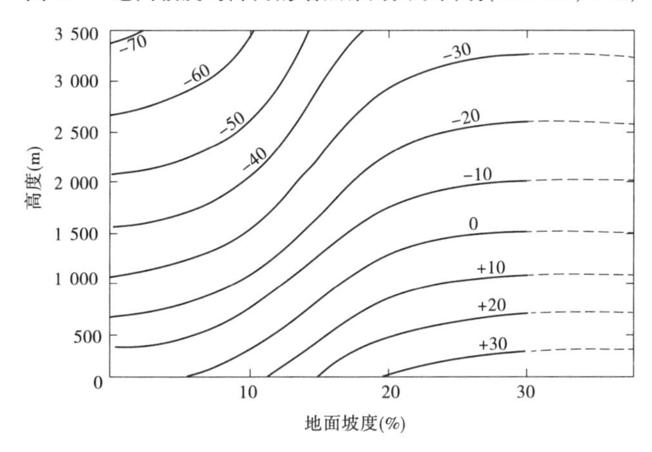

图6.5　夏威夷群岛非山岳地区 PMP 的高程与地面坡度校正曲线(Schwarz,1963)

暴雨资料求出了时—面—深关系(见图6.6)。因为冷季暴雨有较高的效率和较小的水汽含量,正好可与夏季暴雨的低效率和较高水汽含量相平衡,所以,不需要任何的季节变化曲线。

对于特定流域的PMP,可在24 h点PMP图上(见图5.1)用求积仪量出面积,以得出24 h的流域平均PMP。然后,再利用图6.6的时—面—深关系,就可以求得其他历时的PMP值。

6.2.2　亚洲东部湄公河流域下游的PMP

对于中国南部边界以南、22°N的湄公河流域(见图6.7)(美国气象局,1970),流域面积为5 000 ~ 25 000 km^2 的河流,曾做过PMP的概化估算。这部分流域通称为湄公河流

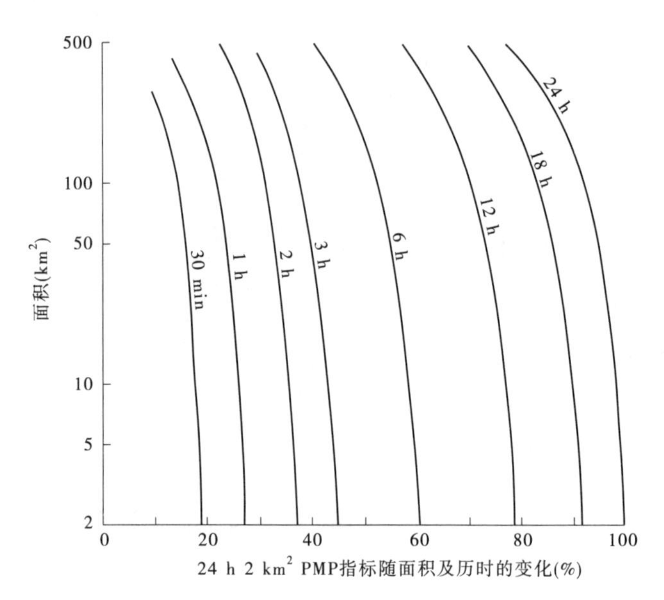

图 6.6　PMP 指标随面积及历时的变化曲线(夏威夷群岛)(Schwarz,1963)

域下游。所用的估算方法,提供了一个实例,说明如何利用世界其他部分的资料来估算资料不足地区的 PMP。

6.2.2.1　**季节平均降水图**

降雨潜势区域变化的粗略近似值,可以从季节平均或年平均降水量图上得出。对于湄公河流域而言,5 ~9 月是西南季风季节,下游此季节降雨量占年降雨量的大部分。绘制 5 ~9 月的平均降水量图,实测降雨量资料是绘制季雨量图的基础。通常,在山区可用的实测资料是很少的。

像湄公河流域那样,山区的资料稀缺,要详细确定地形对降水的具体影响是一个无法实现的任务。在这种情况下,以大区域平滑地形为基础所得到的关系是最合适的。图 6.8显示了湄公河流域的概化地形及雨量站点的位置。

地形对季节雨量分布的影响,是根据有限的资料及过去有足够资料的一些地区对这种影响的研究经验估算得出。比较湄公河流域少数对比站的平均雨量,为有批判地选定能够反映不同地形影响的对比站提供指导。这些比较加上经验,可得出如下的准则:

(1)对于面南向西延伸的山坡,附近无山脉障碍水汽入流时,高程上升第一个 1 000 m 时,平均季节降雨量将增加约 1 倍。除延伸到很高的极陡山坡外,此后不再有进一步的增加。

(2)在流域外,环绕本流域的山脉中靠近海岸的上升坡,在本流域的有限区域内会产生漂雨。

(3)紧邻障碍山脉背风面的荫蔽区,其雨量约为障碍区迎风坡雨量的一半。

根据上述结论,加上一些流量资料所提供的一般规律,并补充了一些实测降雨资料,绘制了 5 ~9 月平均降雨量等值线图(见图 6.9)。最湿润的 8、9 两个月平均雨量图也用同样方法绘制。

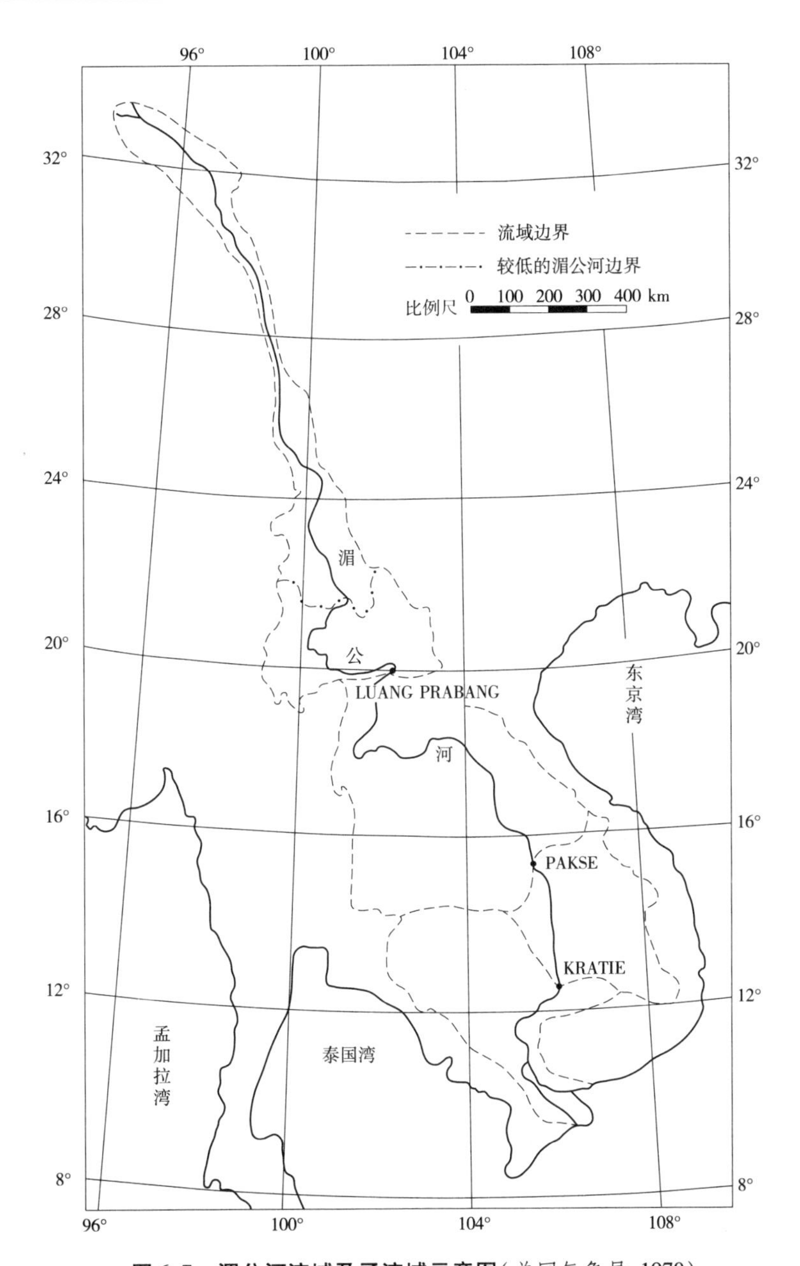

图 6.7　湄公河流域及子流域示意图(美国气象局,1970)

6.2.2.2　作为 PMP 原型的台风

在湄公河流域下游,对于本例所考虑的流域尺度来说,历时几天的大雨绝大多数是由台风形成。这种来自东面的暴雨,尽管海岸与流域东部边界之间有山脉障碍,但是仍然在流域上产生了最大的雨量。在湄公河流域下游南部的“伐易”(Vae)台风(1952 年 10 月 21 ~22 日)及靠近中部的“台尔达”(Tilda)台风(1964 年 9 月 21 ~25 日)都是最重要的例子。这些暴雨所产生的大面积降雨,经过下面所介绍的调整后,可接近全世界热带暴雨的最大值。

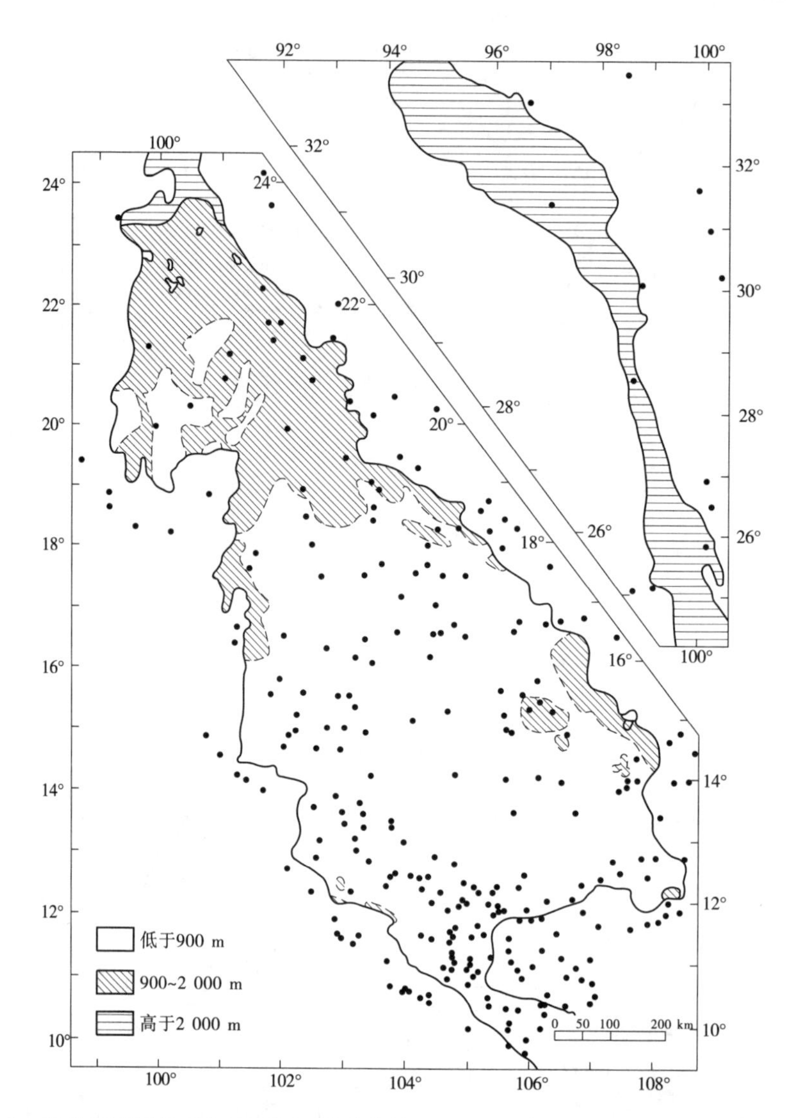

图 6.8　湄公河流域的概化地形及雨量站点的位置(图点为雨量站位置)(美国气象局,1970)

为把美国沿海热带暴雨的更丰富的时—面—深降雨资料用于湄公河流域下游,现对影响两个区域的热带风暴的气团(大小及强度)、移动速度及其他特性进行了比较。还将美国由热带风暴所产生的的平均最大 1 d 点雨量,与太平洋中包括越南沿海的相应值进行了比较。越南沿海的数值约大 20%,但这种超出值是由于美国东南沿海无地形影响之故。比较的结论是,两个区域非山岳地区热带暴雨降雨量的潜势大致相等。

6.2.2.3　美国热带暴雨的修正

对美国热带暴雨的时—面—深(DAD)数据进行两次修正,以便可以应用于越南海岸。第一,用持续 12 h 的露点为 26 ℃作了水汽放大,这个露点在美国受热带暴雨影响的沿海地区是最大值;第二,对热带暴雨量随深入内陆距离而减少进行了修正,这种修正将在下节中讨论。修正数据及外包 DAD 曲线如图 6.10 所示。这组 DAD 曲线可以认为代表了越南海岸附近非山岳地区的 PMP。

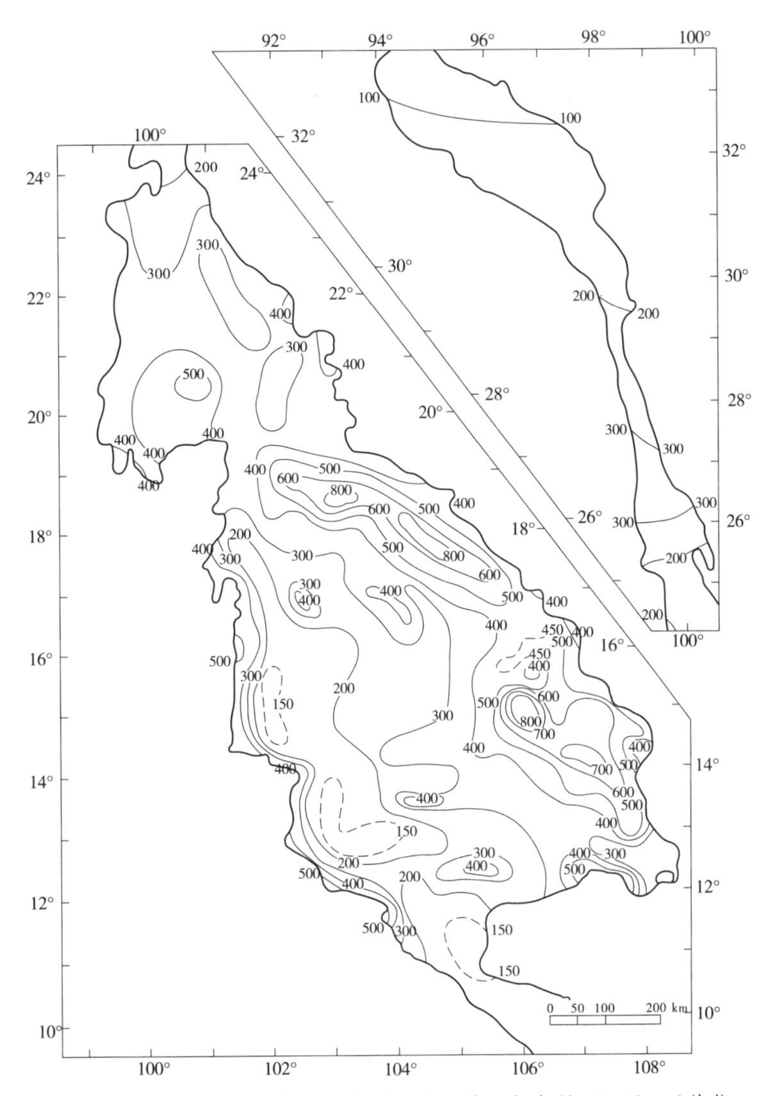

图6.9 5～9月(西南季风区)**平均降水量**(美国气象局,1970) (单位:mm)

6.2.2.4 越南热带暴雨的修正

由于图6.10中的非山岳地区PMP的DAD曲线仅能用于越南海岸,所以对于湄公河流域而言,这些曲线的数值还要进行修正。因此,需要进行下述调整:①深入内陆的距离;②水汽来源;③纬度;④水汽入流障碍;⑤流域地形。

6.2.2.4.1 内陆距离和水汽来源的修正

在另外的研究(Schwarz,1965)中,所取得的热带风暴降雨量随内陆距离的增加而普遍减少的成果认为可以用于东南亚地区。这项研究差不多用到了美国非山岳地区约60场大暴雨。图6.11表示海岸的PMP值调整为湄公河下游流域的PMP值的修正百分数。

尽管台风自东方进入湄公河流域,但风的环流从东方和南方都带入了水汽。流域内少数暴雨分析结果清楚地说明水汽有多种来源。因此,对内陆距离的调整(见图6.11),在17°N以南地区水汽入流方向上的一般递减应有一种权重,即从南海岸算起的内陆距离的权重为1/3,而自东南至东海岸算起的内陆距离的权重为2/3。

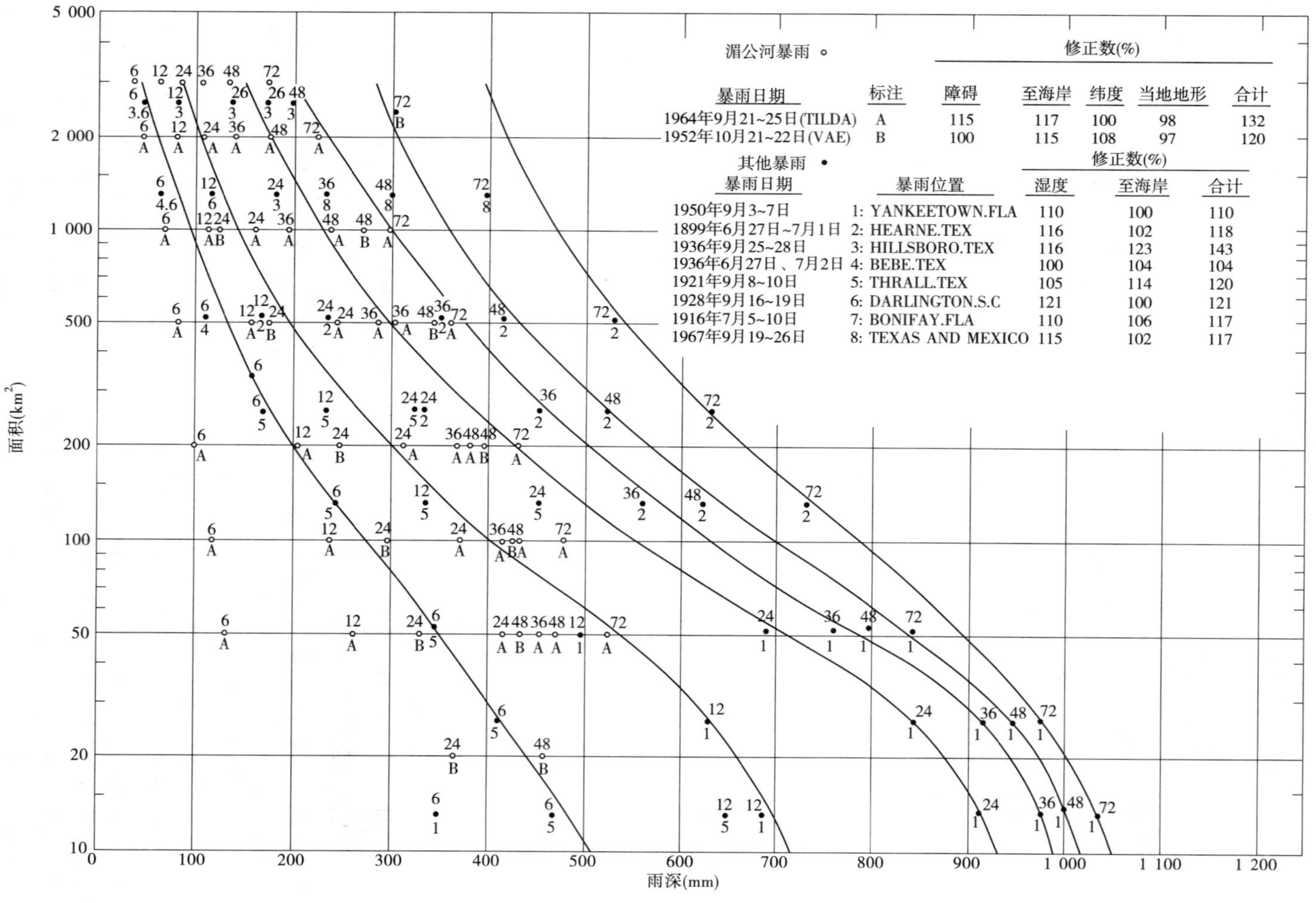

图 6.10　越南沿海的 PMP 时—面—深曲线(美国气象局,1970)

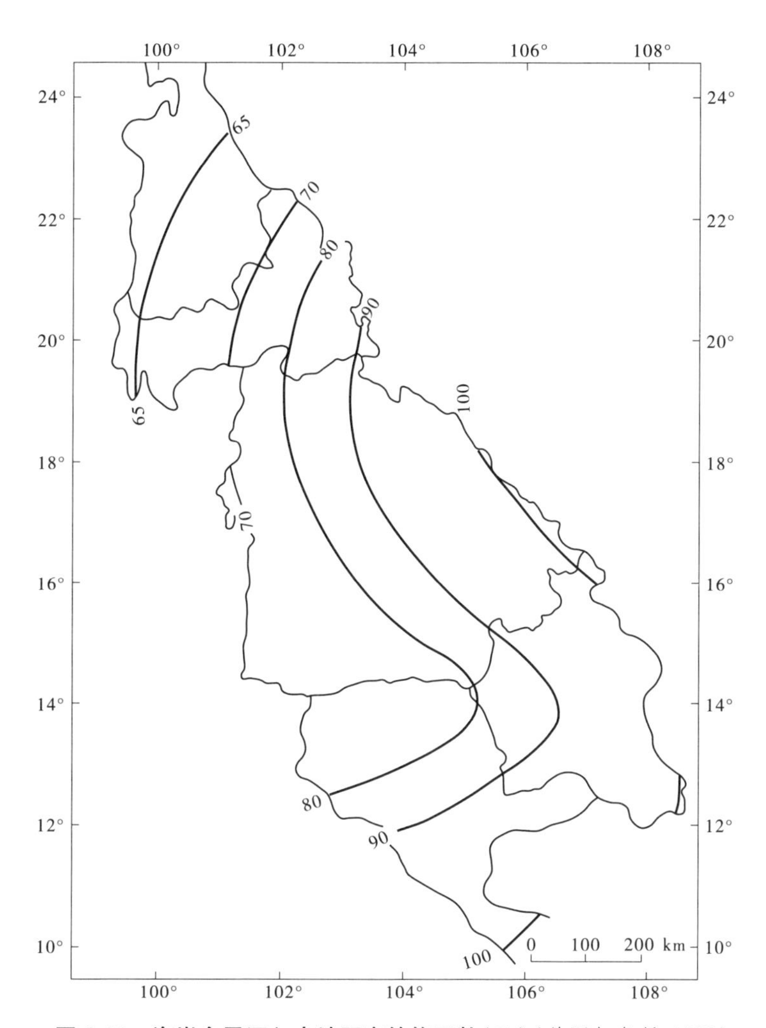

图 6.11　海岸台风深入内地距离的修正数(%)(美国气象局,1970)

6.2.2.4.2　纬度调整

台风雨的潜势在赤道附近必须降到接近零值。据文献指出在 10°N 以南极少有台风发生。假定台风最南到 15°N 时能维持其全盛强度。1952 年 10 月在本流域 12°N 附近发生的暴雨就证明,在本流域的南部河段中,需要维持一个高的台风雨潜势,采用的调整值见图 6.12。

6.2.2.4.3　障碍调整

在非山岳地区,除考虑降雨量会随内陆距离整体递减外,还需要考虑流域内因水汽入流障碍所引起的递减。递减程度随障碍的高度和障碍的完整情况(如山脉是否连续或有缺口、通道等)而定。来自南方的水汽入流,减轻了东部海岸山脉的障碍减损作用。因此,东部障碍对西部降雨量的减损只按平常削减量的一半计算。图 6.13 给出了适用于沿海降雨所采用的调整值。

6.2.2.4.4　流域地形调整

1964 年 9 月的"台尔达"台风(见 6.2.2.2 部分)在沿流域西南向的坡面上增加了降

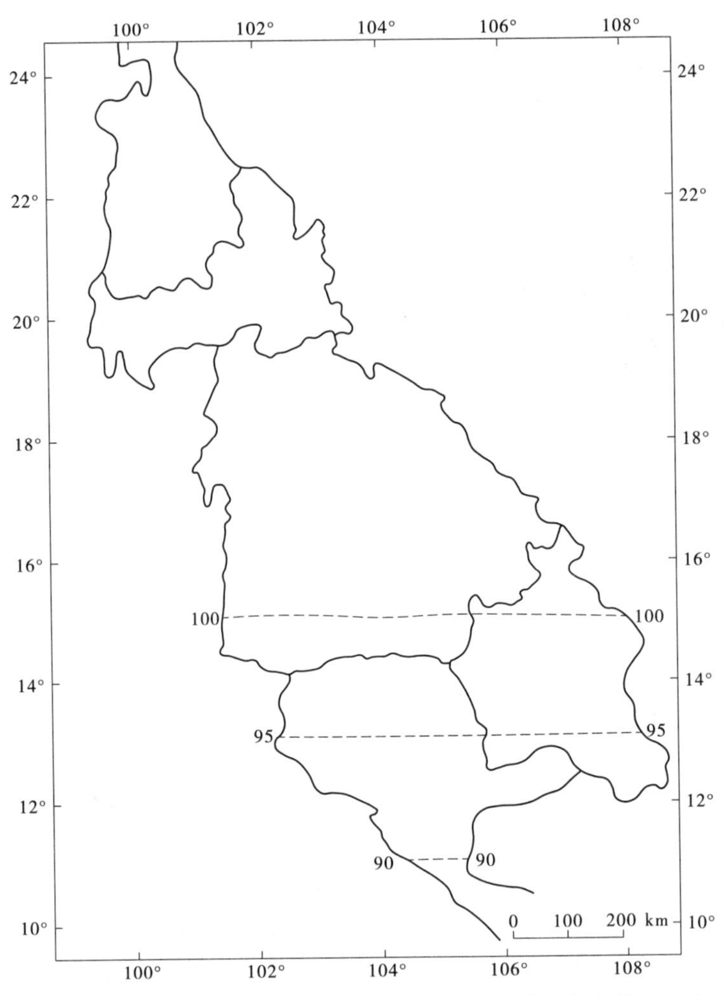

图 6.12　台风的纬度调整(以 15°N 为 100%)(美国气象局,1970)

雨量。这与前述的假定是符合的,即水汽来源于南方或西南方向时,具有较低的干扰入流的障碍,这些在估算 PMP 的地区变化时必须予以考虑。为了便于计算这些入流方向的地形影响,用 5 ~9 月不同高程的平均降水量的比值作为一个主要指标。季平均降水量(见图 6.9)的偏差,是由于较高高程上降雨频率较高所致,制约了将季降水量的变化值直接作为 3 d 暴雨变化指标的应用。比较两日的站雨量,发现用于台风 PMP 随高程增加的降水量大约比季平均数值要高出 60%。

另外一个季风季节雨量比值的调整,包括采用 1/2 有效性来进行东部障碍的修正。这里暗示西南坡仅仅对暴雨历时的一半有效。因此,降雨高程关系仅为图上标出数字的 30%。低地的季节平均雨量为 1 200 mm,可以作为非山岳地区基本数字使用。如同图 6.9所示的西南季风季雨量所揭示的那样:迎风坡的台风降雨增加的百分数和背风区域的减少百分数如图 6.14 所示。

6.2.2.4.5　合并调整

将上述各种调整(见图 6.11 ~图 6.14)合并可以得到图 6.15 所示的总调整值,此种

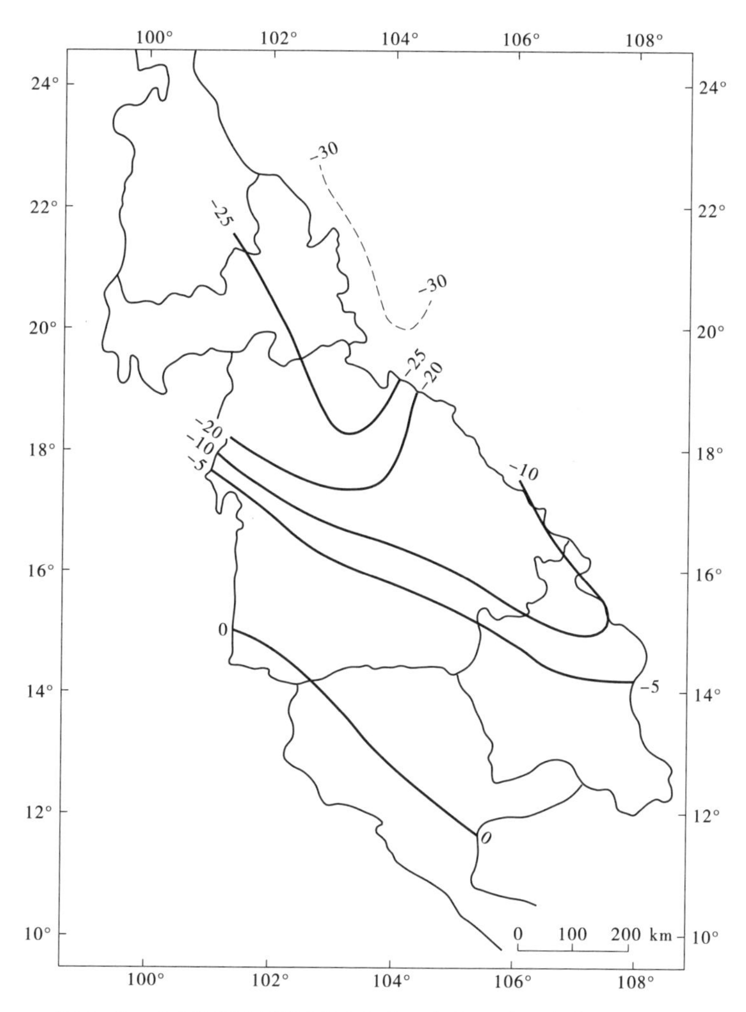

图6.13　台风雨的障碍调整(递减百分数)(美国气象局,1970)

调整值以越南沿海台风降雨作为100%。

6.2.2.5　PMP概化估算

图6.10的24 h 5 000 km^2上沿海的PMP值,乘于图6.15中的综合调整百分比,就可得到如图6.16所示的概化PMP图。图6.10中流域面积在5 000～25 000 km^2的PMP数值,可以用24 h 5 000 km^2PMP的百分数表示。然后利用这些百分数,可以绘制图6.17中的各条曲线。

6.2.2.6　时程分配

湄公河流域强降雨的逐时记录表明:在一场暴雨期间,降雨的6 h可以有不同的排列。这种时序排列与热带暴雨有关,如1964年9月的"台尔达"暴雨,其高强度降雨的持续时间高达30 h,降雨中心附近降雨强度最大。有些测站记录有两个高强度降雨期,其间有6～18 h的无雨期。

严格来说,为了保证PMP的数值足够大,在PMP的暴雨期间,以6 h降雨时段增量的序列中不允许有无雨期。换言之,第一,第二,…,一直到第十二个最大值,应当以递增或

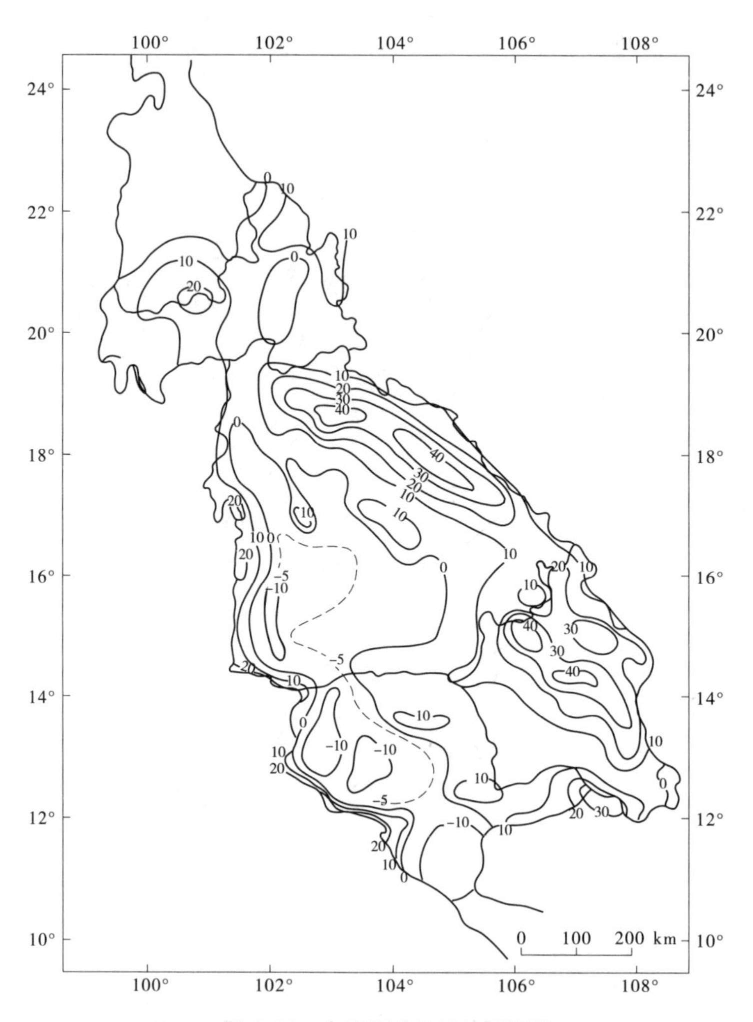

图 6.14　台风雨的流域地形调整

(相对于低高程西南季风平地降雨量的增减百分数)(美国气象局,1970)

递减次序进行排列,这样使最大增量值总是紧密相连排列。但是在该区域中,这样的一种排列是不真实的,因而推荐使用在 3.4.2.6 部分的描述作为基本符合 72 h PMP 暴雨的要求。

6.2.2.7　空间分布

在实测暴雨中,以 6 h 为时段的增量等雨量线,有各种不同型式。有些方法将其简化为同心圆或椭圆形,而另外有些则较为复杂,高低降雨中心时常相互紧邻。建议用类似于图 3.26 所示的椭圆形型式作为四个最大 6 h 时段降雨型式。建议对这场暴雨其余的 48 h 时段雨量,采取均匀的空间分布。

在 3 d 之内,主要暴雨的等值中心一般沿暴雨途径移动。但是,在极值降雨量情况下,暴雨可能变成差不多是静止的。因此,在 PMP 中认为 24 h 内,暴雨中心位于同一地点的是合理的。

湄公河流域及美国的热带大暴雨 DAD 关系,可以用来确定所选型式的等雨量线的数值。应当特别注意最大 6 ~ 24 h 降雨量值。对于这些历时,绘制了 5 000、10 000、15 000

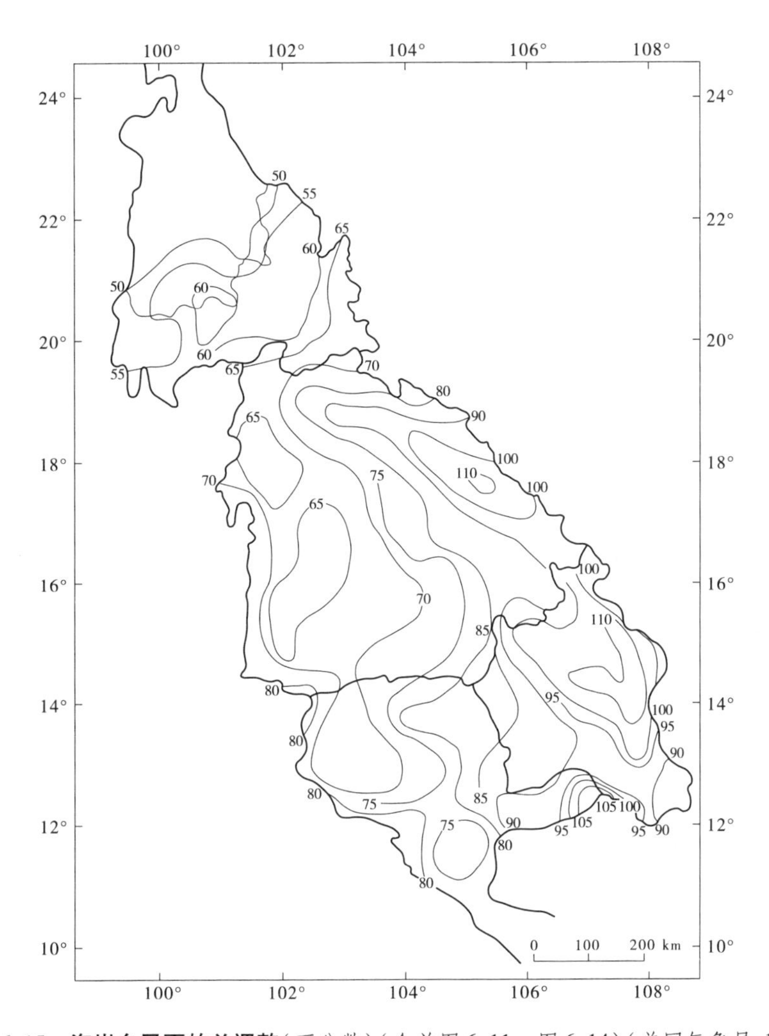

图 6.15　海岸台风雨的总调整(百分数)(合并图 6.11～图 6.14)(美国气象局,1970)

km^2 和 25 000 km^2 标准面积的雨深—面积关系曲线。利用已建立的 6～24 h 关系,第二、第三个最大降雨时段增量可以根据标准面积上 PMP 增量按比例计算。图 6.18 的虚线代表所采用的关键流域面积及历时的雨深—面积关系。实线是根据图 6.10 绘制的。暴雨的雨深—面积曲线及 PMP 的时—面—深关系资料,都可用于绘制如同图 6.19 的诺模图以计算等雨量线的数值。这种诺模图是用 2.11.3 部分所介绍的方法绘制的,唯一的区别是等雨线数值已换算为各相应等雨量线包围面积上平均雨量的百分数,并且用诺模图而不是以表格来表示。

6.2.2.8　特定流域的 PMP

特定流域 PMP(见 6.3 节注意事项)估算如下:

第一步:在图 6.16 上勾绘出流域边界,并确定该流域的平均 24 h 5 000 km^2 的 PMP。

第二步:在图 6.17 中,分别从 24 h 5 000 km^2 的关系上读出该流域面积对应的 6 h、12 h、18 h、24 h、48 h 及 72 h 百分数。

第三步:用第一步得出的流域平均 24 h 5 000 km^2 的 PMP 乘以第二步中的百分数,从

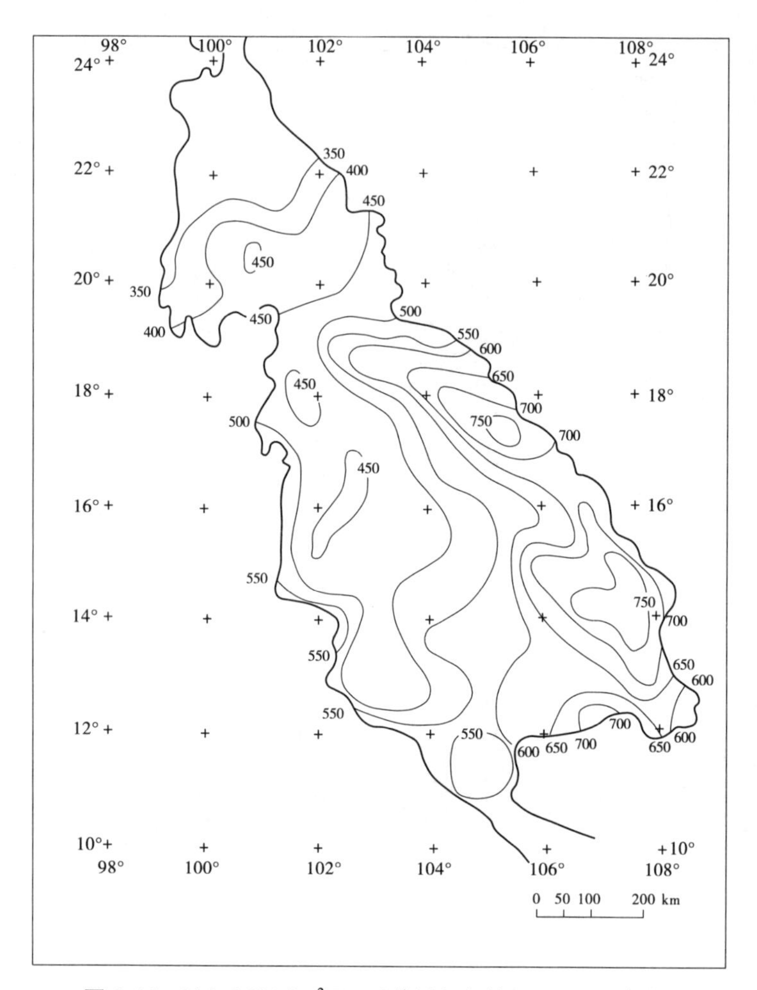

图 6.16　24 h 5 000 km² PMP(美国气象局,1970)　(单位:mm)

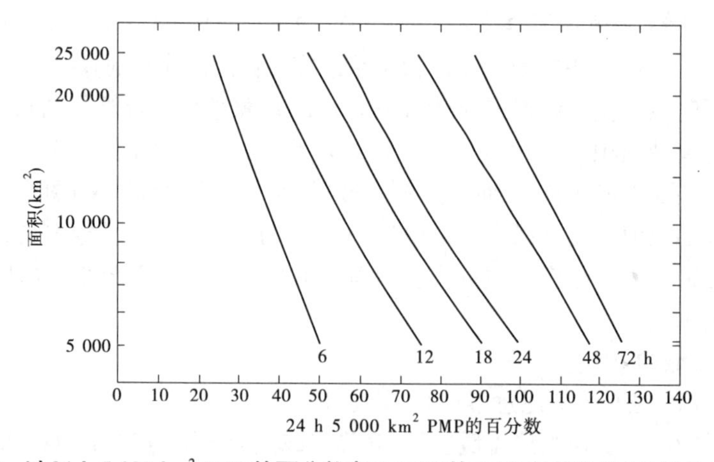

图 6.17　以 24 h 5 000 km² PMP 的百分数表示 PMP 的 DAD 数值曲线(美国气象局,1970)

而得出该流域 PMP。

第四步:用第三步得到的数据,绘制一条光滑的雨深—历时曲线,并读出整个 72 h 暴

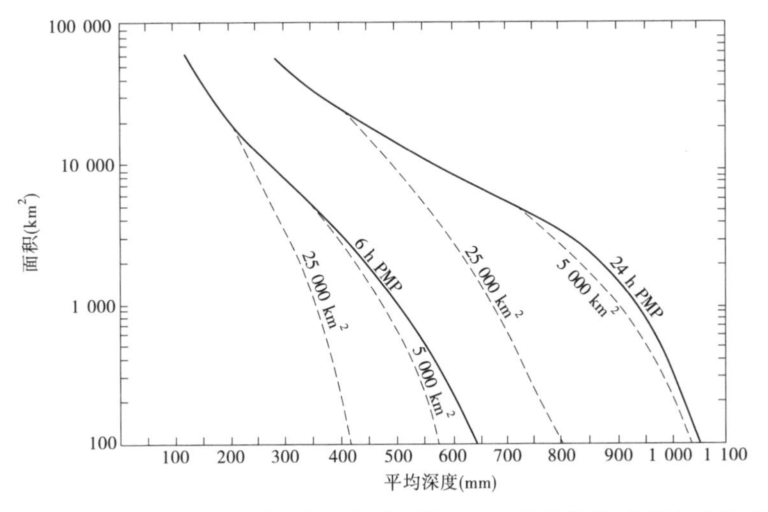

图6.18 PMP(实线)及热带大暴雨最典型的雨深—面积曲线(美国气象局,1970)

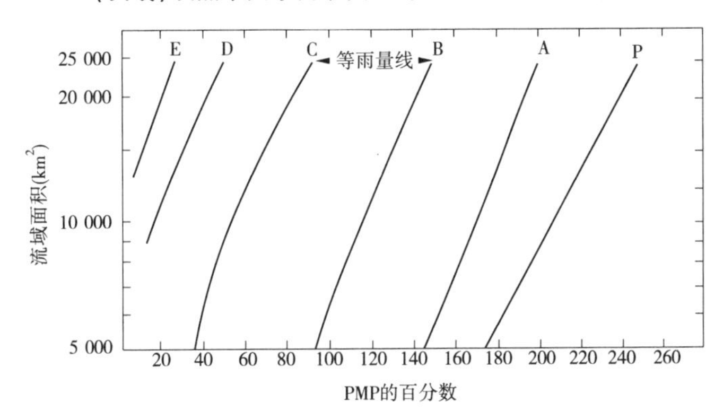

图6.19 PMP暴雨最大6 h增量的等雨量线数值

(以包围面积的平均雨量百分数表示)(美国气象局,1970)

雨的各个以6 h为时段的PMP增量。

第五步:根据6.2.2.6部分所述,排列6 h和24 h的时段增量。

第六步:用选定的椭圆形等雨量线型(未绘图),来分配四个最大6 h降雨的增量值。确定研究流域等雨量线型式的中心和方向,通常应使在流域中产生最大的降雨总量,以获得最危险的径流量。由图6.19中,用流域面积查读各等雨量线,从P到E读取最大6 h增量的百分数。将第五步中的最大6 h增量乘以这些百分数,可以得出以毫米计的等雨量线数值。对于第二、第三及第四个PMP增量值,可按同样方法从同样的诸模图(未绘出)中求得。

6.2.3 印度的PMP估算

6.2.3.1 简介

印度大部分地区的PMP是由热带气旋或季风低压引起的。除最南端和与喜马拉雅山相邻的北部地区外,印度境内的其他地区都出现过这种暴雨。因此,实际上对暴雨移置来说,整个次大陆可视为具有气象一致性(Rakhecha 和 Kennedy,1985),移置地区的范围见图 6.20。对 PMP 估算来说,有三次暴雨最为重要:1880 年 9 月 17 ~ 18 日在 Uttar Pradesh 西北地区,1927 年 7 月 26 ~28 日在 Gujarat 地区,以及 1941 年 7 月 2 ~4 日在 Gujarat,Dharampur 地区。这些暴雨的位置如图 6.20 所示,实测 DAD 值如图 6.21 所示。

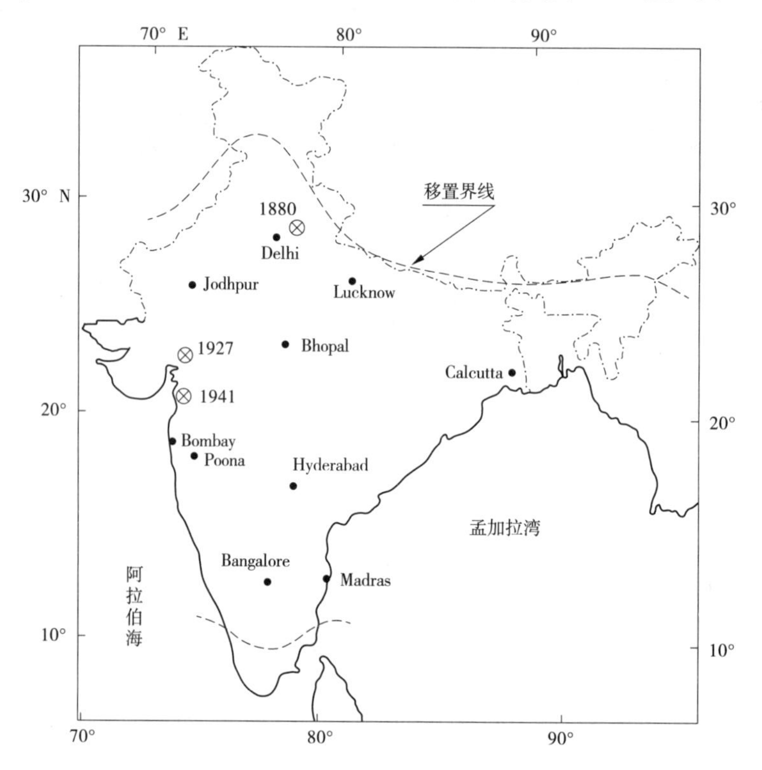

图 6.20　印度 3 个特大暴雨中心位置和它们的移置界限(Rakhecha 和 Kennedy,1985)

6.2.3.2　非山岳地区 PMP 初始值

最强烈的暴雨过程中的降雨,会发生在非常短的时段内或不移动的暴雨系统中。这些暴雨出现在非常小的地理区域内,事实上,1927 年和 1941 年的暴雨主要发生在几乎是平坦的区域上。由此可以确定出适用于沿海平坦区域的非山岳地区 PMP 值。

印度推求 PMP 的基本步骤,是实测雨深的水汽放大。在印度,尽管露点温度的可变性比在温带地区要小,但是逐年之间的有效水汽也会有一些变化,该变化是由海面温度的变化所引起的。从 25 个有代表性的雨量站,可得到持续最高 24 h 露点温度,并利用这些数值绘制了一张过渡性的等值线图。澳大利亚数据表明,极端露点温度比极端海面温度低约 4 ℃。利用该规则,可对记录长度有限而认为偏低的沿海数值进行调整。这个概念也影响沿海等值线的校正,所得到的极端露点等值线见图 6.22。这些极端露点值可用于进行暴雨水汽的调整。

6.2.3.3　非山岳地区 PMP 初始值的调整

水汽障碍的调整,用的是在 2.3.4.2 部分中讨论的另一种方法。由于热带暴雨依赖于连续不断的水汽供应,所以也需要对气团登陆距离进行调整。这种调整系数是以

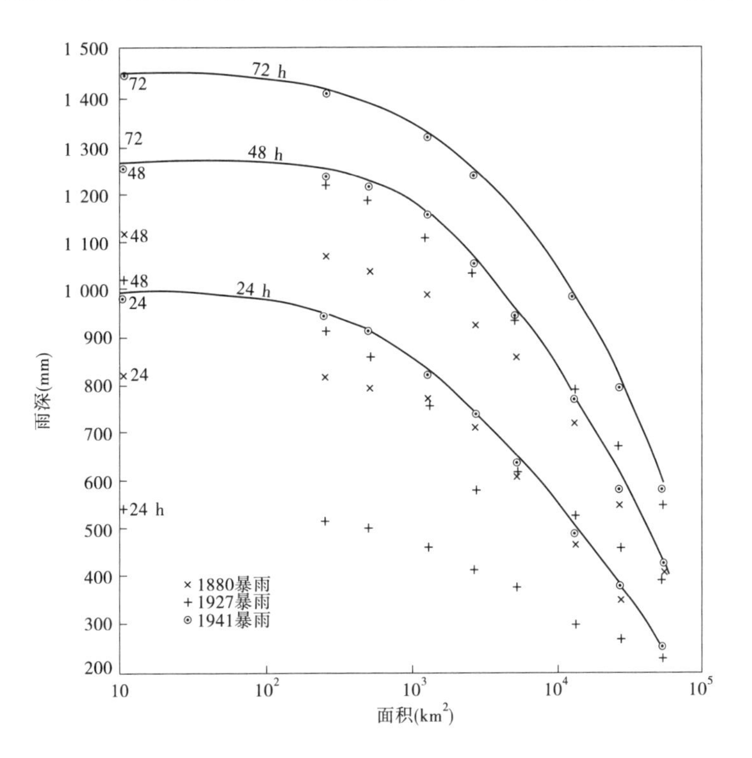

图6.21 印度3场大暴雨的实测最大时—面—深关系(Rakhecha 和 Kennedy,1985)

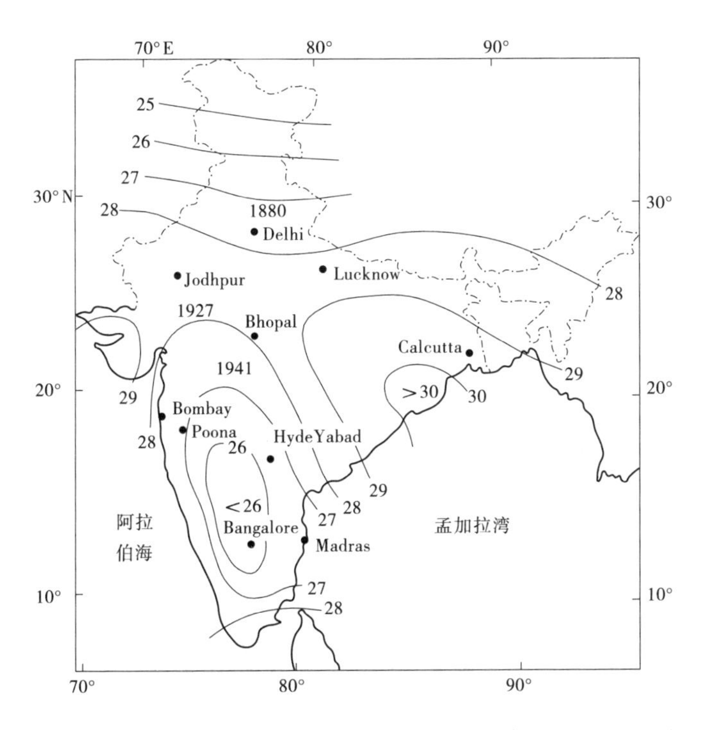

图6.22 印度持续24 h极限露点温度(Rakhecha 和 Kennedy,1985)

Schwarz(1965)提出的值为依据的,并用印度实测大暴雨的降雨数据进行了修正(见图6.23)。对于用于确定该关系的降雨量的任何地形影响因素,都将利用5.3.2.3部分所讨论的调整方法加以剔除。

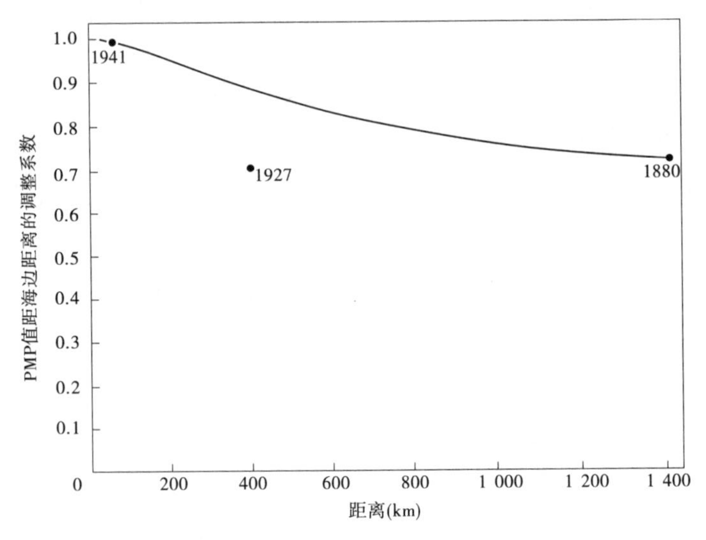

图6.23　印度非山岳地区PMP值距海边距离的调整系数(Rakhecha 和 Kennedy,1985)

6.2.3.4　非山岳地区PMP的最终值

将上面讨论的各种因子用于实测的降雨量,就得到了30 ℃的最大持续24 h露点的非山岳地区PMP值,这些数值如图6.24所示,并可适用于靠近沿海、位于海平面的平坦地区。所示的最终数值包括区域的时空平滑。利用这些曲线和前节讨论的调整系数,就可以得到各流域的数值。

6.2.4　印度Chambal、Betwa、Sone和Mahi流域的PMP估算

6.2.4.1　绪言

Chambal、Betwa、Sone和Mahi流域位于印度中西部,各流域内没有绵延的山脉。2001年,印度水利电力咨询有限公司编制的大坝安全保险和复建工程概化PMP图集(Damsafety Assurance and Rehabilitation Project Generalized PMP Atlas, Phase 1),对这四个流域的PMP估算作了介绍。其估算方法为:小流域为统计估算法,中到大流域为时—面—深(DAD)概化法,超大流域一般为雨深—历时分析法。

6.2.4.2　小流域PMP估算

小流域PMP估算方法采用Hershfield(1961a,1961b,1965)的统计估算法。此法一般也用来检验水文气象法所得的中小流域的PMP成果。在Chambal、Betwa、Sone和Mahi流域的年最大1 d和2 d PMP都用统计估算法进行了估算。

对历时1 d的PMP计算所有雨量站历时1 d降雨量的频率因子K_m,并将其点绘于流域图中,发现K_m没有地区分布规律,但K_m却随X_n的增加而减少。于是,分别绘制Chambal、Betwa、Sone和Mahi流域的K_m随X_n递减的外包线,使用时,一般通过年最大降雨量系列的均值查找K_m外包值。由各雨量站的K_m可以推求各站的PMP,以上四流域历时1

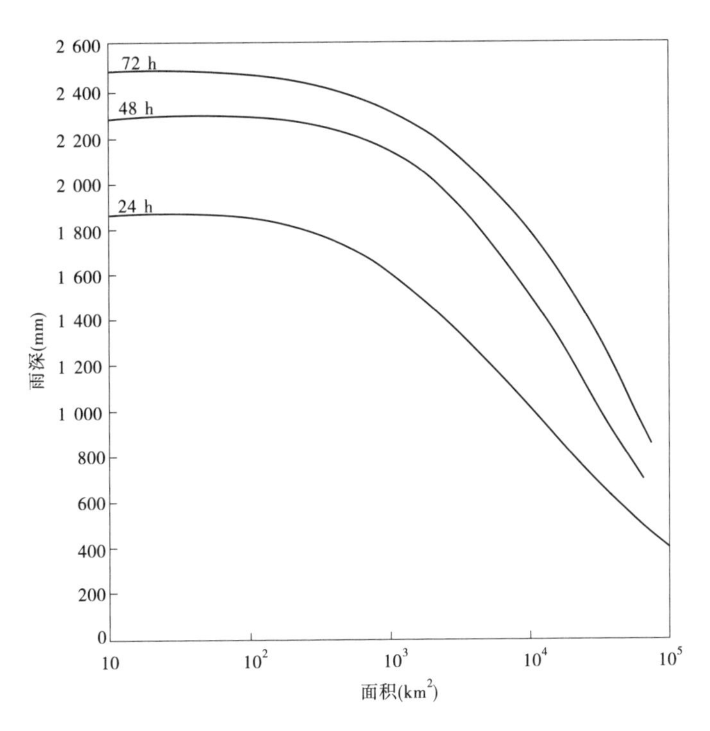

图 6.24　印度标准化 PMP 时—面—深曲线(Rakhecha 和 Kennedy,1985)

d 降雨量的频率因子见表 6.1,由统计方法计算的两个流域历时 1 d 的 PMP 见表 6.2。本报告推求 PMP 的日雨量是观测日(早 8:30 至次日早 8:30)雨量,因此推求 PMP 时建议采用世界气象组织(WMO)提供的校正系数 1.13。

表 6.1　Chambal、Betwa、Sone 和 Mahi 流域的频率因子 K_m

序号	系列均值 X_n (mm)	频率因子 K_m		序号	系列均值 X_n (mm)	频率因子 K_m	
		历时 1 d	历时 2 d			历时 1 d	历时 2 d
1	50	12.80	11.70	11	150	8.90	8.70
2	60	12.24	11.26	12	160	8.62	8.54
3	70	11.74	10.82	13	170	8.49	8.38
4	80	11.3	10.44	14	180	8.37	8.28
5	90	10.88	10.12	15	190	8.20	8.24
6	100	10.40	9.80	16	200		8.20
7	110	10.08	9.48	17	210		8.16
8	120	9.70	9.16	18	220		8.12
9	130	9.34	8.94	19	230		8.10
10	140	9.06	8.82				

对历时 2 d 的 PMP,其估算方法与上述的历时 1 d 的 PMP 的方法一样,只是应该选取

年最大 2 d 降雨量系列，2 d 必须是连续的 48 h。Chambal、Betwa、Sone 和 Mahi 流域历时 2 d 降雨量的频率因子见表 6.1。由统计估算法计算的 Chambal 和 Betwa 流域历时 2 d 的 PMP 见表 6.2。

表 6.2　Chambal 和 Betwa 流域历时 1 d 和 2 d 的 PMP　　（单位:mm）

站名	1 d	2 d	站名	1 d	2 d
Bidhuna	491	591	Kanpur	527	759
Bhind	558	625	Chandianallah	620	672
Ambah	483	570	Banda	555	725
Dholpur	459	590	Damoh	530	636
Morena	493	583	Borina	594	631
Jaura	599	623	Jabalpur	663	865
Bijaypur	809	1 063	Sager	913	967
Shahabad	646	881	Bhilsa	567	717
Shivpuri	639	833	Bhopal	730	913
Guna	978	1 064	Sehore	669	965
Lalitpur	752	886	Narsingarh	630	768
Tikamgarh	616	851	Lalsot	444	516
Gwalior	553	647	Sapotra	527	679
Pichhore	519	651	Tonk	571	629
Nowgans	643	751	Sawai	753	910
Chhatarpur	603	782	Sheopur	587	736
Panna	760	1 083	Jahazpur	533	710
Satna	590	907	Kotaah	566	619
Jhansi	643	738	Mangrol	662	816
Rai	864	995	Bhilwara	559	637
Alaunj	530	603	Nimbhahera	592	850
Derapur	655	807	Chechat	564	603
Hamirpur	648	774			

6.2.4.3　中到大流域 PMP 估算

中到大流域 PMP 估算方法为时—面—深（DAD）概化法，但具体做法与美国传统的做法有些差别。现以 Chambal 流域为主，简要介绍其做法。

6.2.4.3.1　Chambal 流域描述

Chambal 河是 Yamuna 河的主要支流。Chambal 河的主要支流有 Kali、Sindh、Parvati、

Kunar和Kunwari。Chambal河发源于Vindhya山脉的Mhow(位于Madhya Pradesh的Indore区,流域平均高程854 m)。Chambal河从源头开始逐渐向北流动,在Madhya Pradesh境内长320 km;在Rajasthan境内长226 km;沿Madhya Pradesh与Rajasthan的边界有251 km;沿Madhya Pradesh与Uttar Pradesh的边界有117 km;Chambal河全长为960 km。

Chambal流域的各支流控制流域面积如表6.3所示。

表6.3　Chambal流域的各支流面积

序号	河流(或支流)名称	流域面积(km^2)
1	Main Chambal	46 073
2	Banas	48 577
3	Kail Sindh	25 741
4	Parvati	14 122
5	Kunar	4 507
6	Kunwari	7 610

6.2.4.3.2　影响Chambal流域的天气系统

Chambal流域的年降雨量空间变化较大,自西北向南由700 mm增加为1 400 mm。盛行西南季风时期的雨量(季风雨)占全年雨量的85%左右,且7、8月是雨量最大的季节。来自孟加拉海湾(西南方向)的季风低压造成该流域的大范围长时间降雨。缓慢移动的低压槽及其在Chambal流域的转向,导致了该流域丰富的降雨。印度气象局将Chambal流域划分为若干子流域,其编号如表6.4的所示。

表6.4　Chambal流域各子流域位置

子流域编号	位置
404	Chambal河向上至Kotah坝址处
405	Kotah坝至Chambal河与Banas河的交汇处
406	Banas河
407	从Chambal河与Banas河的交汇处至与Yamuna河的交汇处

Chambal流域的等雨量线图基于1:1 000 000的流域图。大约有95个雨量站在流域外,177个雨量站在流域内。

6.2.4.3.3　暴雨分析

通过分析"印度日天气报告"和"暴雨路径"中记录的暴雨,选择了对Chambal流域及其子流域影响较大的几场暴雨,并从流域内外的雨量站收集了相关的雨量资料。

计算各子流域雨期的日平均雨量及最大1 d、2 d、3 d雨量,参考印度气象局的划分准则,据此给定各历时下的雨量阈值。降雨量超过阈值的暴雨被摘录出来作等雨量分析,在Chambal流域,95场暴雨中最终有24场暴雨被选出来作等雨量分析。其中,用于作1 d等雨量分析的暴雨有24场(暴雨中心点日雨量为225~396 mm),作2 d等雨量分析的暴雨有 17 场,作 3 d 等雨量分析的暴雨有 10 场。

绘制 DAD 外包线的三场暴雨的发生日期分别为:1945 年 6 月 27 ~ 29 日、1971 年 7 月22 ~ 23日和 1986 年 7 月 22 ~ 24 日,而这三场暴雨都是由孟加拉海湾低压槽的移动导致的。

6.2.4.3.4　PMP 估算

1. 绘制 DAD 曲线

(1)绘制各典型暴雨的 DAD 曲线。

(2)绘制 1945 年、1971 年和 1986 年 3 场特大暴雨的 DAD 外包线。其结果是控制 DAD 外包线的典型暴雨分别为:

历时 1 d 的 DAD 外包线:1945 年 6 月 29 日;

历时 2 d 的 DAD 外包线:1945 年 6 月 28 ~ 29 日,1971 年 7 月 22 ~ 23 日;

历时 3 d 的 DAD 外包线:1945 年 6 月 27 ~ 29 日,1986 年 7 月 22 ~ 24 日。

DAD 外包线上的雨量称为标准设计暴雨(Standard Project Storm,简称 SPS)。Chambal 流域标准面积的 SPS 如表 6.5 所示。

表 6.5　印度 Chambal 流域标准设计暴雨(SPS)

流域名称	面积(km^2)	SPS(mm)		
		1 d	2 d	3 d
	5 000	320	424	472
	10 000	294	380	424
	20 000	258	338	380
	30 000	238	320	350
	40 000	220	300	324
	50 000	203	280	310
Chambal	46 073	208	285	314
Banas	48 577	206	282	312
Kali Sindh	25 741	244	330	362
Parvati	14 122	278	360	403
Kunar	4 507	324	438	480
Kunwari	7 610	307	404	443

2. 分区计算暴雨放大因子和调整因子

(1)水汽放大因子 MMF(Moisture Maximization Factor)的计算式为

$$MMF = (W_2)_{h1}/(W_1)_{h1}$$

式中:$(W_1)_{h1}$ 为典型暴雨(或暴雨发生地区)代表性露点 d_1 所对应的在高程 h_1 以上的可降水量,d_2 的发生位置及月份与 d_1 相同;h_1 为典型暴雨所在地区的流域平均高程。

用于绘制DAD外包线的3场典型暴雨的水汽放大因子 *MMF* 如表6.6所示。

表6.6　3场典型暴雨的水汽放大因子

暴雨日期	*MMF*	暴雨区
1945年6月27~29日	1.29	404,405,406,407,408
1971年7月21~23日	1.31	404,405,406,407
1986年7月22~24日	1.29	404,405,406,407,408

注:表中暴雨区的序号代表流域编号。

(2)位移调整因子 *LAF*(Location Adjustment Factor)的计算公式为

$$LAF = (W_3)_{h1}/(W_2)_{h1}$$

式中:$(W_3)_{h1}$ 为暴雨移置地区的最大露点 d_3 所对应的在高程 h_1 以上的可降水量。当 $d_3 > d_1$(暴雨发生地)时,$LAF > 1$;否则,$LAF < 1$。

(3)障碍调整因子 *BAF*(Barrier Adjustment Factor)的计算公式为

$$BAF = (W_3)_{h2}/(W_3)_{h1}$$

式中:h_2 为移置地区的平均高程;$(W_3)_{h2}$ 和 $(W_3)_{h1}$ 分别为移置地区最大露点 d_3 所对应的在高程 h_2 和 h_1 以上的可降水量。当 $h_2 > h_1$ 时,$BAF < 1$;当 $h_2 = h_1$ 时,$BAF = 1$。当移置地与暴雨发生地的高程差 $\Delta h > 1\ 000$ m时,不宜作暴雨移置。

(4)水汽调整因子 *MAF*(Moisture Area Factor)的计算式为

$$MAF = MMF \times LAF \times BAF$$

如果不需要分别计算 *MMF*、*LAF* 和 *BAF*,则 *MAF* 可以采用下列简化公式计算

$$MAF = (W_3)_{h2}/(W_1)_{h1}$$

(5)面积折减系数。

面积折减系数 *ARF*(Area Reduction Factor)是通过对几场大暴雨做面积—雨深分析得出的。流域面积介于0~10 000 km^2 的 *ARF* 见表6.7。该表中的数值表示该面积下的面雨量与暴雨中心雨量的百分比。由表中特定面积及其 *ARF* 绘制 *ARF*—面积关系曲线,任意面积下的 *ARF* 可以通过内插得到。

表6.7　印度Chambal流域暴雨面积折减系数

面积(km^2)	折减系数	面积(km^2)	折减系数	面积(km^2)	折减系数
0	1.000	700	0.966	5 000	0.833
100	0.994	800	0.961	6 000	0.811
200	0.989	900	0.956	7 000	0.790
300	0.983	1 000	0.951	8 000	0.773
400	0.978	2 000	0.906	9 000	0.760
500	0.974	3 000	0.878	10 000	0.748
600	0.970	4 000	0.854		

3. 设计流域 PMP 估算

(1)如果设计流域本身或其附近具有典型暴雨的 DAD 曲线,则用设计流域的面积查出雨深 R,乘以水汽放大因子 MMF 即得 PMP

$$PMP = MMF \times R$$

表 6.8 是 Chambal 流域标准面积,按水汽放大求得的 PMP 值。

表 6.8 印度 Chambal 流域 PMP 计算成果

流域名称	面积(km^2)	PMP(mm)		
		1 d	2 d	3 d
	5 000	413	555	609
	10 000	379	498	547
	20 000	333	436	490
	30 000	307	413	452
	40 000	284	387	418
	50 000	362	361	400
Chambal	46 073	268	368	405
Banas	48 577	266	364	402
Kali Sindh	25 741	315	426	467
Parvati	14 122	359	472	520
Kunar	4 507	418	574	619
Kunwari	7 610	396	529	571

(2)如果设计流域本身或其附近没有典型暴雨的 DAD 曲线,则需要查 DAD 外包曲线以得出雨量 R。但这时已具有暴雨移置的性质,因此需要进行位移调整和障碍调整。即 PMP 需按下式计算

$$PMP = MMF \times MAF \times BAF \times R$$

4. 各网格点 PMP 的估算

为便于运用将 Chambal、Betwa、Sone 和 Mahi 流域按经纬度 1°的间隔网络化,采用上述方法计算各网格标准面积下的 PMP(以 Chambal 和 Betwa 流域为例)。

第一步:计算 1945 年 6 月 27 ~ 29 日的暴雨移置到 Chambal 和 Betwa 流域的各网格时的 MAF。

1945 年 6 月 27 ~ 29 日的暴雨覆盖了 Chambal 和 Betwa 整个流域,所以该次暴雨可以移置到这两个流域的任何网格内。各网格的水汽调整因子见表 6.9。

$d_1 = 25.7$ ℃,$d_2 = 28.5$ ℃;

$h_1 = 400$ m;

$(W_1)_{h1} = 84 - 8 = 76, (W_2)_{h1} = 108 - 10 = 98$;

$MMF = (W_2)_{h1}/(W_1)_{h1} = 1.29$。

表6.9 Chambal和Betwa流域各网格的MAF

网格地理坐标		d_3	$(W_3)_{h1}$	h_2	$(W_3)_{h2}$	LAF	BAF	MAF
经度(°)	纬度(°)	(℃)	(mm)	(m)	(mm)			
23	76	29.0	102.0	400	102.0	1.04	1	1.34
23	77	29.0	102.0	400	102.0	1.04	1	1.34
23	78	30.0	109.0	400	109.0	1.11	1	1.43
23	79	30.5	113.0	400	113.0	1.15	1	1.48
24	75	29.5	104.0	400	104.0	1.06	1	1.37
24	76	30.0	109.0	400	109.0	1.11	1	1.43
24	77	30.0	109.0	400	109.0	1.11	1	1.43
24	78	30.5	113.0	400	113.0	1.15	1	1.48
24	79	30.0	109.0	400	109.0	1.11	1	1.43
24	80	29.5	104.0	400	104.0	1.06	1	1.37
25	74	29.0	102.0	400	102.0	1.04	1	1.34
25	75	29.0	102.0	400	102.0	1.04	1	1.34
25	76	29.0	102.0	400	102.0	1.04	1	1.34
25	77	29.0	102.0	400	102.0	1.04	1	1.34
25	78	30.0	109.0	400	109.0	1.11	1	1.43
25	79	30.0	109.0	400	109.0	1.11	1	1.43
25	80	29.5	104.0	400	104.0	1.06	1	1.37
26	75	26.5	81.0	400	81.0	0.83	1	1.07
26	76	28.0	93.0	400	93.0	0.95	1	1.22
26	77	27.0	86.0	400	86.0	0.88	1	1.14
26	78	29.0	102.0	400	102.0	1.04	1	1.34
26	79	29.0	102.0	400	102.0	1.04	1	1.34
27	76	27.0	86.0	400	86.0	0.88	1	1.13

注:各网格的平均高程等于或小于400 m,且移置地与暴雨发生地之间无障碍高程,所以,所有网格的$h_2 = h_1$。

第二步:由上述方法推求Chambal和Betwa流域流域标准面积(2 500 km^2,5 000 km^2,7 500 km^2,10 000 km^2)下的PMP,见表6.10。

表 6.10　Chambal 和 Betwa 流域各网格的 PMP

网格地理坐标		*MAF*	各种面积(km^2)1 d 的 PMP(mm)			
经度(°)	纬度(°)		2 500	5 000	7 500	10 000
23	76	1.34	458	429	411	394
23	77	1.34	458	429	411	394
23	78	1.43	489	458	439	420
23	79	1.48	506	474	454	435
24	75	1.37	469	438	421	403
24	76	1.43	489	458	439	420
24	77	1.43	489	458	439	420
24	78	1.48	506	474	454	435
24	79	1.43	489	458	439	420
24	80	1.37	469	438	421	403
25	74	1.34	458	429	411	394
25	75	1.34	458	429	411	394
25	76	1.34	458	429	411	394
25	77	1.34	458	429	411	394
25	78	1.43	489	458	439	420
25	79	1.43	489	458	439	420
25	80	1.37	469	438	421	403
26	75	1.07	366	342	328	315
26	76	1.22	417	390	375	359
26	77	1.14	390	365	350	335
26	78	1.34	458	429	411	394
26	79	1.34	458	429	411	394
27	76	1.13	386	362	347	332

6.2.4.4　超大流域 PMP 估算

超大流域的 PMP 一般采用雨深—历时分析法估算。因为所有超大流域的实际情况各不相同,所以没有一个统一的估算方法。

6.2.4.5　暴雨时程分配

PMP 的时程分配,按多场典型暴雨概化、平均、平滑求得。通常由设计人员自行完成。

6.2.4.6　应用实例

拟在 Sone 流域的 Kanhar 河修建某水利工程,其控制流域面积 6 020 km^2。1940 年 8 月 29 日的暴雨是该流域最大的一次暴雨。使用 Sone 流域的外包线,查得 6 020 km^2 历时 1 d 的雨深外包值为 360 mm。流域所在网格是 23°84°、24°83°和 24°84°,由表查得这三个网格的 *MAF* 分别为 1.04、1.28 和 1.33,其平均值为 1.22。因此,该流域的 PMP 为 438 mm。

6.2.5　中国海南岛昌化江流域大广坝工程的 PMP 估算

6.2.5.1　简介

海南岛位于 108°40′E ~ 110°E,18°10′N ~ 20°N,属于略带大陆性的热带岛屿气候。昌化江流域大广坝工程位于海南岛西南部,控制流域面积 3 498 km^2。根据1951 ~ 1983 年昌化江大广坝流域 24 h 雨量大于 200 mm 的暴雨记录分析,其全部是由台风造成的。因此,大广坝工程的 PMP,主要研究台风暴雨的影响。

6.2.5.2　昌化江流域暴雨地形分量估算

大广坝工程 PMP 估算采用概化估算法。由于本流域地处山岳区,为便于对暴雨辐合分量进行概化,需对实测暴雨中的地形分量进行分割。

分析中国长、短历时暴雨量的极值地理分布,显示了不同的地形影响特点。各地 1 h 以内的降雨差异小,地形对 1 h 以内的暴雨没有明显的影响。从 1 ~24 h 或更长时段,地形对暴雨的增幅作用是逐渐加强的,因水汽入流不同,迎风坡与背风坡的雨量差异更大。根据以上认识,提出分时段地形增强因子方法(林炳章,1988),通过不同时段实测暴雨资料统计,来估算不同时段地形雨。

在实际估算中,采用下式计算平均地形增强因子 $\bar{f}_{\Delta t}(x,y)$

$$\bar{f}_{\Delta t}(x,y) \approx \frac{\bar{R}_{\Delta t}(x,y)}{\bar{R}_{0\Delta t}} \tag{6.1}$$

式中:$\bar{R}_{\Delta t}(x,y)$ 为点 (x,y) 上 Δt 时段实测雨量的多年平均值;$\bar{R}_{0\Delta t}$ 为 Δt 时段的平均暴雨辐合分量。

某点 (x,y) 上 Δt 时段的暴雨辐合分量可用下式表示

$$R_{0\Delta t}(x,y) \approx \frac{R_{\Delta t}(x,y)}{\bar{f}_{\Delta t}(x,y)} \tag{6.2}$$

式中:$R_{0\Delta t}(x,y)$ 为 Δt 时间 (x,y) 点暴雨辐合分量;$R_{\Delta t}(x,y)$ 为 Δt 时间 (x,y) 点实际暴雨量;$\bar{f}_{\Delta t}(x,y)$ 为 (x,y) 点上对 Δt 时段平均地形增强因子。

根据研究流域的流域面积和流域形状及流域内的雨量站数量,构建较为密集的网格进行计算,以便覆盖整个流域。所以,某流域 Δt 时段内的流域平均 PMP 可以写成如下形式

$$PMP_{\Delta t,A} = \frac{1}{m \times n - k}\sum_{1}^{m}\sum_{j}^{n} PMP_{0,\Delta t}(x_i,y_i) \cdot \bar{f}_{\Delta t}(x_i,y_i) \tag{6.3}$$

式中:$PMP_{0,\Delta t}(x_i,y_i)$ 为当 PMP 发生时,流域内某个节点在 Δt 时段内的 PMP 辐合分量(注意:$PMP_{0,\Delta t}(x_i,y_i)$ 并不等于该节点的 $PMP(x_i,y_i)$ 值);m、n 分别为 Δx_i 和 Δy_i 的数量;k

为流域外的节点数。

在估算昌化江大广坝流域 PMP 时，为求平均地形增量因子 $\bar{f}_{\Delta t}(x,y)$，利用中国年最大 6 h、12 h、24 h 及 3 d 点暴雨均值等值线图（叶永毅和胡明思，1979），在暴雨发生地暴雨水汽入流方向上找出无明显地形起伏的若干雨量站，求群站的年最大 Δt 时段雨量均值的平均值。

以昌化江流域中心为中心，建立 11 ×7 =77 个节点（见图 6.25）。选择流域西、南方沿海岸 5 个位于平坦地区的雨量站作为研究地形增强作用的对比站。分别计算 77 个节点年最大 6 h、12 h、24 h雨量极值的均值，将这些节点计算值与所选 5 个站年最大 6 h、12 h、24 h 雨量极值的均值的群站平均值比较，得到各时段、各节点分时段地形增强因子。计算结果表明，大广坝流域地形对 6 h、12 h、24 h 暴雨的平均增强幅度分别为 8.7%、14.6%、22.1%。24 h 内地形对暴雨的增强作用随历时增长而逐渐加大。

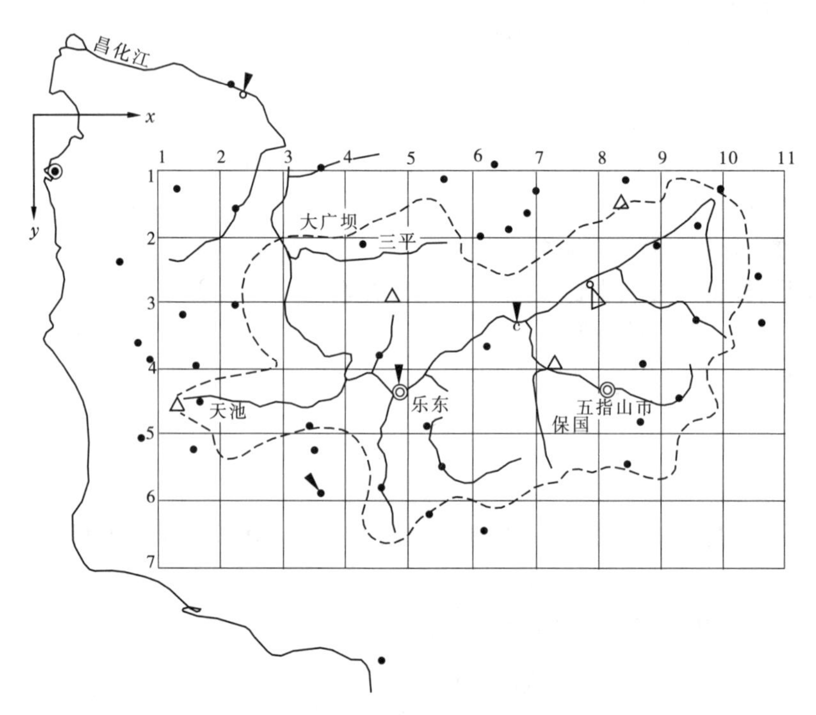

图 6.25　昌化江流域 PMP 估算节点（林炳章，1988）

6.2.5.3　海南岛非山岳地区 PMP 时—面—深关系

求海南岛非山岳地区 PMP 时—面—深关系需考虑以下三方面的资料：

（1）本流域资料：根据影响昌化江流域 15 场台风暴雨记录和气象资料分析，大广坝流域以上有三个暴雨中心，分别在下游的三派，中游的七林场和上游的保国。暴雨期水汽入流方向是来自西南方向。利用其中最大 5 场台风暴雨资料，扣除地形影响，建立海南岛非山岳地区实测最大台风暴雨时—面—深关系。

（2）移用中国东南沿海资料：1960 年 8 月 4 ~5 日发生在江苏沿海的潮桥暴雨，其最大 24 h 和 3 d 雨量分别为 822 mm 和 934 mm，1976 年 9 月 21 ~22 日发生在广东的吴阳暴雨,其最大24 h和3 d雨量分别达794 mm和1 092 mm。将这两场台风暴雨时—面—深关系经水汽调整,移用于海南岛。

(3)移用美国资料:考虑以下几个理由,将美国东南沿海东南部平原经水汽放大和调整的极值台风暴雨的时—面—深关系也移用到海南岛。南中国海的极值台风暴雨潜能与大西洋极值台风暴雨潜能(HMR No. 46)大致相等;影响南中国海和美国墨西哥湾台风的热力、动力条件相近,两地台风移速、频率分别相似;海南岛与美国东南和南部平原地区最大24 h台风暴雨系列均值比较,前者大27%,这主要是地形影响和两地水汽含量的差别所致。

将以上三方面平原区台风暴雨时—面—深关系数据,经必要的水汽调整和外包,就得到适用于海南岛的非山岳地区经极大化的台风暴雨的时—面—深关系外包线。这组外包线可作为昌化江流域非山岳地区PMP的时—面—深关系,见表6.11。

表6.11　海南岛非山岳地区台风暴雨极值时—面—深外包关系(林炳章,1988)

面积(km^2)	各历时雨深(mm)			
	6 h	12 h	24 h	72 h
点	751	879	1 197	1 389
100	697	836	1 129	1 304
300	646	807	1 081	1 236
700	580	789	1 042	1 188
1 000	548	779	1 023	1 165
2 000	478	728	966	1 107
3 000	434	672	903	1 051
4 000	399	619	837	1 003
5 000	376	565	776	944
7 000	335	493	662	886
10 000	303	430	549	850

6.2.5.4　大广坝流域24 h PMP估算

6.2.5.4.1　昌化江流域非山岳地区24 h设计PMP的DAD曲线

利用海南岛地区和移置的24 h非山岳地区台风暴雨资料,以及海南岛非山岳地区PMP时—面—深关系,建立昌化江流域非山岳地区设计(实用)的24 h PMP暴雨DAD曲线。该DAD曲线在相当于流域面积大小的雨深达到海南岛非山岳地区PMP,而大于或小于流域面积上的平均雨深小于海南岛非山岳地区同面积的PMP。这条DAD曲线也称之为昌化江流域非山岳地区设计的24 h PMP的DAD曲线。

6.2.5.4.2　昌化江流域非山岳地区24 h PMP的空间分布

根据昌化江流域实测台风暴雨分析,其等雨量线图近似于椭圆形。计算这些图形的长短轴比例发现,随着面积增大,暴雨等雨量线逐渐从椭圆趋于圆形。综合各台风暴雨等雨量线分布的平均情况,利用昌化江流域非山岳地区设计的24 h PMP的DAD曲线,设计出台风暴雨的PMP等雨量线模式,见图6.26。在估算流域PMP时,根据水汽入流方向,长轴方向为225°,中心位于流域中心。

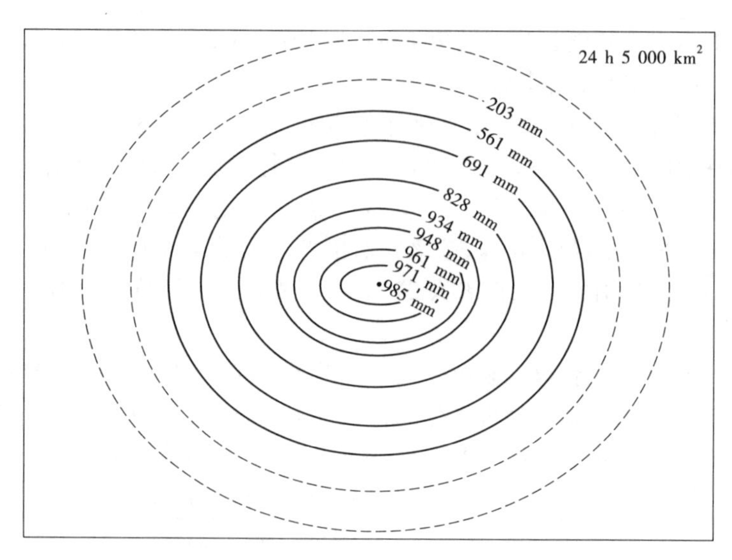

图 6.26　昌化江流域非山岳地区 24 h 5 000 km² PMP 暴雨等雨量线图(林炳章,1988)

6.2.5.4.3　台风强度调整

台风登陆以后,愈深入内陆,削减愈大。选择 50 年一遇持续最大 12 h 露点温度作为指标进行调整。这些露点等值线图沿海南岛海岸形成闭合圈,从四周沿海往岛中递减。最大削减 9%。

6.2.5.4.4　综合调整系数

将距海岸距离的调整系数与分时段地形增强因子合并成综合调整系数,表 6.12 列出昌化江流域 24 h 暴雨综合调整系数。

表 6.12　海南岛昌化江流域 24 h 暴雨综合调整系数(林炳章,1988)

Y 轴点据序号	X 轴点据序号										
	1	2	3	4	5	6	7	8	9	10	11
1	1.04	1.09	1.15	1.27	1.38	1.55	1.08	1.10	1.27	1.42	1.08
2	1.00	1.05	1.21	1.48	1.65	1.22	1.08	1.13	1.02	1.06	1.10
3	1.03	0.96	1.00	1.39	1.38	1.03	0.98	1.00	1.07	1.28	1.15
4	1.28	1.27	1.12	1.11	1.10	0.96	0.99	1.00	1.09	1.06	1.31
5	1.72	1.84	1.10	0.98	0.91	1.10	1.16	1.09	1.07	0.97	1.18
6	1.44	1.13	1.02	1.12	1.12	1.11	1.13	1.16	0.90	0.84	0.84
7	1.02	0.81	0.78	1.20	1.22	1.12	1.13	1.15	1.11	0.84	0.85

6.2.5.4.5　PMP 估算

将图 6.26 置于大广坝以上流域中心,按线性内插求得网格点 24 h 上非山岳地区 $PMP_{0\Delta t}(x,y)$,利用表 6.12 及计算式(6.2),可分别求得各网格点上 $PMP_{\Delta t}(x,y)$,再绘制等值线图即可得到大广坝以上流域 24 h PMP 等值线图。由图 6.27 可见,有三个暴雨中心。这三个暴雨中心与本流域的三个多暴雨区完全一致,暴雨等雨量线的形状呈不规则椭圆形,其主轴方向位于东北—西南向,与西北侧五指山脉的走向一致。

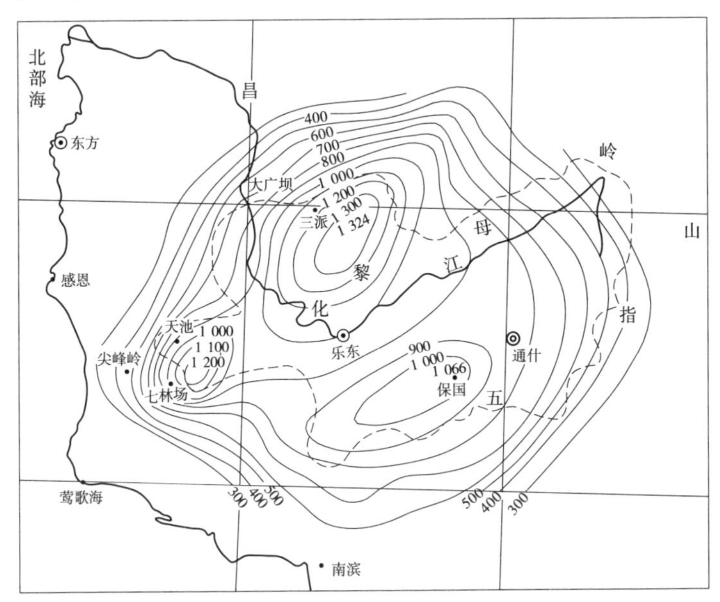

图6.27　海南岛昌化江流域24 h PMP暴雨等值线图(林炳章,1988)

6.2.5.4.6　24 h PMP的时程分配

根据观测资料条件,最小时段按6 h划分。最大6 h、12 h时段雨量均保持PMP水平。在最大24 h雨量中,最大6 h雨量和次大6 h雨量相邻排列,且居中。

6.2.5.5　**PMP成果合理性分析**

6.2.5.5.1　与本流域实测暴雨记录比较

1963年9月7~9日是本流域最大一次实测暴雨,最大24 h流域面平均雨深308 mm,与24 h PMP面平均雨深880 mm的比值为0.35。本流域暴雨中心七林场的最大24 h雨深出现在1974年6月13日,为783 mm。保国最大24 h雨深出现在1963年9月8日,为688 mm。三派最大24 h雨深出现在1964年7月2日,为593 mm。这三个中心24 h PMP值分别为1 100 mm、1 066 mm、1 150 mm。它们的比值分别为0.712、0.645、0.516。可见,无论两个面平均雨深比值,还是暴雨中心的比值均是可以接受的。

6.2.5.5.2　与中国大中型水利工程24 h PMP比较

根据中国44个大中型水利工程24 h PMP与面积关系的外包线看,与大广坝流域面积相等的PMP值为720 mm。大广坝24 h PMP值与相应外包值比值为1.22。考虑到昌化江流域24 h暴雨记录的水平,出现这种情况是可能的。

6.2.5.5.3　与美国东南部墨西哥湾沿岸的概化PMP比较

美国东南部墨西哥湾沿岸的概化PMP雨深—面积关系(Schreiner和Riedel,1978),反映了该地区非山岳地区的PMP。与大广坝流域面积相等的24 h PMP比大广坝流域24 h辐合分量PMP略大些,两者比值约为1.09。考虑到前者是暴雨面积上的数值,后者是流域面上的数值,因残雨影响而有所削减。故可认为,两地24 h PMP是相当的。

6.3　注意事项

估算 PMP 的步骤本来是为温带地区使用的。而且这些纬度区的大部分研究都已经完成。最近，已经把这些步骤应用于热带地区，但还没有对该地区进行过充分完整的检验。因此，使用者在直接应用这些步骤时要加以注意，热带地区的 PMP 值估算还有许多工作要做。使用者还要参考第 2 章到第 5 章的注意事项。包括暴雨样本合适性、记录长度、与降雨记录的比较、估值的一致性及其他因素，同样要在热带地区应用。

第7章　基于流域面积的 PMP 估算及其在中国的应用

7.1　绪　言

如1.4.2部分所述,PMP 的估算有两种途径和几种方法。本章介绍的是基于流域面积的途径及其在中国运用的例子(王国安,1999)。

如1.1节所论,估算 PMP 的目的是得出设计流域特定工程设计所要求的 PMF,以便确定该工程的规模及泄洪建筑物的尺寸。但是,任一流域的某一特定位置的工程,由于其坝高、库容和泄洪能力的不同,对 PMF 的要求也不同。例如,若为一高坝、大库、泄洪能力较小的水库,则对该工程设计起控制作用的是设计洪量,故要求的设计洪水(PMF)历时较长,这样相应 PMP 的天气成因就可能是持续时间较长的多个系统相组合的锋面气旋;若为一低坝、小库、泄洪能力较大的水库,则对该工程设计起控制作用的是设计洪峰流量,故要求的设计洪水历时较短,这样相应 PMP 的天气成因就可能是持续时间较短的单一系统,如台风或雷暴雨。因此,在整个 PMP/PMF 的分析计算过程中,都要把着眼点放在如何才能形成特定工程所要求的 PMF 上。

中国在1979年颁布的《水利水电工程设计洪水计算规范》(水利部等;1980)和1995年编制的《设计洪水计算手册》(长江水利委员会等,1995)中都列入了这类方法,并在一些著作(詹道江和邹进上,1983;王国安,1999)中作了详细的论述。世界气象组织1969年出版的《最大洪水估算》报告,对本章中7.5节、7.6节和7.7节所涉及的内容也提供了某些思路。

7.2　推求 PMP/PMF 的方法概要

7.2.1　主要特点

推求 PMP/PMF 的方法的主要特点有以下五点:

(1)所有计算(包括面平均雨深及其时空分布等)都是针对设计流域进行的。

(2)充分注意利用通过野外调查和历史文献考证所获得的近千年以来的特大历史暴雨/洪水信息。

(3)在拟定暴雨模式时,首先要对暴雨模式的定性特征作出推断。

(4)在计算方法上,强调要采用多种方法和多种方案,然后经过综合分析,合理选定成果。

(5)要对采用成果的合理性,从多方面进行分析、检查。

7.2.2　步骤框图

推求 PMP/PMF 的方法步骤如框图 7.1 所示。

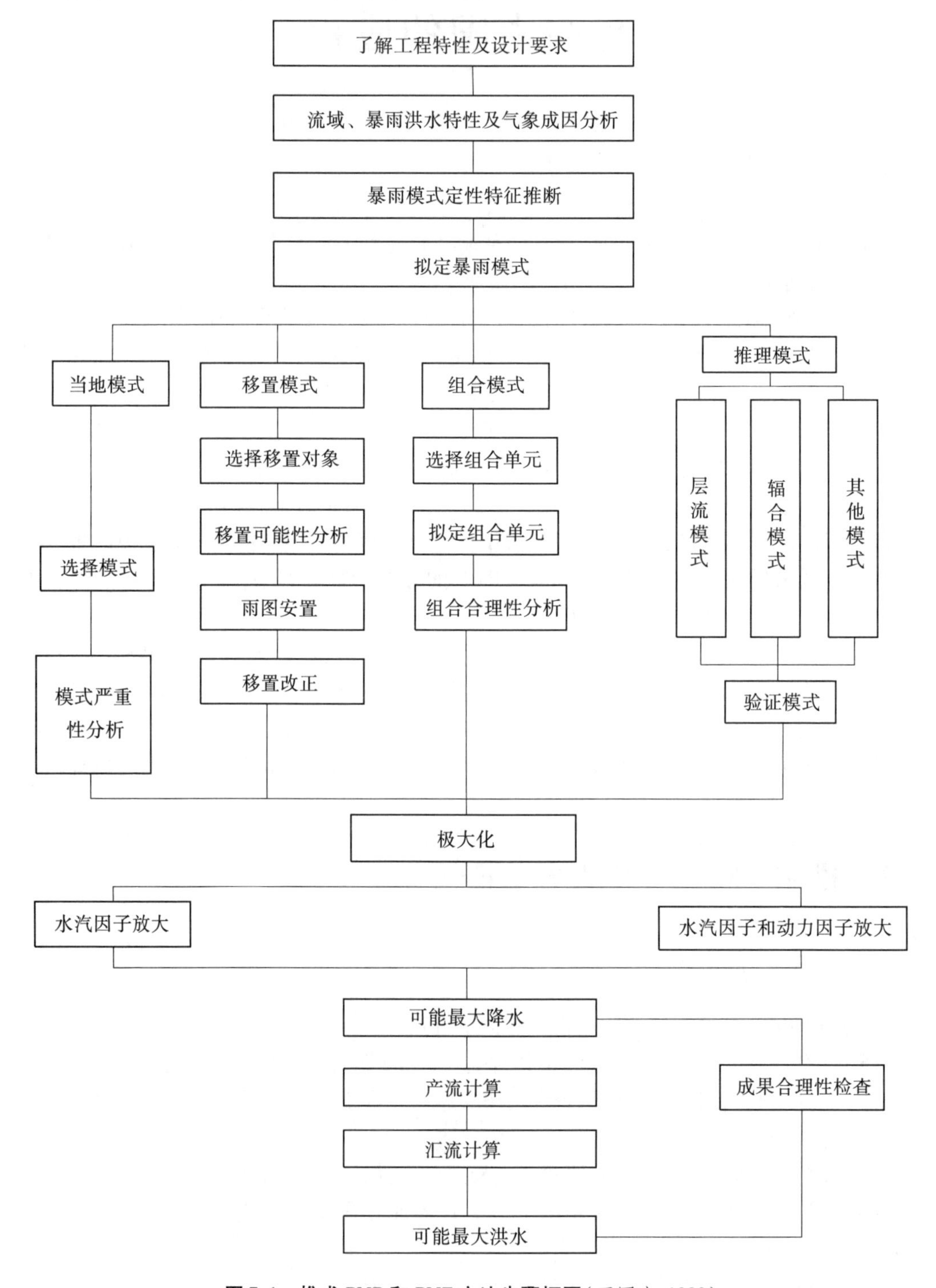

图 7.1　推求 PMP 和 PMF 方法步骤框图(王国安,1999)

本章主要介绍当地模式法（当地暴雨放大）、移置模式法（暴雨移置）和组合模式法（暴雨时空放大）。这些方法对于大中流域不同地形条件和不同降雨历时的PMP估算均可运用；对于仅适用于中小面积的推理模式（理论模式）法则从略。

7.2.3　工程特性及设计要求

水库工程设计要求的PMF信息一般包括洪峰、洪量和洪水过程线三大要素，但是不同的工程对这三者要求的重点是不一样的。例如，调蓄库容很小、下泄流量很大的水库，重点是洪峰；调蓄库容很大、下泄流量很小的水库，重点是洪量；调蓄库容和下泄流量二者相对来说都不是太大的水库，则洪峰、洪量和洪水过程线三者都是重要的。因此，在进行PMP估算之前，先要了解拟建工程的相关情况，以便结合设计流域的特大暴雨/洪水特点，正确选定PMP的估算方法。

7.2.4　流域、暴雨/洪水特性及气象成因分析

流域、暴雨/洪水特性及气象成因分析的目的主要是弄清设计流域暴雨/洪水的形成规律，为正确选择PMP的估算方法及成果的合理性分析提供依据。分析的内容包括流域的地理、地形和气候条件，暴雨/洪水的基本类型，各类型暴雨/洪水的天气成因及时空分布特点等。

地理、地形和气候条件是产生暴雨/洪水的宏观背景。

这里最重要的是要弄清设计流域的暴雨/洪水有哪些基本类型，以便结合特定工程设计的要求，经综合分析，对暴雨模式的定性特征作出推断。

7.2.5　暴雨模式定性特征推断

7.2.5.1　问题及其意义

本章介绍的PMP推求方法，就是将暴雨模式极大化。显然，这里关键问题有两个：一是暴雨模式的拟定，二是极大化参数的选取。在这两个问题中，又以第一个最为重要，因为它是整个工作的基础。这一环节做好了，就使特定工程所要求的PMP/PMF的物理成因概念清楚了。从而也提高了PMP/PMF成果的可信度。

7.2.5.2　推断的内容

PMP暴雨模式的定性特征应包括以下三个方面的内容：一是暴雨的发生季节；二是暴雨的天气成因，包括环流形势和暴雨天气系统；三是暴雨的雨型，包括暴雨历时、时程分配形式、雨带分布形式、雨区范围及暴雨中心位置。

7.2.5.3　推断的方法

PMP暴雨模式定性特征的推断，主要是在考虑工程设计要求的基础上，根据对设计流域和邻近地区的实测、调查以及历史文献记载的天气、暴雨和洪水资料，结合流域特性，进行综合分析，来作出合理的定性推断。具体方法见以下的示例。

7.2.5.4　示例

现以黄河三门峡至花园口区间（流域面积41 615 km^2，以下简称三花间）为例，说明暴雨模式定性特征的推断方法（王国安，1999）。

7.2.5.4.1　根据工程要求分析

三花间的 PMF 分析,主要是为黄河下游的防洪工程体系的安排提供依据。从对黄河下游河道的防洪威胁来说,以峰高量大的洪水最为严重。根据以往分析,洪峰和最大 5 d 洪量对工程起控制作用。

7.2.5.4.2　根据本流域实测暴雨洪水资料分析

三花间自 1919 年开始进行暴雨洪水观测。根据这些资料统计,三花间的大暴雨洪水发生年有 1937 年、1954 年、1957 年、1958 年和 1982 年。这几年洪水,按环流型势、暴雨天气系统和雨区分布类型,基本上可以分为盛夏经向型洪水(1937 年、1954 年、1958 年和 1982 年)和盛夏纬向型洪水(1957 年)。在盛夏经向型洪水中,以南北向切变线或其与台风系统共同作用的暴雨形成的洪水为峰高量大。这类暴雨,中心最大 1 h 雨量达 100 mm 以上,24 h 雨量达 700 mm 以上,雨区呈南北向带状分布。雨区南端起于淮河上中游,北抵汾河中下游,纵跨三花间全流域。在三花间内的暴雨中心位置,伊洛河为中上游,沁河为中下游,黄河干流为三门峡至小浪底区间。降雨历时 7 d 左右,其中暴雨(三花间面平均雨量≥50 mm)历时 3 d。暴雨发生时间为 7 ~ 8 月,前期多雨。

7.2.5.4.3　根据本流域调查和历史文献记载的暴雨洪水资料分析

三花间地处中国中原腹地,其间古城洛阳自公元前 770 年以来,先后有 9 个封建王朝建都于此。因而 2 600 多年来,这个地区历史文献资料甚为丰富,其中对雨情、水情、灾情的记载很多。自 1953 年以来,有关部门又对这个地区的干支流,多次进行洪水调查,取得了很多宝贵的历史洪水资料。根据这些资料分析,三花间历史上发生过的特大暴雨洪水有公元前 184 年,公元 223 年、公元 271 年、公元 722 年、公元 1482 年、公元 1553 年和公元 1761 年等年份。从文献记载的情况来看,这几年的暴雨洪水也可以分成两种类型。所不同的是,经向类型暴雨的历时更长、强度更大、雨区范围更广。例如,1761 年就与 1958 年、1982 年很相似。其特点如下(王国安,1999):

(1)降雨历时 10 d 左右。

(2)其中暴雨历时 5 d。

(3)5 d 暴雨有两个雨峰,次峰在前,主峰在后。

(4)雨区呈南北向带状分布。根据大量文献分析,估计这场暴雨的天气形势是环流形势为盛夏经向型,暴雨天气系统为南北向切变型。

根据历史文献分析,1761 年洪水的洪峰流量在黄河黑岗口约为 30 000 m^3/s,转化到花园口约为 32 000 m^3/s,其中约有 26 000 m^3/s 是来自三花间,其重现期在 400 年以上。

7.2.5.4.4　根据邻近的相似流域的特大暴雨洪水资料分析

从邻近相似流域海河的实测和历史文献记载的暴雨洪水资料来看,海河流域的特大暴雨洪水,其特点与三花间大体类似。例如,1963 年 8 月 1 ~ 10 日海河特大暴雨,其环流形势为盛夏经向型,暴雨天气系统为北槽南涡接南北向切变线,雨区分布型式为南北向带状分布。降雨历时 10 d,其中主要集中在 7 d(8 月 3 ~ 9 日)。

7.2.5.4.5　根据流域特性分析

三花间流域面积 41 615 km^2,位于东经 110° ~ 114°,北纬 34° ~ 37°,是中国大尺度地形第一阶梯与第二阶梯交接的中部,即位于华北平原与黄土高原交接地带的南端。在流域内，地形起伏较大，北、西、南三面环山，朝东开口，呈西南、西北高，中部低洼的喇叭口袋状（面积 1 万余 km^2）。黄河在其中部自西向东横穿而过。境内主要支流南有伊河、洛河，北有沁河。

从三花间的地形看，有利于东南水汽的入流，流域内的喇叭口抬升地形，也有利于形成大暴雨。

三花间的流域形状，大体上像一只展翅东飞的蝴蝶（见图 7.2），南北向切变线所形成的暴雨可笼罩全流域，从而有利于产生大洪水。

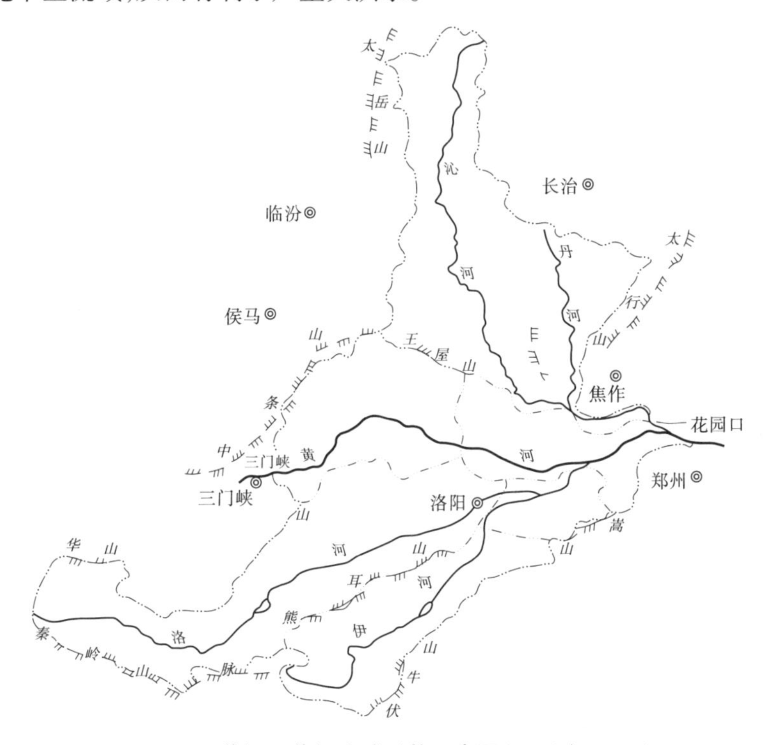

图 7.2　黄河三花间流域形状示意图（王国安，1999）

同时，从实测资料来看，南北向切变线暴雨的暴雨中心所在地区，基本上都是石山区，产流汇流条件较好，亦有利于形成大洪水。

7.2.5.4.6　根据天气形势分析

盛夏经向型的环流形势，其基本特点简单地说，就是亚洲中高纬度地区是经向环流，南（暖湿）北（冷干）气流交换频繁，容易出现大范围、高强度和长历时的暴雨。

从天气形势上稍说具体一点就是：中国华北东部及日本海为稳定副热带高压控制，西来槽东移受阻（在 700 ~ 850 hPa 特别明显）。在副热带高压西侧有较强的偏南暖湿气流和稳定性雨区。在这种环流形势影响下，三花间常出现南北向切变线。在这种切变线下，若遇副热带高压位置偏北并向西北伸展且伴有台风登陆深入内陆，或在切变线上有西南倒槽叠加等情况，此时三花间东侧盛行东南风（见图 7.3，三花间在阴影区中间），而三花间的地势是自东向西逐渐升高，这就有利于暖湿空气的抬升，亦即有利于形成大暴雨。

综合以上 6 个方面的分析，总体来说，三花间 PMP/PMF 的暴雨模式应具有如表 7.1

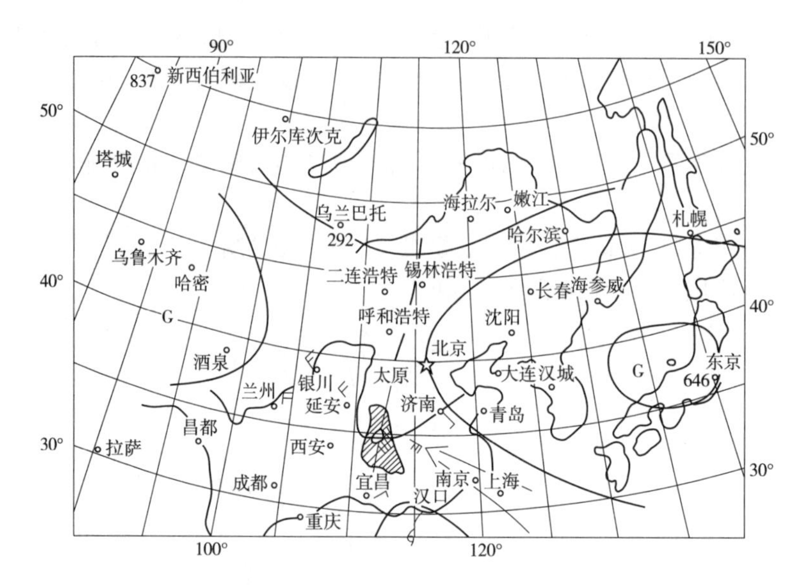

图 7.3　黄河三花间特大暴雨期 700 hPa 暴雨影响系统概化图
(1958 年 7 月 16 日 20 时,北京时间)(王国安,1999)

所示的一些主要特征。也就是说,只有按符合这些特征的暴雨模式推求出来的 PMP,进而求得的洪水,才是满足工程设计要求的峰高量大的 PMF。

表 7.1　黄河三花间 PMP 暴雨模式定性特征

<table>
<tr><th>序号</th><th colspan="3">项目</th><th>特征</th></tr>
<tr><td>1</td><td colspan="3">暴雨出现季节</td><td>7 ~ 8 月</td></tr>
<tr><td>2</td><td rowspan="2">天气成因</td><td colspan="2">大气环流形势</td><td>盛夏经向型</td></tr>
<tr><td>3</td><td colspan="2">暴雨天气系统</td><td>以南北向切变线为主</td></tr>
<tr><td>4</td><td rowspan="8">雨型</td><td colspan="2">雨区分布型式</td><td>南北向带状分布</td></tr>
<tr><td>5</td><td colspan="2">流域内雨区范围</td><td>三花间流域内普遍降雨</td></tr>
<tr><td rowspan="3">6</td><td rowspan="3">暴雨中心位置</td><td>伊洛河</td><td>中游</td></tr>
<tr><td>沁河</td><td>中游</td></tr>
<tr><td>干流区间</td><td>三门峡至小浪底区间</td></tr>
<tr><td rowspan="2">7</td><td rowspan="2">降雨历时</td><td>连续降雨</td><td>10 d 左右</td></tr>
<tr><td>其中暴雨</td><td>5 d</td></tr>
<tr><td>8</td><td colspan="2">暴雨时程分配型式</td><td>双峰,主峰在后</td></tr>
</table>

7.2.5.5　其他国家类似工作

有些国家在作 PMP 估算时的某些做法,也或多或少地含有暴雨模式定性特征推断的意识。例如,美国在 HMR(水文气象报告)No. 46(美国气象局,1970)中将美国东南沿海的台风暴雨移用于湄公河(Mekong River)流域的 PMP 估算(见 6.2.2 部分),以及在 HMR

No. 55A、No. 57和No. 59(美国气象局,1988,1994,1999)中使用概化估算时将暴雨分为局地暴雨(Local-Storm)和一般暴雨(General-Storm)分别进行PMP估算。

澳大利亚气象局在历次PMP研究中,都按照降雨历时和位置对暴雨进行分类,并采用不同的模式。对短历时(小于6 h)暴雨提出了短历时概化法(GSDM)(澳大利亚气象局,1994)。而且它把较长历时的暴雨分成热带天气系统和温带天气系统,并用于各次不同的概化方法。对于发生在澳大利亚地区的暴雨来说,这里热带暴雨是最重要的。故提出了热带暴雨概化法(GTSM)并在2003年对其作了修订(Walland等,2003)。在温带天气系统地区,最重要的是产生降雨的系统,故提出了澳大利亚东南部概化法(GSAM)(Minty等,1996)。

巴基斯坦在对印度河(Indus River)流域系统进行PMP估算时,根据实测资料分析,推断该流域的PMF,从本质上说,是由于孟加拉湾海湾产生的热带低气压所形成。而且认定PMF最可能出现的时间是8月15日至9月底(Shaukat Ali Awan,2003)。

韩国(Kim等,1989)在PMP估算中,直接选用4场台风暴雨进行概化研究,也是基于该国特大暴雨/洪水是由台风形成。

7.2.6 多种方法综合分析

针对设计流域推求PMP,有许多方法可供选择。主要有当地模式法、移置模式法和组合模式法。对于特大流域,还有重点时空组合法、历史暴雨模拟法等。

由于每种方法都有一定的理论根据,也有其优缺点和适用条件,而且每一种方法还可以考虑几种方案(如当地模式法可以选取几个典型暴雨或几种放大方法,移置模式法可以选择几场暴雨进行移置,组合模式也可选择几种组合方法等)进行比较。故在实际工作中根据资料条件等情况,同时采用多种方法或方案,平行作业,会有助于发现问题和揭露矛盾,然后对各种方法、方案所得的成果进行综合分析,合理选取供工程设计使用的PMP/PMF成果。显然,这样做也可避免因只用一种方法、一种方案的做法所得成果的片面性而导致出现所采用成果达不到PMP/PMF水平的情况。

在工程水文计算中,采用“多种方法、综合分析、合理选定”的原则,这是中国的一条重要经验。

7.2.7 成果合理性检查

PMP/PMF成果合理性检查的方法主要有以下六种。在实际工作中,对这六种方法,除前两种必做外,其余四种方法可根据资料条件,灵活运用。

7.2.7.1 各个环节处理情况检查

这一条就是要对基本资料及计算过程中的各个环节的处理情况进行检查。

对基本资料,要检查其代表性和可靠性,以及是否收集到了设计流域内外的特大暴雨/洪水资料。

对各个环节的分析,要检查计算过程中,各个环节处理的正确性和计算方法的适用程度。

如对暴雨模式的拟定,首先要检查所用模式是否符合暴雨模式定性特征判断的结果。

对当地模式，重点要检查模式的“极大性”（因模式系当地发生过的暴雨，自然具有“可能性”）；对移置模式，重点要检查移置可能性和移置改正特别是地形改正；对组合模式，重点要检查组合方案的合理性。

对极大化处理，重点要检查放大方法的适用性和放大参数的选取是否合理。

对 PMF，重点要检查产流和汇流的计算方法及参数的选取是否适当。此外，还要注意有无水库垮坝的影响及在高水时沿河堤防漫决的影响等。

7.2.7.2 与本流域历史特大暴雨/洪水比较

对于一个特定流域而言，从时间（历史）上看，暴雨/洪水的极大值在一个较短的年限内出现的概率是较小的；而在一个较长的年限内，其出现的概率则较大。因此，可以得出一条规律性的认识：在一个特定流域或站点，对暴雨/洪水的观测、考证年限愈长，则获得的极大值愈有可能接近于自然的真实情况。所以，PMP/PMF 成果可以用本流域的历史（包括实测、调查和文献考证）特大暴雨/洪水资料进行比较。一般，PMP 的降雨总量和 PMF 的洪峰、洪量均不应小于本流域历史上实际发生过的特大暴雨/洪水。但是，PMP/PMF也不能大出历史特大暴雨/洪水很多。因为根据中国和世界许多大河的实测、调查和古洪水资料研究，洪峰流量是有近似极限存在的，这个极限值比该河流在最近 600 多年来所曾经发生过的最大值，一般都大不了许多（王国安，1999）。

7.2.7.3 与邻近流域比较

对于一个特定时期而言，稀遇的大暴雨/洪水，在某一固定的较小流域出现的概率是较小的，但是从大范围来看，出现的概率则较大，也就是在大范围内有可能观测到稀遇的暴雨/洪水。因此，又可以得出一条规律性的认识：在自然地理特性相似的区域内，对暴雨/洪水的极大值，考察的范围愈广，则获得的结果愈接近于自然的真实情况。所以，PMP/PMF 成果可以与邻近流域进行比较。

如果邻近流域已进行过 PMP/PMF 的估算，也可以比较设计流域的成果与邻近流域 PMP/PMF 之间数值的大小，分析结果是否符合地区变化规律。

7.2.7.4 与以往估算成果比较

如果本流域或本地区以往曾经做过 PMP/PMF 估算，可以将本次估算的成果与之进行比较。比较时，主要看各次估算所依据的资料条件和估算方法有何不同，然后再分析成果之间的差值是否合理。例如，本次估算 PMP 比以往成果要大，若其原因是由于增加了特大暴雨样本，则成果是合理的。

7.2.7.5 与世界暴雨/洪水记录比较

世界暴雨/洪水记录可以认为已接近于 PMP/PMF。因此，如果 PMP/PMF 的估值超过世界记录外包线很多，那就可能太突出了。

根据美国原子能规章委员会 1977 年版的《规章指南》所附的美国 600 多座水利工程的 PMF 分析，其洪峰流量的外包线尚未超过世界洪水记录的外包线（王国安，1999）。

7.2.7.6 与频率分析成果比较

暴雨/洪水频率分析是推求设计洪水的重要途径，其稀遇频率的数值可以用来与 PMP/PMF 的成果进行比较。

但是，这种比较有一个前提，即频率分析所依据的资料系列应较长（一般应在 50 年以上)，而且从长期看，在丰枯变化上应具有代表性；同时频率曲线的参数估计方法要较为合理，频率曲线的线型经过一定的验证。

严格地说，人为估算出来的某一稀遇频率的暴雨/洪水和 PMP/PMF 是两种不同途径推求的结果，而且都有一定的误差，所以二者之间不可能有任何固定的关系。因此，不能要求 PMP/PMF 必须大于或小于某一频率(如 $P = 0.01\%$ 或万年一遇)的暴雨/洪水。只要 PMP/PMF 本身在分析计算过程中，从资料条件到各个关键环节的处理都比较认真、合理，那么所得的数值，即使是小于千年一遇，也应视为是合理的(王国安，1999)。

7.2.7.7　其他国家的类似工作

美国在 HMR(水文气象报告)No. 55A、No. 57 和 No. 59(美国气象局，1988，1994，1999)对 PMP 的估算结果，都作了与本地区实测大暴雨比较，与邻近地区的 PMP 比较，与本地区以往估算的 PMP 成果比较及与百年一遇的雨量比较。No. 55A 和 No. 59 还与局地暴雨和一般暴雨的 PMP 作了比较。

巴基斯坦在印度河(Indus River)流域系统的 PMP/PMF 估算中，采用统计检验(Statistical Checks)来验证 PMF 的正确性。认为该流域系统的 PMF 值与 200 年一遇的洪水数值相差不多(Shaukat Ali Awan，2003)。

7.3　当地模式法

7.3.1　适用条件

若设计流域具有较多的大暴雨资料，可以从中选出一场时空分布较严重的特大暴雨来作为典型，然后予以适当放大，以求得 PMP 时，可采用此法。

7.3.2　模式选择

模式选择就是从实测暴雨资料中选择典型暴雨，所选典型的主要特征，应符合所研究的特定工程对 PMP 暴雨模式定性特征的要求(示例见表 7.1)。

7.3.3　模式严重性分析

模式严重性分析就是进一步对所选定的典型暴雨的时空分布形式进行分析，看它所形成的洪水对所研究的水库工程的影响(从防洪上看)，是否是最为严重的(如需要的防洪库容大或水库泄洪建筑物的尺寸大)。

7.3.4　模式极大化

7.3.4.1　概述

如果所选典型暴雨为高效暴雨，则只需进行水汽放大即可，但是当地模式的暴雨一般都达不到高效暴雨的资格，故需对水汽因子和动力因子进行联合放大。

为减少人为的任意性，对极大化所用的水汽因子和动力因子，均可采用频率分析的办法，取百年一遇的数值。显然，在这里频率曲线的线型并不重要，因为外延幅度不大。

实测资料表明,一场暴雨的水汽因子与动力因子之间,关系十分复杂,基本上可以看成是独立事件。而独立事件,按概率相乘原理,则用百年一遇的水汽因子和动力因子联合放大,求得的 PMP 的概率为 0.01%,即重现期为万年。这与世界上采用频率法推求设计洪水取万年一遇洪水作为最高防洪标准的概念一致。

7.3.4.2　可能最大水汽因子的选定

对设计流域每年最大的一场暴雨,选出其代表性露点,进行频率分析,取百年一遇值作为可能最大露点。

7.3.4.3　可能最大动力因子的选定

7.3.4.3.1　动力因子的表示方法

动力因子的表示方法很多。其中以降水效率 η(简称效率)较好。其推理公式为(王国安,1999)

$$\eta = \frac{K_F(V_{12}W_{12} - V_{34}W_{34})}{W_{12}} \tag{7.1}$$

实用公式为

$$\eta = \frac{P}{W_{12}t} = \frac{I}{W_{12}} \tag{7.2}$$

式中:K_F 为流域常数;V_{12}、V_{34} 和 W_{12}、W_{34} 分别为入流和出流的风速和可降水量(见图 7.4);P 为历时为 t 的流域平均雨深;I 为降雨强度。

从式(7.2)看,效率也就是一定历时(t)情况下的雨湿比(P/W_{12})。

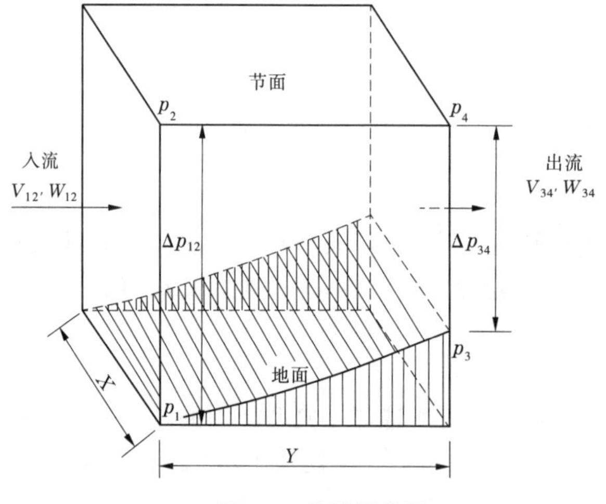

图 7.4　流域概化图

7.3.4.3.2　效率因子的优点

(1)物理概念较为清楚。首先,从式(7.1)看,效率 η 就是单位时间内输入设计流域的净水汽量($V_{12}W_{12} - V_{34}W_{34}$)占入流可降水量 W_{12} 的比例。换言之,效率就是暴雨天气系统把入流水汽量 W_{12} 转化为降雨量的能力。其次,从式(7.2)看,效率 η 就是单位时间内设计流域的降雨量(I)占入流水汽量(W_{12})的比例,其实质也是暴雨天气系统把入流可降水量(W_{12})变成降水量(I)的能力。

(2)效率 η 是根据流域平均雨量来计算,因此它是唯一能间接反映整个设计流域内空气辐合上升运动情况的一种指标。同时,这种指标还避免了由于现代气象科学缺乏成熟理论和方法而直接求出空气辐合或垂直运动最大指标的困难。

(3)由于效率 η 是根据地面观测资料雨量和露点来计算,因此可以说它是目前所有表示动力因子的方法中,最容易计算而精度又较高的一种方法。因地面观测站点较多,系列较长,观测方便且精度较高,而高空探测资料正好相反,测站较少,系列较短,观测不便,精度也相对较差。

7.3.4.3.3　可能最大效率的选定

根据设计流域的实测暴雨资料,对每年最大的一场暴雨,分别求出其效率,然后进行频率分析,取其百年一遇值作为可能最大效率。

7.3.4.4　模式放大

水汽效率放大按下式进行

$$P_{m} = \frac{\eta_{m}}{\eta}\frac{W_{12m}}{W_{12}}P \tag{7.3}$$

放大方法有以下两种:一是同倍比放大,即用某一时段的效率比值与水汽放大比值的乘积,放大整个暴雨过程。这种方法一般适用于 3 d 以下 PMP 的推求。二是分时段控制放大,即在 $\eta \sim t$ 关系图上取各时段的最大效率,然后分段控制放大。这种方法一般适用于 3 d 以上 PMP 的推求。

7.3.5　算例

现以黄河三花间为例。分析计算的步骤如下。

7.3.5.1　PMP 暴雨模式定性特征推断

这项工作直接利用 7.2.5.4 部分表 7.1 的成果。暴雨历时采用 5 d。

7.3.5.2　选择模式

在三花间的实测资料中的前三位大暴雨洪水,即 1954 年 8 月、1958 年 7 月和 1982 年 8 月暴雨/洪水均基本符合表 7.1 所示的特征,都可以选为典型作为当地模式的分析计算方案。现以形成洪峰流量最大的 1958 年 7 月暴雨作为当地模式的主要方案。其最大 5 d 面平均雨量如表 7.2 所示。

表 7.2　黄河三花间 1958 年 7 月暴雨面平均雨量

时间(月·日)	7.14	7.15	7.16	7.17	7.18	合计
雨量(mm)	7.2	34.1	61.7	13.1	30.0	146.1

这场暴雨的重现期为 50 年左右,算不上高效暴雨,故在极大化时,需要作水汽和动力因子联合放大。

7.3.5.3　选择暴雨代表性露点

按照传统方法,在水汽入流方向的大雨区边缘,取群站平均,求得 1958 年 7 月暴雨的代表性露点(1 000 hPa)为 24.4 ℃。

7.3.5.4 计算典型暴雨的效率

三花间最大日降水效率按式(7.2)计算。三花间流域平均高程为 655 m(按 194 个网格点计算),算得的效率为 3.35 $\frac{1}{h}\%$(见表 7.3)。

表 7.3 黄河三花间 1958 年 7 月典型暴雨效率计算

最大日雨量		1 000 hPa 露点 T_d (℃)	可降水量 W(mm)			效率 η(1/h%)	
P(mm)	i(mm/h)		1 000 ~ 200 hPa	1 000 hPa ~ 655 m	655 m ~ 200 hPa	1 000 ~ 200 hPa	655 m ~ 200 hPa
(1)	(2)	(3)	(4)	(5)	(6) = (4) − (5)	$(7)=\frac{(2)}{(4)}$	$(8)=\frac{(2)}{(6)}$
61.7	2.57	24.4	76.8	13.5	63.3	3.35	4.06

7.3.5.5 确定极大化参数

由于三花间流域实测暴雨资料不够充分,故对水汽因子和动力因子的可能最大值,均采用频率分析的方法来确定。

经计算,暴雨代表性露点的均值为 24.1 ℃,$C_v=0.04$,$C_s=2C_v$,百年一遇值为 26.5 ℃。最大 1 d 效率的均值为 2.46 $\frac{1}{h}\%$,$C_v=0.50$,$C_s=3C_v$,百年一遇值的 6.60 $\frac{1}{h}\%$。

7.3.5.6 计算放大倍比

水汽和效率的放大倍比计算见表 7.4。

表 7.4 黄河三花间 1958 年 7 月典型暴雨水汽、效率放大倍比计算

情况	1 000 hPa T_d(℃)	W(mm)		η(1/h%)		放大倍比		
		1 000 ~ 200 hPa	655 m ~ 200 hPa	1 000 ~ 200 hPa	655 m ~ 200 hPa	K_W	K_η	$K_{W\eta}$
(1)	(2)	(3)	(4)	(5)	(6)	$(7)=\frac{76.5}{63.3}$	$(8)=\frac{7.94}{4.06}$	(9) = (7) · (8)
设计	26.5	92.0	76.5	6.60	7.94	1.21	1.96	2.37
典型	24.4	76.8	63.3	3.35	4.06			

7.3.5.7 放大典型

利用表 7.4 中的水汽效率联合放大倍比 $K_{W\eta}=2.37$ 的数值,按同倍比放大所选典型的逐日雨量(见表 7.2)即得三花间流域平均 5 d 的 PMP(见表 7.5)。

表 7.5 黄河三花间 5 d PMP

时程(d)	1	2	3	4	5	合计
面平均雨量(mm)	17.1	80.8	146.2	31.0	71.1	346.2

注:在生产工作中对 1954 年 8 月和 1982 年 8 月典型暴雨也同样进行过计算,此处略。

7.4　移置模式法

7.4.1　适用条件

移置模式法适用于设计流域的邻近地区具有实测特大暴雨资料的情况。做法是:将该场暴雨的雨量及其时空分布移置到设计流域来,加以必要的改正(调整)作为典型暴雨,然后再进行适当放大,以求得 PMP。

7.4.2　移置对象(被移置暴雨)选择

移置对象的选择,要根据 7.2.5 部分对设计流域 PMP 暴雨模式的定性特征分析的结论(见表 7.1)来进行。这里的重点是要抓天气成因。

例如,在定性特征推断中,如果得出的结论是 PMP 的天气系统为台风,则移置对象应该在台风暴雨中选择。同样,如果所推断的 PMP 的天气系统为锋面或涡切变,则移置对象就应该在锋面暴雨或涡切变暴雨中选择。

7.4.3　移置可能性分析

移置可能性分析是暴雨移置的前提。在概化估算中,解决移置可能性问题的方法有两种:一是划分气象一致区;二是针对每一场特大暴雨作具体研究,分别定出其可移置范围,即画出移置界线(美国气象局,1988)。在作特定设计流域的 PMP 估算时,如果以往已有类似上述两方面内容的研究成果,当然要注意利用;如无这类成果,则需要针对设计流域作具体分析。其工作思路是:可从分析比较设计流域和移置对象所在地区二者在气候、天气、地理及地形条件方面的相似性来解决。在这几个方面相似的程度越高,移置的可能性就越大;相似程度越低,移置的可能性就越小(王国安,1999)。

7.4.3.1　**地理和气候条件比较**

地理和气候条件比较主要是比较两地区所在的地理位置(经纬度)的差别及距海远近等。显然,若二者的地理位置相距较近,则其气候条件和水汽条件就会较为相似。至于气候条件和水汽条件是否相似,还可以单独进行分析。如果地理条件(同一纬度带)和气候条件(同一种气候特征特别是年降水量及其年内分配接近)都很相似,则移置的距离可以放宽。

7.4.3.2　**地形条件比较**

地形条件比较首先是看地形地势的总趋势,其次是比较两地区的山脉情况是否相似。

就具体山脉而言,由于暴雨天气系统越过高大的山脉时,其水汽条件和动力条件都将发生变化,因此暴雨移置一般不宜翻越高大的山脉,要避免高程差大于 800 m 的移置(见 2.6.3 部分)。强烈的地方性雷暴雨或台风雨移置高差可以根据分析确定,高大山岭可以作沿山脊线方向的移置。

由于在通常情况下,山岳区地形都是较复杂的,它对降水天气系统的影响也是多样的。而地形对降水的影响必须在有利的天气系统配置下才能起作用,因此在判定可移置高差时要针对具体情况作具体分析。

研究两地区的地形差异是否足以引起天气系统和暴雨结构上大的变化，可以从两地区相似天气系统三度空间结构的底层对照来分析，也可以用两地区相似天气系统的实际降雨量来分析，或者先作地形改正计算来说明地形影响的程度。

7.4.3.3 暴雨(洪水)时面分布特性比较

暴雨(洪水)时面分布特性比较就是分析比较移置对象的暴雨发生季节、暴雨历时以及时程分布型式、暴雨的雨区范围及分布形式等特征是否与设计流域的大暴雨的此类特征相类似。

这种分析要特别注意从设计流域的历史文献记载和野外调查到的历史特大暴雨洪水资料来分析。在某些河流，从这类资料中往往可以找到与移置对象的暴雨特性十分相似的历史特大暴雨。

此外，在设计地区和移置对象所在地区属于毗连的情况下，还可以从暴雨(洪水)的同期性上来分析，即从实测和历史文献资料中看看两地区有无同期(同时或稍提前、错后)发生大暴雨(洪水)的情况。如有此情况，则说明同类天气成因的暴雨，有可能在两地区同时出现。

7.4.3.4 天气成因比较

天气成因比较就是分析设计流域是否出现过与移置对象具有相似天气条件的暴雨。如曾经出现过，则可以认为移置对象可以在设计流域重复出现，即可以移置。

分析移置对象与设计流域的暴雨在天气成因上是否相似，主要是从历史天气图上分析二者在环流形势和天气系统上是否相似。

此外，也可以用历史文献记载的暴雨、洪水及有关区域的天气情况，如高温、干旱、大风等记载来间接说明移置区与被移置区历史洪水暴雨天气成因的相似性。

7.4.3.5 综合判断

上述四个方面的比较，不能孤立地看待，应该从天气学的原理和天气图分析经验上把它们有机地结合起来考虑，并可作适当的推理外延。

7.4.4 雨图安置

雨图安置就是把移置对象的等雨量线图搬到设计流域来，解决暴雨中心放在何处，暴雨轴向(等雨量线图长轴方向)是否转动及如何转动的问题。

具体操作从实际暴雨的空间分布统计入手，即根据设计流域现有(包括实测、调查和历史文献记载的)暴雨资料，找出与移置对象天气成因相似的那些暴雨的暴雨中心位置和暴雨轴向的一般规律，再结合工程情况调整、确定。

移置后的等雨量线应力求与设计流域大尺度地形相适应。暴雨中心要与小尺度地形(如喇叭口)相配合。

7.4.5 移置调整

定量估算设计流域和移置对象所在地区二者由于区域形状、地理位置和地形等条件的差异而造成的降雨量的改变，称为移置调整。对于地形调整方法，需视地形情况而异。

7.4.5.1　**一般方法**

上述各项调整,均可按本手册前面所介绍的方法进行。这里着重介绍适用于山区暴雨移置的地形综合改正法(王国安,1999)。

7.4.5.2　**地形综合改正法**

地形综合改正法认为山区暴雨为天气系统雨(天气系统辐合分量)与地形雨(地形辐合分量)两部分组成,假定天气系统雨在移置前后不变,移置后效率增量为两地地形雨之差,则移置后的雨量等于原暴雨天气系统雨进行水汽改正再加上设计地区的地形雨,即

$$R_B = \frac{W_B}{W_A}(R_A - R_{Ad}) + R_{Bd} \tag{7.4}$$

式中:R_A 和 R_B 分别为移置区和设计区的总降雨量;W_A 和 W_B 分别为移置区和设计区的可降水量;R_{Ad}和 R_{Bd}分别为移置区和设计区的地形雨。

R_{Ad}和 R_{Bd}应在充分分析本地区地形对降水影响的基础上,根据气象、地形和雨量资料条件,选用适当的方法进行估算。目前,推求地形雨的方法还不够成熟,一般可用经验对比和理论计算两种途径进行估算,以便互相比较,合理选用。

经验对比途径有平原和山区雨量对比法及地形廓线与雨量线对比法。

7.4.5.2.1　平原和山区雨量对比法

同一天气系统笼罩下的平原和山区的雨量是有差别的,其群站平均雨量的差别,可粗略地看做是地形造成的差别。

设平原站平均雨量为 $\overline{R}_P$,山区站平均雨量为 $\overline{R}_s$,则地形雨 $R_d = \overline{R}_s - \overline{R}_p$。注意:所选群站必须具有代表性。此法一般适用于迎风坡地形雨的分割。

7.4.5.2.2　地形廓线与雨量廓线对比法

如图7.5所示,该线经居增点 c 沿实线上升到 a 点,而 c 点在地形廓线转折点前不远的地方,设想分割的平原雨量廓线应按平原雨量分布趋势(缓坡)沿虚线外延,并假定分割的平原雨量中心与实测雨量中心重合,则图中的 ab 段可视为分割的地形雨值。

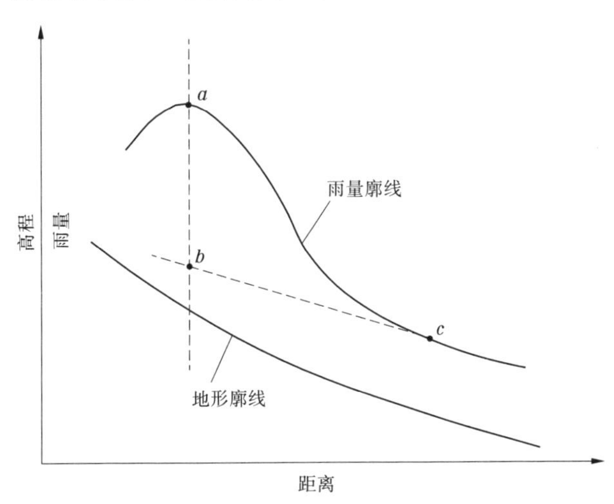

图7.5　地形和雨量廓线示意图

不同的入流方向会得到不同的地形雨值，因此必须对入流风进行深入的分析，找出一个合理的入流主风向。此法要求入流方向有沿高程分布的雨量资料。另外，分割的平原雨量中心和实测雨量中心重合的假定往往会带来误差。

地形雨 R_{Ad} 和 R_{Bd} 的理论计算途径，可采用气象学上计算大气垂直上升速度对降水贡献的 ω 方程来进行计算。在计算 R_{Bd} 时采用的地面流场（风场）和湿度场是将移置对象的流场和湿度场移置到设计流域来，并经过适当改正后得到的（高治定和熊学农，1983）。

7.4.6　算例

鸭河口水库位于中国河南省白河上游伏牛山脉东南坡，控制面积 3 035 km^2，为确保大坝安全，需要估算 PMP/PMF。根据实测资料、调查资料和历史文献资料分析，本流域的 PMP/PMF，应是在较稳定的经向环流形势下，西太平洋的台风深入到本流域所形成。降雨历时为 3 d。为此，需采用移置模式方法来推求 PMP。其分析计算步骤（长江水利委员会，1995）如下。

第一步：挑选移置对象。

普查近几十年的实测雨量资料，在设计流域的东部 100 多 km 的淮河上游，1975 年 8 月 5 ~7 日出现了历史上罕见的特大暴雨（简称“75 · 8”暴雨）。暴雨中心林庄 3 d 最大雨量 1 605 mm，24 h、12 h、6 h 和 1 h 最大雨量分别为 1 060 mm、954 mm、830 mm 和 173 mm。这次暴雨主要是由 1975 年 3 号台风登陆后变成低气压造成的。遂选做移置对象。

第二步：移置可能性分析。

（1）地理和气候条件比较。白河流域和“75 · 8”暴雨发生地区二者相距不远，且处于同一纬度，均属北亚热带季风气候区。二者年雨量、年降水日数、暴雨日数都很接近。暴雨发生月份约为 7、8 两月，其最大绝对湿度（e）都在 40 hPa 以上，同属高湿区。因此，两地地理位置相近，气候背景一致。

（2）天气系统比较。“75 · 8”暴雨主要是由 7503 号台风转成的稳定热低压造成的。普查 1884 年以来的台风路径图发现，1943 年、1944 年曾有两次台风路径通过河南，比 7503 号台风路径更西，说明台风可以到达白河流域。白河流域和“75 · 8”暴雨区纬度相同，环流在该纬度地带稳定，已是实际发生了的情况。问题是能否向西移 100 km，根据天气分析经验，“75 · 8”暴雨环流向西退 100 km 是完全可能的。即若白河流域出现特大暴雨时，其环流也可以稳定维持。

（3）地形条件比较。“75 · 8”暴雨区地处平原和山丘区的交界处，林庄暴雨中心处在三面环浅山而东北偏东开口的地形带中，对于东北偏东气流起抬升作用。而白河上游地形对“75 · 8”台风系统来说，不如“75 · 8”暴雨区有利。但是，两地区中间并无高于 1 000 m 的大地形障碍，移置也是可能的，地形条件有差异，可以进行地形改正。

第三步：雨图安置。

将林庄暴雨中心放在流域经常出现暴雨地带，并考虑暴雨等值线图与白河流域地形相吻合，将暴雨轴向顺时针方向转动 20°，量取的设计流域面平均雨深 24 h 为 560 mm。

第四步：移置改正。

因两地在同一地理位置，水汽条件相同，因此不需进行位置改正，但需进行障碍高程改正。暴雨区与设计流域间有平均高程为800 m的障碍,暴雨区平均高程为200 m。追踪暴雨发生地上空空气质点轨迹,发现水汽主要来自东南方,代表性露点取暴雨区东南边缘的多站平均海平面持续12 h露点值为25.8 ℃。历史最大露点两地相同,均为28 ℃,障碍高程改正系数用下式计算

$$K_2=\frac{(W_{\mathrm{Bm}})_{ZB}}{(W_{\mathrm{Bm}})_{ZA}}=\frac{(W_{28})_{800}}{(W_{28})_{200}}=\frac{105-20}{105-5}=0.85$$

式中:K_2为高程或入流障碍高程水汽改正系数;W_{Bm}为设计流域最大可降水量;ZB为设计流域地面或障碍高程;ZA为被移置区地面高程。

第五步:极大化计算。

"75·8"暴雨为罕见特大暴雨,可视为高效暴雨,所以只需进行水汽放大。其放大系数为

$$K_3=\left(\frac{W_{\mathrm{m}}}{W_{\mathrm{B}}}\right)_{200}=\left(\frac{W_{28}}{W_{25.8}}\right)_{200}=\frac{105-5}{86.6-4.8}=1.22$$

式中:K_3为放大系数;W_{B}为设计流域可降水量。

设计流域经过障碍改正和放大后的综合改正系数为

$$K=K_2\cdot K_3=0.85\times1.22=1.04$$

将此系数乘以"75·8"暴雨移置于设计流域并转轴后量取的面雨量,即为所求的PMP。

7.4.7　干旱半干旱地区的暴雨移置

7.4.7.1　暴雨特性

干旱半干旱地区水汽含量低、降水稀少。暴雨具有以下显著特点:

(1)长历时大范围暴雨频次少,短历时小范围暴雨频次多,且降雨强度剧增,有的强度甚至超过湿润地区。

(2)暴雨的年际变化大,一些测站在长期的观测中很少出现特大暴雨,而少数测站偶尔观测到的特大暴雨,具有非常稀遇的频率,重现期可达几百年到一万年。

(3)一场暴雨的时空分布很不均匀,再加上测站密度一般都远小于湿润地区,故对于局部地区短历时的强暴雨,尤其是暴雨中心,很难观测到。

因此,干旱半干旱地区PMP的估算,主要靠暴雨移置。

7.4.7.2　PMP估算特点

干旱半干旱地区的PMP估算主要有以下特点:

(1)要充分利用调查的特大暴雨资料,作为外延放大的控制性点据。

(2)长历时大面积暴雨与短历时小面积暴雨在成因和特性上有很大的差别,应根据设计流域大小区别分析。如设计流域面积大,则选用长历时大面积暴雨;反之,则选用短历时小面积暴雨。两者在设计历时和暴雨点面关系上均有较大的差异,在进行暴雨模式和定性特征推断时,要注意这些特点。

(3)局部地区雷暴雨受地形和高程的影响较小,可移置范围较大。一些研究指出,在1 500 m高差范围内,一般均可移置。

(4)关于极大化问题。水汽放大和效率放大应作仔细考虑。有些特大暴雨可以认为其效率已接近最大,只需进行水汽放大。个别处于世界同历时的暴雨外包线上的暴雨已接近 PMP,无需再进行放大。另外,在计算效率时,应采用实际暴雨历时计算,而不要采用标准历时计算(王锐琛和王维第,2000)。

7.5 组合模式法

7.5.1 适用条件

组合模式法适用于设计流域具有若干实测大暴雨资料的情况。方法的内容是将两场或两场以上的暴雨,按天气气候学的原理和天气预报经验,合理地组合在一起,构成一个新的理想特大暴雨序列,以此作为典型暴雨来推求 PMP。

组合方式一般是从时间上进行组合,必要时也可以从空间上进行组合,或从时间和空间上均进行组合。从时间上组合,是将两场或两场以上暴雨的雨量过程,合理地衔接起来。衔接时要注意保持一个合理的时距,以便使前一天气过程能演变为后一过程。从空间上组合,即将两场或两场以上的等雨深线图,合理地拼联在一起。拼联时,既要注意使暴雨中心保持一个合理的距离,又要使暴雨天气系统能适宜地配置在一起。从天气图分析理论与经验上,应该是合理的、可能的。

组合模式法的关键问题是组合序列的拟定及其合理性的论证。要做好这项工作,需要熟悉所研究流域内的一般气候特点与异常的气候情况,还要掌握中长期天气过程演变方面的有关理论与实践经验,故应充分地听取当地气象部门的意见(水利部,1980;詹道江和邹进上,1983;王国安,1999)。

7.5.2 组合方法

这里仅介绍暴雨时间组合法。具体方法有相似过程代换法和演变趋势分析法两种。

7.5.2.1 相似过程代换法

7.5.2.1.1 方法概念

相似过程代换法是以降雨天气持续特别(或较为)反常的某一特大暴雨(或大暴雨)过程作为典型过程,以此作为相似代换的基础,将典型中降雨较少的一次或数次降雨过程,用历史上环流形势基本相似、天气系统大致相同而降雨较大的另一暴雨过程或数场暴雨过程予以替换,从而构成一新的暴雨序列。

例如,原典型暴雨过程为 A→B→C,现有一较严重的暴雨过程 M,其环流形势和暴雨天气系统与 B 相似,即可以用 M 代替 B,组合为 A→M→C 的暴雨过程。

此法的关键问题是典型过程的选取和相似代换原则的确定。

7.5.2.1.2 典型过程的选取

典型过程可参照实测洪水过程挑选,一般要求选取以下暴雨作为典型:

(1)洪水历时与暴雨设计时段相应;

(2)峰高;

(3)量大;

(4)峰型恶劣,上中下游洪水遭遇严重;

(5)环流与暴雨天气系统相似;

(6)水文气象资料较好。

将这些典型暴雨过程组成24 h(或12 h)为“单元”的过程序列。

这里需要注意,所选典型年的暴雨特征,应与本书7.2.5部分中所述的对设计流域PMP定性特征的判断结果基本相符。

7.5.2.1.3 相似过程代换的原则

为减小任意性,在作相似代换时须依据以下四条原则:

(1)大环流形势要基本相似。也就是对本地区暴雨天气系统有直接影响的区域环流形势,如长波槽脊位置和副热带高压位置及强度等要相近。

(2)产生暴雨的天气系统相同。在代换时必须强调所代换的过程是属于同一种类型的天气系统。

(3)雨型及其演变要大致相似。在代换时应特别注意雨型及其演变、雨轴呈什么方向。尤其应注意暴雨中心位置及移动路径等。

(4)暴雨的发生季节应相同。替换的暴雨与被替换的暴雨在发生的季节上应基本一致。

也可根据设计流域的暴雨成因、大环流形势和天气系统进行全面分析归纳,应用天气学原理及预报经验,确定组合原则。

7.5.2.1.4 方法步骤

相似过程代换法的具体步骤如下:

(1)选择典型年:选择方法已如7.5.2.1.2部分所述。

(2)将典型年天气过程分型。从天气图上考察所选典型年是由哪些天气过程(如低涡切变线型、西风槽型、台风型等)组成的。

(3)用相似过程代换。以典型年的暴雨天气过程为基础,再从历史暴雨中选择暴雨较大的相似过程,来代换设计时段内降雨较小的过程,以构成一组恶劣的暴雨过程序列,作为PMP的基础。

7.5.2.2 演变趋势分析法

7.5.2.2.1 方法概念

演变趋势分析法是从天气形势的发展趋势上来进行组合。就是以实测资料中降水最大的一个或连续数个天气过程作为组合基点,然后从这个基点出发,按天气过程演变趋势的统计规律向前进行组合,以构成一较长历时的新的暴雨序列。

例如,原暴雨天气过程序列为D→E→F,现有一更恶劣的暴雨天气过程G,从环流形势和天气系统来看,F和G虽有差异,但根据天气学的原理和经验(如环流型的历史承替规律等)来推断,从F演变为E也是有可能的,因而D→E→G可以成立。

此法的关键点是组合基点的选取与演变趋势的分析原则。以组合2~3场暴雨为宜,因组合时间过长,其任意性较大。

7.5.2.2.2 组合基点的选取

组合基点的选取方法,与上述相似过程代换法中典型过程的选取方法相同。

7. 5. 2. 2. 3　演变趋势分析的原则

演变趋势分析法是根据环流演变特征及承替规律,考虑对降雨最恶劣的天气转换方式,进行暴雨组合。为做好此项工作,要注意以下两条原则:

(1)要深入分析设计流域实际发生的特大连续暴雨天气过程的主要类型。因为这是进行组合的出发点。如澜沧江流域最大 10 d 降雨主要是由涡切变的连续出现所造成;而淮河流域最大 30 d 降雨主要由连续的涡切变过程,同时还可能受台风影响。

(2)要全面了解环流形势和暴雨天气系统的转换特点,包括天气分析经验和暴雨天气系统的特点。特别要注意组合事件之间的时间间隔,从气象学上应保证是合理的。

7. 5. 2. 2. 4　方法步骤

演变趋势分析的方法步骤如下:

(1)根据天气图资料,划分影响设计流域内降水的天气型(暴雨天气系统),并根据主要特征命名,如涡切变、西风槽、台风等,然后将同期内的全部天气过程排列成过程序列,以了解其承替规律。

(2)分析典型暴雨过程的流场和湿度场,以了解其环流特点和水汽输送情况。

(3)制作综合动态图(如阻塞系统的位置与强度、涡与气旋路径、锋系演变、冷暖空气活动等),从而了解此次暴雨过程的成因。

(4)绘制与恶劣天气过程相对应的雨量分布图和流量过程线。

(5)通过分析比较,选择降水量大,并有利于形成恶劣洪水的几个暴雨过程,利用气象知识并考虑洪水,把它们组合成一组新的暴雨序列。

7. 5. 3　组合方案的合理性分析

组合方案拟定以后,尚需对其合理性进行分析与论证。可以从天气学、气候学和历史特大暴雨洪水三个方面进行。

7. 5. 3. 1　从天气学上进行分析

对于多单元组合,要检查组合序列在整体上的合理性,可根据汛期内历史天气型序列演变来检查。对于少单元(2 ~3 个单元)的组合,应着重检查两单元之间在时间间隔上的合理性,以及自第一单元转变为第二单元在天气形势上衔接的可能性。对于长历时(1 ~2个月)的组合,也可以从大气环流的季节变化特点上进行检查。例如,在西风带影响地区,可以计算组合序列的西风环流指数,并与大洪水典型年进行比较;在低纬度地区,则可比较副高的位置与强度,以及高空变形场主要系统成员的配置、强度变化,尤须注意阻塞系统的维持与发展。

7. 5. 3. 2　从气候学上进行论证

组合序列与设计流域内的暴雨日数、暴雨中心位置、暴雨极值及时空分布特点等进行比较,二者不应有大的矛盾。同时亦可与同一气候区邻近流域的暴雨极值分布及相应的天气形势、水汽条件等对照比较。

7. 5. 3. 3　用本流域历史特大暴雨洪水进行比较

这种比较,就是看组合暴雨序列的暴雨历时、时程分配形式、雨区分布形式、主要雨区位置等是否反映本流域历史特大暴雨的主要特征。

7.5.4 组合模式放大

组合模式本身不仅延长了实际典型的暴雨历时,同时也增加了典型的降雨总量,这本身已经是一种放大,故一般都可以看做是高效暴雨,只需对其进行水汽放大,即可得出 PMP。一般只放大主要单元。

7.5.5 算例

7.5.5.1 相似过程代换法

中国云南澜沧江漫湾工程,坝高 132 m,总库容 10.5 亿 m^3,装机容量 150 万 kW,属大型工程。本流域具有较多的实测大暴雨资料。20 世纪 80 年代中国水电顾问集团昆明勘测设计研究院采用组合模式法推求该工程的 PMP(王国安,1999)。

7.5.5.1.1 流域概况

漫湾坝址以上流域面积 114 500 km^2,河长 1 575 km。流域呈南北向的狭长形,上宽下窄,南北纬距约 9.5°(跨越了两个不同的气候区)。溜筒江以上(流域面积 83 000 km^2),流域地势高(平均高程 4 510 m),属青藏高原高寒气候,主要受西风带天气系统影响,造成降雨的天气系统主要为西风槽、涡切变。降雨量级一般不大,强度低,时空分布变化不大。溜筒江至漫湾坝址区间(流域面积 31 500 km^2)为高原寒带到亚热带过渡性地带,地势高低相差很大,为著名横断山脉地区(流域平均高程 2 520 m),该区为明显"立体气候",实测最大 1 d 降水量 163.7 mm。造成本区暴雨的天气系统以切变、低槽、冷锋、低涡、孟加拉湾季风低压、孟加拉湾风暴和赤道辐合带为主。水汽来源于印度洋的孟加拉湾,雨季以西南季风环流为主要水汽输送气流。

7.5.5.1.2 PMP 的主要特征判断

根据本流域实测和调查暴雨洪水资料分析,结合工程要求,漫湾工程的 PMP 应具有如表 7.6 所示一些主要特征。

表 7.6 漫湾工程 PMP 的主要特征

项目		特征
大气环流形势		亚欧两脊一槽型(贝湖以西为宽广槽区)
暴雨天气系统		涡切变及季风低压
流域内雨区范围		全流域普遍降雨
主雨区位置		溜筒江至戛旧河段的中游区
降雨历时	连续降雨	10 d
	面雨量≥20 mm	超过 5 d
暴雨时程分配型式		三峰,呈马鞍形,主峰在前
暴雨出现时间		7~8 月

7.5.5.1.3 暴雨组合

组合方法采用相似过程代换法,典型年选取 1966 年 8 月下旬暴雨。其暴雨过程和相应的天气形势如表 7.9 所示。按照相似代换原则,采用 1955 年 7 月 22 ~ 24 日替换 1966 年 8 月 25 ~ 27 日暴雨过程;采用 1972 年 7 月 24 ~ 26 日替换 1966 年 8 月 28 ~ 30 日暴雨过程。各年暴雨有关情况见表 7. 10。组合后的 10 d 面平均雨量为 177. 1 mm。

7. 5. 5. 1. 4　组合模式的合理性分析

从表 7. 7 和表 7. 8 来看,组合替换的暴雨符合相似过程代换原则,而且也符合表 7. 6 所示 PMP 的主要特征。

表 7. 7　漫湾 1966 年典型暴雨过程序列

项目		1966 年 8 月										合计
		21 日	22 日	23 日	24 日	25 日	26 日	27 日	28 日	29 日	30 日	
面雨量(mm)		14. 1	23. 1	18. 2	21. 6	9. 6	5. 4	10. 6	7. 8	7. 1	13. 2	132. 1
环流型		两脊一槽型								一脊一槽型		
天气系统	500 hPa	切变				南支槽涡切变			槽(涡)切变			
	700 hPa	涡切变				涡切变			切变			
	地面	西藏季风低压				高原冷锋、缅甸季风低压			缅甸季风低压、高原冷锋			

表 7. 8　漫湾 1966 年典型相似过程代换法组合暴雨过程序列

项目		1966 年 8 月				1955 年 7 月			1972 年 7 月			合计
		21 日	22 日	23 日	24 日	22 日	23 日	24 日	24 日	25 日	26 日	
面雨量(mm)		14. 1	23. 1	18. 2	21. 6	10. 1	28. 6	15. 6	12. 5	18. 5	14. 8	177. 1
环流型		两脊一槽型				两脊一槽型			两脊一槽型			
天气系统	500 hPa	切变				低槽(涡)			槽切变			
	700 hPa	涡切变				涡切变			切变			
	地面	西藏季风低压				缅甸季风低压			地面高原冷锋、西藏季风低亚			
PMP(mm)		14. 1	46. 8	36. 8	43. 8	10. 1	28. 6	15. 6	23. 1	34. 1	27. 6	280. 0

此外,从典型年 10 d 500 hPa 平均环流图和组合暴雨 10 d 500 hPa 平均环流图(图略)来看,东亚地区平均槽脊和副高位置是很相似的,组合后的中纬度地区仍然维持两脊一槽的形势。这说明经相似替换后,并未引起环流形势的较大改变,因而认为这种组合是可能的,亦即是合理的。组合后的平均环流场,其经向环流有所加强,这就有利于冷暖空气的南北交换和暴雨强度的加强。

7. 5. 5. 1. 5　组合模式的极大化

组合暴雨 10 d 雨量为 177. 1 mm,比典型年 10 d 雨量 132. 1 mm 大 34. 1% ,但尚比历史最大洪水——1750 年洪水(戛旧站洪峰 16 000 m^3/s)反推的 10 d 暴雨 215 mm 还小,未达到 PMP 量级,故需进行物理因子放大。根据流域特点及气象资料情况,采用水汽入流指标法(方法与2.4.3部分所介绍的方法基本相同),将“66·8”和“72·7”暴雨各放大3 d,最后得组合暴雨3 d PMP为127.4 mm,10 d PMP为280 mm(见表7.8)。此数与按1750年洪水反推的10 d暴雨再进行水汽放大的结果258~279.5 mm较为一致,说明PMP成果基本合理。

7.5.5.2　演变趋势分析法

中国长江上游某大流域,采用演变趋势分析法,将1981年7月1~13日暴雨与1982年7月15~29日暴雨组合,以推求PMP(长江水利委员会,1995)。

通过天气过程的连续性分析,以了解两次过程天气形势能否衔接,前一个过程能否演变为后一个过程。

大环流形势分析如下:

7.5.5.2.1　两次暴雨过程天气形势演变可能性分析

两次暴雨过程衔接处的1981年7月13日与1982年7月15日大环流形势相似。中高纬槽脊位置基本相近,见图7.6和图7.7。新西伯利亚地区及鄂海地区为高压脊,其间为槽;副热带高压呈东西向纬向分布,脊线在25°~26°N。所不同的是,1981年7月13日槽比1982年7月15日略偏西、偏北,新西伯利亚高压脊略偏西,1981年的脊为南北向,1982年为东北—西南向,副热带高压也比1981年偏西。根据天气学分析经验及高纬槽脊自西向东移动的规律,高压脊在东移过程中,北部高压脊线由南北向转为东北—西南向,促使贝加尔湖槽沿此脊前东南下,环流形势相应开始转变,这种演变规律也是存在的。实际年1956年6月5~7日的大环流形势的演变过程与其极为相似(见图7.8和图7.9)。

7.5.5.2.2　环流型演变的可能性分析

1981年7月9~13日为贝加尔湖大槽型,从14日起转变为两槽一脊型。1982年7月15~20日也是两槽一脊型,两者不仅环流分型相同,它们的雨型也一致,都属川东移动型。所以,用1982年7月15日衔接1981年7月13日是符合环流演变规律的。

7.5.5.2.3　暴雨天气系统演变可能性分析

1981年7月13日与1982年7月15日两天暴雨的天气影响系统都是属于涡切变,系统位置接近。1982年低涡较1981年稍弱,略偏东一些,根据天气系统自西向东演变规律,1981年7月13日的天气系统东移稍减弱,演变为1982年7月15日天气系统的位置也是可能的。

7.5.5.2.4　组合后暴雨时空分布分析

组合后暴雨开始在沱江、嘉陵江呈东北—西南向的雨带,然后东移至三峡地区,持续两天后移出,致使沱江、嘉陵江洪水与区间洪水遭遇产生较大洪峰。对于这种暴雨的时空分布,统计了27次三峡区间有降水的较大洪水,其中有12次降水都是由嘉陵江移入;有8次是嘉陵江有大到暴雨,移向三峡区间时,区间也产生大暴雨。1870年历史洪水的雨情描述也属这类。1956年6月5~7日的暴雨分布及走向与以上组合后的走向极为相似(见图7.10~图7.13)。说明1981年与1982年组合及产生这样的暴雨时空分布也是有可能的。

综合上述,1981年7月13日后接1982年7月15日过程是可能的,也是合理的。

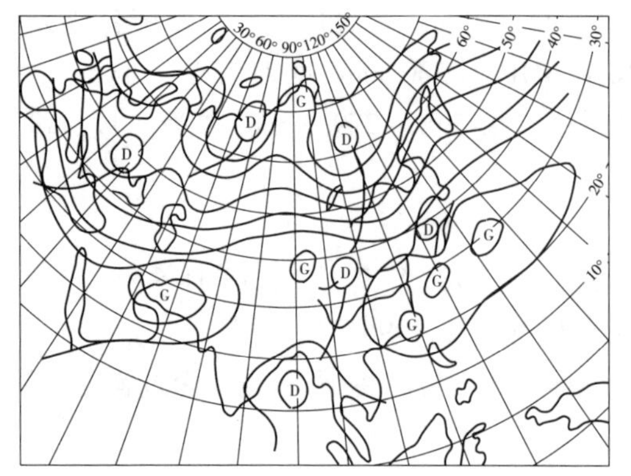

图 7.6　1981 年 7 月 13 日 500 hPa 形势
（中国水利部等，1995）

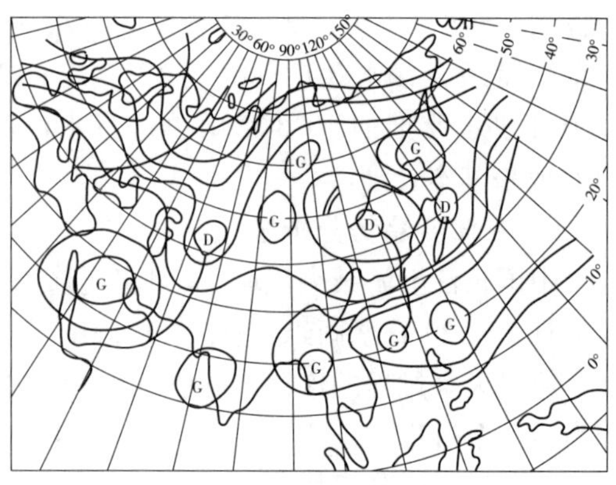

图 7.7　1982 年 7 月 15 日 500 hPa 形势
（中国水利部等，1995）

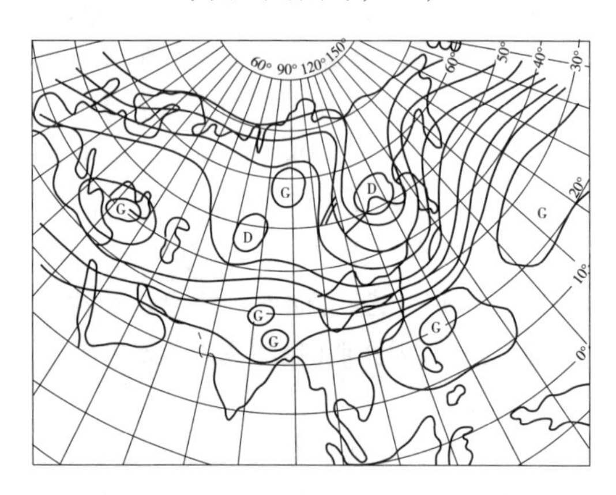

图 7.8　1956 年 6 月 5 日 500 hPa 形势
（中国水利部等，1995）

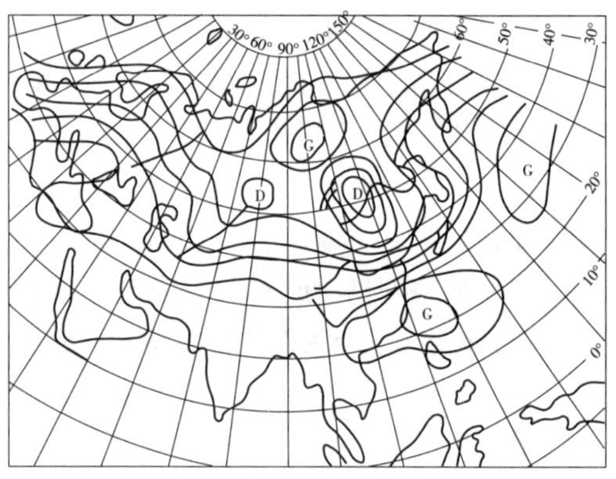

图 7.9　1956 年 6 月 6 日 500 hPa 形势
（中国水利部等，1995）

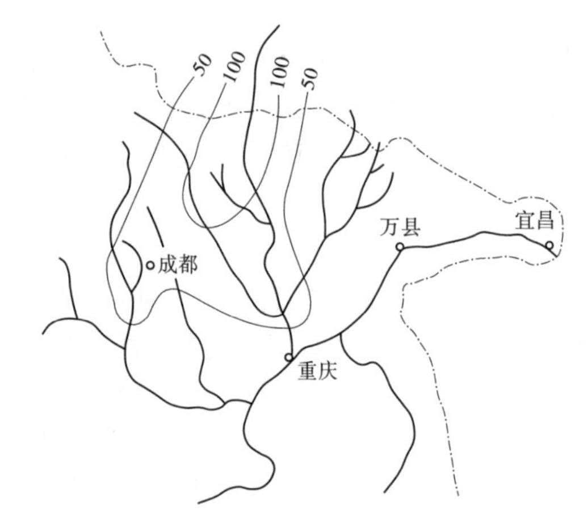

图 7.10　1981 年 7 月 13 日日雨量
（中国水利部等，1995）

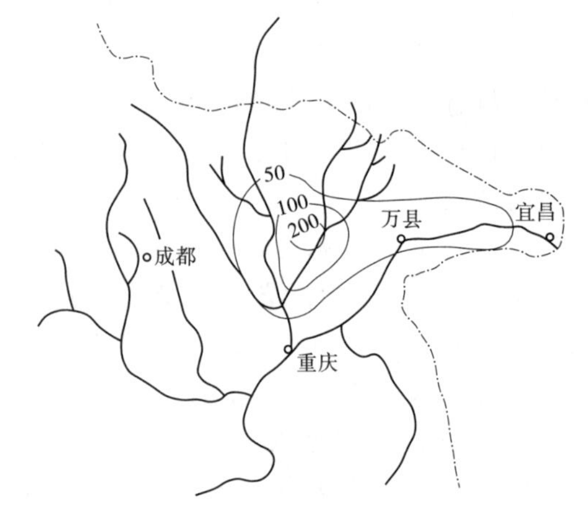

图 7.11　1982 年 7 月 15 日日雨量
（中国水利部等，1995）

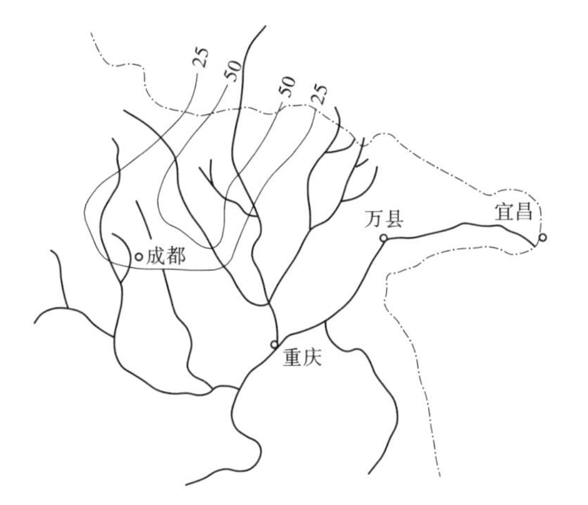

图7.12　1956年6月5日日雨量
(中国水利部等,1995)

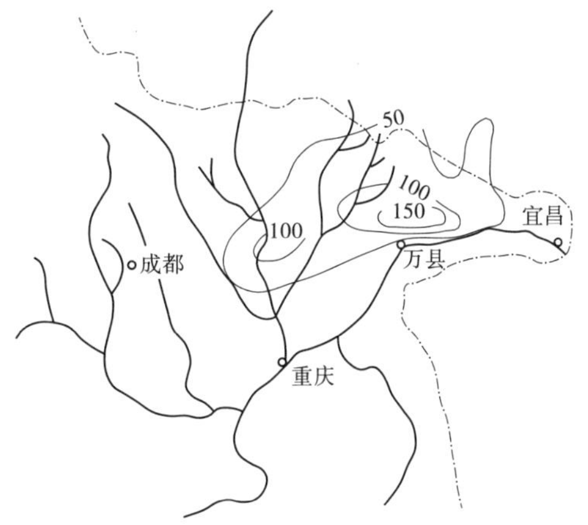

图7.13　1956年6月6日日雨量
(中国水利部等,1995)

7.6　PMF估算

7.6.1　绪言

由PMP推求PMF的实质是如何将特定流域的设计雨量转化为出口断面(或水库坝址)的设计洪水问题。原则上可以采用水文预报学中根据雨量资料预报洪水的降雨—径流预报方法来解决。

现行的降雨—径流预报方法很多,从简单的经验相关,到复杂的流域模型,不胜枚举(长江水利委员会,1993,1995)。使用者可以根据设计流域的具体情况(主要是资料条件)和自己熟悉的方法,灵活选用。

这里仅对由PMP推求PMF的一些特点及一些重要的基本概念和应注意的事项作一叙述,而对具体的估算方法则从略。

7.6.2　由PMP推求PMF的基本假定

由PMP推求PMF的基本假定是:将PMP经过产流、汇流,计算所得出的洪水流量过程,即为PMF。

为了满足由PMP推求PMF的基本假定,我国的经验是:在推求PMP时,特别注意要把着眼点放在什么样的PMP(包括暴雨总量及其时空分布)上才能形成设计工程所需的PMF。其中最重要的一个环节是:要对暴雨模式的定性特征作出推断。这已如7.2.5部分所述。

7.6.3　PMP条件下的产汇流特点

一些研究指出,在PMP条件下的产流和汇流有其明显的特点(华士乾,1984),这是需要注意的。

7.6.3.1　产流特点

在 PMP 条件下，降雨强度及总量比一般暴雨大而集中。表现在产流上，其特点是径流系数特大，一般都要超过实测最大值，尤其是干旱地区更是如此。因此，产流计算的重要性在 PMF 计算中比在水文预报中要小得多。由于 PMP 雨量远远超过流域的最大初损值，故扣损计算误差与 PMP 值相比所占百分数很小。因此，即使采用较简单的方法扣除损失，其计算误差对 PMF 的影响也不大。

7.6.3.2　汇流特点

实测资料表明，在洪水很大的情况下，流域出口断面的水位—流速曲线，在高水位部分，一般流速为常数或接近常数。从理论上可以证明，当高水位的流速 V 为常数时，$dV/dA=0$（A为断面面积），因而波速与流速相等，汇流时间为常数，故为线性汇流。因此，在 PMF 条件下，可以采用线性汇流理论来计算 PMF 的流量过程。最简便的办法是：流域汇流采用谢尔曼（L. K. Sherman）单位线，河道汇流采用马斯京根（Muskingum）法。

在 PMF 情况下，由于洪水非常大，要特别注意上游水库垮坝和河道堤防溃决等对 PMF 的影响。

7.6.4　由 PMP 转换为 PMF 的方法

目前，由 PMP 转化 PMF 的方法，大体上可分为两大类。

一类是传统的单位线法（Unit Hydrograph Method）。单位线法一般采用谢尔曼（L. K. Sherman）单位线。对于较大流域，一般是将流域划分为若干个子流域，分别使用单位线推求其出流过程，然后再用马斯京根（Muskingum）法演算到出口断面与各个子流域的出流过程线叠加，再加上基流即得 PMF 的洪水过程。

另一类是流域模型（River Basin Model）。这类模型很多，但其差别主要在于产流部分考虑的因素有多有少。汇流部分则差别不大，如流域（子流域）汇流一般采用谢尔曼单位线或纳希（J. E. Nash）单位线，河道汇流一般采用马斯京根法。鉴于在 PMP 条件下产流和汇流有如上所述的特点，所以没有必要采用复杂的模型。

7.6.5　前期影响雨量和基流

林斯雷（Ray K. Linsley，1975）和詹道江（詹道江等，1983）都认为，PMP 是非常事件，与其相应的其他事件不一定都要取最安全的数值。

但是由于在 PMP/PMF 条件下，暴雨/洪水都非常大，所以对前期影响雨量和基流的处理方法不同，最后对 PMF 数值的影响一般不会很大。

一般认为，对于湿润地区，前期影响雨量（P_a）可以取流域最大损失（I_m）相等的数值，即 $P_a=I_m$，也就是取初损等于零的情况（王碧辉，1985，1988）；对于干旱半干旱地区，可以按略偏安全的原则，取 $P_a=\frac{2}{3}I_m$（王国安，1999）。

基流来自地下水储量，它对 PMF 的贡献，在中小流域一般很小。在大流域，它占 PMF 总量的百分数，一般也不大。PMF 的基流，一般可按实测资料系列中与 PMF 发生时间相同的那个月份的基流来确定。具体操作是取历年最大月径流中的最小日平均流量作为

PMF 的基流(王碧辉,1988),也可以按实测典型洪水的基流确定。

7.7　特大流域 PMP/PMF 估算

7.7.1　绪言

特大流域(50 000 km^2 以上)的 PMP/PMF 的推求方法,其困难主要表现在以下两个方面:

一是特大流域,尤其是 10 万 km^2 以上的流域,洪水历时较长,往往在 5 ~ 10 d 以上。在这类流域,由于现有暴雨资料不够充分,当地模式法和移置模式法在流域内一般都行不通,故多采用组合模式法。而组合模式法的主要缺点是:①当组合单元过多、组合历时过长时,组合序列的合理性论证不太容易;②在极大化时,到底放大哪几个组合单元不好确定。

二是特大流域,尤其是 10 万 km^2 以上的流域,往往是河道长达数千千米,流域平均宽度也常有数百千米。由于地理位置差异较大,再加上山脉和地形等影响,造成流域内上中下游或某一部分与另一部分之间的气候特性和暴雨天气成因特性不同,从而使得在暴雨模式的拟定上和模式极大化上如何反映这种差异不好解决。

在 20 世纪 70 年代和 80 年代,中国有些生产单位在工程实践中,针对以上问题,提出了两种比较适用的方法,即重点时空组合法和历史洪水暴雨模拟法(王国安,1999)。

这两种方法,前者原则上属于暴雨时间和空间(地区)联合组合;后者则属于当地暴雨放大,只是被放大的暴雨不是实测的而是根据历史洪水模拟而得的。

7.7.2　重点时空组合法

7.7.2.1　基本思路

重点时空组合法的基本思路是:把对设计断面的 PMF 影响较大的部分用水文气象学的方法解决,影响较小的部分用水文学的方法解决。

水文气象学方法就是本章 3 ~ 5 节和第 2 章、第 3 章和第 5 章所介绍的 PMP 估算方法。

水文学方法是指按典型洪水的空间来水比例或时程分配比例处理的方法、相关法(地区洪量相关或长短时段洪量相关)、上游河段输水能力控制法等。

影响较大或影响较小的部分是指:

(1)从洪水来源上(即从空间上)说,影响较大的部分就是形成 PMF 的主要来源地区,影响较小的部分就是其余地区;

(2)从洪水过程线上(即从时间上)说,影响较大的部分就是在设计洪水历时(如 12 d)内,对工程防洪影响较大的某一较短时段(如 5 d)最大洪量的流量过程线,影响较小的部分就是其余时段(如12 d - 5 d = 7 d)的流量过程线。

7.7.2.2　方法步骤

重点时空组合法的方法步骤可以分为解决空间分布和时间分布两个问题来说明。

7.7.2.2.1 主要区间和主要时段的 PMP/PMF

计算流域主要区间和主要时段的 PMP/PMF 的一般步骤如下。

第一步:把设计断面 A(见图 7.14)以上的流域,按暴雨的天气成因划分为两大部分,即 B 断面以上和 BA 区间。

第二步:运用水文气象法求出 BA 区间的 PMP。

第三步:将 BA 区间的 PMP 通过产流汇流计算,再加上基流得出 BA 区间的 PMF。

第四步:运用水文学的方法,求出在 BA 区间发生 PMF 的情况下,B 断面以上相应的洪水,然后将其推演到设计断面 A 与 BA 区间的 PMF 相加,即得出设计断面 A 的 PMF。

B 断面以上相应洪水,按典型来水比例或上游河道堤防过水能力等方法确定。

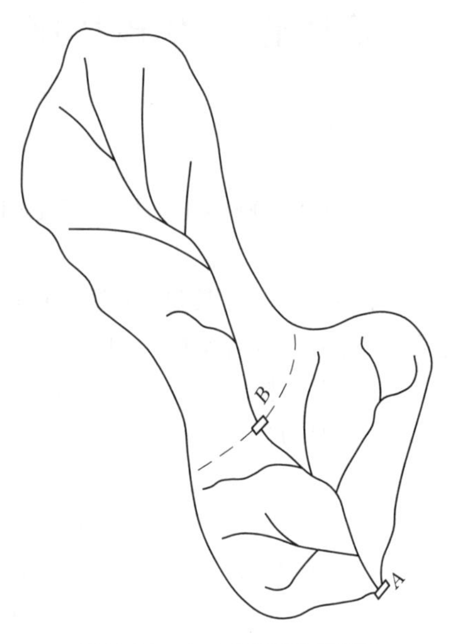

图 7.14 A 工程流域示意图

7.7.2.2.2 次要时段的相应洪水

计算次要时段的相应洪水的一般步骤如下。

第一步:运用水文气象学的方法求出设计洪水时段 T 内的主要时段 t_1 的 PMF;

第二步:对其余时段 $t_2(t_2 = T - t_1)$ 洪水的计算方法视区间面积大小而定,当区间面积相对较小时,用水文方法;

第三步:将以上两步所得的洪水过程线连接起来,即得设计洪水时段的 PMF。

7.7.2.3 算例

表 7.9 和表 7.10 为中国四大工程流域基本情况和 PMP/PMF 的推求方法。其中碛口和三门峡为水利部黄河水利委员会勘测规划设计研究院成果,二滩和漫湾分别为中国水电顾问集团成都、昆明勘测设计研究院成果(王国安,1999)。

7.7.3 历史洪水暴雨模拟法

7.7.3.1 绪言

历史洪水是指通过野外调查和历史文献或文物考证而得到的实测记录以外的特大洪水,其重现期一般都在 100 年以上,少数可达 1 000 年以上。

有些国家的历史洪水,不仅可以得出洪峰流量,而且可以得出洪水总量和洪水过程线及其相应暴雨的主要特征。对于这样的历史洪水,我们就有可能利用它按历史洪水暴雨模拟法来推求 PMP/PMF(赵毅如、张有芷和周良芳,1983;金蓉玲和李心铭,1989)。

对于某些设立水文站较早的大流域,如果实测资料中的最大洪水是发生在设站的初期,由于当时雨量站点稀少,不便直接用雨量来推求 PMP/PMF,同样也可以采用历史洪水暴雨模拟法来推求 PMP/PMF。

表 7.9　碛口等工程流域基本情况

河名		黄河	黄河	雅砻江	澜沧江
工程名称		碛口	三门峡	二滩	漫湾
流域面积(km^2)		430 900	688 421	116 360	114 500
河长(km)		3 893	4 439	1 467	1 579
流域最大直线长度(km)	东西方向	1 470	1 480	137 *	104 *
	南北方向	480	870	950 *	1 100
主要区间	名称	河口镇—碛口	河口镇—三门峡	雅安—小得石	溜筒江—戛旧
	面积(km^2)	44 934	320 513	50 633	31 600
气候特征	主要区间	副热带季风气候	副热带季风气候	寒带到亚热带过渡性气候	寒带到亚热带过渡性气候
	区间上游	青藏高原气候	青藏高原气候	青藏高原气候	青藏高原气候
特大暴雨主要天气系统	主要区间	东南向切变线	西南东北向切变线	涡切变	季风低压台风、副热带高压边缘
	区间上游	西南东北向切变线	西南东北向切变线,但出现时间相差较大	西风槽涡切变	低槽、切变

注: * 为流域平均宽度和平均长度。

表 7.10　碛口等工程 PMP/PMF 推求方法

项目			工程名称			
			碛口	三门峡	二滩	漫湾
主要地区 PMP 的求法	设计历时(d)		12	12	3	10
	主要时段	天数(d)	5	5	1	5
		PMP 求法	水文气象法	水文气象法	水文气象法	水文气象法
	其余时段				水文法	水文法
全流域 PMF 的求法	主要区间	主要时段	水文气象法	水文气象法	水文气象法	
		其余时段	水文法 $W_5 \sim W_{12}$	水文法 $W_5 \sim W_{12}$	水文法	重点时空组合法
	区间上游地区		水文法(流量按内蒙古河段堤防下泄能力考虑)	水文法(流量按内蒙古河段堤防下泄能力考虑)	水文法(流量按实测最大和调查最大平均考虑)	水文法(流量按 1966 年典型来水比例考虑)

7.7.3.2　基本思路

历史洪水暴雨模拟法的基本思路是:罕见的特大历史洪水,其相应的暴雨可以看做是高效暴雨,如能通过流域降雨径流模型试算求出此高效暴雨,再对之进行水汽放大,即可得出 PMP,将 PMP 转化成洪水则得 PMF。

历史洪水暴雨模拟法的理论根据是:一定的洪水过程是由一定的暴雨过程所形成的,而一定的暴雨过程又是由一定的天气过程所形成的。故可以根据野外调查和文献考证所得到的历史洪水的时面分布情况,推估出相应历史暴雨的时面分布情况,进而推估出历史暴雨所相应的环流形势和暴雨天气系统。所谓模拟,就是采用电子计算机按一定的产流、汇流模型进行试算。试算的准则有两条:一是从时间上说,得出的流量过程应与历史洪水的流量过程(包含了洪峰和洪量)基本吻合;二是从空间上说,洪水的地区来源组成,应与历史洪水大体一致。

7.7.3.3　方法步骤

历史洪水暴雨模拟法的已知条件是特大历史洪水的洪峰流量和洪水过程线及洪水的主要地区来源,关键问题是如何求出其相应暴雨的时面分布和代表性露点来。

7.7.3.3.1　历史洪水相应暴雨时面分布的推估

历史洪水相应暴雨时面分布的推估方法的要点如下:

(1)根据历史文献记载及野外调查的暴雨洪水资料,推估出该次洪水的天气成因(包括环流形势及暴雨天气系统)、雨区分布型式、主要雨区位置、暴雨走向及粗略的暴雨时程分配型式等。

(2)根据在一定地区、一定季节,若暴雨天气成因相似,则暴雨基本特征相似的原则,从实测资料中挑选与历史特大洪水同类型、同季节的大暴雨若干场。

(3)将选出的暴雨,按上述所推估的特大历史洪水的粗略的暴雨时程分配型式,排列成一组合暴雨序列。

(4)将组合暴雨序列通过降雨径流模型进行产流汇流计算,求出洪水过程线,先看它与历史洪水的过程线是否基本吻合(洪峰和主要时段的洪量要基本相等),再从面上看它的地区来源是否与历史洪水大体吻合,如不吻合,则可适当调整(包括时间和空间调整)暴雨序列,直至所推得的洪水过程线与历史洪水过程线基本吻合为止,此时的暴雨时面分布即为所求的历史洪水所对应的暴雨的时面分布。

在这一步骤上,降雨径流模型需经实测大洪水资料验证。

7.7.3.3.2　历史洪水相应暴雨代表性露点的推估

历史洪水相应暴雨的代表性露点,可以从本地区实测的大暴雨资料中,寻找与历史洪水的天气成因相同的某场特大暴雨的代表性露点来近似地代替,也可以按同类型暴雨的代表性露点与设计流域最大 1 d 面平均雨深点绘的相关关系来确定。

7.7.3.4　算例

长江三峡工程(控制流域面积 100 万 km^2)的 PMF 估算,采用了多种方法,其中之一是历史洪水暴雨模拟法。具体说是对 1870 年 7 月特大洪水模拟出的暴雨进行放大。

7.7.3.4.1 洪水概况

长江上游1870年7月洪水是一场罕见的特大洪水。这次洪水的资料丰富,通过大规模的野外实地调查,在长江干支流上调查到500多个洪痕点据,在合川至宜昌长达754 km的河段发现91处洪水题刻,还有故宫奏折,水利史书以及近800个县州的文史资料。通过这些资料分析,这场洪水主要来自嘉陵江和重庆到宜昌干流区间。其暴雨特点是历时长、强度大、笼罩面积广;暴雨位置稳定且缓慢东移,是长江洪水遭遇恶劣的典型。

根据野外调查和历史文献信息,结合实测特大暴雨的气象资料对比分析,估计1870年洪水的暴雨是在稳定的经向度较大的环流背景及有利的地形条件下,连续几个强大的西南低涡沿西南东北向切变线活动所造成(长江水利委员会,1997)。

根据调查和历史文献资料分析,洪水过程为双峰型,主峰在前,次峰在后,宜昌站(三峡坝址附近)的洪峰洪量如表7.11所示。

在三峡河段,这次洪水的重现期,根据历史文献和文物考证,在840年以上(1153年以来的最大),根据古洪水研究成果,则约为2 500年。

表7.11 宜昌站1870年洪水洪峰洪量(长江水利委员会,1997)

洪峰(m^3/s)	洪量(亿m^3)			
	3 d	7 d	15 d	30 d
105 000	265	537	975	1 650

7.7.3.4.2 暴雨模拟

从大量历史文献记载来看,1870年7月长江特大洪水,是在金沙江下段降雨的基础上,加上四川地区连续7 d面积特大的暴雨所造成。暴雨在时间和地区分布上,大致可划分为7月13~17日及18~19日两个过程。第一个过程主要集中在嘉陵江地区,第二个过程主要集中在川东南地区及长江上游重庆—宜昌区间。暴雨是西南—东北向带状分布。分布范围从金沙江下段至汉江中游一带广大地区,暴雨中心分布在嘉陵江中游和渠江一带。

从各地县志对雨水情记载时间上看,这次暴雨大致是自西向东缓慢移动的,7月13日在涪江,14日在嘉陵江合川县持续3 d,15日以后向川东移动,17日和20日暴雨主要集中在川东和万县一带,前后历时7 d左右。

根据以上对1870年7月暴雨时面分布的定性描述和宜昌站的洪水过程线,即可将该次洪水对应暴雨的时面分布定量地模拟出来。具体做法如下:

把1870年的历史记载与20世纪的暴雨过程记录加以比较,从中找出若干暴雨中心主要位于嘉陵江中下游的低涡切变类大暴雨典型,按1870年7月暴雨的动态,把这些实测大暴雨的日雨量图一张张地组合起来,依据1870年7月宜昌站洪水过程线的涨落趋势,在该特大暴雨过程前后再安排适当的雨量,构成一个组合暴雨序列,通过产汇流计算,得出宜昌断面的洪水过程线,如果计算的过程和调查的洪水过程接近,则认为构思的组合暴雨序列可以代表形成 1870 年长江大洪水的实际暴雨序列,从而定量地求得形成这次特大洪水的特大暴雨过程。

在进行产汇流模拟试算前,先用 1974 年 7 月 25 日 ~9 月 2 日的实测资料对产汇流计算方案进行了检验。结果表明,各种计算误差均在 9% 以下,经过 60 次试算,得到的模拟洪水和调查洪水过程基本吻合(见图 7. 15)。最后选定的模拟暴雨序列见表 7. 12。表中第 21 ~27 序的暴雨是形成 1870 年宜昌特大洪峰的特大暴雨,历时 7 d,模拟过程总雨量分布如图 7. 16 所示。

7.7.3.4.3　放大

根据历史文献对 1870 年形成洪峰的特大暴雨描述,可以认为该次暴雨为高效暴雨,只需进行水汽放大。

这次暴雨其水汽来源为印度洋和南海。限于资料条件,水汽入流方向只能取贵阳站,其代表性露点为 20 ℃,订正到 1 000 hPa,露点为 24. 5 ℃。贵阳站 1 000 hPa 高程上历史最大露点为 26. 2 ℃,于是水汽放大系数为

$$K = \frac{(W_{Td})_m}{W_{Td}} = 1.17$$

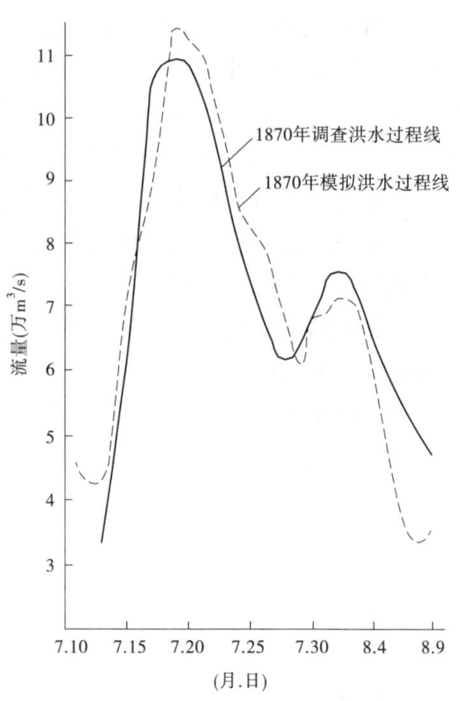

图 7. 15　宜昌站 1870 年洪水过程线

(赵毅如、张有芷、周良芳,1983)

表 7. 12　1870 年模拟暴雨序列

日序	1	2	3	4	5	6	7	8	9	10	11	12	13	14	15	16	17	18	19	20
模拟暴雨	1957 年																	1956 年		
序列日期	6. 21	6. 22	6. 23	6. 24	6. 25	6. 26	6. 27	6. 28	6. 29	6. 30	7. 1	7. 2	7. 3	7. 4	7. 5	7. 6	7. 7	6. 16	6. 26	6. 27
日序	21	22	23	24	25	26	27	28	29	30	31	32	33	34	35	36	37	38	39	40
模拟暴雨	1956	1973	1957	1937		1957	1937	1965		1957		1974 年								
序列日期	6. 28	6. 30	7. 3	7. 14	7. 15	7. 2	7. 16	7. 7	7. 8	7. 18	7. 19	7. 31	8. 1	8. 2	8. 3	8. 4	8. 8	8. 9	8. 16	8. 17
日序	41	42	43	44	45	46	47	48	49	50	51	52	53	54	55	56	57	58	59	60
模拟暴雨	1974 年																			
序列日期	8. 18	8. 10	11	12	13	14	15	16	17	18	19	20	21	22	23	24	25	26	27	28

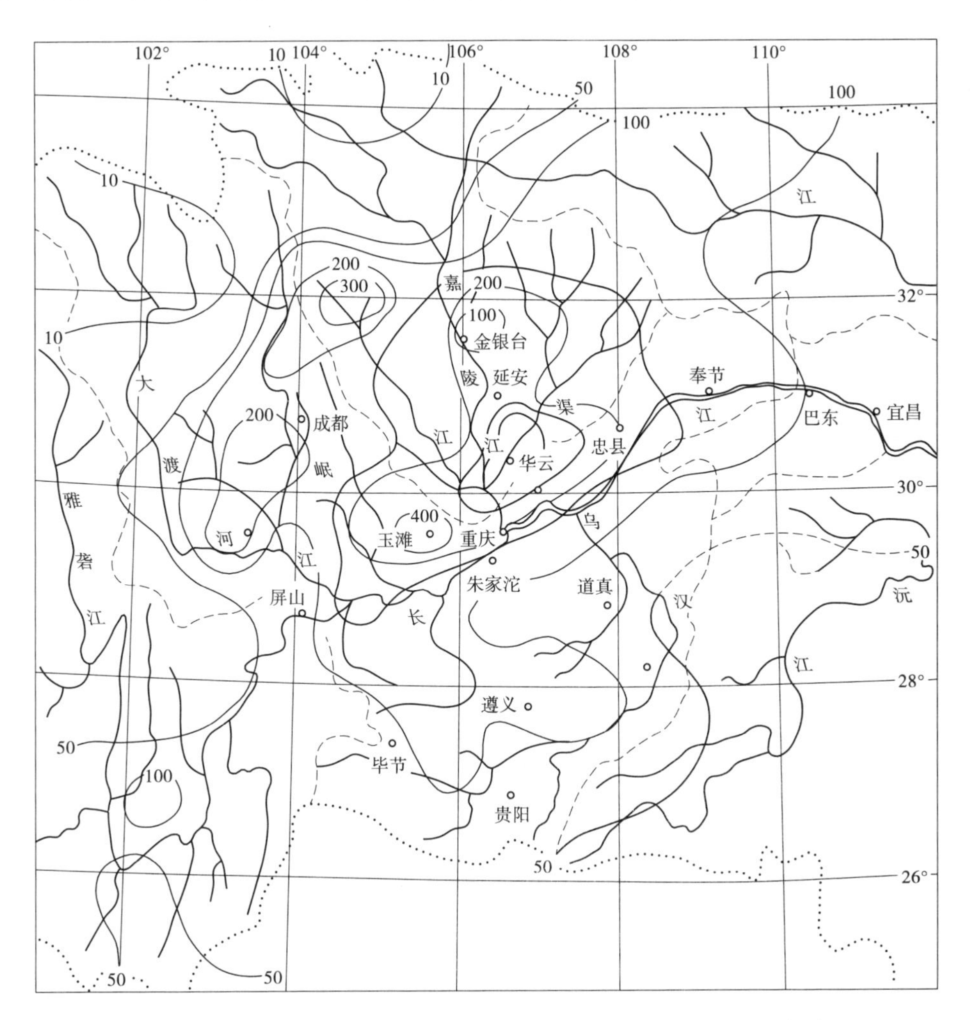

图 7.16　1870 年 7 月 13 ~ 19 日模拟雨量等值线（赵毅如、张有芷、周良芳，1983）

用此系数放大形成洪峰的 5 d 降雨，同时考虑长江洪水长包短的特点，所以除峰顶的一场降水用水汽放大外，还对次峰替换了一次降水过程，组成 PMP 系列。

7.7.3.4.4　可能最大洪水

将宜昌以上分为 18 个区，分别进行产汇流计算。分区洪水过程，或按典型年或按单位线计算。河槽汇流采用长办汇流曲线（线性汇流曲线）公式计算，最后得到 PMF 成果如表 7.13 所示。

表 7.13　长江三峡（宜昌）PMF 成果

（1870 年历史洪水模拟方案）（金蓉玲和李心铭，1989）

日平均流量（m^3/s）	7 d 洪量（亿 m^3）	15 d 洪量（亿 m^3）
120 000	630	1 109

致　谢

作为本手册的主笔作者，我对在本手册的完成中作出贡献的所有人员表示感谢。

首先，感谢本手册第一版本及第二版本的作者。前两版书稿在可能最大降水（PMP）估算方面设定的基本框架，为本次修改订提供了重要基础。第一版本作者包括 J. L. H. Paulhus、J. F. Miller、J. T. Riedel、F. K. Schwarz 和 C. W. Cochrane，第二版本作者是 J. F Miller。

其次，感谢在本手册修订过程中提出很多宝贵建议和意见的专家。为本手册中文版草稿的完善作出贡献的专家有：王厥谋、王家祁、孙双元、杨远东、刘恒、张有芷、董增川、吴致尧、徐乾清、陈家琦、文康、陈清濂、马秀峰和王政祥等。为本手册英文版的修改和定稿提供宝贵意见并付出辛勤劳动的专家有：Paul Pilon（加拿大）、Louis C. Schreiner（美国）、David Walland（澳大利亚）、Crstina Moyano（阿根廷）、Van-Than-Va Nguyen（加拿大）、Shaukat Ali Awan（巴基斯坦）、Aaron F. Thompson（加拿大）、Alistair McKerchar（新西兰）和 Bruce Stewart（澳大利亚）。

再次，感谢以其技能和专业知识为本手册的编辑提供巨大支持的中国水文气象工作人员。这些支持者包括：高治定和王煜（WMO 任命的 PMP/PMF 助理专家）；王春青（担任报告修改翻译和国际会议口译）；王玉峰、刘占松、王军良、张志红、李保国、李荣容、雷鸣、贺顺德、王内、刘红珍、宋伟华和马迎平，他们担任了文献、资料、因特网信息的收集、整理、翻译和电子邮件的收发、翻译及手册文件的复印、打字、制图、分析和校对工作。

最后，我要由衷地感谢 WMO 秘书处在召开会议，组织对本手册的审稿和最终编辑定稿等工作中的大力支持。

王国安

世界气象组织水文委员会 第十一届 PMP/PMF 专家
教授级高级工程师
黄河勘测规划设计有限公司
中国郑州金水路 109 号，450003
传真：8637165959236
电子信箱：wangga@ yrec. cn，g_a_wang@ 163. com

附录 1　饱和假绝热大气可降水量表

如第 2 章所述,可降水量在水文气象学中用以表示垂直气柱中的总水汽量。它代表气柱中的水汽凝结后积集在气柱底面上液态水的深度。这个名词实际上是一个误用,因为没有一种自然过程能把气柱中的水汽全部凝结或者降落下来。有时用“水汽的液态水当量”或“液态水当量”代替。

计算可降水量 W(W 以 cm 计)的一般公式为

$$W = \frac{\bar{q}\Delta p}{g\rho} \tag{1.1}$$

式中:$\bar{q}$ 为一层湿空气的平均比湿,g/kg;Δp 为层厚,hPa;g 为重力加速度,cm/s^2;ρ 为水的密度,g/cm^3。

在许多水文气象计算中,假定大气含水带的水汽与具有饱和假绝热温度直减率的饱和空气一样。各饱和大气层中的可降水量可以事先算出来列成图表。附表 1.1 列出 1 000 hPa 面至 200 hPa 以下各气压层间饱和假绝热大气的可降水量(mm)与 1 000 hPa 露点的函数关系表。附表 1.2 为 1 000 hPa 面(假定为 0 高程)至各种高度(17 km 以下)的可降水量数值。

附表 1.1　1 000 hPa 面到指定压力(hPa)间饱和假绝热大气中的可降水量(mm)与 1 000 hPa 露点(℃)的函数关系

压力	1 000 hPa 温度(℃)																														
(hPa)	0	1	2	3	4	5	6	7	8	9	10	11	12	13	14	15	16	17	18	19	20	21	22	23	24	25	26	27	28	29	30
990	0	0	0	0	0	0	1	1	1	1	1	1	1	1	1	1	1	1	1	1	1	1	2	2	2	2	2	2	2	2	3
980	1	1	1	1	1	1	1	1	1	1	1	2	2	2	2	2	2	2	2	3	3	3	3	3	4	4	4	4	5	5	5
970	1	1	1	1	1	2	2	2	2	2	2	2	3	3	3	3	3	4	4	4	4	5	5	5	5	6	6	7	7	7	8
960	1	2	2	2	2	2	2	2	3	3	3	3	3	4	4	4	4	5	5	5	6	6	6	7	7	8	8	9	9	10	11
950	2	2	2	2	2	3	3	3	3	3	4	4	4	4	5	5	6	6	6	7	7	8	8	9	9	10	10	11	12	12	13
940	2	2	2	3	3	3	3	3	4	4	4	5	5	5	6	6	7	7	7	8	9	9	10	10	11	12	12	13	14	15	16
930	2	3	3	3	3	3	4	4	4	5	5	5	6	6	7	7	8	8	9	9	10	11	11	12	13	14	14	15	16	17	18
920	3	3	3	3	4	4	4	5	5	5	6	6	7	7	8	8	9	9	10	10	11	12	13	14	14	15	16	17	19	20	21
910	3	3	3	4	4	4	5	5	5	6	6	7	7	8	8	9	10	10	11	12	13	13	14	15	16	17	18	20	21	22	23
900	3	4	4	4	4	5	5	6	6	6	7	7	8	9	9	10	11	11	12	13	14	15	16	17	18	19	20	22	23	24	24
890	4	4	4	5	5	5	6	6	7	7	8	8	9	9	10	11	12	12	13	14	15	16	17	18	20	21	22	24	25	27	28
880	4	4	4	5	5	6	6	7	7	8	8	9	9	10	11	12	12	13	14	15	16	17	19	20	21	23	24	26	27	29	31
870	4	4	5	5	6	6	7	7	8	8	9	9	10	11	12	13	13	14	15	16	18	19	20	21	23	24	26	28	29	31	33
860	4	5	5	6	6	6	7	7	8	9	9	10	11	12	12	13	14	15	16	18	19	20	21	23	24	26	28	30	32	34	36
850	5	5	5	6	6	7	7	8	9	9	10	11	11	12	13	14	15	16	18	19	20	21	23	24	26	28	30	32	34	36	38
840	5	5	6	6	7	7	8	8	9	10	10	11	12	13	14	15	16	17	19	20	21	23	24	26	28	30	32	34	36	38	40
830	5	5	6	6	7	7	8	9	9	10	11	12	13	14	15	16	17	18	19	21	22	24	26	27	29	31	33	35	38	40	43
820	5	6	6	7	7	8	8	9	10	11	11	12	13	14	15	17	18	19	20	22	24	25	27	29	31	33	35	37	40	42	45
810	5	6	6	7	8	8	9	10	10	11	12	13	14	15	16	17	19	20	21	23	25	26	28	30	32	34	37	39	42	44	47
800	6	6	7	7	8	8	9	10	11	12	12	13	15	16	17	18	19	21	22	24	26	28	29	32	34	36	38	41	44	46	49
790	6	6	7	7	8	9	9	10	11	12	13	14	15	16	17	19	20	22	23	25	27	29	31	33	35	38	40	43	46	49	52
780	6	7	7	8	8	9	10	11	11	12	13	14	16	17	18	19	21	23	24	26	28	30	32	34	37	39	42	45	48	51	54
770	6	7	7	8	9	9	10	11	12	13	14	15	16	17	19	20	22	23	25	27	29	31	33	35	38	41	43	46	49	53	56
760	6	7	7	8	9	10	10	11	12	13	14	15	17	18	19	21	22	24	26	28	30	32	34	37	39	42	45	48	51	55	58
750	6	7	8	8	9	10	11	12	13	14	15	16	17	18	20	21	23	25	27	29	31	33	35	38	41	44	47	50	53	57	60

续附表 1.1

压力 (hPa)	1 000 hPa 温度(℃)																														
	0	1	2	3	4	5	6	7	8	9	10	11	12	13	14	15	16	17	18	19	20	21	22	23	24	25	26	27	28	29	30
740	7	7	8	9	9	10	11	12	13	14	15	16	18	19	20	22	24	26	28	30	32	34	37	39	42	45	48	51	55	59	62
730	7	7	8	9	9	10	11	12	13	14	15	17	18	20	21	23	24	26	28	30	33	35	38	40	43	46	50	53	57	60	64
720	7	7	8	9	10	11	11	12	13	15	16	17	18	20	22	23	25	27	29	31	34	36	39	42	45	48	51	55	58	62	66
710	7	8	8	9	10	11	12	13	14	15	16	17	19	20	22	24	26	28	30	32	35	37	40	43	46	49	53	56	60	64	68
700	7	8	8	9	10	11	12	13	14	15	16	18	19	21	23	24	26	28	31	33	35	38	41	44	47	50	54	58	62	66	70
690	7	8	9	9	10	11	12	13	14	15	17	18	20	21	23	25	27	29	31	34	36	39	42	45	48	52	55	59	63	68	72
680	7	8	9	10	10	11	12	13	15	16	17	19	20	22	24	25	27	30	32	34	37	40	43	46	49	53	57	61	65	69	74
670	7	8	9	10	11	11	12	14	15	16	17	19	20	22	24	26	28	30	33	35	38	41	44	47	51	54	58	62	67	71	76
660	8	8	9	10	11	12	13	14	15	16	18	19	21	23	24	26	29	31	33	36	39	42	45	48	52	55	60	64	68	73	78
650	8	8	9	10	11	12	13	14	15	16	18	19	21	23	25	27	29	31	34	37	39	42	46	49	53	57	61	65	70	75	80
640	8	8	9	10	11	12	13	14	15	17	18	20	21	23	25	27	29	32	35	37	40	43	46	50	54	58	62	67	71	76	81
630	8	8	9	10	11	12	13	14	16	17	18	20	22	24	26	28	30	32	35	38	41	44	47	51	55	59	63	68	73	78	83
620	8	9	9	10	11	12	13	14	16	17	19	20	22	24	26	28	30	33	36	38	42	45	48	52	56	60	65	69	74	79	85
610	8	9	9	10	11	12	13	15	16	17	19	20	22	24	26	28	31	33	36	39	42	45	49	53	57	61	66	71	76	81	87
600	8	9	9	10	11	12	13	15	16	17	19	21	23	25	27	29	31	34	37	40	43	46	50	54	58	62	67	72	77	82	89
590	8	9	10	10	11	12	14	15	16	18	19	21	23	25	27	29	32	34	37	40	43	47	51	55	59	63	68	73	78	84	90
580	8	9	10	11	11	13	14	15	16	18	19	21	23	25	27	30	32	35	38	41	44	48	51	55	60	64	69	74	80	85	91
570	8	9	10	11	12	13	14	15	16	18	20	21	23	25	27	30	32	35	38	41	45	48	52	56	61	65	70	75	81	87	93
560	8	9	10	11	12	13	14	15	17	18	20	21	23	26	28	30	33	36	39	42	45	49	53	57	61	66	71	77	82	88	94
550	8	9	10	11	12	13	14	15	17	18	20	22	24	26	28	30	33	36	39	42	46	49	53	58	62	67	72	78	83	90	96
540	8	9	10	11	12	13	14	15	17	18	20	22	24	26	28	31	33	36	39	43	46	50	54	58	63	68	73	79	85	91	97
530	8	9	10	11	12	13	14	15	17	18	20	22	24	26	28	31	34	37	40	43	47	50	55	59	64	69	74	80	86	92	99
520	8	9	10	11	12	13	14	16	17	19	20	22	24	26	29	31	34	37	40	43	47	51	55	60	64	70	75	81	87	93	100
510	8	9	10	11	12	13	14	16	17	19	20	22	24	26	29	31	34	37	40	44	48	51	56	60	65	70	76	82	88	95	102
500	8	9	10	11	12	13	14	16	17	19	20	22	24	27	29	32	34	37	41	44	48	52	56	61	66	71	77	83	89	96	103

续附表 1.1

压力 (hPa)	1 000 hPa 温度(℃)																														
	0	1	2	3	4	5	6	7	8	9	10	11	12	13	14	15	16	17	18	19	20	21	22	23	24	25	26	27	28	29	30
490	8	9	10	11	12	13	14	16	17	19	21	22	25	27	29	32	35	38	41	45	48	52	57	61	66	72	78	84	90	97	104
480	8	9	10	11	12	13	14	16	17	19	21	23	25	27	29	32	35	38	41	45	49	53	57	62	67	73	78	85	91	98	105
470	8	9	10	11	12	13	14	16	17	19	21	23	25	27	29	32	35	38	42	45	49	53	58	62	68	73	79	85	92	99	106
460	8	9	10	11	12	13	14	16	17	19	21	23	25	27	30	32	35	38	42	45	49	54	58	63	68	74	80	86	93	100	108
450	8	9	10	11	12	13	14	16	17	19	21	23	25	27	30	32	35	39	42	46	50	54	58	63	69	74	81	87	94	101	109
440	8	9	10	11	12	13	15	16	17	19	21	23	25	27	30	33	35	39	42	46	50	54	59	64	69	75	81	88	95	102	110
430	8	9	10	11	12	13	15	16	17	19	21	23	25	27	30	33	36	39	42	46	50	55	59	64	70	76	82	88	96	103	111
420	8	9	10	11	12	13	15	16	18	19	21	23	25	27	30	33	36	39	43	46	50	55	60	65	70	76	82	89	96	104	112
410	8	9	10	11	12	13	15	16	18	19	21	23	25	27	30	33	36	39	43	47	51	55	60	65	71	77	83	90	97	105	113
400	8	9	10	11	12	13	15	16	18	19	21	23	25	28	30	33	36	39	43	47	51	55	60	65	71	77	84	90	98	105	114
390	8	9	10	11	12	13	15	16	18	19	21	23	25	28	30	33	36	39	43	47	51	56	60	66	71	77	84	91	98	106	115
380	8	9	10	11	12	13	15	16	18	19	21	23	25	28	30	33	36	39	43	47	51	56	61	66	72	78	85	92	99	107	115
370	8	9	10	11	12	13	15	16	18	19	21	23	25	28	30	33	36	40	43	47	51	56	61	66	72	78	85	92	100	108	116
360	8	9	10	11	12	13	15	16	18	19	21	23	25	28	30	33	36	40	43	47	51	56	61	66	72	79	85	93	100	108	117
350	8	9	10	11	12	13	15	16	18	19	21	23	25	28	30	33	36	40	43	47	52	56	61	67	73	79	86	93	101	109	118
340	8	9	10	11	12	13	15	16	18	19	21	23	25	28	30	33	36	40	43	47	52	56	61	67	73	79	86	93	101	109	118
330	8	9	10	11	12	13	15	16	18	19	21	23	25	28	30	33	36	40	43	47	52	56	61	67	73	79	86	94	102	110	119
320	8	9	10	11	12	13	15	16	18	19	21	23	25	28	30	33	36	40	44	48	52	57	62	67	73	80	87	94	102	111	120
310	8	9	10	11	12	13	15	16	18	19	21	23	25	28	30	33	36	40	44	48	52	57	62	67	73	80	87	94	102	111	120
300	8	9	10	11	12	13	15	16	18	19	21	23	25	28	30	33	36	40	44	48	52	57	62	67	74	80	87	95	103	111	121
290	8	9	10	11	12	13	15	16	18	19	21	23	25	28	30	33	36	40	44	48	52	57	62	68	74	80	87	95	103	112	121
280	8	9	10	11	12	13	15	16	18	19	21	23	25	28	30	33	36	40	44	48	52	57	62	68	74	80	88	95	103	112	121
270	8	9	10	11	12	13	15	16	18	19	21	23	25	28	30	33	36	40	44	48	52	57	62	68	74	81	88	95	104	112	122
260	8	9	10	11	12	13	15	16	18	19	21	23	25	28	30	33	36	40	44	48	52	57	62	68	74	81	88	96	104	113	122
250	8	9	10	11	12	13	15	16	18	19	21	23	25	28	30	33	36	40	44	48	52	57	62	68	74	81	88	96	104	113	122
240	8	9	10	11	12	13	15	16	18	19	21	23	25	28	30	33	36	40	44	48	52	57	62	68	74	81	88	96	104	113	123
230	8	9	10	11	12	13	15	16	18	19	21	23	25	28	30	33	36	40	44	48	52	57	62	68	74	81	88	96	104	113	123
220	8	9	10	11	12	13	15	16	18	19	21	23	25	28	30	33	36	40	44	48	52	57	62	68	74	81	88	96	104	113	123
210	8	9	10	11	12	13	15	16	18	19	21	23	25	28	30	33	36	40	44	48	52	57	62	68	74	81	88	96	105	114	123
200	8	9	10	11	12	13	15	16	18	19	21	23	25	28	30	33	36	40	44	48	52	57	62	68	74	81	88	96	105	114	123

附表 1.2　1 000 hPa 面到指定高度(高出地面米数)间饱和假绝热大气中的可降水量(mm)与 1 000 hPa 露点(℃)的函数关系

高度	1 000 hPa 温度(℃)																														
(m)	0	1	2	3	4	5	6	7	8	9	10	11	12	13	14	15	16	17	18	19	20	21	22	23	24	25	26	27	28	29	30
200	1	1	1	1	1	1	1	2	2	2	2	2	2	2	2	2	3	3	3	3	3	4	4	4	4	4	5	5	5	6	6
400	2	2	2	2	2	3	3	3	3	3	4	4	4	4	5	5	5	5	6	6	6	7	7	8	8	9	9	10	10	11	12
600	3	3	3	3	3	4	4	4	5	5	5	6	6	6	7	7	7	8	8	9	10	10	11	11	12	13	14	15	15	16	17
800	3	3	4	4	4	5	5	5	6	6	7	7	8	8	9	9	10	10	11	12	13	13	14	15	16	17	18	19	20	21	22
1 000	4	4	4	5	5	6	6	6	7	7	8	9	9	10	10	11	12	13	13	14	15	16	17	18	20	21	22	23	25	26	23
1 200	4	5	5	6	6	7	7	8	8	9	9	10	11	11	12	13	14	15	16	17	18	19	20	21	25	24	26	27	29	31	32
1 400	5	5	6	6	7	7	8	8	9	10	10	11	12	13	14	15	16	17	18	19	20	22	23	24	26	28	29	31	33	35	37
1 600	5	6	6	7	7	8	9	9	10	11	11	12	13	14	15	16	17	19	20	21	23	24	25	27	29	31	33	35	37	39	41
1 800	6	6	7	7	8	9	9	10	11	12	12	13	14	15	17	18	19	20	22	23	25	26	28	30	32	34	36	39	41	43	46
2 000	6	7	7	8	9	9	10	11	11	12	13	14	16	17	18	19	21	22	24	25	27	29	31	33	35	37	39	42	44	47	50
2 200	7	7	8	8	9	10	10	11	12	13	14	15	16	18	19	20	22	24	25	27	29	31	33	35	37	40	42	45	48	51	54
2 400	7	8	8	9	10	10	11	12	13	14	15	16	17	19	20	22	23	25	27	29	31	33	35	37	40	43	45	48	51	54	57
2 600	7	8	8	9	10	11	11	12	13	14	16	17	18	20	21	23	24	26	28	30	32	35	37	40	42	45	48	51	55	58	61
2 800	7	8	9	9	10	11	12	13	14	15	16	18	19	21	22	24	26	27	30	32	34	36	39	42	45	48	51	54	58	61	65
3 000	8	8	9	10	11	11	12	13	14	15	17	18	20	21	23	25	27	29	31	33	35	38	41	44	47	50	53	57	61	64	68
3 200	8	8	9	10	11	12	13	14	15	16	17	19	20	22	24	26	28	30	32	34	37	40	42	45	49	52	56	59	63	67	71
3 400	8	8	9	10	11	12	13	14	15	16	18	19	21	23	24	26	29	31	33	36	38	41	44	47	51	54	58	62	66	70	74
3 600	8	9	9	10	11	12	13	14	15	17	18	20	22	23	25	27	29	32	34	37	39	42	45	49	52	56	60	64	68	73	77
3 800	8	9	10	10	11	12	13	14	16	17	19	20	22	24	26	28	30	32	35	38	41	44	47	50	54	58	62	66	70	75	80
4 000	8	9	10	11	11	12	14	15	16	17	19	21	22	24	26	28	31	33	36	39	42	45	48	52	56	60	64	68	73	78	83
4 200	8	9	10	11	12	13	14	15	16	18	19	21	23	25	27	29	31	34	37	40	43	46	49	53	57	61	66	70	75	80	85
4 400	8	9	10	11	12	13	14	15	16	18	20	21	23	25	27	29	32	34	37	40	44	47	51	54	58	63	67	72	77	82	87
4 600	8	9	10	11	12	13	14	15	17	18	20	22	24	25	28	30	32	35	38	41	44	48	52	56	60	64	69	74	79	84	90
4 800	8	9	10	11	12	13	14	15	17	18	20	22	24	26	28	30	33	36	39	42	45	49	53	57	61	65	70	75	81	86	92
5 000	8	9	10	11	12	13	14	16	17	19	20	22	24	26	28	31	33	36	40	42	46	50	54	58	62	67	72	77	82	88	94

续附表 1.2

高度 (m)	1 000 hPa 温度(℃)																														
	0	1	2	3	4	5	6	7	8	9	10	11	12	13	14	15	16	17	18	19	20	21	22	23	24	25	26	27	28	29	30
5 200	8	9	10	11	12	13	14	16	17	19	20	22	24	26	29	31	34	37	40	43	47	50	55	59	63	68	73	78	84	90	96
5 400	8	9	10	11	12	13	14	16	17	19	20	22	24	26	29	31	34	37	41	44	47	51	56	60	64	69	74	80	86	92	98
5 600	8	9	10	11	12	13	14	16	17	19	21	22	24	27	29	32	35	38	41	44	48	52	57	60	65	70	76	81	87	93	100
5 800	8	9	10	11	12	13	14	16	17	19	21	22	25	27	29	32	35	38	42	45	48	52	57	61	66	71	77	82	88	95	101
6 000	8	9	10	11	12	13	15	16	17	19	21	23	25	27	30	32	35	38	42	45	49	53	58	62	67	72	78	84	90	96	103
6 200	8	9	10	11	12	13	15	16	17	19	21	23	25	27	30	32	35	38	42	45	49	54	58	63	68	73	79	85	91	93	104
6 400	8	9	10	11	12	13	15	16	18	19	21	23	25	27	30	33	35	39	42	46	50	54	59	63	68	74	80	86	92	99	106
6 600	8	9	10	11	12	13	15	16	18	19	21	23	25	27	30	33	36	39	42	46	50	54	60	64	69	74	80	87	93	100	107
6 800	8	9	10	11	12	13	15	16	18	19	21	23	25	27	30	33	36	39	42	46	50	55	60	65	70	75	81	87	94	101	108
7 000	8	9	10	11	12	14	15	16	18	19	21	23	25	28	30	33	36	39	43	46	51	55	60	65	70	76	82	88	95	102	110
7 200	8	9	10	11	12	14	15	16	18	19	21	23	25	28	30	33	36	39	43	47	51	55	61	65	71	76	82	89	96	103	111
7 400	8	9	10	11	12	14	15	16	18	19	21	23	25	28	30	33	36	39	43	47	51	56	61	66	71	77	83	90	97	104	112
7 600	8	9	10	11	12	14	15	16	18	19	21	23	25	28	30	33	36	39	43	47	51	56	61	66	72	77	83	90	98	105	113
7 800	8	9	10	11	12	14	15	16	18	19	21	23	25	28	30	33	36	39	43	47	51	56	61	66	72	78	84	91	98	106	114
8 000	8	9	10	11	12	14	15	16	18	19	21	23	26	28	30	33	36	39	43	47	52	56	61	67	72	78	85	92	99	107	115
8 200	8	9	10	11	12	14	15	16	18	19	21	23	26	28	30	33	36	39	43	47	52	57	62	67	73	78	85	92	100	108	115
8 400	8	9	10	11	12	14	15	16	18	19	21	23	26	28	30	33	36	39	43	47	52	57	62	67	73	79	85	92	100	108	116
8 600	8	9	10	11	12	14	15	16	18	19	21	23	26	28	30	33	36	39	43	47	52	57	62	68	73	79	86	93	101	109	117
8 800	8	9	10	11	12	14	15	16	18	19	21	23	26	28	30	33	36	39	43	47	52	57	62	68	73	79	86	93	101	109	118
9 000	8	9	10	11	12	14	15	16	18	19	21	23	26	28	31	33	36	40	43	47	52	57	62	68	74	80	86	94	102	110	118
9 200	8	9	10	11	12	14	15	16	18	19	21	23	26	28	31	33	36	40	43	48	52	57	62	68	74	80	87	94	102	110	119
9 400						14	15	16	18	19	21	23	26	28	31	33	36	40	44	48	52	57	62	68	74	80	87	94	102	110	119
9 600						14	15	16	18	19	21	23	26	28	31	33	36	40	44	48	52	57	63	68	74	80	87	94	102	111	220
9 800						14	15	16	18	19	21	23	26	28	31	33	36	40	44	48	52	57	63	68	74	80	87	95	103	111	220
10 000						14	15	16	18	19	21	23	26	28	31	33	37	40	44	48	52	57	63	68	74	80	87	95	103	112	222
11 000											21	23	26	28	31	33	37	40	44	48	52	57	63	68	74	81	88	96	104	113	222
12 000																33	37	40	44	48	52	57	63	68	74	81	88	96	105	114	123
13 000																					52	57	63	68	74	81	88	97	105	114	124
14 000																					52	57	63	68	74	81	88	97	105	115	124
15 000																										81	88	97	106	115	124
16 000																										81	88	97	106	115	124
17 000																											89	97	106	115	124

附表 1.3　特定高度(m)以上空气柱的可降水量(mm)与 1 000 hPa 露点(℃)的函数关系(1981 年 5 月修订)

高度	1 000 hPa 温度(℃)																				
(m)	0	0.5	1.0	1.5	2.0	2.5	3.0	3.5	4.0	4.5	5.0	5.5	6.0	6.5	7.0	7.5	8.0	8.5	9.0	9.5	10.0
平均海平面	8.1	8.7	9.2	9.7	10.3	10.8	11.4	11.9	12.5	13.1	13.7	14.3	15.0	15.7	16.4	17.0	17.7	18.4	19.2	20.0	21.0
100	7.5	8.1	8.6	9.2	9.8	10.3	10.8	11.4	11.9	12.5	13.1	13.7	14.3	14.9	15.5	16.1	16.8	17.4	18.2	19.0	20.0
200	7.0	7.5	8.1	8.6	9.2	9.8	10.3	10.8	11.3	11.9	12.4	13.0	13.6	14.1	14.7	15.3	15.9	16.6	17.3	18.1	19.1
300	6.5	7.0	7.5	8.0	8.6	9.2	9.7	10.2	10.7	11.3	11.8	12.3	12.9	13.4	14.0	14.5	15.1	15.8	16.5	17.3	18.2
400	6.1	6.5	7.0	7.5	8.1	8.6	9.1	9.6	10.1	10.7	11.2	11.7	12.3	12.8	13.3	13.8	14.4	15.0	15.7	16.5	17.3
500	5.7	6.1	6.5	7.0	7.6	8.1	8.6	9.1	9.6	10.1	10.6	11.1	11.7	12.2	12.7	13.2	13.8	14.4	15.0	15.7	16.5
600	5.3	5.7	6.1	6.6	7.1	7.6	8.1	8.6	9.1	9.6	10.0	10.5	11.1	11.6	12.1	12.6	13.2	13.7	14.3	15.0	15.8
700	4.9	5.3	5.7	6.2	6.7	7.2	7.7	8.2	8.6	9.1	9.5	10.0	10.5	11.0	11.5	12.0	12.6	13.1	13.7	14.4	15.1
800	4.5	4.9	5.3	5.8	6.3	6.8	7.2	7.7	8.1	8.6	9.0	9.5	10.0	10.5	11.0	11.5	12.0	12.5	13.1	13.8	14.5
900	4.2	4.6	4.9	5.4	5.9	6.4	6.8	7.2	7.6	8.1	8.5	9.0	9.4	9.9	10.4	10.9	11.4	11.9	12.5	13.1	13.8
1 000	3.9	4.3	4.6	5.0	5.5	5.9	6.3	6.8	7.2	7.6	8.0	8.5	8.9	9.4	9.9	10.3	10.8	11.3	11.8	12.4	13.0
1 100	3.6	4.0	4.3	4.7	5.1	5.5	5.9	6.4	6.8	7.2	7.6	8.0	8.4	8.9	9.4	9.8	10.3	10.8	11.3	11.8	12.4
1 200	3.4	3.7	4.0	4.4	4.8	5.2	5.6	6.0	6.4	6.7	7.1	7.6	8.0	8.4	8.9	9.3	9.8	10.2	10.7	11.3	11.9
1 300	3.1	3.4	3.7	4.2	4.5	4.9	5.2	5.6	6.0	6.3	6.7	7.1	7.5	8.0	8.4	8.8	9.3	9.7	10.2	10.8	11.3
1 400	2.9	3.2	3.5	3.9	4.3	4.6	4.9	5.3	5.7	6.0	6.3	6.7	7.1	7.5	8.0	8.4	8.8	9.2	9.7	10.2	10.7
1 500	2.7	3.0	3.3	3.7	4.0	4.3	4.6	4.9	5.3	5.7	6.0	6.3	6.7	7.1	7.5	7.9	8.3	8.7	9.1	9.6	10.2
1 600	2.5	2.8	3.1	3.4	3.7	4.0	4.3	4.6	5.0	5.4	5.7	6.0	6.4	6.7	7.1	7.5	7.9	8.3	8.7	9.2	9.7
1 700	2.3	2.6	2.9	3.2	3.4	3.7	4.0	4.3	4.7	5.0	5.3	5.6	6.0	6.3	6.7	7.0	7.4	7.8	8.2	8.7	9.2
1 800	2.1	2.4	2.7	3.0	3.2	3.5	3.8	4.1	4.4	4.7	5.0	5.3	5.6	6.0	6.3	6.6	7.0	7.4	7.8	8.2	8.7
1 900	1.9	2.2	2.4	2.7	2.9	3.2	3.5	3.8	4.1	4.4	4.7	5.0	5.3	5.7	6.0	6.3	6.6	7.0	7.4	7.8	8.2
2 000	1.7	1.9	2.2	2.4	2.7	2.9	3.2	3.5	3.8	4.1	4.4	4.7	5.0	5.3	5.6	5.9	6.2	6.5	6.9	7.3	7.7
2 100	1.5	1.7	1.9	2.2	2.4	2.7	3.0	3.3	3.5	3.8	4.1	4.4	4.7	5.0	5.3	5.6	5.9	6.2	6.5	6.9	7.3
2 200	1.4	1.6	1.7	2.0	2.2	2.4	2.7	3.0	3.3	3.5	3.8	4.1	4.4	4.7	5.0	5.3	5.6	5.9	6.2	6.5	6.9
2 300	1.3	1.4	1.6	1.8	2.0	2.2	2.5	2.8	3.0	3.2	3.5	3.8	4.1	4.4	4.6	4.9	5.2	5.5	5.9	6.2	6.6
2 400	1.2	1.3	1.5	1.6	1.8	2.0	2.3	2.5	2.8	3.0	3.3	3.6	3.8	4.0	4.3	4.6	4.9	5.2	5.5	5.8	6.2

续附表 1.3

高度（m）	1 000 hPa 温度（℃）																			
	10.5	11.0	11.5	12.0	12.5	13.0	13.5	14.0	14.5	15.0	15.5	16.0	16.5	17.0	17.5	18.0	18.5	19.0	19.5	20.0
平均海平面	22.1	23.3	24.6	25.9	27.2	28.5	29.8	31.2	32.6	34.1	35.6	37.2	38.8	40.5	42.3	44.2	46.2	48.3	50.4	52.6
100	21.1	22.3	23.5	24.8	26.0	27.2	28.5	29.8	31.2	32.7	34.1	35.6	37.2	38.9	40.7	42.6	44.6	46.6	48.7	50.8
200	20.1	21.2	22.4	23.6	24.8	26.0	27.3	28.5	29.8	31.3	32.7	34.1	35.6	37.3	39.1	41.0	43.0	44.9	46.9	49.1
300	19.1	20.2	21.4	22.5	23.7	24.9	26.2	27.4	28.6	29.9	31.3	32.7	34.3	35.9	37.6	39.5	41.4	43.3	45.3	47.4
400	18.2	19.3	20.4	21.5	22.7	23.9	25.1	26.2	27.4	28.7	30.0	31.4	32.9	34.5	36.1	38.0	39.8	41.7	43.7	45.7
500	17.4	18.5	19.5	20.6	21.8	23.0	24.1	25.2	26.3	27.5	28.9	30.3	31.7	33.2	34.8	36.6	38.3	40.2	42.2	44.1
600	16.7	17.7	18.7	19.7	20.9	22.0	23.1	24.2	25.3	26.4	27.7	29.1	30.4	31.9	33.5	35.3	37.0	38.8	40.7	42.6
700	15.9	16.8	17.8	18.8	19.9	21.1	22.2	23.3	24.4	25.4	26.6	27.9	29.2	30.8	32.4	34.0	35.7	37.5	39.3	41.1
800	15.2	16.0	16.9	17.9	19.0	20.1	21.2	22.3	23.4	24.5	25.6	26.8	28.1	29.5	31.1	32.7	34.3	36.1	37.9	39.7
900	14.5	15.3	16.1	17.1	18.1	19.2	20.3	21.4	22.5	23.6	24.7	25.8	27.1	28.5	30.0	31.5	33.1	34.9	36.6	38.3
1 000	13.8	14.5	15.3	16.3	17.3	18.3	19.4	20.4	21.5	22.5	23.6	24.7	26.0	27.4	28.9	30.3	31.8	33.6	35.3	37.0
1 100	13.1	13.8	14.6	15.5	16.5	17.5	18.5	19.5	20.5	21.5	22.6	23.7	25.0	26.4	27.8	29.2	30.6	32.3	33.9	35.6
1 200	12.5	13.2	13.9	14.8	15.7	16.7	17.6	18.6	19.6	20.6	21.7	22.7	23.9	25.2	26.6	28.0	29.5	31.1	32.6	34.3
1 300	11.9	12.6	13.3	14.1	14.9	15.8	16.8	17.7	18.7	19.7	20.8	21.8	23.0	24.2	25.6	26.9	28.4	29.9	31.3	33.1
1 400	11.3	12.0	12.7	13.4	14.2	15.1	16.0	16.9	17.8	18.8	19.8	20.8	21.9	23.2	24.6	25.9	27.4	28.8	30.1	31.9
1 500	10.8	11.4	12.0	12.7	13.5	14.3	15.2	16.1	17.0	17.9	18.9	20.0	21.0	22.3	23.6	24.9	26.3	27.7	29.1	30.7
1 600	10.2	10.8	11.4	12.0	12.8	13.6	14.5	15.4	16.3	17.1	18.0	19.1	20.2	21.4	22.7	24.0	25.3	26.7	28.1	29.6
1 700	9.7	10.2	10.8	11.4	12.2	13.0	13.8	14.7	15.6	16.4	17.3	18.3	19.4	20.4	21.6	22.9	24.2	25.6	27.0	28.5
1 800	9.2	9.7	10.3	10.9	11.6	12.4	13.2	14.0	14.9	15.7	16.5	17.5	18.5	19.5	20.7	21.9	23.2	24.6	26.0	27.4
1 900	8.7	9.2	9.8	10.4	11.1	12.9	12.6	13.4	14.2	15.0	15.8	16.7	17.6	18.7	19.8	21.1	22.3	23.7	25.0	26.4
2 000	8.2	8.7	9.3	9.9	10.6	11.4	12.1	12.8	13.5	14.3	15.1	16.0	17.0	18.0	19.1	20.4	21.5	22.7	24.0	25.4
2 100	7.8	8.3	8.8	9.4	10.1	10.8	11.5	12.2	12.9	13.7	14.5	15.3	16.3	17.3	18.4	19.6	21.7	21.9	23.1	24.5
2 200	7.4	7.9	8.4	9.0	9.6	10.3	11.0	11.7	12.4	13.1	13.8	14.6	15.6	16.6	17.7	18.8	19.9	21.1	22.3	23.6
2 300	7.0	7.5	8.0	8.6	9.2	9.9	10.5	11.2	11.9	12.5	13.2	14.0	14.8	15.8	16.8	17.9	19.0	20.2	21.4	22.7
2 400	6.6	7.1	7.6	8.2	8.8	9.5	10.1	10.7	11.4	12.0	12.7	13.5	14.3	15.1	16.0	17.0	18.1	19.3	20.5	21.8

续附表 1.3

高度	1 000 hPa 温度(℃)																			
(m)	20.5	21.0	21.5	22.0	22.5	23.0	23.5	24.0	24.5	25.0	25.5	26.0	26.5	27.0	27.5	28.0	28.5	29.0	29.5	30.0
平均海平面	54.8	57.1	59.5	62.1	64.9	67.9	71.0	74.3	77.5	80.8	84.3	88.0	91.9	95.9	100.0	104.5	109.1	113.9	118.9	124.2
100	52.9	55.3	57.6	60.2	62.9	65.9	68.8	72.0	75.2	78.6	82.0	85.6	89.4	93.4	97.5	101.8	106.3	111.1	115.8	121.0
200	51.2	53.5	55.8	58.3	61.0	63.8	66.7	69.8	72.9	76.3	79.7	83.2	86.9	90.9	94.9	99.2	103.6	108.2	112.7	117.8
300	49.5	51.7	54.1	56.5	59.1	61.9	64.7	67.7	70.7	74.4	77.5	80.9	84.6	88.5	92.5	96.7	100.9	105.3	109.9	114.9
400	47.8	50.0	52.4	54.8	57.3	60.0	62.7	65.7	68.7	72.0	75.3	78.7	82.3	86.2	90.1	94.2	98.4	102.7	107.2	112.1
500	46.2	48.4	50.8	53.1	55.5	58.1	60.8	63.7	66.6	69.9	73.2	76.6	80.1	84.0	87.8	91.8	95.9	100.1	104.6	109.4
600	44.7	46.8	49.1	51.4	53.8	56.3	58.9	61.8	64.7	68.0	71.3	74.6	78.1	81.9	85.6	89.4	93.4	97.6	102.0	106.7
700	43.1	45.2	47.6	49.8	52.1	54.6	57.1	60.0	62.9	66.1	69.3	72.6	76.0	79.7	83.3	87.0	91.0	95.1	99.6	104.1
800	41.6	43.7	46.0	48.2	50.5	52.9	55.3	58.1	61.0	64.2	67.4	70.7	74.1	77.5	81.0	84.6	88.6	92.7	97.2	101.5
900	40.2	42.3	44.5	46.6	48.8	51.2	53.6	56.3	59.1	62.3	65.5	68.8	72.0	75.3	78.7	82.3	86.2	90.2	94.7	99.0
1 000	38.8	40.8	43.0	45.1	47.3	49.5	51.8	54.5	57.3	60.4	63.6	66.9	70.0	73.1	76.4	80.0	83.8	87.9	92.4	96.5
1 100	37.4	39.3	41.4	43.6	45.7	47.9	50.1	52.7	55.4	58.5	61.8	65.1	68.1	71.0	74.3	77.8	81.7	85.7	90.2	94.1
1 200	36.0	37.9	39.9	42.2	44.3	46.4	48.4	51.0	53.7	56.7	60.0	63.2	66.3	69.0	72.2	75.7	79.5	83.5	88.0	91.7
1 300	34.8	36.6	38.6	40.8	42.8	44.9	46.9	49.4	52.0	55.0	58.1	61.3	64.3	67.0	70.2	73.6	77.2	81.3	85.7	89.4
1 400	33.6	35.3	37.3	39.5	41.5	43.4	45.3	47.8	50.4	53.4	56.4	59.5	62.4	65.1	68.2	71.5	75.1	79.1	83.5	87.2
1 500	32.2	34.0	36.0	38.1	40.0	41.9	43.8	46.2	48.7	51.8	54.8	57.8	60.7	63.3	66.3	69.5	73.1	77.0	81.3	84.9
1 600	31.1	32.8	34.6	36.7	38.6	40.4	42.3	44.7	47.2	50.3	53.2	56.2	59.0	61.6	64.5	67.6	71.2	75.0	79.2	82.7
1 700	30.0	31.6	33.4	35.4	37.3	39.1	41.0	43.3	45.7	48.7	51.6	54.5	57.3	59.9	62.7	65.8	69.3	73.0	77.0	80.4
1 800	28.9	30.5	32.2	34.2	36.1	37.9	39.7	42.0	44.4	47.2	50.0	52.8	55.6	58.2	61.0	64.1	67.5	71.1	75.0	78.2
1 900	27.9	29.5	31.2	33.1	34.9	36.7	38.5	40.7	43.0	45.8	48.5	51.2	53.9	56.6	59.4	62.5	65.8	69.2	72.8	76.0
2 000	26.8	28.4	30.1	32.0	33.8	35.5	37.3	39.5	41.8	44.4	47.0	49.6	52.3	55.0	57.8	60.9	64.1	67.5	70.9	73.8
2 100	25.9	27.5	29.0	30.8	32.5	34.4	36.2	38.3	40.5	43.0	45.5	48.1	50.7	53.5	56.3	59.3	62.5	65.7	69.0	71.9
2 200	25.0	26.5	27.9	29.6	31.3	33.2	35.0	37.1	39.3	41.8	44.2	46.6	49.2	51.8	54.7	57.7	60.8	63.9	67.2	70.1
2 300	24.0	25.5	26.9	28.6	30.2	32.1	34.0	36.0	37.2	40.0	42.6	45.2	47.8	50.5	53.2	56.1	59.1	62.2	65.4	68.4
2 400	23.1	24.5	26.0	27.6	29.3	31.1	33.0	35.0	37.1	39.3	41.6	44.0	46.5	49.1	51.8	54.6	57.5	60.5	63.6	66.8

附表 1.4　特定 1 000 hPa 露点(℃)与 1 000 hPa 面以上高程(m)沿饱和假绝热的混合影响值

高程(m)(高程大于平均海平面)	露点温度(℃)																				
	10	11	12	13	14	15	16	17	18	19	20	21	22	23	24	25	26	27	28	29	30
0	7.7	8.2	8.8	9.4	10.1	10.8	11.5	12.3	13.1	14.0	14.9	15.9	16.9	18.0	19.1	20.3	21.6	23.0	24.4	25.9	27.6
100	7.5	8.0	8.6	9.2	9.9	10.6	11.3	12.1	12.9	13.8	14.7	15.7	16.7	17.8	18.9	20.1	21.4	22.7	24.1	25.8	27.3
200	7.4	7.9	8.5	9.1	9.7	10.4	11.1	11.8	12.8	13.5	14.4	15.4	16.4	17.5	18.6	19.8	21.1	22.5	23.9	25.4	27.1
300	7.2	7.7	8.3	8.9	9.5	10.2	10.9	11.6	12.4	13.3	14.2	15.2	16.2	17.3	18.4	19.6	20.9	22.2	23.6	25.1	26.8
400	7.0	7.5	8.1	8.7	9.3	10.0	10.7	11.4	12.2	13.1	14.0	15.0	16.0	17.0	18.1	19.3	20.6	22.0	23.4	24.9	26.5
500	6.8	7.3	7.8	8.5	9.1	9.8	10.5	11.2	12.0	12.8	13.7	14.7	15.7	16.8	17.9	19.1	20.4	21.7	23.1	24.6	26.2
600	6.7	7.2	7.7	8.3	8.9	9.6	10.3	11.0	11.8	12.6	13.5	14.5	15.5	16.6	17.7	18.9	20.1	21.5	22.9	24.4	26.0
700	6.5	7.0	7.5	8.1	8.7	9.4	10.1	10.8	11.6	12.4	13.3	14.3	15.3	16.3	17.4	18.6	19.9	21.2	22.6	24.1	25.7
800	6.3	6.8	7.3	7.9	8.5	9.1	9.8	10.5	11.3	12.2	13.1	14.0	15.0	16.1	17.2	18.4	19.6	21.0	22.4	23.9	25.4
900	6.1	6.6	7.2	7.7	8.3	8.9	9.6	10.3	11.1	11.9	12.8	13.8	14.8	15.8	16.9	18.1	19.4	20.7	22.1	23.6	25.2
1 000	6.0	6.5	7.0	7.5	8.1	8.8	9.5	10.2	10.9	11.7	12.6	13.6	14.6	15.6	16.7	17.9	19.1	20.5	21.9	23.4	24.9
1 100	5.8	6.3	6.8	7.4	8.0	8.6	9.3	10.0	10.7	11.5	12.4	13.3	14.3	15.4	16.5	17.7	18.9	20.2	21.6	23.1	24.6
1 200	5.7	6.1	6.6	7.2	7.8	8.4	9.1	9.8	10.5	11.3	12.2	13.1	14.1	15.1	16.2	17.4	18.6	20.0	21.4	22.9	24.4
1 300	5.5	6.0	6.5	7.0	7.8	8.2	8.9	9.6	10.3	11.1	12.0	12.9	13.9	14.9	16.0	17.2	18.4	19.7	21.1	22.6	24.1
1 400	5.3	5.8	6.3	6.8	7.4	8.0	8.7	9.4	10.1	10.9	11.8	12.7	13.8	14.6	15.7	16.9	18.1	19.5	20.9	22.3	23.8
1 500	5.2	5.8	6.1	6.8	7.2	7.8	8.5	9.2	9.9	10.7	11.6	12.5	13.4	14.4	15.5	16.7	17.9	19.2	20.6	22.1	23.6
1 600	5.0	5.5	6.0	6.5	7.0	7.6	8.3	9.0	9.7	10.5	11.4	12.3	13.2	14.2	15.3	16.5	17.7	19.0	20.3	21.7	23.3
1 700	4.9	5.3	5.8	6.3	6.9	7.5	8.1	8.8	9.5	10.3	11.2	12.1	13.0	14.0	15.0	16.2	17.4	18.7	20.1	21.6	23.1
1 800	4.7	5.1	5.6	6.1	6.7	7.3	7.9	8.6	9.3	10.1	10.9	11.8	12.7	13.7	14.8	16.0	17.2	18.5	19.8	21.2	22.8
1 900	4.8	5.0	5.5	6.0	6.5	7.1	7.7	8.4	9.1	9.9	10.7	11.6	12.5	13.5	14.6	15.7	16.9	18.2	19.6	21.0	22.5
2 000	4.4	4.8	5.3	5.8	6.3	6.9	7.5	8.2	8.9	9.7	10.5	11.4	12.3	13.3	14.3	15.5	16.7	18.0	19.3	20.7	22.3

附录2 世界已知最大雨量

世界记录和接近世界记录的雨量的最新资料分别列于附表2.1和附表2.2。将附表2.1中的雨量与历时绘制成如附图2.1所示的关系,可得出其外包线方程为

$$R = 491\ D^{0.452}$$

式中:R 为雨量,mm;D 为历时,h。

附表2.1和附表2.2中的极大降雨量值可以用来判断某些地方PMP的一般水平。但这些数值只包括了少数的暴雨雨型和特殊的地理、地形条件,其使用范围有限。附表2.1中12 h至2年的数值是来自印度洋的留尼旺(La Reunion)岛和印度乞拉朋齐(Cherrapunji)的热带暴雨。在留尼旺岛,台风或者飓风在他们那里被称为气旋,遇到3 000 m以上的陡峻山脉,降水条件十分有利。乞拉朋齐位于青藏高原南侧,布拉马普特拉(Brahmaputra)冲积平原北缘(大地形是口袋形的东北端),南面有印度洋孟加拉湾送来的充沛水汽,极其有利于长历时特大暴雨的形成。附表2.1和附表2.2中列出的中国台湾,牙买加和菲律宾接近世界记录的降雨量,它们都是海岛。

附表2.1和附表2.2中12 h以下的数值大都是由台风(飓风)和局地强对流(雷暴雨)所形成。

因为列于附表2.1和附表2.2中的值大部分来自热带暴雨,对于不常发生这种暴雨的地方,不能作为PMP的数值指标。显然,在气候寒冷、地形障碍掩护较好而且远离山区不受漂雨影响的流域,其小面积PMP应当远远小于附表2.1、附表2.2中的数据。

附表2.3为中国、美国和印度最大暴雨时—面—深记录;

附表2.4.1为中国南、北方最大和接近最大暴雨时—面—深记录;

附表2.4.2为中国各流域典型长历时大面积特大暴雨时—面—深关系;

附表2.5为美国最大暴雨时—面—深记录;

附表2.6为印度实测最大时—面—深记录。

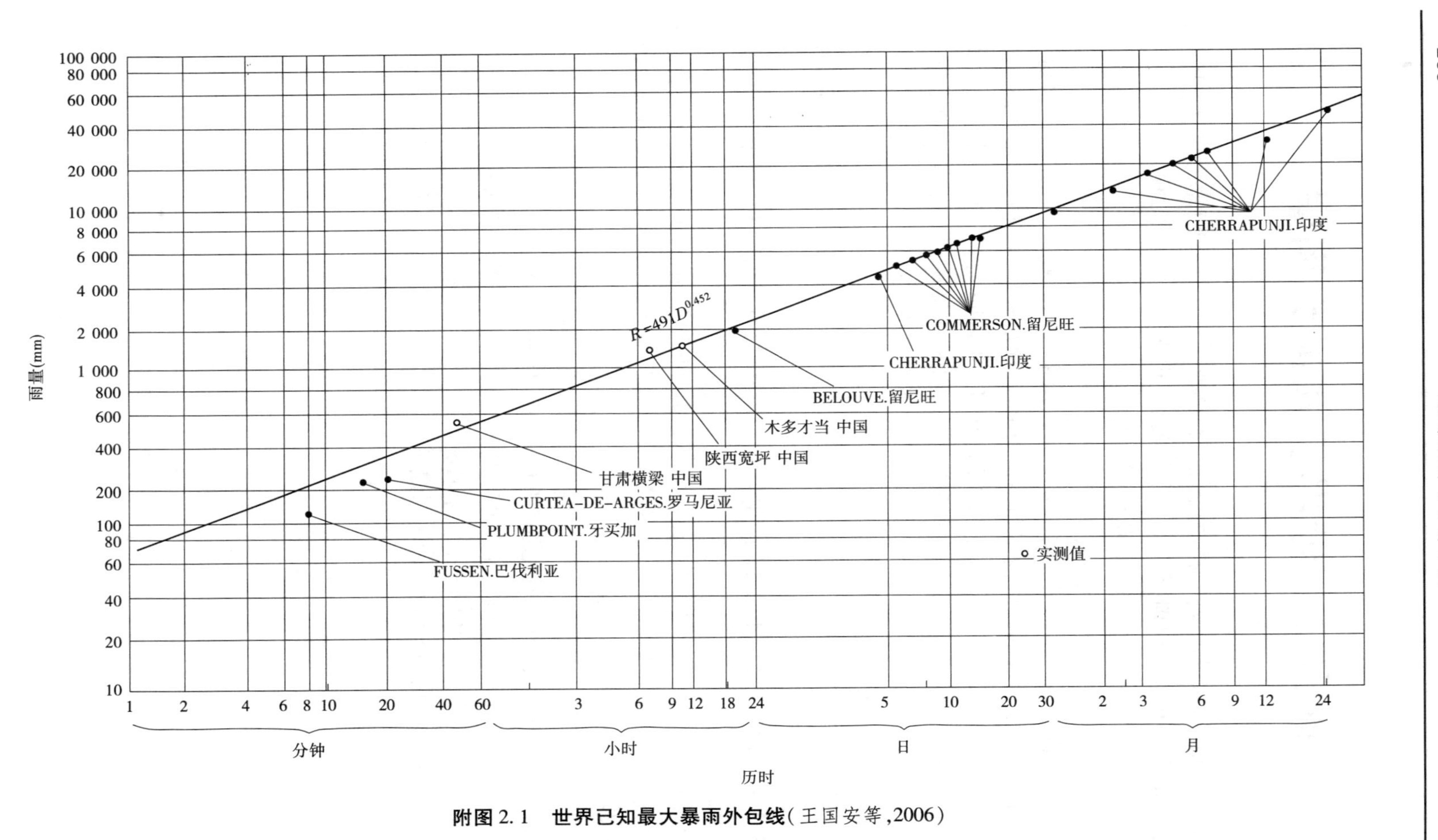

附图 2.1　世界已知最大暴雨外包线(王国安等,2006)

附表2.1 世界最大点雨量记录

序号	历时	雨深(mm)	位置	日期(年-月-日)	资料来源
1	1 min	38	Barot,瓜德罗普岛	1970-11-26	[1]
2	5 min	64	Haynes Canyou,CA.美国	1976-02-02	[2]
3	8 min	126	Fussen,Bavaria 德国	1920-05-25	[1]
4	15 min	198	Plumbpoint,牙买加	1916-05-12	[1]
5	20 min	206	Curtea-de-Arges,罗马尼亚	1889-07-07	[1]
6	30 min	280*	河北四棵树,中国	1974-07-3	[2]
7	42 min	305	Holt,MO,美国	1947-06-22	[1]
8	44 min	472*	甘肃横梁,中国	1991-07-18	[2]
9	2 h	489*	内蒙古于家湾子,中国	1975-07-19	[2]
10	2 h 10 min	483	Rockport,WV,美国	1889-07-18	[1]
11	2.5 h	550*	河北白脑包,中国	1972-06-25	[2]
12	2 h 45 min	559	D'Hanis,TX,美国	1935-05-31	[1]
13	3 h	600*	河北段家庄,中国	1973-06-28	[2]
14	4 h 30 min	782	Smethport,PA,美国	1889-07-18	[1]
15	6 h	830	河南林庄,中国	1975-08-07	[2]
16	6 h	840*	内蒙古木多才当,中国	1977-08-01	[5]
17	7 h	1 300*	陕西宽坪,中国	1998-07-09	[2]
18	9 h	1 087	Belouve,留尼旺	1964-02-28	[1]
19	10 h	1 400*	内蒙古木多才当,中国	1977-08-01	[2]
20	12 h	1 340	Belouve,留尼旺	1964-08-28 ~ 29	[1]
21	18 h 30 min	1 689	Belouve,留尼旺	1964-02-28 ~ 29	[1]
22	22 h	1 780	FocFoc,留尼旺	1966-01-07 ~ 8	[5]
23	24 h	1 825	FocFoc,留尼旺	1952-03-15 ~ 16	[1]
24	2 d	2 467	Aurere,留尼旺	1958-04-07 ~ 9	[3]
25	3 d	3,130	Aurere,留尼旺	1958-04-06 ~ 9	[3]
26	4 d	3 721	Cherrapunji,印度	1974-09-12 ~ 15	[3]

续附表 2. 1

序号	历时	雨深(mm)	位置	日期(年-月-日)	资料来源
27	5d	4 301	Commerson,留尼旺	1980-01-23 ~ 27	[3]
28	6 d	4 653	Commerson,留尼旺	1980-01-22 ~ 27	[3]
29	7 d	5 003	Commerson,留尼旺	1980-01-21 ~ 27	[3]
30	8 d	5 286	Commerson,留尼旺	1980-01-20 ~ 27	[3]
31	9 d	5 692	Commerson,留尼旺	1980-01-19 ~ 27	[3]
32	10 d	6 028	Commerson,留尼旺	1980-01-18 ~ 27	[3]
33	11 d	6 299	Commerson,留尼旺	1980-01-17 ~ 27	[3]
34	12 d	6 401	Commerson,留尼旺	1980-01-16 ~ 27	[3]
35	13 d	6 422	Commerson,留尼旺	1980-01-15 ~ 27	[3]
36	14 d	6 432	Commerson,留尼旺	1980-01-15 ~ 28	[3]
37	15 d	6 433	Commerson,留尼旺	1980-01-14 ~ 28	[3]
38	31 d	9 300	Cherrapunji,印度	1861-07-01 ~ 31	[1]
39	2 个月	12 767	Cherrapunji,印度	1861-06 ~ 07	[1]
40	3 个月	16 369	Cherrapunji,印度	1861-05 ~ 07	[1]
41	4 个月	18 738	Cherrapunji,印度	1861-04 ~ 07	[1]
42	5 个月	20 412	Cherrapunji,印度	1861-04 ~ 08	[1]
43	6 个月	22 454	Cherrapunji,印度	1861-04 ~ 09	[1]
44	11 个月	22 990	Cherrapunji,印度	1861-01 ~ 11	[1]
45	1 年	26 461	Cherrapunji,印度	1860-08 ~ 1861-07	[1]
46	2 年	40 768	Cherrapunji,印度	1860 ~ 1861	[1]

注:雨深带 * 者为调查值。

附表 2.2　接近世界记录的点雨量记录

序号	历时	雨深(mm)	位置	日期(年-月-日)	资料来源
1	1 min	31	Unionville, MD, 美国	1956-07-04	[1]
2	5 min	63	Porta Bello, 巴拿马	1911-11-29	[1]
3	10 min	87	台湾小关山, 中国	1976-02-02	[2]
4	14 min	100	Galveston, TX, 美国	1871-06-04	[1]
5	15 min	117	福建崩山, 中国	1992-07-04	[2]
6	20 min	120*	内蒙古上地, 中国	1982-05-06	[2]
7	40 min	235	Guinea, VA, 美国	1906-08-24	[1]
8	60 min	401*	内蒙古上地, 中国	1975-07-03	[2]
9	70 min	440*	甘肃高家河, 中国	1985-08-12	[2]
10	90 min	430*	河北玻璃沟, 中国	1973-06-25	[2]
11	3 h	381	Port Elizabeth, 南非	1965-09-01	[1]
12	3 h	406	Concord, PA, 美国,	1843-08-05	[1]
13	3 h	495	河南林庄, 中国	1975-08-07	[2]
14	4 h	584	Basseterre, St. Kitts, W. Indies, 巴西	1880-01-12	[1]
15	4 h	642	河南林庄, 中国	1975-08-07	[2]
16	4 h	740	山东石河头, 中国	1958-08-04	[2]
17	6 h	689	广东东溪口, 中国	1979-06-10	[2]
18	7 h	686	台湾新寮, 中国	1967-10-17	[1]
19	8 h	796	台湾阿里山, 中国	1996-07-31	[4]
20	9 h	890	台湾阿里山, 中国	1996-07-31	[4]
21	10 h	983	台湾阿里山, 中国	1996-07-31	[4]
22	11 h	1 076	台湾阿里山, 中国	1996-07-31	[4]
23	12 h	1 158	台湾阿里山, 中国	1996-07-31	[4]
24	13 h	1 246	台湾阿里山, 中国	1996-07-31	[4]
25	14 h	1 322	台湾阿里山, 中国	1996-07-31	[4]
26	15 h	1 370	台湾阿里山, 中国	1996-07-31	[4]
27	16 h	1 405	台湾阿里山, 中国	1996-07-31	[4]
28	17 h	1 474	台湾阿里山, 中国	1996-07-31	[4]
29	18 h	1 538	台湾阿里山, 中国	1996-07-31	[4]
30	18 h	1 589	FOC FOC, 留尼旺	1966-01-07 ~ 08	[5]

续附表 2.2

序号	历时	雨深(mm)	位置	日期(年-月-日)	资料来源
31	20 h	1 697	FOC FOC,留尼旺	1966-01-07 ~ 08	[5]
32	21 h	1 635	台湾阿里山,中国	1996-07-31	[4]
33	22 h	1 780	FOC FOC,留尼旺	1966-01-07 ~ 08	[5]
34	23 h	1 694	台湾阿里山,中国	1996-07-31	[4]
35	24 h	1 749	台湾阿里山,中国	1996-07-31/8-1	[4]
36	24 h	1 672	台湾新寮,中国	1967-10-17	[1]
37	39 h	1 585	Baguio,菲律宾	1911-07-14 ~ 16	[1]
38	2 d	1 987	台湾阿里山,中国	1996-08-01 ~ 17	[4]
39	2 d	2 259	台湾新寮,中国	1967-10-17 ~ 18	[1]
40	2 d	2 086	Bowden Pen,牙买加	1960-01-22 ~ 23	[1]
41	2 d	1 616	Cherrapunji,印度	1876-06-14 ~ 15	[1]
42	2 d 15 h	2 010	Baguio,菲律宾	1911-07-14 ~ 17	[1]
43	3 d	2 749	台湾新寮,中国	1967-10-17 ~ 19	[1]
44	3 d	2 528	Bowden Pen,牙买加	1960-01-22 ~ 24	[1]
45	3 d	2 759	Cherrapunji,印度	1974-09-12 ~ 14	[1]
46	3 d 15 h	2 210	Baguio,菲律宾	1911-07-14 ~ 18	[1]
47	4 d	2 789	Bowden Pen,牙买加	1960-01-22 ~ 25	[1]
48	4 d	2 587	Cherrapunji,印度	1876-06-12 ~ 15	[1]
49	5 d	2 908	Silver Hill Plantation,牙买加	1909-11-05 ~ 9	[1]
50	5 d	2 899	Cherrapunji,印度	1876-06-12 ~ 16	[1]
51	6 d	3 112	Silver Hill Plantation,牙买加	1909-11-05 ~ 10	[1]
52	6 d	3 032	Cherrapunji,印度	1876-06-11 ~ 16	[1]
53	7 d	3 331	Cherrapunji,印度	1931-06-24 ~ 30	[1]
54	7 d	3 277	Silver Hill Plantation,牙买加	1909-11-04 ~ 10	[1]
55	8 d	3 430	Cherrapunji,印度	1931-06-24/07-01	[1]
56	8 d	3 429	Silver Hill Plantation,牙买加	1909-11-04 ~ 11	[1]
57	8 d	3 847	Bellenden Ker,Queensland,澳大利亚	1979-01-01 ~ 08	[5]
58	15 d	4 798	Cherrapunji,印度	1931-06-24/07-08	[1]

注:雨深带 * 者为调查值。

附表2.3　中国、美国和印度最大暴雨时—面—深记录(王家祁,2002)
平均雨量(mm)

历时	国家	面积(km^2)							
		点	100	300	1 000	3 000	10 000	30 000	100 000
1 h	中国	401	267	167	107	72			
	美国	224	178	150	125	96			
3 h	中国	600	447	399	297	196			
	美国	478	410	370	315	245			
6 h	中国	840	723	643	503	350	127		
	美国	627	550	490	410	325	228	135	73
12 h	中国	1 400	1 050	854	675	512	212	115	47
	美国	757	700	660	630	540	325	190	118
24 h	中国	1 748	1 192	1 142	1 045	850	435	306	155
	美国	983	930	880	850	740	460	290	180
	印度	987		940	850	720	540	365	
3 d	中国	2 749	1 775	1 600	1 410	1 150	940	715	420
	美国	1 148	1 080	1 020	970	860	660	520	365
	印度	1 448		1 400	1 340	1 240	1 040	750	
5 d	印度	1 615		1 510	1 420	1 330	1 180	900	
7 d	中国	2 749	1 805	1 720	1 573	1 350	1 200	960	570

附表 2.4.1　中国南方和北方最大和接近最大暴雨时—面—深记录(王家祁,2002)

(a)面平均雨量(mm)

历时	地区	面积(km^2)							
		0	100	300	1 000	3 000	10 000	30 000	100 000
1 h	北方	*401[SD] 253[DS]	*267[GJ] 162[LZ]	*167[GJ] 145[LZ]	*107[LZ] 95[TJ]				
	南方	245[dxk] 176[dh]	185[md] 155[dh]	136[dh] 111[zd]	105[dh] 85[zd]	*72[dh] 41[tt]			
3 h	北方	*600[Dj] 495[LZ]	*447[Lz] 446[ZJ]	*399[LZ] 343[ZJ]	*297[LZ] 204[DZ]	120[MD] 98[YW]			
	南方	435[dxk] 346[dh]	328[md] 325[dh]	305[dh] 264[lh]	260[dh] 203[lb]	*196[dh] 105[tt]			
6 h	北方	*840[MD] 830[LZ]	*723[LZ] 630[MD]	*643[LZ] 512[MD]	*503[LZ] 405[MD]	240[MD] 239[JS]	*127[MD]		
	南方	689[dxk] 588[dh]	560[dh] 512[dxk]	524[dh] 390[tc]	456[dh] 292[wy]	*350[dh] 218[cq]			
12 h	北方	*1 400[MD] 954[LZ]	*1 050[MD] 833[LZ]	*854[MD] 763[LZ]	*675[MD] 658[LZ]	400[MD] 310[JS]	*212[MD]	*115[MD]	*47[MD]
	南方	779[wy] 771[bs]	735[bs] 715[dh]	705[bs] 696[dh]	630[bs] 612[dh]	*512[bs] 500[dh]			
24 h	北方	1 400[MD] 1 060[LZ]	1 050[MD] 929[LZ]	854[MD] 850[LZ]	738[LZ] 675[MD]	629[LZ] 496[ZM]	*435[LZ] 345[HG]	214[ZM] 200[LW]	122[EH] 120[LW]
	南方	*1 748[al] 1 673[xl]	*1 192[bs] 958[al]	*1 142[bs] 810[al]	*1 045[bs] 752[als]	*850[bs] 660[als]	430[ns] 344[zd]	*306[ns] 206[dx]	*155[ns] 145[bs]
3 d	北方	1 605[LZ] 1 457[ZM]	1 554[LZ] 1 340[ZM]	1 442[LZ] 1 272[ZM]	1 280[LZ] 1 139[ZM]	1 080[LZ] 947[ZM]	805[LZ] 692[ZM]	535[LZ] 450[ZM]	245[ZM] 135[Ql]
	南方	*2 749[xl] 1 987[al]	*1 775[al] 1 610[bs]	*1 600[al] 1 535[bs]	*1 410[bs] 1 220[al]	*1 150[bs] 1 060[ns]	*940[ns] 880[bs]	*715[ns] 515[bs]	*420[ns] 272[kt]
7 d	北方	2 050[ZM] 1 631[LZ]	*1 805[ZM] 1 554[LZ]	*1 720[ZM] 1 445[LZ]	*1 573[ZM] 1 300[LZ]	*1 345[ZM] 1 095[LZ]	1 020[ZM] 830[LZ]	780[ZM] 545[LZ]	524[ZM] 275[SZ]
	南方	*2 749[xl] 1 987[al]	1 775[al] 1 610[bs]	1 600[al] 1 535[bs]	1 410[bs] 1 400[ns]	*1 350[ns] 1 150[bs]	*1 200[ns] 880[bs]	*960[ns] 589[ds]	*570[ns] 440[ds]

注:1. 南、北方以秦岭和淮河为界。

2. 甘肃横梁 1991 年调查暴雨 44 min 472 mm 和陕西南部宽坪 1998 年调查暴雨 6 ~ 7 h 1 300 mm 未列入。

3. 表中数字右上方的外文符号见附表 2.4.1(b)中的“符号”一栏。

* 各历时全国最大值。

续附表 2.4.1

(b)暴雨中心情况

地区	符号	地点	北纬	东经	流域	日期(年-月-日)
南方	al	阿里山	23°31′	120°44′	台湾	1996-07-31
	als	阿里山	23°31′	120°44′	台湾	1959-08-07
	bs	白石	24°33′	121°13′	台湾	1963-09-10
	Cq	潮桥	32°18′	121°09′	长江口	1960-08-04
	dh	大湖山	23°29′	120°38′	台湾	1959-08-07
	ds	大水河	30°57′	116°38′	长江下游	1969-07-13
	dx	东乡	28°14′	116°36′	鄱阳湖	1953-08-17
	dxk	东溪口	23°27′	116°51′	粤东沿海	1979-06-10
	Kt	柯坦	31°14′	117°08′	长江下游	1969-07-14
	lb	黎班	19°08′	109°36′	海南	1977-07-20
	lh	老虎滩	21°35′	107°54′	北部湾	1960-07-11
	ls	螺山	29°40′	113°22′	长江中游	1954-06-25
	md	茅洞水库	21°48′	111°32′	粤西沿海	1979-05-12
	ns	泥市*	29°56′	110°46′	澧水	1935-07-04
	tc	天池	18°45′	108°52′	海南	1983-07-17
	tt	潭头	28°15′	120°54′	浙江	1973-08-27
	wy	吴阳*	21°22′	110°41′	粤西沿海	1976-09-21
	xl	新寮	24°35′	121°45′	台湾	1967-10-17
	zd	志道	19°11′	109°23′	海南	1977-07-20
北方	DJ	段家庄*	40°20′	114°35′	河北西北	1973-06-28
	DS	大石槽	34°17′	109°37′	渭河	1981-06-20
	DZ	大张庄	39°17′	117°14′	海河下游	1978-07-25
	EH	二河*	45°06′	127°19′	松花江	1966-07-29
	GJ	高家河*	34°51′	104°40′	渭河上游	1985-08-12
	HG	荒沟	40°17′	124°37′	鸭绿江	1958-08-04
	JS	界首	33°16′	115°21′	颍河	1972-07-01
	LW	刘圩	33°39′	118°05′	淮河中游	1974-08-12
	LZ	林庄	33°03′	113°39′	淮河上游	1975-08-07
	MD	木多才当*	38°55′	109°24′	黄河河套	1977-08-01
	QL	七里二	44°31′	127°12′	松花江	1956-08-06
	SD	上地*	42°16′	119°08′	西辽河	1975-07-03
	SZ	狮子坪	38°12′	113°46′	子牙河	1956-08-03
	TJ	唐家屯*	39°57′	122°18′	辽东半岛	1981-07-27
	YW	药王庙	40°47′	120°09′	辽东湾	1963-07-19
	ZJ	张家房子*	41°52′	113°13′	内蒙古中部	1959-07-19
	ZM	獐么	37°22′	114°13′	子牙河	1963-08-04

注:1. 最大 24 h 雨量日期。

2. * 暴雨中心地点。

附表 2.4.2　中国各流域典型长历时大面积特大暴雨时—面—深关系平均雨量(王家祁,2002)

(单位:mm)

主要雨区	日期(年-月-日)	历时(d)	暴雨中心	面积(km^2)							
				点	1 000	3 000	10 000	30 000	100 000	300 000	1 000 000
松花江	1957-07-01 ~ 08-31	62	梨树沟	598.1			540	505	480	420	
海河	1939-07 ~ 08	62	昌平	1 137.2	1 100	965	850	735	630		
海河	1963-08-02 ~ 08	7	獐么	2 050	1 573	1 345	1 020	780	524		
黄河上游	1981-08-13 ~ 09-13	32	三打古①	394.9			330	310	265	200	
淮河	1957-07-06 ~ 20	15	复程	817.4	747	710	667	611			
淮河	1975-08-04 ~ 08	5	林庄	1 631.1	1 300	1 095	830	545			
长江上游	1981-08-14 ~ 23	10	槐树	806.0	725	665	595	500	355	210	
长江中游	1935-07-01 ~ 10	10	泥市	1 650*	1 430	1 370	1 240	970	590		
江淮	1931-06-28 ~ 07-27	30	泰县	987.7			830	740	700	580	430
江淮	1954-05	31	黄山	1 037	850	750	660	610	545	478	
江淮	1954-06	30	螺山	1 047	1 000	955	860	735	650	560	
江淮	1954-07	31	吴店	1 265	1 180	1 080	940	850	740	610	455
江淮	1954-05 ~ 07	92	黄山	2 824.2	2 480	2 270	1 960	1 760	1 620	1 460	1 050
江淮	1991-05-15 ~ 07-13	60	黄山	1 644			1 250	1 100	1 000	890	620
闽浙赣	1998-06-12 ~ 24	13	坳头	1 636.1	1 198	1 088	1 012	911	662		
珠江	1998-06-14 ~ 26	13	华江	986	900	765	670	535			
新疆	1996-07-13 ~ 28	16	天山	231	200	190	180	160	115	82	54

注:1. ①三打古位于长江流域。

2. * 中心雨量为调查值。

3. 江淮指长江和淮河。

4. 闽浙赣指福建、浙江、江西。

附表2.5 美国最大暴雨时—面—深记录(WMO,1986)

(a)平均雨量 (单位:in mm)

面积	历时(h)						
	6	12	18	24	36	48	72
10 $mile^2$ 26 km^2	24.7a (627)	29.8b (757)	36.3e (922)	38.7e (983)	41.8e (1062)	43.1e (1095)	45.2e (1148)
100 $mile^2$ 295 km^2	19.6b (498)	26.3e (668)	32.5e (826)	35.2e (894)	37.9e (963)	38.9e (988)	40.6e (1031)
200 $mile^2$ 518 km^2	17.9b (455)	25.6e (650)	31.4e (798)	34.2e (869)	36.7e (932)	37.7e (958)	39.2e (996)
500 $mile^2$ 1 295 km^2	15.4b (391)	24.6e (625)	29.7e (754)	32.7e (831)	35.0e (889)	36.0e (914)	37.3e (947)
1 000 $mile^2$ 2 590 km^2	13.4b (340)	22.6e (574)	27.4e (696)	30.2e (767)	32.9e (836)	33.7e (856)	34.9e (886)
2 000 $mile^2$ 5 180 km^2	11.2b (284)	17.7e (450)	22.5e (572)	24.8e (630)	27.3e (693)	28.4e (721)	29.7e (754)
5 000 $mile^2$ 12 950 km^2	8.1bh (206)	11.1b (282)	14.1b (358)	15.5e (394)	18.7i (475)	207i (526)	24.4i (620)
10 000 $mile^2$ 25 900 km^2	5.7h (145)	7.9j (201)	10.1k (257)	12.1k (307)	15.1i (384)	17.4i (442)	21.3i (541)
20 000 $mile^2$ 51 800 km^2	4.0h (102)	6.0j (152)	7.9k (201)	9.6k (244)	11.6i (295)	13.8i (351)	17.6i (447)
50 000 $mile^2$ 129 000 km^2	2.5em (64)	4.2n (107)	5.3k (135)	6.3k (160)	7.9k (201)	9.9r (251)	13.2r (335)
100 000 $mile^2$ 259 000 km^2	1.7m (43)	2.5om (64)	3.5k (89)	4.3k (109)	6.0p (152)	6.7p (170)	8.9q (226)

(b)暴雨代号含义

暴雨	日期(年-月-日)	暴雨中心	成因
a	1942-07-17~18	Smethport,宾夕法尼亚州	
b	1921-09-08~10	Thrall,得克萨斯州	
e	1950-09-03~07	Yankeetown,佛罗里达州	飓风
i	1899-06-27/07-01	Hearne,得克萨斯州	
k	1929-03-13~15	Elba,阿拉巴马州	
q	1916-07-05~10	Bonifay,佛罗里达州	飓风
n	1900-04-15~18	Eutaw,阿拉巴马州	
m	1908-05-22~26	Chattanooga,俄克拉何马州	
o	1934-11-19~22	Millry,阿拉巴马州	
h	1936-06-27/7-04	Bebe,得克萨斯州	
j	1927-04-12~16	Jefferson Parish,衣阿华州	
r	1967-09-19~24	Cibolo Ck,得克萨斯州	飓风
p	1929-09-29/10-03	Verson,佛罗里达州	飓风

附表 2.6　印度最大暴雨时—面—深记录(王国安等,2006)

平均雨量　　(单位:mm)

面积		历时(d)						
mile²	km²	1	2	3	4		5	
(1)	(2)	(3)	(4)	(5)	(6)	(7)	(8)	(9)
点	点	987	1 270	1 448	1 499	1 554	1 524	1 615
100	259	945	1 248	1 410	1 435	1 450	1 485	1 525
200	518	904	1 225	1 380	1 405	1 375	1 460	1 480
300	777	870	1 200	1 335	1 375	1 333	1 430	1 440
500	1 295	825	1 158	1 315	1 335	1 263	1 400	1 370
1 000	2 590	737	1 070	1 245	1 275	1 159	1 340	1 270
1 500	3 885	678	1 008	1 203	1 235	1 103	1 300	1 206
2 000	5 180	640	965	1 170	1 205	1 065	1 270	1 165
3 000	7 770	577	890	1 095	1 145	1 018	1 215	1 120
5 000	12 950	498	775	985	1 045	960	1 117	1 053
10 000	25 900	386	595	787	875	838	935	941
15 000	38 850	320	492	668	745	752	825	840
20 000	51 800	272	425	580	660	685	730	771
25 000	64 750	240	375	525	605	635	670	713

注:(7)栏和(9)栏为 1927 年 7 月 24 ~29 日暴雨,其中心在达戈尔(Dakor),其余(3)到(6)栏和(8)栏为 1941 年 7 月1 ~5日暴雨,其中心在特伦布尔(Dharampur)。

附录 2 的资料来源

[1] WMO. Manual for estimation of probable Maximum Precipitation[C]//Second edition, WMO-NO. 332. Geneva: WMO, 1986, 256-263.
[2] 王家祁. 中国暴雨[M]. 北京:中国水利水电出版社,2002.
[3] WMO. Guide to hydrological practices[C]//Fifth edition, WMO-NO. 168. WMO, 1994.
[4] 王国安. 可能最大暴雨和洪水计算原理与方法[M]. 北京:中国水利水电出版社, 1999.
[5] Bureau of Australian Meteorology. The estimation of probable Maximum precipitation in Australia: Generalised Short-Duration Method[C]//Bulletin 53 December. Bureau of Australian Meteorology, 1994.
[6] Dhar. O. N, et al. Most Severs Rainstorm of India-a brief appraisal[M]. Hydrol. Scien, 1984, 29(2).
[7] 王国安,李保国,王军良. 世界实测与调查最大点雨量及其外包线公式[J]. 水科学进展,2006,17(6):824-829

附录 3　世界已知最大洪水

世界记录和接近世界记录的洪水的最新资料分别列于附表 3.1 和附表 3.2。将附表 3.1 中洪峰流量与流域面积绘制成如附图 3.1 所示的关系,可得出其外包线方程为:

对于 $A<300\ \mathrm{km}^2$

$$Q_{\mathrm{m}} = 154A^{0.758}$$

对于 $A=300\sim3\ 000\ 000\ \mathrm{km}^2$

$$Q_{\mathrm{m}} = 1\ 830A^{0.316}$$

式中:Q_{m} 为洪峰流量,m^3/s;A 为流域面积,km^2。

附表 3.1 和附表 3.2 中的最大洪峰流量值可以用来判断某些地方 PMF 的一般水平。但是和世界已知最大雨量一样,这些洪水数值大都来自地理位置和地形条件均极有利于形成特大洪水的地区,故其使用范围也是有限的。

附表 3.1、附表 3.2 中洪水数字的来源,大致可以分为以下五种:

(1)东半球亚洲:洪水数字来源于世界屋脊——青藏高原的南侧(印度、孟加拉国、缅甸、柬埔寨和巴基斯坦)和东南侧(中国长江)。这里容易出现长历时、大面积的暴雨。世界上集水面积为 60 000 ~ 1 700 000 km^2 的洪水极值都出现在这个地区。

(2)西半球:洪水数字来源于纵贯南北美洲位于太平洋东岸的高大山脉——科迪勒拉山系(Cordillera)以东和大西洋西缘的巴西、美国和墨西哥。巴西亚马孙河的洪水异常突出,除了热带雨林的降雨量大外,可能与其流域面积呈扇形有关。

(3)北半球:洪水数字来源于俄罗斯的特大河流列拉(Lena)河和叶尼塞(Yenisel)河。其特大洪水是由融雪为主所形成。

(4)来源于位于热带和副热带地区直接或间接受台风(飓台)影响的岛国和滨海国家,如澳大利亚、马达加斯加、菲律宾、朝鲜、韩国、日本以及中国的台湾和海南岛地区等。

(5)来源于位于副热带地区的小面积洪水极值,多由强烈的热对流(雷暴雨)形成。例如美国和中国。

因此,在 PMF 估算中,如果要以附表 3.1 和附表 3.2 的洪水数值作比较或作为 PMF 的指标时,一定要结合设计流域的具体情况,作具体分析。

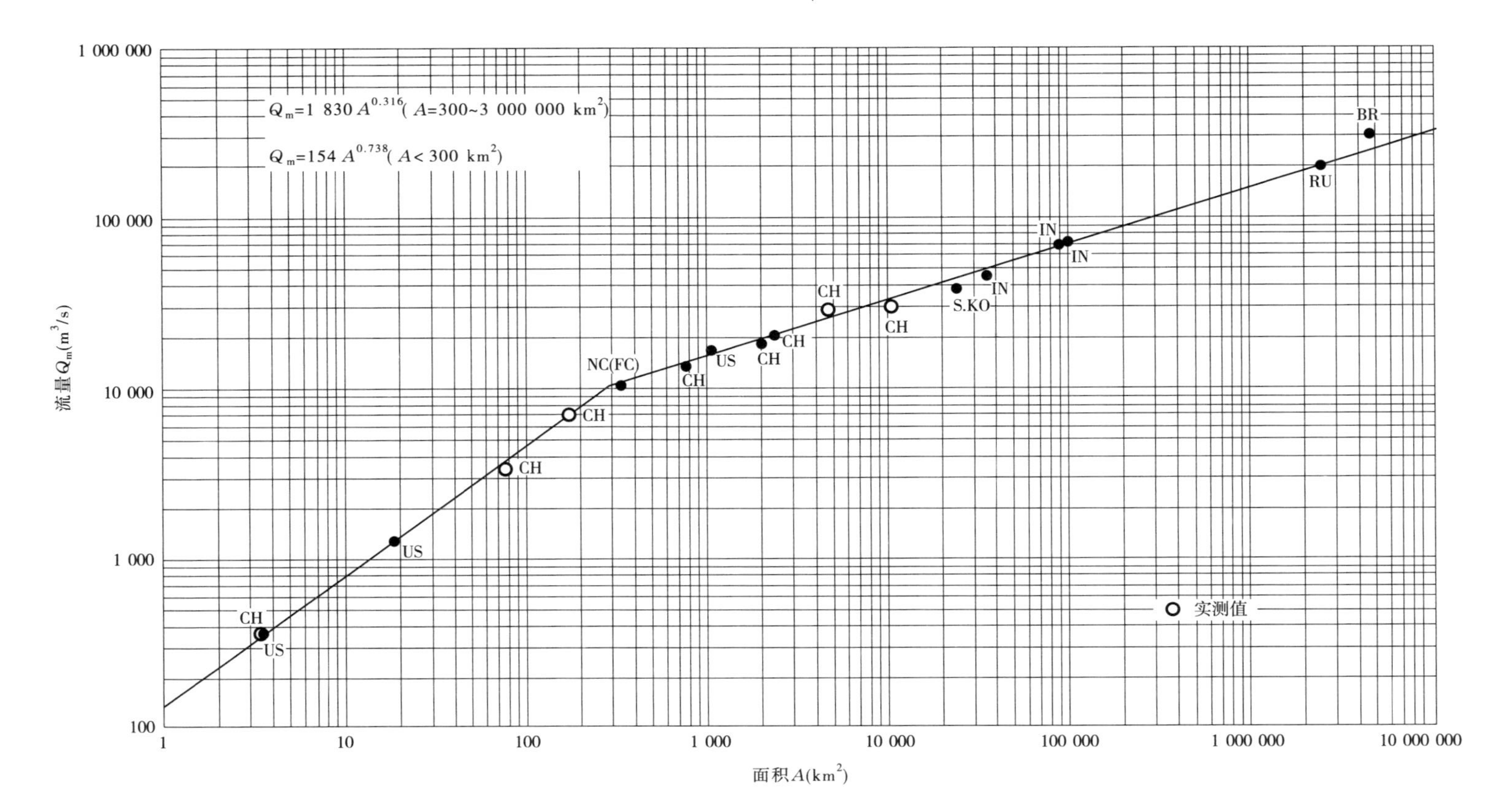

附图 3.1　世界已知最大洪水外包线（王国安等，2006）

附表 3.1　世界最大洪水记录

序号	国家	测站	流域面积 (km^2)	最大流量 (m^3/s)	日期 (年-月-日)	资料来源
1	中国	黄河,洮河,塌来沟,孙家寨	0.9	159*	1979-08-10	[1]
2	波多黎各	Q. de los cedros, Isabela	1.79	212	1970-05-07	[2]
3	美国	Humboldt River trib, Nevada	2.2	251	1973-05-31	[3]
4	中国	山西,南沟	3.27	366*	1989-07-22	[4]
5	美国	Big Creek NR Waynesville, North Carolina	3.4	368	1940-08-30	[5]
6	中国	黄河,汾河,曲家成沟	5.6	457*	1971-07-31	[6]
7	美国	Halawa, Hawail	12	762	1965-02-04	[7]
8	美国	Lane Canyon, Oregon	13.1	807	1965-07-26	[3]
9	美国	EL. Rancho Arroyo NR Pojoazue, NewMexico	17.4	1 250	1952-08-22	[5]
10	美国	Meyers Canyon, Oregon	32.9	1 540	1956-07-13	[3]
11	美国	Bronco ck, near wikieup, Arizona	49.2	2 080	1971-08-18	[3]
12	美国	Nelson Landing, El Dorado, Nevada	56.5	2 150	1974-09-14	[15]
13	美国	S. F. Wailua, Hawail	58	2 470	1963-04-15	[7]
14	中国	海南,南渡江,白沙	75.3	3 420*	1894	[6]
15	墨西哥	San Bartolo	81	3 000	1976-09-30	[7]
16	中国	大凌河,淗头河,稍户营子	97.2	4 000	1930-08	[6]
17	中国	闽江,溪源溪,溪源宫	142	4 600*	1909-09-19	[6]
18	中国	大凌河,瓦子峪河,瓦子峪	154	5 320	1930-08	[6]
19	中国	渤海湾,石河,小山口	171	7 000*	1894-07	[6]
20	中国	台湾,浊水溪,桶头	259	7 780	1979-08-24	[7]
21	法国	Ouaieme, New Caledonia	330	10 400	1981-12-24	[7]
22	中国	淮河,汝河,板桥	762	13 100	1975-08-07	[6]
23	美国	West Nueces River, Texas	1 041	16 430	1935-06-14	[3]
24	中国	淮河,淠河,佛子岭	1 840	17 600	1969-07-14	[8]
25	中国	台湾,乌溪,大肚	1 980	18 300	1959-08-08	[8]
26	中国	台湾,浊水溪,集集	2 310	20 000	1996-08-01	[2]
27	日本	Shingu Oga	2 350	19 030	1959-09-26	[7]

续附表 3.1

序号	国家	测站	流域面积 (km²)	最大流量 (m³/s)	日期 (年-月-日)	资料来源
28	菲律宾	Cagayan Echague Isabella	4 244	17 550	1959	[7]
29	中国	海南,昌化江,宝桥	4 634	28 300*	1887	[6]
30	印度	Madhopur,Ravi,Indus	6 087	26 050	1988-09	[16]
31	美国	Pecos Comstock,Texas	(9 100)	26 800	1954-06-28	[7]
32	中国	沂河,临沂	10 315	30 000*	1730-08-09	[6]
33	朝鲜	Toedonggang Mirim	12 175	29 000	1967-08-29	[7]
34	中国	长江,澧水,三江口	15 242	31 100	1935-07-05	[6]
35	中国	长江,渠江,凤滩	16 595	32 300*	1847-09-22	[6]
36	印度	Jhalawaw,Chambal,Ganga	22 584	37 000	1969-08	[16]
37	韩国	Han Koan	23 880	37 000	1925-07-18	[7]
38	印度	Betwa Sahijna	43 870	43 800	1971-07-26	[7]
39	马达加斯加	Mangoky Banyan	50 000	38 000	1933-2-05	[7]
40	中国	鸭绿江,荒沟	55 420	44 800	1888-08-11	[1]
41	印度	Gujarat,Wuyika	62 225	42 475	1968-08	[16]
42	印度	Namada Garudeshwar	88 000	69 400	1970-09-06	[7]
43	印度	Namada	98 420	70 790	1954	[9]
44	印度	Godavair	299 320	78 690	1959-09-17	[9]
45	印度	Godavair at Polaeshwaram	307 800	87 250	1907-07	[15]
46	印度	Godavari Dowlaishwaram	315 000	88 400	1959	[8]
47	孟加拉国	Brahmaputra Jiamuna	530 000	93 500	1955-08-01	[9]
48	孟加拉国	Brahmaputra Bahadurabad	580 000	98 500	1988-08-30	[8]
49	中国	长江,万县	974 900	108 000*	1870-07-18	[10]
50	中国	长江,宜昌	1 005 500	105 000*	1870-07-20	[10]
51	孟加拉国	Changes Baluliya	1 650 000	132 000	1988-09-01	[8]
52	俄罗斯	Lena Kusur	2 430 000	189 000	1967-06-08	[11]
53	俄罗斯	Lena Kusur	2 430 000	194 000	1944-06-11	[9]
54	巴西	Amazon Obidos	4 640 300	303 000△	1953-06	[2]

注:1. 流量带*者为调查值。

2. 流量带△者为修正值(原为370 000),该值为巴西水文专家卡尔瓦洛(Newtou de Oeiveira Carvalho),1991年6月提供,详见文献[2](432~433页)。

附表 3.2 接近世界记录的洪水

序号	国家	测站	流域面积 (km²)	最大流量 (m³/s)	日期 (年-月-日)	资料来源
1	美国	San Rafael San Rafae	3.2	250	1973-01-16	[7]
2	中国	黄河,泾河,路家沟,路坡	4	304*	1911	[6]
3	美国	L. San Gorgonio Beaumont	4.5	311	1969-02-25	[3]
4	中国	沐河,官坊河,官坊街	10.8	630*	1907-09	[6]
5	中国	长江,嘉陵江,小河坝沟,街上	14.2	867	1976-07	[6]
6	中国	黄河,汾河,浮萍,口子上	15.0	893	1919-08	[6]
7	中国	沂河,浚河,吴家庄	21.0	913*	1926-08	[6]
8	中国	黄河,张家沟,张家坪	24.8	996*	1933-08	[6]
9	中国	长江,汉江,唐白河,大宫坟	36.6	1 070*	1896-06	[6]
10	中国	黄河,梅力更沟,梅力更召	39.4	1 640*	1900	[6]
11	中国	淮河,洪汝河,石河,祖师庙	71.2	2 470	1975-08-08	[12]
12	法国	Quateme Embouchure, N. Caledonia	143	4 000	1975-3-08	[7]
13	美国	Mail Trail Creek, Loma Alta, Texas	195	4 810	1948-06-24	[3]
14	中国	淮河,洪河,石漫滩	230	6 280	1975-08-07	[12]
15	美国	Seco Creek d'Hanis, Texas	368	6 510	1935-05-31	[3]
16	中国	淮河,沙颍河,沙河,中汤	485	8 550	1943-08-10	[6]
17	中国	淮河,洪汝河,臻头河,薄山	578	9 550	1975-08-07	[12]
18	中国	淮河,海南,宁远河,雅亮	644	10 700	1946	[6]
19	中国	淮河,沙颍河,干江河,裴合	746	11 300*	1896-06	[6]
20	中国	淮河,沙颍河,干江河,官寨	1 124	14 700	1975-08-08	[12]
21	墨西哥	Cithuatlan	1 370	13 500	1959-10-27	[7]
22	日本	Nyodo Lno	1 463	13 510	1963-08-09	[15]
23	中国	海南,南渡河,松涛	1 480	15 700	1977-07-21	[8]
24	美国	West Nueces, Texas	1 800	15 600	1935-06-14	[7]
25	印度	Gujarat, Machu(Ⅱ)	1 930	16 310	1979-08-11	[2]

续附表3.2

序号	国家	测站	流域面积（km^2）	最大流量（m^3/s）	日期（年-月-日）	资料来源
26	中国	台湾,淡水河,台北大桥	2 110	16 700	1963-09-11	[12]
27	日本	Shingu Oga	2 251	19 030	1959-09-26	[15]
28	中国	台湾,高屏溪,九曲堂	3 075	18 000	1959-08-08	[12]
29	中国	浙闽地区,小溪,白岩	3 255	19 200	1912-08	[6]
30	菲律宾	Cagayan Echague lsabella	4 244	17 550	1959	[15]
31	美国	Nueces Uvalde,Texas	5 043	17 440	1935-06	[13]
32	日本	Tone yattajima	5 110	16 900	1947-09-15	[7]
33	美国	Eel scotia,California	8 060	21 300	1964-12-23	[7]
34	澳大利亚	Macleay Turners Flat	9 980	14 300	1949-08	[7]
35	巴基斯坦	Ravi,Jassar	(10 000)	19 240	1955-10-05	[15]
36	中国	鸭绿江,云峰	11 300	23 900	1960-08-04	[8]
37	马达加斯加	Betsiboka Ambodiroka	11 800	22 000	1927-03-04	[7]
38	巴基斯坦	Chenabat Marala	28 000	31 130	1957-08-26	[15]
39	巴基斯坦	Jhelum,Mangla	29 000	31 100	1929	[6]
40	巴基斯坦	Jhelumat Mangla	31 000	30 850	1992-09-10	[15]
41	印度	Tapi,kathur	64 000	(36 500)	1970-09-06	[7]
42	中国	长江,嘉陵江,北碚	156 142	57 300*	1870-07-16	[12]
43	印度	Godavari Dolaishwaram	309 000	78 800	1959-09-17	[16]
44	缅甸	Irrawaddy River	360 000	63 700	1 877	[9]
45	柬埔寨	Mekong River,Kratia	646 000	75 700	1939-09-03	[9]
46	孟加拉国	Brahmaputra Bahadurabad	800 000	81 000	1974-08-06	[2]
47	委内瑞拉	Orinco,Puente Angostura	836 000	98 120	1892	[2]
48	中国	长江,寸滩	866 559	100 000*	1870-07-15	[12]
49	中国	长江,宜昌	1 005 500	96 300*	1227-08-01	[10]
50	俄罗斯	Yenisel Yijiaerka	2 440 000	154 000	1959-06	[14]
51	巴西	Amazonas Obidos	4 640 300	250 000	1963-06	[7]

注:1. 流量带*者为调查值。
2. 带圆括号( )者欠准。

附录 3 的资料来源

[1] 胡明思,骆承政. 中国历史大洪水[M]. 上卷. 北京:中国书店出版社,1988.
[2] 王国安. 可能最大暴雨和洪水计算原理与方法[M]. 北京:中国水利水电出版社,1999.
[3] John E Costa. A Comparison of the largest Rainfall-Runoff Floods in the United States with those of the People′s Republic of China and the World[J]. Journal of Hydrogy,1987,96(1-4):101-124.
[4] 黄河流域及西北片水旱灾害编委会. 黄河流域水旱灾害[M]. 郑州:黄河水利出版社,1996.
[5] J R Crippen,D bue Conrad. Maximum Floodflows in the Conterminous United States[M]. Washington:United States Government Printing office,1977.
[6] 骆承政,沈国昌. 中国最大洪水记录及其地理分布[J]. 水文,1987(5):8.
[7] J A Rodier,M Roche. World Catalogue of Maximum Observed Floods[M]. Walling ford,Oxfordshire:1984.
[8] 冯焱. 中国江河防洪丛书[M]. 海河卷. 北京:水利电力出版社,1993.
[9] 国际灌溉与排水委员会. 世界防洪环顾[M].《防洪与水利管理丛书》编委会. 译. 哈尔滨:哈尔滨出版社,1992.
[10] 长江水利委员会. 三峡工程水文研究[M]. 武汉:湖北科学技术出版社,1997.
[11] UNESCO. World Catalogue of very large floods[M]. Paris:Unesco Press,1976.
[12] 胡明思,骆承政. 中国历史大洪水[M]. 下卷. 北京:中国书店出版社,1992.
[13] Ray K Linsley,Max A Kohler,J L H Paulhus. Hydrology for Engineers[M]. New York:McGraw – Hill,1957.
[14] 中国水利发电工程学会. 中国水力发电工程学会手册[Z]. 北京:中国水利水电工程学会,1984.
[15] IAHS. World Catalogue of Maximum Observed Floods[M]. Walling ford,Oxfordshire:IAHS,2003.
[16] IAHS. The Extremes of the Extremes:Extraordinary Floods[M]. Walling ford,Oxfordshire:IAHS,2000.
[17] 王国安,王军良,李保国. 世界已知最大洪水及其外包线公式[J]. 人民黄河,2006,28(2):1-5.
[18] 多钦科(P. B. Duoqinke). 苏联河流冰情[M]. 张瑞芳,等. 译. 北京:中国科学技术出版社,1991.

附录4　术　语

在本手册中采用的若干术语,对某些读者可能是陌生的。因此,需要对在手册中出现较多的重要术语作一简介,同时这也有助于读者开展 PMP 研究。

1. 绝热线(Adiabat)

绝热线是指在无热量增加或减少的条件下热力变化的曲线。在绝热或假绝热图解上,该曲线表明在经历空气上升或下降过程中温度和压力变化时,没有与环境热量或水汽含量发生交换。

2. 绝热(Adiabatic)

绝热是指由绝热线描述的过程。

3. 绝热图(Adiabatic Chart)

绝热图是指绘制由温度与压力为坐标和一组绝热线的图解。

4. 绝热递减率(Adiabatic Lapse Rate)

绝热递减率等于在大气中随未饱和空气绝热上升或下降中气温变化率。由干绝热线表明,绝热递减率近似等于 1 ℃/100 m。这也称之为干绝热。

5. 平流(Advection)

平流是指依靠运动转变的(一空气块的特性)过程。在特定情况下,注意力被局限到水平或垂直运动之一。然而,这概念仅常用于表示水平运动。

6. 气团(All Mass)

气团是指大范围近似的水平性质均一的空气堆,以便源地和后续变换被识别。

7. 气团(性)雷暴(All Mass Thunderstorm)

单个雷暴通常是由底层被加热的不稳定气块形成的。隐含的意义是其形成既不是锋面又不是起重要作用的气团大尺度动力上升的结果。

8. 全部季节(四季)(All Season)

不考虑一年中发生时间的气象变量的最大值和最小值。在本报告中,全部季节指出不考虑一年中可发生时间所确定的最大 PMP 估算。

9. 在暴雨之中(Among Storm)

不同暴雨中各参数值被确定时,暴雨特征被确定。例如,6 h 与 24 h 降水比率,此处 6 h 雨量与 24 h 雨量不是同一场暴雨。

10. 大气压力(Atmospheric)

由压力、温度和水汽递减及它们随时间和地点变化的结果。

11. 障碍(Barrier)

障碍部分阻挡底层暖湿空气由海洋流向研究流域的山地。

12. 流域形态(Basin Shape)

流域形态是指流域自然边界,决定于地形图或野外测量。

13. 大暴雨(暴雨)(Cloud burst)

大暴雨(暴雨)的一个通俗的概念是非常骤然、非常强的阵雨,常伴随雷暴和雹。它是与强上升和下沉气流相连接的。

14. 冷锋(Cold Front)

冷锋位于相对较冷空气替换暖空气的地方。

15. 组合模式法(Combination Model Method)

组合模式法是将设计流域内或邻近地区可移置的两场或两场以上的暴雨,按天气气候学原理与经验,合理地组合在一起,构成一新的理想的特大暴雨序列,并加以必要的移置改正与放大,来估算设计流域 PMP。

16. 组合放大(Composite Maximization)

组合放大是指人工拟定的理想的同数个暴雨及其间隔彼此连接的急剧降水事件(特大暴雨过程)。包括时序极大化和空间极大化。

17. 对流雨(Convetive Rain)

对流雨是由周围环境暖的空气上升垂直运动引起的,气团的水平尺度一般为 20 km 或更小,并形成积雨云。对流雨是较大强度降雨的典型,比两类降雨(气旋和地形雨)之一都要大,并常伴随有雷。对流雨更特有的概念常专用下列情况:在大区域上的降水是积雨云团碰撞的结果。

18. 辐合(Convergence)

辐合是指空气体水平收缩和垂直伸展,伴随有净的水平流入和内部上升运动。

19. 气旋(Cyclone)

气旋的气压分布是中心气压较周围低。在天气图上特征是闭合等压线系统，一般近似圆形或椭圆形，封闭的中心是低压区，气旋式环流，在北半球地区呈反时针方向，在南半球呈顺时针方向(局部地点旋转方向是地球的旋转方向)。

20. 暴雨模式定性特征推断(Deduction of Qualitative Characteristics of Storm Model)

基于流域面积估算 PMP/PMF 方法的基本框架为

暴雨模式 → 极大化 → PMP → PMF

显然，暴雨模式的拟定是推求 PMP 的首要环节，而在此环节中首先应对暴雨模式的定性特征(包括暴雨类型、天气成因、发生时期、雨带分布型式、暴雨中心位置、暴雨历时、暴雨时程分配型式等)作出推断。这种推断的目的是：要保证按此暴雨模式求得的 PMP/PMF，能够满足特定工程的设计对 PMF 的要求。同时，也使整个 PMP/PMF 的分析计算工作有一个可靠的物理基础；从而使估算成果的可靠性在宏观上得到控制。暴雨模式定性特征推断的理论根据是：特定流域、特定工程的 PMP/PMF，其天气成因的类型是唯一的。大量事实说明，这一结论是成立的。

21. 雨深—面积曲线(Depth-Area Curve)

雨深—面积曲线表示在给定历时和一场或多场暴雨区内最大降雨平均深度与面积大小关系。

22. 时—面—深曲线(Depth-Area-Duration)

雨深—面积和雨深—历时关系合并，也称为时—面—深。

23. 露点(Dew Point)

露点是指给定空气块必须在保持气压和水汽量不变下冷却，使水汽达到饱和时的湿度。

24. 流域平均可能最大降水(Drainage-Averaged PMP)

在 PMP 暴雨图分布于特定流域及运用估算步骤后，得到流域平均 PMP 估值。将降水平均深度计入发生在流域上的 PMP 部分及残雨(见残雨解释)。

25. 有效高度(Effective Elevation)

有效高度是由具有光滑地形轮廓图表确定的高度，均匀反映了地形对特定尺度暴雨降水过程影响。这实际点的高度可以略高或低于影响高度。

26. 非地方性暴雨(系统性暴雨)(General Storm)

非地方性暴雨风暴产生的降水面积超过 1 300 km^2、历时长于 6 h,并且与主要天气特征有关。

27. 百帕(Hectopascal)

百帕是大气压力单位,等于 1 000 dynes cm^2。标准大气压力为 1 013.2 hPa。

28. 历史洪水(Historical Flood)

历史洪水是指现代水文观测站设置以前发生的较大洪水。通过历史洪水调查,可确定洪水的某些具体特征(洪水发生的日期、洪水位及洪峰流量等)。

29. 历史洪水调查(Historical Flood Survey)

通过某一具体地点或河段实地调查,有条件时结合历史文物(古建筑、石碑等水痕位置记载)、历史文献记载进行调查与考证,通过分析计算,推算数十年前至数百年前,甚至更早时期的某年份洪水的洪峰水位和流量,有时还可推算出次洪水总量、洪水过程及其重现期。

30. 历史暴雨(Historical Storm)

历史暴雨是指现代雨量站网设置以前发生过的大洪水期的降雨过程。通过对历史文献记载的雨情、洪水灾情,以及相邻地区同期旱、涝、高温、大风等情况,进行考证分析,并能确定某些特征(发生时间、暴雨量级、强降雨日数及持续时间等)的暴雨过程。

31. 雨量图(Hyetograph)

雨量图是显示降水量在时间或空间分布的一种图或曲线,或者是显示降雨强度随时间而变化的一种曲线。

32. 推理模式法(Inferential Model Method)

推理模式法的思路是:根据天气学的原理,将暴雨天气系统的三度空间结构进行概化,构建一个暴雨物理方程,并进行适当极大化,来推算设计流域 PMP。

33. 等雨量线(Isohyet)

等雨量线是指在给定时间内,降水量相等数值的连线。

34. 等雨量线图形(Isohyet Pattern)

由单个暴雨形成的一组等雨量线图形。

35. 等雨量线方向(定向)(Isohyet Orientation)

当 PMP 图形近似为椭圆形最长轴时,等雨量线方向用来定义主要暴雨降水图形的方向。它也是穿过椭圆形 PMP 图形的主要轴线的方向。

36. 递减率(Hapse Rate)

递减率为气温随高度的变化率,即 dT/dh 或 dT/dP。

式中:T 是气温,h 是高度,P 是气压。

37. 上升(Lift)

上升即为向上垂直运动也即由干绝热上升向上垂直移位使空气达到饱和。

38. 当地模式法(Local Model Method)

当地模式法是指选择设计流域具有时空分布较严重的一场实际大暴雨过程,然后通过适当放大来推求设计流域特定季节、特定历时的 PMP。

39. 局地暴雨(Local Storm)

局地暴雨是指发生在小面积和短历时的暴雨。降水很少超过 6 h 和面积未超过 1 300 km^2。通常,局地暴雨持续 1 h 或 2 h,降水面积最高达 500 km^2。局地暴雨区孤立于大面积暴雨降水区。

40. 重点时空组合法(Major Temporal and Spatial Combination Method)

重点时空组合法的基本思路是:把对工程设计断面的可能最大洪水(PMF)在时间(洪水过程)和空间(洪水来源地区)影响较大的那部分 PMP,用水文气象法(当地暴雨放大、暴雨移置、暴雨组合、概化估算)来解决。影响较小的那部分 PMP,用水文分析工作中常用相关法和典型洪水来水比例分配等方法处理。显然,此法可以看做是暴雨组合法,在时间和空间都进行组合的一种运用,只是对主要部分细算,对次要部分粗算。

41. 累积曲线(Mass Curve)

累积曲线是指随历时降水累加值曲线。

42. (水汽)混合比(Mixing Ratio)

(水汽)混合比是指在给定样本中,水汽质量与干空气质量比。水汽质量与干空气质量比率量纲是由混合比 $r = 0.622\ e/P - e$ 表示。其中,r 是混合比,P 是气压,e 是水汽压,0.622 是水分子量与干空气分子量比例。

43. 系数、模数、比率(Module)

系数、模数、比率都是综合步骤的独立单位。

44. 水汽放大(Moisture Maximization)

水汽放大是在假定进入风暴水汽增加之基础上,向上调整流域上观测的降水量的步骤。

45. 锢囚锋(Occlusion Front)

锢囚锋是指在冷锋超过暖锋之后,留下的与地面接触的锋面部分。

46. 锢囚(Occlusion)

锢囚锋的结构:一个气旋系统经历的过程。

47. 地形雨(Orographic Rain)

地形雨是指全部或大部分由于强迫湿空气越过高山而形成的雨量。

48. 可降水量(Precipitation Water)

可降水量是指在任何两层面之间,单位气柱大气总含水量。最大值的普遍解释就是单位截面积气柱水汽被压缩成液态水。这个局地大气的总可降水量是包含在从地面一直到大气顶部园柱或载面上。

49. 持续(n)小时露点(Persistion n-h Dew Point)

持续(n)小时露点是指在站点处相等或超过 n 个连续时间具有的露点值。

50. 可能最大降水(Probable Maximum Precipitation)

可能最大降水是指理论上给定历时的最大雨量,是在一年指定时间,特定地理位置,给定的流域或暴雨面积上在物理上可能发生的最大雨量。

51. 可能最大洪水

可能最大洪水是指对设计流域特定工程威胁最为严重的理论最大洪水,这种洪水在现代气候条件下是当地在一年的某一时期物理上可能发生的。

52. 假绝热(Pseudo Adiabatic)

假绝热归于假绝热线所描述的过程。

53. 可能最大降水图(PMP 暴雨图形)(PMP Storm Pattern)

可能最大降水图是指包围 PMP 面积的等雨量线图,并加上 PMP 部分之外的残雨降水的等雨量线。

54. 无线电高压测风仪(Rawinsonde)

无线电高压测风仪是通过雷达或无线电精密经纬仪,跟踪测量大气高层风的一种无线电探空仪。

55. 相对湿度(Relative Humidity)

相对湿度是指实际的水汽量与饱和水汽量之比,或者与总水汽量之比,以百分比表示。

56. 历史文献考证(Research on Literatures)

通过有关文献(州、府、县志,古书,奏章,题记,碑文以及报刊等)对在现代水文、气象站网设置以前的某一或某些特大洪水有关雨情、水情、灾情以及有关天气现象的某些记载,进行摘录汇集,经比较、筛选,应用现代水文气象原理与经验,对这些年洪水的一些特征(如暴雨发生时间,暴雨类型,暴雨时空分布形式等)作出推断。有的甚至可以估算出洪峰、洪量及洪水过程。

57. 残余降水(残雨)(Residual Precipitation)

残余降水是在流域上 PMP 图形的 PMP 部分的面积(范围)之外发生的降雨。由于流域形状不规则或选定的 PMP 图形面积小于流域面积,一些剩余降水落在流域内。残雨的特别优点就是考虑到确定并发的降水。例如,这个降水落到流域近处,与应用的 PMP 图形合并。

58. 饱和(Saturation)

饱和是在给定地点水汽含量的上限,是温度的单一函数。

59. 时序放大(Sequential Maximization)

重新编排实测暴雨,由此变成一假想顺序,使暴雨之间时间间隔最小,以便得到流域最大雨量。

60. 切变线(Shear Line)

切变线是两个气团之间的一个狭窄的地带,这里在一个相当短距离的范围内,风向变化很大。在北球,风向呈逆时针方向变化。

61. 探空测量仪(Sounding Measurement)

探空测量仪是对一个站台上空的大气垂直结构,通过高空测风气球、无线电探空仪,航空器或其他装置进行观测的仪器。它也可以提供一些气象要素随高度或气压而变化的分布曲线。

62. 空间分布(Spatial Distribution)

空间分布是指流域上降水的地理分布按照理想化的流域暴雨面积上的 PMP 暴雨图形来分布。

63. 空间放大(Spatial Maximization)

空间放大是指移置发生在流域附近的两个单独的暴雨或它们中部分至流域一个或几个临界的地点,以便得到最大径流。在这个步骤中,两个单位暴雨或暴雨部分合并成一个完整的等雨量线图形。

64. 漂雨(Spillover)

漂雨是指山岳导致的降水,由风的水平分量输送,极少量降落到山脊背风侧。

65. 探空(Sounding)

探空是指在测站测量(测风气球、无线电探空仪、飞机等)大气垂直结构,以及气象要素随高度或气压分布曲线。

66. 暴雨中心(Storm Centred)

暴雨特征总是取决于暴雨中最大值与其他时间或暴雨面积同类因子相比关系。例如,暴雨中心雨深—面积比例说明同一特定包围暴雨中心等雨量线范围上平均深度与暴雨中心数值关系。

67. 暴雨递减指数(Storm Degression Index)

暴雨递减指数是中国水文设计中所使用的一个术语。它是下列关系中的指数 n

$$a_{t,P} = \frac{S_P}{t^n}$$

式中:S_P 为概率为 P,1 小时的平均降雨强度;$a_{t,P}$为概率为 P,t 小时的平均降雨强度。

68. 暴雨剖面(Storm Profile)

暴雨剖面是指通过等雨量线图形的垂直截面,以中心距离作横坐标,相应的降水深度作纵坐标。

69. 暴雨调查(Storm Survey)

暴雨调查是指在无雨量观测的地区或设站以前发生过大暴雨,或虽已设站但因站网密度不够等原因,暴雨中心雨量未被观测到,或雨量站因故漏测、缺测大暴雨时,通过访问调查估算,确定该地区或地点一次暴雨总量、降雨过程、暴雨的时程分配等数据。

70. 历史洪水暴雨模拟法(Storm Simulation Method Based on Historical Flood)

历史洪水暴雨模拟法的基本思路是:罕见的特大的历史洪水,其相应的暴雨可以看做是高效暴雨,如能设法将此暴雨模拟出来,再进行水汽放大,即可得出 PMP。所谓模拟就是根据已知特大历史洪水的不完全时空分布信息,利用现代天气学的理论和天气预报经验,加上水文流域模型,借助计算机手段,按试算的办法,把该历史洪水所相应的特大暴雨求出来。

71. 暴雨移置(Storm Transposition)

假定将暴雨发生原地暴雨移置或重新安置到另外可能发生的地区。从暴雨地点到另外地点移置和调整暴雨量是"直接移置"概念。面积的、历时的和地区性的平滑处理,得到综合性的特定流域估算,所得到的概化 PMP 研究则为"隐式移置"概念。

72. 天气图(Synoptic)

天气图表示给定时刻一个区域上气象要素分布。如一张天气的图解。

73. 时间分配(次序)(Temporal Distribution)

时间分配是指为增加 PMP 数值,在 PMP 暴雨内重新安排时间次序。

74. 移置模式法(Transposition Model Method)

移置模式法是指将设计流域邻近地区(或气象一致区)实测大暴雨的雨量及其时空分布搬移到设计流域,经移置改正,再进行适当放大作为估算设计流域特定季节、特定历时的 PMP。

75. 热带气旋(Tropical Cyclone)

风暴产生的风速超过 60 m/s;一般为热带地区发生的气旋。

76. 总(次)暴雨面积和暴雨历时(Total Storm Area and Total Storm Duration)

在主要暴雨记录中,雨深—面积—历时数据可利用的(有效的)最大面积和最长历时。

77. 水汽压(Vapour Pressure)

水汽压是指空气样本的水汽压力。

78. 暖锋(Warm Front)

暖锋是指相对比较暖的空气替代冷空气的锋面。

79. 暖区(Warm Sectro)

暖区是指连接冷锋和暖锋两个侧面之上的暖空气区,是从低压中心扩充而来的。

80. 波(Wave)

波是锋面的局部变形,类似暖区形式。通常沿锋面移动,有时发展成完整气旋。

81. 内/外暴雨深—面积关系(Within/Without-Storm)

这个关系是由面平均 PMP 雨深—面积关系概念发展而来的,表示不同面积大小各有效暴雨极大化降水的外包线。暴雨内雨深—面积关系代表一个给出特定面积 PMP 的暴雨内降水面积变化关系,表达这种关系的另一种方式是,只研究某一固定面积内 PMP 的暴雨,而不研究其他面积的 PMP。除给定 PMP 的某一面积外,暴雨内雨深—面积关系给出小于 PMP 面积的各面积的雨深。同样,暴雨外雨深—面积关系代表大于 PMP 暴雨面积的降水的面积变化,并且给出的雨深小于相应较大面积 PMP 值。该概念由图 5.8 表示的示意曲线说明。在这张图中 PMP 典型面积之外暴雨不同面积降水曲线描述为暴雨外雨深—面积关系。由暴雨外描述的降水是残雨。

参考文献

[1] 陈家琦,1978:对可能最大暴雨的几点看法,见陈家琦水文与水资源文选. 北京:中国水利水电出版社. 2003,9-12.

[2] 华家鹏,黄勇,杨惠,等, 2007:利用统计估算放大法推求可能最大暴雨. 河海大学学报(自然科学版),(5):255-257.

[3] 华士乾, 1984:在可能最大降水条件下的流域产流汇流计算问题. 水文, 4(1):8-10.

[4] 黄河流域及西北片水旱灾害编委会,1996:黄河流域水旱灾害,郑州:黄河水利出版社.

[5] 高治定,熊学农,1983:暴雨移置中一种地形雨改正计算方法. 人民黄河, (5): 40-43.

[6] 金蓉玲,李心铭,1989:三峡工程至上游水库区间可能最大洪水估算. 水文, (6).

[7] 林炳章, 1988:分时段地形增强因子法在山区 PMP 估算中的应用. 河海大学学报,(3):40-51.

[8] 王宝玉,刘占松,高治定, 2002:黄河小花间可能最大暴雨与洪水,人民黄河, (10):12-13

[9] 王宝玉,王玉峰,李海荣, 2002:黄河三花间 1761 年特大洪水降雨研究. 人民黄河,(10) :14-15.

[10] 王国安, 1979:黄河三花间可能最大洪水的分析途径与体会. 人民黄河, (3):14-19.

[11] 王国安, 1991:中国设计洪水与标准问题,水利学报, 171(4):68-76.

[12] 王国安,陈先德,高治定,易维中, 1996:黄河可能最大洪水分析与计算. 见黄河水利科学丛书(水文卷). 郑州:黄河水利出版社.

[13] 王国安, 2002:关于我国水库的防洪标准问题. 水利学报,316(12):22-25.

[14] 王国安, 2004b:国内外 PMP/PMF 的发展和实践. 水文,24(5):1-5.

[15] 王国安,2005:中国 PMP/PMF 的先进性简述. 人民黄河,27(2):1-5.

[16] 王国安,王军良,李保国, 2006:世界已知最大洪水及其外包线公式. 人民黄河,28(2):1-5.

[17] 王国安,李保国,王军良, 2006:世界实测与调查最大点雨量及其外包线公式。水科学进展, 17(6):824-829.

[18] 王国安, 2006:可能最大降水:途径和方法. 人民黄河, 28(11):18-20.

[19] 王家祁, 胡明思, 1984:中国短历时暴雨统计参数等值线图的编制. 水文,(5): 1-7.

[20] 王家祁, 1987:中国短历时点暴雨量统计和时深关系分析. 见:水利电力部南京水文

[21] 水资源研究. 水文水资源论文选(1978 ~ 1985). 北京:水利电力出版社.

[22] 王家祁, 胡明思, 1990:中国点暴雨量极值的发布. 水科学进展, 1(1):2-12.

[23] 王家祁, 胡明思, 1993:中国面暴雨量极值的分布. 水科学进展, 4(1):1-9.

[24] 熊学农, 高治定, 1993:黄河三花区间可能最大暴雨估算. 河海大学学报, 21 (3):38-45.

[25] 叶永毅, 胡明思, 1979:关于中国可能最大暴雨等值线图编制中的几个问题. 水利

水电技术,(7):11-19.

[26] 余娟, 2001:美国推求可能最大降水的暴雨时—面—深概化法在我国西南地区的应用研究. 水电站设计, 17(1):48-51.

[27] 张有芷, 1982:利用净水汽输送法计算可能最大降水. 水文,2(3):38-40.

[28] 张有芷, 王政祥, 1998:用时—面—深—概化法估算清江中上游流域可能最大暴雨. 水文,18(4):13-18.

[29] 赵毅如, 张有芷, 周良芳, 1983:1870 年7 月长江上游特大暴雨分析. 水文,13(1):51-56.

[30] 郑梧森, 易维中, 晏宗镇, 1979:1977 年 8 月,内蒙古乌审旗特大暴雨调查和初步分析. 水文,(2):45-49.

[31] Arakawa, H. ,1963: *Typhoon Climatology as Revealed by Data of the Japanese Weather Service.* Technical Report NO. 21, Japanese Meteorological Agency, Tokyo.

[32] Australian Bureau of Meteorology, 1985: *The Estimation of Probable Maximum Precipitation in Australia for Short Durations and Small Areas* (Bulletin No. 51). Canberra, Department of Science and Technology, Australian Government Printing Office.

[33] Australian Bureau of Meteorology, 1991: *Temporal Distributions of Rainfall Bursts* (HRS Report No. 1). Hydrology Report Series, Melbourne.

[34] Australian Bureau of Meteorology, 1992: *Analysis of Australian Rainfall and Rainday Data with Respect to Climate Variability and Change* (HRS Report No. 2), Hydrology Report Series, Melbourne.

[35] Australian Bureau of Meteorology, 1994: *The Estimation of Maximum Precipitation in Australia: Generalised Short Duration Method* (Bulletin 53). Amended 1996, amended and revised 2003, Melbourne, http://www. bom. gov. au/hydro/has/gsdm_document. shtml.

[36] Australian Bureau of Meteorology, 1995: *Catalogue of Significant Rainfall Occurrent over Southeast Australia* (HRS Report No. 3), Hydrology Report Series, Melbourne.

[37] Australian Bureau of Meteorology, 1998: *Temporal Distributions of Large and Extreme Design Rainfall Bursts over Southeast Australia* (HRS Report No. 5), Hydrology Report Series, Melbourne.

[38] Australian Bureau of Meteorology, 1999: *Rainfall antecedent to Large and Extreme Design Rainfall Bursts over Southeast Australia* (HRS Report No. 6), Hydrology Report Series, Melbourne.

[39] Australian Bureau of Meteorology, 2001: *Development of the Method of Storm Transpositior and Maximization for the West Coast of Tasmania* (HRS Report No. 7), Hydrology Report Series, Melbourne.

[40] Australian Bureau of Meteorology, 2003: *Revision of the Generalised Tropical Strom Method for Estimating Maximum Precipitation* (HRS Report No. 8), Hydrology Report Series, Melbourne.

[41] Australian Bureau of Meteorology, 2004: *Catalogue of Significant Rainfall Occurrences of*

Tropital Origin over Australia(HRS Report No. 9) ,Hydrology Report Series,Melbourne. Barett, E. C. and Martin D. W. , 1981: The Use of Satellite Data in Rainfall Monitoring. London,Academic Press.

[42] Brunt, A. T. , 1967: *Space-Time Relations of Cyclone Rainfall in the North-East Australian Region.* Civil Engineering Transactions Institution of Engineers, Australia, CE 10 (1).

[43] Canterford,R. P. ,M. F. Hutchinson and L. H. Turner,1985:*The Use of Laplacian Smoothing Spline Surfaces for the Analysis of Design Rainfall.* Hydrology and Water Resources Symposium,14-16 May,Sydney,Institution of Engineers.

[44] Chin, P. , 1958:*Tropical Cyclones in the Western Pacific and China Sea Area From* 1884 to 1953. Technical Memoirs,Hong Kong,Royal Observatory.

[45] Chow, V. T. , 1961: *A General Formula for Hydrologic Frequency Analysis.* Transactions American Geophysical Union, 32(2), 231-237.

[46] Clark, R. A. and H. E. Schloellar, 1970: *Problems of Inflow Design Flood Determination in the Tropics.* American Society of Civil Engineers, National Water Resources Engineering Meeting, January 26-30, 1970, Meeting Preprint 1117.

[47] Corrigan,P. ,D. D. Fenn,D. R. Kluck and J. L. Vogel,1998:*Probable Maximum Precipitation for California Calculation Procedures*(HMR No. 58). United States Department of Commerce,National Oceanic and Atmospheric Administration,Silver Spring,MD.

[48] Corrigan,P. ,D. D. Fenn,D. R. Kluck and J. L. Vogel,1999:*Probable Maximum Precipitation for California s*(HMR No. 59). United States Department of Commerce,National Oceanic and Atmospheric Administration,Silver Spring,MD.

[49] Costa,J. E. ,1987:*A comparison of the largestrainfall-runoff floods in the United States withthose of the Peopie's Republic of China and the World.* Journal of Hydrology,96:101-115.

[50] Cotton W. R. ,R. A. Mcanelly and T. Ashby,2003:*Development of New Methodologies for Determining Extreme Rainfall.* Fort Collins,CO,Colorado State University.

[51] Court, A. , 1961: *Area-Depth Rainfall Formulas.* Journal Geophysical Research, American Geophysical Union, 66, 1823-1832.

[52] Crippen, J. R. and C. D Bue. 1977: *Maximum Floodflowsin the Conterminous United States.* United States Government Printing Office,Washington.

[53] Crutcher, H. L. and Quayle, R. G. , 1974: *Mariners Worldwide Guide to Tropical Storms* at Sea. Naval Weather Service NAVAIR 50-10-61, Asheville, NC.

[54] Cudworth,A. G. ,1989:*Flood Hydrology Manual.* Water Resources Technical Publication,United Staes Department of the Interior,Bureau of Reclamation,Denver,CO.

[55] Dhar, O. N. and Bhattacharya, B. K. , 1975: *A Study of Depth-Area-Duration Statistics of Severemost Rainstorms over Different Meteorological Divisions of North Indian Plains.* Proceedings of the National Symposium on Hydrology,Roorkee.

[56] Dhar, O. N. and Damte, P. P. , 1969: A *Pilot Study for Estimation of Probable Maximum Precipitation using Hershfield Technique.* Indian Journal of Meteorology and Geophysics, 20(1), 31-34.

[57] Dhar,O. N. ,and Mandal,B. N. ,1981: *Greatest Observed One-Day Point and Areal Rainfall of India.* J. Pure Appl. Geophys,119 (5):922-933.

[58] Dhar, O. N. , Rakhecha, P. R. , and Mandal, B. N. , 1980: *Rainstorms Which Contributed the Greatest Areal Rain Depths in India. J. Arch. Met.* Geophys. Bioclim 29A : 119-130.

[59] Dhar,O. N. ,and others,1984:Most severe rainstorm of India – a brief appraisal. *Hydrological Science Journal*,19(2):119-229.

[60] Environmental Data Service, 1968: *Climatic Atlas of the United States.* Environmental Science Services Administration, US Department of Commerce, Washington.

[61] Falansbee, W. A. , 1973: *Estimation of Average Daily Rainfall From Satellite Cloud Photographs.* NOAA Technical Memorandum NESS 49, National Environmental Satellite Service, National Oceanic and Atmospheric Administration, US Department of Commerce, Washington, DC.

[62] Fenn, D. D. , 1985: *Probable Maximum Precipitation Estimates for the Drainage Above Dewey Dam, Johns Creek, Kentucky.* NOAA Technical Memorandum NWS HydRO 41, National Weather Service, National Oceanic and Atmospheric Administration, US Department of Commerce, Silver Spring, MD.

[63] German Water Resources Association, 1983: *Contributions to the Choice of the Design Flood and to Probable Maximum Precipitation.* (Publication No. 62). Hamburg(in German).

[64] Hansen,E. M. ,D. D. Fenn,P. Corrigsn and J. L. Vogel,1994:*Probable Maximum Precipitation-Pacific Northwes Columbia River(including portions of Canada),Snake River and Pacific Coasal Drainages*(HMR No. 57). United States Department of Commerce,National Oceanic and Atmospheric Administsrtion,United States Department of Army Corps of Engineers,United States Deparment of Interior Bureau of Reclamation,Silver Spring, MD.

[65] Hansen,E. M. ,D. D. Fenn,L. C Schreiner,R. W. Stodt and J. E. Miller,1988:*Probable Maximum Precipitation Estimations-United States Between the Continental Divide and the* 103*rd Meridian*(HMR No. 55A). United States Department of Commerce,National Oceanic and Atmospheric Administration,United States Department of Army Coros of Engineers,United States Department of Interior Bureau of Reclamation,Silver Spring,MD.

[66] Hansen, E. M. , Schreiner, L. C. and Miller, J. F. , 1982: *Application of Probable Maximum Precipitation Estimates-United States East of the* 105*th Meridian* (HMR No. 52). National Weather Service, National Oceanic and Atmospheric Administration, US Department of Commerce, Washington, DC.

[67] Hansen, E. M., Schwarz, F. K., and Riedel, J. T., 1977: *Probable Maximum Precipitation Estimates, Colorado River and Great Basin Drainages.* (HMR No. 49). National Weather Service, National Oceanic and Atmospheric Administration, US Department of Commerce, Silver Spring, MD.

[68] Hart, T. L., 1982: Survey of Probable Maximum *Precipitation Studies Using the Synoptic Method of Storm Transposition and Maximization. Proceedings of the Worksho Pon Spillway Design*, 7-9 October 1981. Conference Series No. 6, Australian Water Resources Council, Australina Department of National Development and Energy, Canberra, Australian Government Publishing Service.

[69] Hershfield, D. M., 1961a: *Rainfall Frequency Atlas of the United States.* Technical Paper No. 40, Weather Bureau, US Department of Commerce, Washington, DC.

[70] Hershfield, D. M., 1961b: *Estimating the Probable Maximum Precipitation.* Journal Hydraulics Division: Proceedings American Society of Civil Engineers, 87: 99 – 106.

[71] Hershfield, D. M., 1965: *Method for Estimating Probable Maximum Precipitation.* Journal American Waterworks Association, 57: 965-972.

[72] Ho, F. P. and Riedel, J. T., 1979: *Precipitable Water Over the United States, Volume II Semimonthly Maxima.* NOAA Technical Report NWS 20, National Weather Service, National Oceanic and Atmospheric Administration, US Department of Commerce, Silver Spring, MD.

[73] Huff, F. A., 1967: *Time Distribution of Rainfall in Heavy Storms.* Water Resources Research, 3:1007-1019.

[74] Institution of Engineers, Australia, 1987: *Australian Rainfall and Runoff: A Guide to Flood Estimation* (D. H. Pilogrim, ed.), Barton, ACT.

[75] Jakob, D., R. Smalley, J. Meighen, K. Xuereb. and B. Taylor, 2008: *Climate Change and Probable Maximum Precipitation* (HRS Report No. 12). Hydrology Report Series, Australian Bureau of Meteorology, Melbourne.

[76] Luo C. and G. shen, 1987: *Records of largest floods and their geographic distribution in China.* Journal of Hydrology, (5).

[77] Kaul, F. J., 1976: *Maximum Recorded Floods and Storms in Indonesia.* Water Resources Planning Guideline No. 7, Indonesia, Directorate of Planning and Programming Ministry of Public Works and Electric Power.

[78] Kennedy, M. R., 1976: *The Probable Maximum Precipitation from the Northeast Monsoon in Southeast Asia.* Symposium on Tropical Monsoons, 8-10 September 1976, Pune, India, Indian Institute of Tropical Meteorology, 294-303.

[79] Kennedy, M. R., 1982: *The Estimation of Probable Maximum Precipitation in Australia – Past and Current Practice.* Proceedings of the Worksho Pon Spillway Design, 7-9 October 1981, Conference Series No. 6, Australian Water Resources Council, Australian Department of National Development and Energy, Canberra, Australian Government

Printing Office.

[80] Kennedy, M. R. and T. L. Hart, 1984: *The estimation of probable maximum precipitation in Australia*. Civil Engineering Transactions, Institution of Engineers, Australia, CE26(1): 29-36.

[81] Kim, N. -W., S. Kim. and B. -H. Seoh, 1989. *Probable Maximum Precipitation Estimates of Korea*. Annual Report Vol. 1, Seoul, Korea Institute of Construction Technology, 53-62.

[82] Klemes, V., 1993: *Probabillty of Extreme Hydrometeorological Events-a Different Approdch, Extreme Hydrological Events: Precipitation Floods and Droughts*. Proceedings of teh Yokohama Symposium, July 1993, International Association of Hydrological Sciences Publication No. 213.

[83] Koteswaram, P., 1963: Movement of Tropical Storms Over the Indian Ocean. New Delhi, Indian Meteorological Department.

[84] Lin, B. Z., Vogel, J., 1993: *A new look at the statistical estimation of PMP*. Engineering Hydrology, Proceedings of the ASCE Symposium, San Francisco, USA, July 25-30, 1993.

[85] Linsley, R. K., m. a. Kohler and J. L. H. Paulhus, 1975: *Hydrology for Engineers*. New York, McGraw-Hill.

[86] Lott, G. A. and Myers, V. A., 1956: *Meteorology of Flood-producing Storms in the Mississippi River Valley* (HMR No. 34). Weather Bureau, US Department of Commerce, Washington, DC.

[87] Lourensz, R. S., 1981: *Tropical Cyclones in the Australian Region, July* 1909 *to June* 1980. Australian Bureau of Meteorology, Melbourne.

[88] Mansell - Moullin, M., 1967: *The Probable Maximum Storm and Flood in a Malayan Hill Catchment*. In Assessment of the Magnitude and Frequency of Flood Flows. Water Resources Series No. 30, New York, NY, United Nations, 165-177.

[89] McKay, G. A., 1965: *Statistical Estimates of Precipitation Extremes for the Prairie Provinces*. Canada Department of Agriculture, PFRA Engineering Branch, Canada.

[90] Miller, J. F., 1963: *Probable Maximum Precipitation and Rainfall – Frequency Data for Alaska*. Technical Paper No. 47, Weather Bureau, US Department of Commerce, Washington, DC.

[91] Miller, J. F., 1964: *Two to Ten-Day Precipitation for Return Periods of* 2 *to* 100 *Years in the Contiguous United States*. Technical Paper No. 49, Weather Bureau, US Department of Commerce, Washington, DC.

[92] Miller, J. F., 1981: *Probable Maximum Precipitation for Tropical Regions*. World Meteorological Organization Seminar on Hydrology of Tropical Regions, 11-15 May 1981 Miami, FL.

[93] Miller, J. F., Frederick, R. H., and Tracey, R. J., 1973: *Precipitation Frequency Atlas of the Western United States*. NOAA Atlas 2, Vol. Ⅰ, Ⅱ, Ⅲ and Ⅳ; National weather Service, National Oceanic and Atmospheric Administration, US Department of

Commerce, Silver Spring, MD.

[94] Miller, J. F., Hansen, E. M., and Fenn, D. D., 1984a: *Probable Maximum Precipitation for the Upper Deerfield River Drainage Massachusetts/Vermont.* NOAA Technical Memorandum NWS HydRO 39. National Weather Service, National Oceanic and Atmospheric Administration, US Department of Commerce, Silver Spring, MD.

[95] Miller, J. F., Hansen, E. M., Fenn, D. D., Schreiner, L. C., and Jensen, D. T., 1984b: *Probable Maximum Precipitation Estimates-United States Between the Continental Divide and the* 103*rd Meridian.* Hydrometeorological Report No. 55, National Weather Service, National Oceanic and Atmospheric Administration, US Department of Commerce, Washington, DC.

[96] Ministry of Water Resources (MWR), 1980: *Regulation for Calculating Design Flood of Water Resources and Hydropower Projects SDJ*22-79 (*Trial*). Beijing, China Water Power Press.

[97] Minty, L. J., J. Meighen and M. R. Kennedy, 1996: *Development of the Generalised Southeast Australia Method for Estimating Probable Maximum Precipitation* (HRS Report No. 4). Hydrology Report Series, Hydrometeorological Advisory Services, Australian Bureau of Meteorology, Melbourne.

[98] MORRISON-Knudson Engineers Inc., 1990:: *Determination of an Upper Limit desingn Rainstorm for the Colorado River Basin above Hoover Dam.* United States Department of the Interior, Bureau of Reclamation, Denver, CO.

[99] Myers, V. A., 1959: *Meteorology of Hypothetical Flood Sequences in the Mississippi River Basin* (HMR No. 35). Weather Bureau, US Department of Commerce, Washington, DC.

[100] Myers, V. A., 1962: *Airflow on the Windward side of a Large Ridge.* Journal of Geophysical Research, 67(11): 4267-4291.

[101] Myers, V. A., 1967: *Meteorological Estimation of Extreme Precipitation for Spillway Design Floods.* Technical Memorandum WBTM HYDRO-5, Weather Bureau, Environmental Science Services Administration, US Department of Commerce, Washington, DC.

[102] Namias, J., 1969: *Use of Sea – Surface Temperature in Long Range Prediction.* WMO Technical Note No. 103, World Meteorological Organization, Geneva.

[103] Nathan, R. J., 1992: *The derivation of design temporal patterns for use with the generalized estimates of probable maximum precipitation.* Civil Engineering Transactions, Institution of Engineers, Australia, CE 34(2): 139-150.

[104] National Environment Research Council, 1975: *Flood Studies Report.* Volumes I to V, London.

[105] Negri, A. J., Adler, R. F., and Wetzel, P. J., 1983: *A Simple Method for Estimating Daily Rainfall From Satellite Imagery.* Preprint Volume Fifth Conference on

Hydrometeorlolgy, 17-19 October 1983, Tulsa, Oklahoma, American Meteorological Society, Boston, MA, 156-163.

[106] Neumann, C. J., Cry, G. W., Caso, E. L., and Jarvinen, B. R., 1981: *Tropical Cyclones of the North Atlantic Ocean*, 1871-1980. National Climatic Center, National Oceanic and Atmospheric Administration, US Department of Commerce, Asheville, NC.

[107] Nordenson, T. J., 1968: *Preparation of Coordinated Precipitation, Runoff and Evaporation Maps*. Reports on WMO/IHD Projects, Report No. 6, World Meteorological Organization, Geneva.

[108] Pilgrim, D. H., I. Cordery and R. French, 1969: *Temporal patterns of design rainfall for Sydney*. Civil Engineering Transactions, Institution of Engineers, Australia, CE 11 (1):9-14.

[109] Pyke, C. B., 1975: *Some Aspects of the Influence of Abnormal Eastern Equatorial Ocean Surface Temperature Upon Weather Patterns in the Southwestern United States*. Final Report, US Navy Contract N – 0014 – 75 – C – 0126, Los Angeles, CA, University of California.

[110] Rakhecha, P. R. and Kennedy, M. R., 1985: *A Generalized Technique for the Estimation of Probable Maximum Precipitation in India*. Journal of Hydrology, 78: 345-359.

[111] Riedel, J. T., 1977: *Assessing the Probable Maximum Flood*. Water Power and Dam Construction, 29(12): 29-34.

[112] Riedel, J. T., Appleby, J. F., and Schloemer, R. W., 1956: *Seasonal Variation of the Probable Maximum Precipitation East of the* 105*th Meridian for Areas From* 10 *to* 1000 *Square Miles and Durations of* 6, 12, 24, *and* 48 *Hours*(HMR No. 33). Weather Bureau, US Department of Commerce, Washington, DC.

[113] Riedel, J. T. and Schreiner, L. C., 1980: *Comparison of Generalized Estimates of Probable Maximum Precipitation with Greatest Obsered Rainfalls*. NOAA Technical Memorandum No. NWS 25, National Weather Service, National Oceanic and Atmospheric Administration, US Department of Commerce, Washington, DC.

[114] Riedel, J. T., Schwarz, F. K., and Weaver, R. L., 1969: *Probable Maximum Precipitation Over the South Platte River, Colorado, and Minnesota River*, Minnesota(HMR No. 44). Weather Bureau, Environmental Science Services Administration, US Department of Commerce, Washington, DC.

[115] Rodier J. A. and Roche M., 1984: *World Catalogue of Maximm Observed Floods*. IAHS – AISH Publlcation NO. 143.

[116] Schoner, R. W. 1968: *Climatological Regime of Rainfall Associated with Hurricanes after Landfall*. ESSA Technical Memorandum WBTM ER – 29, Weather Bureau, Environmental Science Services Administration, US Department of Commerce, Garden City, NY.

[117] Schoner, R. W. and Molansky, S., 1956: *Rainfall Associated with Hurricanes*. National Hurricane Research Project Report No. 3, Weather Bureau, US Department of Commerce, Washington, DC.

[118] Schreiner, L. C. and Riedel, J. T., 1978: *Probable Maximum Precipitation Estimates, United States East of the 105th Meridian* (HMR No. 51). National Weather Service, National Oceanic and Atmospheric Administration, US Department of Commerce, Washington, DC.

[119] Schwarz, F. K., 1961: *Meteorology of Flood-Producing Storms in the Ohio River Basin* (HMR No. 38). Weather Bureau, US Department of Commerce, Washington, DC.

[120] Schwarz, F. K, 1963: *Probable Maximum Precipitation in the Hawaiian Islands* (HMR No. 39). Weather Bureau, US Department of Commerce, Washington, DC.

[121] Schwarz, F. K., 1965: *Probable Maximum and TVA Precipitation Over the Tennessee River Basin Above Chattanooga* (HMR No. 38). Weather Bureau, US Department of Commerce, Washington, DC.

[122] Schwarz, F. K., 1967: *The Role of Persistence, Instability and Moisture in the Intense Rainstorm in Eastern Colorado, June* 14-17, 1965. Technical Memorandum WBTM HYDRO-3, Weather Bureau, Environmental Science Services Administration, US Department of Commerce, Washington, DC.

[123] Schwarz, F. K., 1972: *A Proposal for Estimating Tropical Storm Probable Maximum Precipitation (PMP) for Sparse Data Regions*. Floods and Droughts Proceedings Second International Symposium in Hydrology, 11-13 September 1972, Fort Collins, CO.

[124] Schwerdt, R. W., Ho, F. P., and Watkins, R. W., 1979: *Meteorological Criteria for Standard Project Hurricane and Probable Maximum Hurricane Windfields, Gulf and East Coasts of the United States*. NOAA Technical Report NWS 23, National Weather Service, National Oceanic and Atmospheric Administration, US Department of Commerce, Washington, DC.

[125] Scofield, R. A. and Oliver, V. J., 1980: *Some Improvements to the Scofield/Oliver Technique*. Preprint Volume 2nd Conference on Flash Floods, March 18-20, 1980. Atlanta, Georgia, American Meteorological Society, Boston, Massachusetts.

[126] Solomon, S. I., Denouvilliez, J. P., Chart, E. J., Woolley, J. A., and Cadou, C., 1968: *The Use of a Square Grid System for Computer Estimation of Precipitation, Temperature, and Runoff*. Water Resources Research, American Geophysical Union, 4 (5):919-925.

[127] United Nations/World Meteorological Organization, 1967: *Assessment of the Magnitude and Frequency of Flood Flows*. Water Resources Series No. 30, New York, NY.

[128] United Nations/World Meteorological Organization, 1967: *Assessment of the Magnitude and Frequency of Flood Flows*. Water Resources Series No. 30, New York, NY.

[129] United States Army Corps of Engineers, 1996: *Flood-Runoff Analysis*. New York,

NY, American Society of Civil Engineers Press.

[130] United Nations of Department of Defense, 1960: *Annual Typhoon Reports*. Fleet Weather Central-Joint Typhoon Warning Center, Guam, Mariana Islands.

[131] United States Department of the Interior, 1992: *Flood Hydrology Manual, A Water Resources Technical Publication*. Denver, CO, United States Government Printing Office.

[132] United States National Weather Service, 1977: *Probable Maximum Precipitation Estimates, Colorado River and Great Basin drainage* (HMR No. 49). Silver Spring, MD.

[133] United States National Weather Service, 1984: *Probable Maximum Precipitation for the Upper Deerfield Drainage Massachusetts/Vermont*. NOAA Technical Memorandum, NWS Hydro 39, Silver Spring, MD.

[134] US Weather Bureau, 1947: *Generalized Estimates of Maximum Possible Precipitation Over the United States East of the 105th Meridian* (HMR No. 23). US Department of Commerce, Washington, DC.

[135] US Weather Bureau, 1952: *Kansas-Missouri Floods of June-July* 1951. Technical Paper No. 17, US Department of Commerce, Washington, DC.

[136] US Weather Bureau, 1958: *Highest Persisting Dew Points in Western United States*. Technical Paper No. 5, US Department of Commerce, Washington, DC.

[137] US Weather Bureau, 1960: *Generalized Estimates of Probable Maximum Precipitation West of the* 105th *Meridian*. Technical Paper No. 38, US Department of Commerce, Washington, DC.

[138] US Weather Bureau, 1961a: *Interim Report-Probable Maximum Precipitation in California* (HMR No. 36). US Department of Commerce, Washington, DC.

[139] US Weather Bureau, 1961b: *Generalized Estimates of Probable Maximum Precipitation and Rainfall-Frequency Data for Puerto Rico and Virgin Islands*. Technical Paper No. 42, US Department of Commerce, Washington, DC.

[140] US Weather Bureau, 1962: *Rainfall Frequency Atlas of the Hawaiian Islands*. Technical Paper No. 43, US Department of Commerce, Washington, DC.

[141] US Weather Bureau, 1966: *Probable Maximum Precipitation, Northwest States*. (HMR No. 43). Environmental Science Services Administration, US Department of Commerce, Washington, DC.

[142] US Weather Bureau, 1970: *Probable Maximum Precipitation, Mekong River Basin* (HMR No. 46). Environmental Science Services Administration, US Department of Commerce, Washington, DC.

[143] Vickers, D. O., 1976: *Very Heavy and Intense Rainfalls in Jamaica*. Proceedings U. W. I. Conference on Climatology and Related Fields, September 1966, Mono, West India, University of West Indies.

[144] Walland, D. J. , J. Meighen, K. C. Xuereb, C. A. Beesley and T. M. T. Hoang, 2003: *Revision of the Generalised Tropical Storm Method for Estimating Probable MaximumPrecipitation*(HRS Report No. 8). Hydrology Report Series, Bureau of Meteorology, Melbourne.

[145] Wang, B. H. , 1984: *Estimation of probable maximum precipitation: case studies*. Journal of Hydraulics Division, 110(10): 1457-1472.

[146] Wang, B. H. , 1986: *Probable Maximum Flood and its Application*. Chicago, IL, Harza Engineering Company.

[147] Wang B. H. , 1988: *Determination of Design Flood forSpillways*. Commission Internationaledes Grands Barrages, Q. 63-R. 39.

[148] Wang, G. A. , 2004: *Probable Maximum Precipitation: Approaches and Methodology*. Twelfth session of the Commission for Hydrology of the World Meteorological Organization, 20-29 October 2004, http://www. yrce. cn/yrexport/whole. asp? id = wgan. Published also 2006, *Yellow River*, 28(11): 18-20.

[149] Wang, G. A. , 2005a: *Synopsis of advantages of PMP/MPF Study in China*. Yellow River, 27(2): 1-5.

[150] Water and Power Consultancy Services(India) Limited, 2001: *Dam Safety Assurance and Rehabilitation Project Generalized PMP Atlas, Phase I*.

[151] Weaver, R. L. , 1962: *Meteorology of Hydrologically Critical Storms in California* (HMR No. 37). Weather Bureau, US Department of Commerce, Washington, DC.

[152] Weaver, R. L. , 1966: *California Storms as Viewed by Sacramento Radar*. Monthly Weather Review, US Weather Bureau, 94(1): 416 – 473.

[153] Weaver, R. L. , 1968: *Meteorology of Major Storms in Western Colorado and Eastern Utah*. Technical Memorandum WBTM HydRO – 7, Weather Bureau, Environmental Science Services Administration, US Department of Commerce, Washington, DC.

[154] Weaver, R. L. , 1964: *Ratio of True to Fixed – Interval Maximum Rainfall*. Proceedings American Society of Civil Engineers, Journal Hydraulics Division, 90: 77 – 82.

[155] Wiesner, C. J. , 1970: *Hydrometeorology*. Chapman and Hall, Ltd. , London.

[156] World Meteorological Organization, 1969a: *Estimation of Maximum Floods*. WMO No. 233. T P126. Technical Note No. 98, Geneva.

[157] World Meteorological Organization, 1969b: *Manual for Depth – Area – Duration Analysis of Storm Precipitation*. WMO No. 237, T P129, Geneva.

[158] World Meteorological Organization, 1973: *Manual for Estimation of Probable Maximum Precipitation. Operational Hydrology Reprot No*. 1, WMO – No. 332, Geneva.

[159] World Meteorological Organization, 1974: *Guide to Hydrological Practices*. WMO – 168, Geneva.

[160] World Meteorological Organization, 1975: *Hydrological Forecasting Practices*. Operational Hydrology Report No. 6, WMO – No. 425, Geneva.

[161] Zurndorfer, E. A., Hansen, E. M., Schwarz, F. K. Fenn, D. D., and Miller J. F., 1986: *Probable Maximum and TVA Precipitation Estimates With Areal Distribution for the Tennessee River Drainages Less Than* 3,000 *Square Miles in Area*(HMR No. 56). National Weather Service, National Oceanic and Atmospheric Administration, US Department of Commerce, Washington, DC.

参考书目

[1] 长江水利委员会, 1993:水文预报方法. 第二版. 北京:水利电力出版社.
[2] 江水利委员会, 1997: 三峡工程水文研究. 武汉:湖北科学技术出版社.
[3] 葛守西, 1999: 现代洪水预报技术. 北京:中国水利水电出版社.
[4] 郭生炼, 周芬, 王善序,等,2004:国内外可能最大暴雨洪水研究进展与评价. 武汉大学水资源与水电工程科学国家重点实验室.
[5] 郭生练, 2005:设计洪水研究进展与评价. 北京:中国水利水电出版社.
[6] 胡明思,骆承政, 1988: 中国历史大洪水 . 上卷. 北京:中国书店出版社.
[7] 胡明思, 骆承政, 1992: 中国历史大洪水. 下卷. 北京:中国书店出版社.
[8] 芮孝芳, 2004:水文学原理. 北京:中国水利水电出版社.
[9] 水利部长江水利委员会水文局,水利部南京水文水资源研究所, 1995:水利水电工程设计洪水计算手册. 北京:水利电力出版社.
[10] 王国安, 1999: 可能最大暴雨和洪水计算原理与方法. 北京: 中国水利水电出版社, 郑州:黄河水利出版社.
[11] 王国安, 李文家,2 002:水文设计成果合理性评价. 郑州:黄河水利出版社.
[12] 王国安, 2002:水文定理、定律和假说初探. 郑州:黄河水利出版社.
[13] 王家祁, 2002:中国暴雨. 北京:中国水利水电出版社.
[14] 王厥谋,2000:水文情报预报文集. 郑州:黄河水利出版社.
[15] 王厥谋, 2000:综合约束线性预报模型. 郑州:黄河水利出版社.
[16] 王锐琛, 王维第, 2000:中国水利发电工程. 工程水文卷. 北京:中国电力出版社.
[17] 王维第, 朱元甡, 王锐琛, 1995:水电站工程水文. 南京:河海大学出版社.
[18] 袁作新, 1990:流域水文模型. 北京:水利电力出版社.
[19] 詹道江, 邹进上, 1983:可能最大暴雨与洪水. 北京:水利电力出版社.
[20] 赵人俊, 1984:流域水文模拟——新安江模型与陕北模型. 北京:水利电力出版社.
[21] 中华人民共和国水利部,中华人民共和国电力工业部,1980: SDJ 22—79 水利水电工程设计洪水计算规范(试行). 北京:水利出版社.
[22] 中华人民共和国水利部,中华人民共和国能源部,1993: SL 44—93 水利水电工程设计洪水计算规范. 北京:水利电力出版社.
[23] 庄一鸰, 林三益, 1986:水文预报. 北京:水利电力出版社.
[24] Adil, M. A. and Suffi, M. M., 1964: *Probable Maximum Precipitation Over the Tarbela Dam Basin.* Scientific Note, 16, No. 3, Pakistan Department of Meteorology and Geophysics.
[25] Alexander, G. N., 1963: *Using the Probability of Storm Transposition for Estimating the Frequency of Rare Floods.* Journal of Hrdrology, 1(1):46-57.
[26] ANCOLD, 1972: *Report on Safety and Surveillance of Dams.* Australian National Committee on Large Dams.

[27] Anon, 1977: *Brazilian Dam Failures: A Preliminary Report.* Water, Power and Dam Construction.

[28] Anon, 1979: *India's Worst Dam Disaster.* Water, Power and Dam Construction.

[29] Bell, G. J. and Chin, P. C., 1968: *The Probable Maximum Rainfall in Hong Kong.* R. O. Technical Memoir No. 10, Royal Observatory, Hong Kong.

[30] Bell, G. J. and Tsui, K. G., 1973: Some *Typhoon Soundings and Their Comparison with Soundings in Hurricanes.* Journal Applied Meteorology, 12(1):74-93.

[31] Benoit, R., P. Pellerin and Y. Larocque, 1997: *High Resolution Modelling of Theoretical Meteorological Stoem(PMS) Model.* Report prepared for B. C. Hydro, Maintenance, Engineering and projects, British-Columbia Hydro Company, Vancouver, Canada.

[32] Bingeman, A. K., 2002: *Improving Safety Analysisfor Hydrologic Structures by Using Physically-Based Techniques to Derive Estimates of Atmospherically Maximum Precipitation and Estimates of Frequency Curves.* Thesis available from the Universityof Waterloo, Waterloo, Ontario, Canada(civilengineerimg).

[33] Bond, H. G. and Wiesner, C. J., 1955: *The Floods of February* 1955 *in New South Wales.* Australian Meteorological Magazine, No. 10:1-33.

[34] Browning, K. A., 1968: *The Organization of Severe Local Storms.* Weather, 10:1 -33.

[35] Bruce, J. P., 1959: *Storm Raninfall Transposition and Maximization. Proceedings of Symposium No.* 1, *Spillway Design Floods, at Ottawa*, Canada. National Research Council of Canada.

[36] Bruce, J. P., 1977: *New Directions in Hrdrometeorology. Robert E. Horton Memorial Lecture.* Proceedings 2nd Conference on Hydrometeorology, March 18-20, 1980. Atlanta, Georgia, American Meteorological Society, Boston, Massachusetts.

[37] Bruce, J. p. and Clark, R. H., 1966: *Introduction to Hydrometeorology.* New York, Pergamon Press.

[38] Brut, A. T., 1958: *Analysis of Two Queensland Storms.* Proceedings Conference on Extreme Precipitation, Melbourne, Australian Bureau of Meteorology.

[39] Brunt, A. T., 1963: *The Estimation of Extreme Precipitation-Current Problems and Aspects for Future Investigation.* Proceedings Hydrometeorological Discussion Group, Melbourne. September 1963. Australian Bureau of Meteorlogy.

[40] Brunt, A. T., 1964: *The Estimation of Areal Rainfall.* Australian Bureau of Meteorology Working Paper, Melbourne.

[41] Brunt, A. T., 1966: *Rainfall Associated with Tropical Cyclones in the Northwest Australian Region.* Australian Meteorological Magazine, 14:94-109.

[42] Canterford, R. P. and Pierrehumbert, C. L., 1977: *Frequency Distribution for Heavy Rainfalls in Tropical.* Inst, Engrs. Aust., Hrd. Symp., Brisbane.

[43] Charney, J. G. and Eliassen, A., 1964: *On the Growth of the Hurricane Depression.* Journal Atmospheric Science, 21:68-75.

[44] Commonwealth of Australia, Bureau of Meteorology, 1960: *A Long Lived Tropical Cyclone With an Unusual Track in Western Australia.* Case 6-Storm of March 1956. Seminar on Rain, 1.

[45] Commonwealth of Australia, Bureau of Meteorology, 1979: *Cyclone Joan-December* 1975.

[46] Commonwealth of Australia, Bureau of Meteorology, 1982: *Estimation of Probable Maximum Precipitation.* Morwell River Catchment Diversion Channel Project, Victoria.

[47] Davis, D. R. and Bridges, W. C., 1972: *Minimal Tropical Depression Produces Record Rains and Unprecedented Floods.* Monthly Weather Review, 100(4):294-297.

[48] Dhar, O. N., Rakhecha, P. R., and Mandal, B. N., 1960: *Rainstorms Which Contributed Greatest Rain Depths in India.* Arch. Met. Geoph. Biokl., Ser. A.

[49] Dhar, O. N., Rakhecha, P. R. and Mandel, B. N., 1976: *A Study of Maximum Probable Point Precipitation over Karnatka Region.* Proceedings of the Symposium on Tropical Monsoons, Pune 5, India, September 8-10, 1976, Indian Institute of Tropical Meteorology.

[50] Dhar, O. N., Rakhecha, P. R., and Mandel, B. N., 1977: *Estimation of Design Storm for the Subarnarekha Basin u Pto Chandil and Ghatsila Dam Sites.* Indian Journal of Power and River Valley Development, XXVII(9): 338-343.

[51] Dhar, O. N., Rakhecha, P. R., and Mandel, B. N., 1978: *A Study of Spillway Design Storm in Different Rainfall Regions of North Indian Plains.* Proceedings of the Symposium on Hrdrology of River with Small and Medium Catchments, II:55-63.

[52] Dhar, O. N., Rakhecha, P. R., Kulkarni, A. K., and Ghose, G. C., 1982: *Estimation of Probable Maximum Precipitation for Stations in the Western Ghats.* Proceedings International Symposium on Hrdrological Aspects of Mountainous Watersheds, Roorkee, India.

[53] Dhar, O. N., Kulkarni, A. K., and Mali, R. R., 1982: *Estimation of Maximum and Probable Maximum One-day Point Rainfall for Tamil Nadu.* Indian Journal of Power and River Valley Development, 32(7):117-124.

[54] Engman, E. T., Parmele, L. H., and Gburek, W. J., 1974: *Hrdrologic Impact of Tropical Storm Agnes.* Jour. Hrd., 22:179-193.

[55] Fawkes, P. E., 1979: *Probable Maximum Flood for the Peace River at Site C.* Proceedings Canadian Hrdrology Symposium-79, National Research Council, Ottawa, Ontario, Canada.

[56] Flavell, D. R. and Lyons, R. O., 1973: *Probable Maximum Floods for the Fraser River at Hope and Mission.* Inland Waters Directorate, Environment Canada, Vancouver British Columbia.

[57] Fletcher, R. D., 1951: *Hrdrometeorology in the United States.* Section in Compendium of Meteorology. American Meteorological Society, 1033-1047.

[58] Gilman, C. S. , 1964: *Rainfall*, *Section* 9 *in*: *Handbook of Applied Hrdrology.* Edited by V. T. Chow, New York ,McGraw-Hill.

[59] Hagen, V. K. , 1982: *Re-evaluation of Design Floods and Dam Safety.* Fourteenth Congress on Large Dams, Rio de Janiero-INCOLD.

[60] Hansen, E. M. , 1987: Probable Maximum Precitation for Design Floods in the United States, *Journal of Hydrology*, 96, pp. 267-278.

[61] Hansen, E. M. , 1990: *Fifty Years of PMP/PMF.* Office of Hydrology Natiomal Weather Service, silver Spring, MA.

[62] Harris, D. R. , 1969: *Cause and Effect of the Tunisian Floods.* Geographical Magazine, 42(3):229-230.

[63] Hawkins, H. F. and Rubsam, D. T. , 1968: Hurricane Hilda 1964: II Structure and Budgets of the Hurricane on 1 October, 1964. Monthly Weather Review, 96:701-707.

[64] Henry, W. K. , 1966: *An Excessive Rainfall in Panama*, October 1954. Water Resources Research, 2(4):849-853.

[65] Hershfield, D. M. and Wilson, W. T. , 1960: *A Comparison of Extreme Rainfall Depths From Tropical and Non-tropical Storms.* Jour. Geophys. Res. , 65(3):959-982.

[66] Hounan, C. , 1957: *Maximum Possible Rainfall Over the Cotter River Catchment.* Meteorological Study No. 10, Commonwealth of Australia, Department of Meteorology.

[67] Hounam, C. E. , 1960: *Estimation of Extreme Precipitation.* Jour. Inst. Engrs. Aust. , 32(6). Institution of Engineers, Australia-ANCOLD, 1981: A Catalogue of Design Flood Data for Australian Dams. Inst. Engrs. , Aust. And Aust. Nat. Comm. on Large Dams.

[68] Kennedy, M. R. and Hart, T. L. , 1984: *The Estimation of Probable Maximum Precipitation in Australia.* Civ. Eng. Trans. Inst. Engrs. Aust. , CE26(1).

[69] Knox, J. B. , 1960: *Proceedings for Estimation Maximum Possible Precipitation.* Bulletin No. 88, California (US) State Department of Water Resources.

[70] Koelzer, V. A. and Bitoun, M. , 1964: *Hrdrology of Spillway Design Floods*: *Large Structures-Limited Data.* Journal of Hrdraulics Division, Proceedings of American Society of Civil Engineers, (3913): 261-293.

[71] Lockwood, J. G. , 1967: *Probable Maximum* 24-*h Precipitation over Malaya by Statistical Methods.* Meteorological Magazine, 96(1134):11-19.

[72] McBride, J. L. and Keenan, T. D. , 1980: *Climatology of Tropical Cyclone Genesis in the Australian Region.* WMO/ESCA PSymp. On Typhoons, Shanghai.

[73] Maksoud, H. , cabral, P. E. , and Garcia Occhipinti, A. , 1967: *Hrdrology of Spillway Design Floods for Brazilian River Basins With Limited Data.* Int. Com. Large Dams, 9th Congress, Istanbul.

[74] Mason, B, 1958: *The Theory of the Thunderstorm Model.* Proc. Conf. On Extreme Precipitation, Melbourne. Australian Bureau of Meteorology.

[75] Mason, B, 1978: *The Physics of Clouds.* Oxford ,Clarendon Press.

[76] Meaden, G. T. , 1979: *Point Deluge and Tornado at Oxford. Weather*, 34(9).

[77] Miller, J. F. , 1973: *Probable Maximum Precipitation—The Concept, Current Procedures and Outlook.* Floods and Droughts. Proceedings of the Second International Symposium in Hrdrology, 11-13 September 1972, Fort Collins, Colorado. Water Resources Publications, Fort Collins, CO.

[78] Miller, J. F. , 1982: *Precipitation Evaluation in Hrdrology.* Chapter 9 in Engineering, Meteorology, Fundamentals of Meteorology and Their Application to Problems in Environmental and Civil Engineering, Edited by E. J. Plate, Elsevier Scientific Publishing Company, Amsterdam, The Netherlands.

[79] Moazzam, S. M. , 1964: *Probable Maximum Precipitation for November-May Season Over the Swat River Basin.* Scientific Note, Pakistan Department of Meteorology and Geophysics.

[80] Mustapha, A. M. and Ojamaa, P. M. , 1975: *Probable Maximum Flood—Red Deer River Flow Regulation Proposal.* Technical Services Division, Alberta Environment, Edmonton, Alberta.

[81] Myers, V. A. , 1967: *The Estimation of Extreme Precipitation as the Basis for Design Floods, Resume of Practice in the United States.* Extract of Publication No. 84, Symposium of Lenigrad, International Association of Scientific Hrdrology.

[82] Orgrosky, H. O. , 1964: *Hrdrology of Spillway Design Floods: Small Structures-Limited Data.* Journal of Hrdraulics Division, American Society of Civil Engineers, (3914): 295-310.

[83] Panatoni, L. and Wallis, J. R. , 1979: *The Arno River Flood Study* (1971-1976). EOS, Transactions, American Geophysical Union.

[84] Paulhus, J. L. H. and Gilman, C. S. , 1953: *Evaluation of Probable Maximum Precipitation.* Transactions. American Geophysical Union, 34:701-708.

[85] Pierrehumbert, C. L. and Kennedy, M. R. , 1982: *The Use of Adjusted United States Date to Estimate Probable Maximum Precipitation.* Proceedings of the Worksho Pon Spillway Design, 7-9 October 1981, Conference Series No. 6, Australian Water Resources Council, Australian Government Publishing Service, Canberra.

[86] Pilgrim, D. H. , Cordery, I. , and French, R. , 1969: *Temporal Patterns of Design Rainfall for Srdney.* Civ. Eng. Trans. , Inst. Engrs. , Aust. , CELL(1).

[87] Riehl, H. and Byers, H. R. , 1958: *Flood Rains in the Bocono Basin*, Venezuela. Department of Meteorology, University of Chicago.

[88] Sarker, R. P. , 1966: *A Dynamic Model of Orographic Rainfall.* Monthly Weather Review, 94(9).

[89] Scott, A. N. , 1981: *PM PEstimation in Western Australia.* Proc. Conf. Of Special Services Meteorologists, Melbourne. Internal Australian Bureau of Meteorology Report.

[90] Sherman, L. K. , 1944: *Discussion of Paper "Primary Role of Meteorology* in Flood-Flow Estimating." Transactions American Society Civil Engineers, 109.

[91] Showalter, A. K. , 1945: Quantitative Determination of Maximum Rainfall. Section in: Handbook of Meteorology. Edited by F. A. Berry, E. Bollay and N. R. Beers, McGraw-Hill, New York.

[92] Singleton, F. and Helliwell, N. C. 1969: *The Calculation of Rainfall From a Hurricane. In*: Floods and Their Computation, International Association of Scientific Hrdrology, 1(84):450-461.

[93] Tripoli, G. J. and Cotton, W. R. , 1980: *A Numerical Investigation of Several Factors Contributing to the Observed Variable Intensity of Dee PConvection Over South Florida.* Journal of Applied Meteorology, 19(9).

[94] Tucker, G. B. , 1960: *Some Meteorological Factors Affecting Dam Designs and Construction.* Weather, 15(1).

[95] United Nations/World Meteorological Organization, 1967: *Assessment of the Magnitude and Frequency of Flood Flows.* Water Resources ,(30):13-49.

[96] Verschuren, J. P. and Wajtiw, L. , 1980: *Estimate of the Maximum Probable Precipitation for Alberta River Basins.* Environment, Alberta, Hrdrology Branch, RMD-8011.

[97] Wahler, W. A. , 1979: *Judgment in Dam Design.* Proceedings, Engineering Foundation Conference: Responsibility and Liability of Public and Private Interests on Dams. American Society of Civil Engineers.

[98] Ward, J. K. G. and Harman, B. , 1972: *The Clermont Storm of December* 1916. Civ. Eng. Trans. , 14(2).

[99] Watanabe, K. , 1963: *The Radar Spiral Bands and Typhoon Structure. Proc.* Symp. Trop. Met. , Rotorua.

[100] Weisner, C. J. , 1964: *Hrdrometeorology and River Flood Estimation.* Proceedings, Institute of Civil Engineers, London, 27:153-67.

[101] Wiesner, C. J. , 1968: *Estimating the Probable Maximum Precipitation in Remote Areas.* Proc. ANZAAS Congress, Christchurch.

[102] World Meteorological Organization, 1969: *Estimation of Maximum Floods.* WMO-No. 233. T P126,Technical Note ,98: 1-116.

[103] Yi, H. D. , Li, H. Z. , and Li, J. S. , 1980: *On the Physical Conditions of Occurrence of Heavy Rainfall and Severe Convective Weather.* Bulletin American Meteorological Society, 61(1).

[104] Zhan, Daojiang and Zhou, Jinshang, 1984: *Recent Developments on the Probable Maximum Precipitation Estimation in China.* In: Global Water: Science and Engineering - The Ven Te Chow Memorial Volume, Journal of Hrdrology, 68: 285-293.

[105] Zhou, Xiaoping, 1980: *Severe Storms Research in China.* Bulletin American Meteorological Society, 61(1).